应用型高校产教融合系列教材

数理与统计系列

高等数学

（经管类）

胡远波　李宜阳　王国强　李军 ◎ 主编

清華大學出版社
北 京

内 容 简 介

本书是普通高等院校经济、管理类本科专业的高等数学教材,依据教育部高等学校数学与统计学教学指导委员会 2016 年修订的"经济和管理类本科数学基础课程教学基本要求"编写,主要内容包括:极限与连续、一元函数微积分、向量与空间解析几何、多元函数微积分、微分方程与差分方程、无穷级数等.

在内容编排上,本书注重数学思想与方法在经济管理学科中的应用,在介绍数学知识的同时,融入了丰富的经济管理类的背景知识和应用案例,以培养学生运用数学工具解决实际问题的能力. 附录中还介绍了计算机编程语言 Python 在求解高等数学问题中的应用,这也给学生提供了一个更为广阔的探索空间.

本书结构严谨、逻辑清晰,语言通俗易懂,论述简明扼要,可读性强,可作为普通高等院校经济、管理类专业的高等数学教材,也可作为其他读者学习微积分的参考书.

图书在版编目(CIP)数据

高等数学:经管类 / 胡远波等主编. -- 北京:清华大学出版社,2025. 6.
(应用型高校产教融合系列教材). -- ISBN 978-7-302-69111-2

Ⅰ. O13

中国国家版本馆 CIP 数据核字第 2025S0T080 号

责任编辑:冯 昕 赵从棉
封面设计:何凤霞
责任校对:欧 洋
责任印制:刘海龙

出版发行:清华大学出版社
　　　　网　　　址:https://www.tup.com.cn,https://www.wqxuetang.com
　　　　地　　　址:北京清华大学学研大厦 A 座　　　邮　　编:100084
　　　　社 总 机:010-83470000　　　　　　　　邮　　购:010-62786544
　　　　投稿与读者服务:010-62776969,c-service@tup.tsinghua.edu.cn
　　　　质量反馈:010-62772015,zhiliang@tup.tsinghua.edu.cn
印 装 者:小森印刷(天津)有限公司
经　　销:全国新华书店
开　　本:185mm×260mm　　　**印　张**:22.5　　　**字　数**:546 千字
版　　次:2025 年 6 月第 1 版　　　　　　　　**印　次**:2025 年 6 月第 1 次印刷
定　　价:68.00 元

产品编号:107144-01

应用型高校产教融合系列教材

总编委会

　　教材是知识传播的主要载体、教学的根本依据、人才培养的重要基石.《国务院办公厅关于深化产教融合的若干意见》明确提出,要深化"引企入教"改革,支持引导企业深度参与职业学校、高等学校教育教学改革,多种方式参与学校专业规划、教材开发、教学设计、课程设置、实习实训,促进企业需求融入人才培养环节.随着科技的飞速发展和产业结构的不断升级,高等教育与产业界的紧密结合已成为培养创新型人才、推动社会进步的重要途径.产教融合不仅是教育与产业协同发展的必然趋势,更是提高教育质量、促进学生就业、服务经济社会发展的有效手段.

　　上海工程技术大学是教育部"卓越工程师教育培养计划"首批试点高校、全国地方高校新工科建设牵头单位、上海市"高水平地方应用型高校"试点建设单位,具有 40 多年的产学合作教育经验.学校坚持依托现代产业办学、服务经济社会发展的办学宗旨,以现代产业发展需求为导向,学科群、专业群对接产业链和技术链,以产学研战略联盟为平台,与行业、企业共同构建了协同办学、协同育人、协同创新的"三协同"模式.

　　在实施"卓越工程师教育培养计划"期间,学校自 2010 年开始陆续出版了一系列卓越工程师教育培养计划配套教材,为培养出具备卓越能力的工程师作出了贡献.时隔 10 多年,为贯彻国家有关战略要求,落实《国务院办公厅关于深化产教融合的若干意见》,结合《现代产业学院建设指南(试行)》《上海工程技术大学合作教育新方案实施意见》文件精神,进一步编写了这套强调科学性、先进性、原创性、适用性的高质量应用型高校产教融合系列教材,深入推动产教融合实践与探索,加强校企合作,引导行业企业深度参与教材编写,提升人才培养的适应性,旨在培养学生的创新思维和实践能力,为学生提供更加贴近实际、更具前瞻性的学习材料,使他们在学习过程中能够更好地适应未来职业发展的需要.

　　在教材编写过程中,始终坚持以习近平新时代中国特色社会主义思想为指导,全面贯彻党的教育方针,落实立德树人根本任务,质量为先,立足于合作教育的传承与创新,突出产教融合、校企合作特色,校企双元开发,注重理论与实践、案例等相结合,以真实生产项目、典型工作任务、案例等为载体,构建项目化、任务式、模块化、基于实际生产工作过程的教材体系,力求通过与企业的紧密合作,紧跟产业发展趋势和行业人才需求,将行业、产业、企业发展的新技术、新工艺、新规范纳入教材,使教材既具有理论深度,能够反映未来技术发展,又具有实践指导意义,使学生能够在学习过程中与行业需求保持同步.

　　系列教材注重培养学生的创新能力和实践能力.通过设置丰富的实践案例和实验项目,引导学生将所学知识应用于实际问题的解决中.相信通过这样的学习方式,学生将更加具备竞争力,成为推动经济社会发展的有生力量.

　　本套应用型高校产教融合系列教材的出版,既是学校教育教学改革成果的集中展示,也是对未来产教融合教育发展的积极探索.教材的特色和价值不仅体现在内容的全面性和前沿性上,更体现在其对于产教融合教育模式的深入探索和实践上.期待系列教材能够为高等教育改革和创新人才培养贡献力量,为广大学生和教育工作者提供一个全新的教学平台,共同推动产教融合教育的发展和创新,更好地赋能新质生产力发展.

中国工程院院士、中国工程院原常务副院长

2024 年 5 月

前 言

本书是面向普通高等院校经济管理类专业学生的一本高等数学教材,该教材以教育部高等学校数学与统计学教学指导委员会 2016 年修订的"经济和管理类本科数学基础课程教学基本要求"为依据,在知识点的覆盖面与"基本要求"相一致的基础上,融入了丰富的经济管理类学科的背景知识和应用案例,从而强化了高等数学与后续专业课程的联系,使之更侧重于培养学生分析问题和解决问题的能力,以适应培养应用型、复合型本科人才的培养目标.

全书共十章,内容包括极限与连续、一元函数微积分、空间解析几何与向量代数、多元函数微积分、微分方程与差分方程、无穷级数等. 各章节后配有相应的习题,书末附有参考答案,以帮助学生巩固学习成果. 另外,本书在附录中还介绍了计算机编程语言 Python 在求解高等数学问题中的应用. 内容编排上,在保持传统高等数学体系完整性的基础上,融入了丰富的经济管理类的背景知识和应用案例,使内容更加贴近实际的经济应用. 书中精心挑选了大量的具有代表性和启发性的例题与习题,旨在通过解题过程加深学生对知识点的理解和记忆,同时培养他们的解题技巧和思维能力. 书后二维码附录中所介绍的计算机编程语言 Python 在求解高等数学问题中的应用,可让学生自行阅读学习,目的是给学生提供一个广阔的探索空间,也拓宽他们学习的视野.

本书在编写过程中,力求体现以下几个特色:

系统性与逻辑性:遵循数学学科的内在逻辑,从基础概念出发,逐步深入,构建完整的知识体系.

实用性与趣味性:结合实际的经济管理应用案例,将抽象的数学概念与现实的经济生活相联系,增强学习的趣味性和实用性.

启发性与探索性:设置丰富的思考题和练习题,鼓励读者主动思考、积极探索,培养创新思维和解决问题的能力.

本书由王国强策划并组织编写. 第一章由李宜阳和魏薇编写,第二章由王娟编写,第三章由洪银萍编写,第四章由谢秋玲编写,第五章由赵宏艳和田明编写,第六章由樊庆端编写,第七章由冯月华编写,第八章由季佳梁编写,第九章由李娜编写,第十章由胡远波编写,附录由王国强和李军编写. 全书由胡远波统稿定稿.

本书作为应用型高校产教融合系列教材中的数理与统计系列教材,在编写过程中得到了来自上海金仕达软件科技股份有限公司总经理张治国先生,以及广东泰迪智能科技股份有限公司董事长张良均先生的大力支持和帮助.他们不仅提供了宝贵的指导,还对部分应用案例提出了修改建议,对此我们深表感谢.

最后,感谢所有参与本书编写、审校及出版工作的同仁,是你们的辛勤付出,使得这本教材得以面世.同时,我们也诚挚地欢迎广大读者提出宝贵意见和建议,以便我们不断改进和完善.

编　者
2025 年 1 月

目 录

CONTENTS

第六章　向量与空间解析几何 / 160

第一章 函数、极限与连续

第一节 函数

一、区间与邻域

现代数学建立在集合论的基础之上.本节重点介绍高等数学中常用的两类实数集——区间与邻域.

1. 区间

设 $a,b \in \mathbf{R}$ 且 $a<b$,称数集 $\{x \mid a<x<b\}$ 为**开区间**,记为 (a,b).数集 $\{x \mid a \leqslant x \leqslant b\}$ 称为**闭区间**,记为 $[a,b]$.

数集 $\{x \mid a \leqslant x < b\}$ 和 $\{x \mid a<x \leqslant b\}$ 分别称为**左闭右开区间**和**左开右闭区间**,分别记为 $[a,b)$ 和 $(a,b]$,统称为**半开半闭区间**.

实数 a,b 称为区间的**端点**.需要注意的是,开区间不包含端点,闭区间则包含端点;由于 a,b 是两个确定的实数,故以上区间称为**有限区间**,其区间长度为 $b-a$.

除上述有限区间外,还有四种**无限区间**:

$$(a,+\infty)=\{x \mid x>a\}, \quad [a,+\infty)=\{x \mid x \geqslant a\},$$
$$(-\infty,b)=\{x \mid x<b\}, \quad (-\infty,b]=\{x \mid x \leqslant b\},$$

其中 ∞ 表示无穷大.实数集 $\mathbf{R}$ 可以写成无限区间 $(-\infty,+\infty)$.

从几何上看,开区间 (a,b) 表示数轴上以 a,b 为端点但不包括端点 a 和 b 的线段上点的全体;闭区间 $[a,b]$ 表示数轴上以 a,b 为端点且包括端点 a 和 b 的线段上点的全体.其他区间也有类似的几何解释,如图 1-1 所示.上述各种区间统称为**区间**,常用大写字母 I 表示.

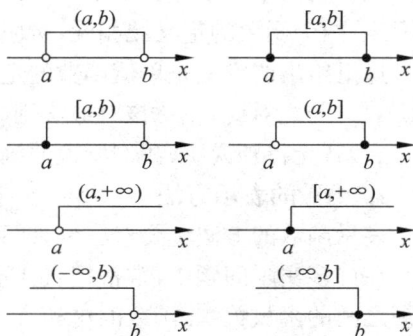

图 1-1

2. 邻域

设 $x_0 \in \mathbf{R}, \delta>0$,满足不等式 $|x-x_0|<\delta$ 的实

数 x 的全体称为点 x_0 的 δ **邻域**,记作 $U(x_0,\delta)$. 点 x_0 称为该邻域的**中心**,δ 称为该邻域的**半径**. $U(x_0,\delta)$ 表示关于点 x_0 对称的开区间 $(x_0-\delta,x_0+\delta)$,即

$$U(x_0,\delta)=\{x \mid x_0-\delta<x<x_0+\delta\}=(x_0-\delta,x_0+\delta),$$

如图 1-2 所示. 将点 x_0 的 δ 邻域去掉中心点 x_0 所得的实数 x 的全体称为点 x_0 的**去心 δ 邻域**,记为 $\mathring{U}(x_0,\delta)$,即

$$\mathring{U}(x_0,\delta)=\{x \mid 0<\mid x-x_0 \mid<\delta\}=(x_0-\delta,x_0) \bigcup (x_0,x_0+\delta),$$

如图 1-3 所示.

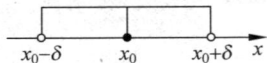
图 1-2

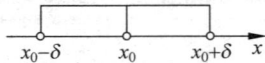
图 1-3

另外,开区间 $(x_0-\delta,x_0)$ 称为点 x_0 的 δ **左邻域**,记为 $U_-(x_0,\delta)$；开区间 $(x_0,x_0+\delta)$ 称为点 x_0 的 δ **右邻域**,记为 $U_+(x_0,\delta)$. 今后若不必指明邻域半径,点 x_0 的邻域和去心邻域可分别简记为 $U(x_0)$ 和 $\mathring{U}(x_0)$.

二、函数

在初等数学中,我们曾学习过函数的相关知识. 这里,我们系统地总结了函数的基本概念、表示方法、基本性质、基本运算和一些常用函数.

1. 函数的概念

定义 1.1 设 $D \subset \mathbf{R}$ 是一个给定的非空数集. 如果存在一个对应法则 f,使得对每个 $x \in D$ 都有唯一确定的实数 y 与之对应,则称该对应法则 f 为定义在数集 D 上的**函数**,记作

$$y=f(x), \quad x \in D,$$

其中 x 称为**自变量**,y 称为**因变量**. 数集 D 称为该函数的**定义域**,通常记作 D_f. 对于每个 $x \in D$,由法则 f 所确定的实数 y 称为 f 在 x 处的函数值,记作 $y=f(x)$；函数值全体构成的集合称为函数 f 的**值域**,记作 R_f 或 $f(D)$,即

$$R_f=\{y \mid y=f(x),x \in D\}.$$

函数的记号常用任意英文字母或希腊字母表示,如 $f(x),g(x),F(x),G(x),\varphi(x)$ 等. 一般而言,不同字母表示不同的函数. 由定义可知,定义域和对应法则是构成函数的两个要素. 若两个函数的定义域相同,对应法则相同,那么这两个函数也相同.

这里给出的定义是单值函数的定义. 若存在对应法则 f,使得对每个 $x \in D$ 都至少有一个实数 y 与之对应,则称该对应法则 f 为多值函数,如抛物线 $y^2=2x$,圆周曲线 $x^2+y^2=1$. 今后,若无特别说明,我们所说的函数都是单值函数.

2. 函数的表示方法

表示函数的方法主要有三种,即**列表法**、**图像法**和**解析法**.

在许多实际问题中,常常把自变量的值与对应的函数值列成表格,用以表示自变量与因变量之间的函数关系. 函数的这种表示方法称为**列表法**.

例 1 下表是某家庭 2023 年每月的用水量：

月份	1	2	3	4	5	6	7	8	9	10	11	12
用水量/m³	5	6	5	4	7	8	10	12	7	6	5	4

从上表可以看出,该家庭的月用水量 y 和月份 t 之间有明确的对应关系,即确定了一个函数 $y=f(t)$,其定义域为数集 $\{t \mid 1 \leqslant t \leqslant 12, t \in \mathbf{Z}\}$.

列表法的优点是直观,使用方便,因此在实际生活中经常使用.

将两个变量之间的对应关系在平面直角坐标系中用图形表示出来,这种表示函数的方法称为**图像法**. 图像法生动形象,函数的变化一目了然,且便于研究函数的几何性质.

将两个变量之间的对应关系用一定的数学运算式——解析表达式表示出来,这种表示函数的方法称为**解析法**. 解析法便于对函数进行理论分析和计算. 例如,圆的面积 S 与半径 r 之间的函数关系为 $S=\pi r^2$.

以上三种表示函数的方法各有其特点. 在实际应用中,三种方法常结合使用.

例2 绝对值函数 $f(x)=|x|=\begin{cases} x, & x \geqslant 0, \\ -x, & x < 0, \end{cases}$ 其图像如图 1-4 所示.

例3 符号函数 $f(x)=\operatorname{sgn} x=\begin{cases} 1, & x > 0, \\ 0, & x = 0, \\ -1, & x < 0, \end{cases}$ 其图像如图 1-5 所示.

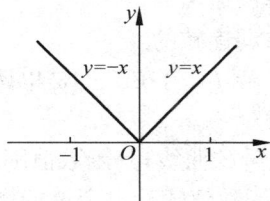

图 1-4

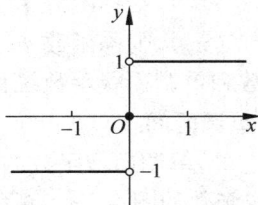

图 1-5

上述两个函数的自变量在定义域内的不同区间取值时用不同的表达式表示,这样的函数称为**分段函数**.

一般地,表示一个函数不仅要给出自变量与因变量之间的对应关系,同时还要标明函数的定义域. 在利用解析法表示函数时,函数的定义域是使解析表达式有意义的自变量全体构成的集合,这种定义域也称为**自然定义域**或**存在域**.

例4 求下列函数的定义域:

(1) $y=\dfrac{1}{\sqrt{1-x^2}}$;   (2) $y=\ln(2-x)$.

解 (1) 要使函数有意义,需满足 $1-x^2 > 0$,即 $-1 < x < 1$. 故函数的定义域为 $(-1,1)$.

(2) 要使函数有意义,需满足 $2-x > 0$,即 $x < 2$. 所以函数的定义域为 $(-\infty,2)$.

对于由实际应用问题所确定的函数,它的定义域不仅要保证函数的表达式有意义,还要使得实际问题有意义.

例5 物体在 $t=0$ 时从高度为 h 的位置自由落下,假设时间 t 时落下的距离为 s,则 s 为 t 的函数,函数表达式为 $s=\dfrac{1}{2}gt^2$,其中 g 为重力加速度,定义域为 $\left[0, \sqrt{\dfrac{2h}{g}}\right]$. 若不考虑

变量 s 与 t 的实际意义，函数 $s=\dfrac{1}{2}gt^2$ 的自然定义域为 $(-\infty,+\infty)$.

3. 函数的基本性质

1) 函数的有界性

定义 1.2 设函数 $f(x)$ 在 I 上有定义. 若存在数 M（或 L），使得对任意 $x\in I$ 都有 $f(x)\leqslant M$（或 $f(x)\geqslant L$），则称 $f(x)$ 在 I 上**有上（或下）界**，M（或 L）称为 $f(x)$ 的一个上（或下）**界**.

定义 1.3 设函数 $f(x)$ 在 I 上有定义. 若存在正数 M，使得对任意 $x\in I$ 都有 $|f(x)|\leqslant M$，则称 $f(x)$ 在 I 上**有界**. 若 $f(x)$ 在 I 上无上界或无下界，则称 $f(x)$ 在 I 上**无界**.

由定义可知，函数 $f(x)$ 在 I 上有界当且仅当 $f(x)$ 在 I 上既有上界又有下界. 从函数图像上来看，$f(x)$ 在 I 上有界，其函数图像处于直线 $y=M$ 和 $y=-M$ 之间.

例如，对于任意的 x，都有 $|\sin x|\leqslant 1$，所以函数 $y=\sin x$ 在 $(-\infty,+\infty)$ 内有界，-1 是 $y=\sin x$ 的一个下界，1 是它的一个上界. 又如，函数 $y=\dfrac{1}{x}$ 在区间 $(1,2)$ 内是有界的；在 $(0,+\infty)$ 内只有下界，没有上界，是无界函数.

2) 函数的单调性

定义 1.4 设函数 $f(x)$ 在 I 上有定义. 如果对 I 内的任意两点 x_1 和 x_2，当 $x_1<x_2$ 时，总有

(1) $f(x_1)<f(x_2)$，则称函数 $f(x)$ 在 I 上是**单调递增**的；

(2) $f(x_1)>f(x_2)$，则称函数 $f(x)$ 在 I 上是**单调递减**的.

单调递增函数和单调递减函数统称为**单调函数**. 若 $f(x)$ 在 I 上是单调函数，则称区间 I 为函数 $f(x)$ 的**单调区间**.

从函数图像上看，单调递增函数的图像是一条上升的曲线，其函数值随着自变量的增加而增加；单调递减函数的图像是一条下降的曲线，其函数值随着自变量的增加反而减小，如图 1-6 所示.

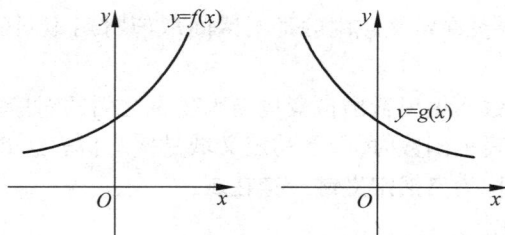

图 1-6

在讨论函数的单调性时，必须指明自变量的所在区间. 例如，函数 $y=x^2$ 在 $(0,+\infty)$ 内是单调递增的，在 $(-\infty,0)$ 内是单调递减的. 对于较复杂的函数，我们将在第三章中介绍判断函数单调性的一般方法.

3) 函数的奇偶性

定义 1.5 设函数 $f(x)$ 的定义域 D 关于原点对称. 如果对于任意的 $x\in D$，都有

(1) $f(-x)=-f(x)$，则称 $f(x)$ 为 D 上的**奇函数**；

(2) $f(-x)=f(x)$，则称 $f(x)$ 为 D 上的**偶函数**.

从几何上看,奇函数的图像关于原点对称,偶函数的图像关于 y 轴对称,如图 1-7 所示.

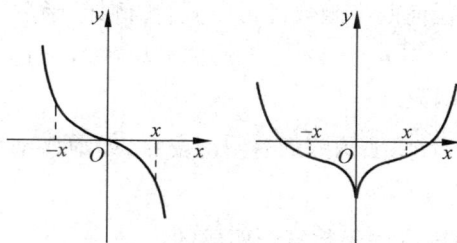

图 1-7

例如,函数 $y=\dfrac{1}{x}$ 关于原点对称,当自变量取一对相反数时,其对应的函数值也互为相反数. 函数 $y=x^2$ 的图像关于 y 轴对称,当自变量取一对相反数时,其对应的函数值相等. 特别地,函数 $y=0$ 既是奇函数,又是偶函数.

4) 函数的周期性

定义 1.6 设函数 $f(x)$ 的定义域为 D. 如果存在一个非零实数 T,使得对于任意的 $x\in D$,都有 $(x\pm T)\in D$,且 $f(x\pm T)=f(x)$ 恒成立,则称 $f(x)$ 为**周期函数**,称 T 为 $f(x)$ 的**周期**.

如果 T 是函数 $f(x)$ 的周期,那么 $\pm 2T,\pm 3T$ 等也是它的周期. 周期中最小的正周期称为**最小正周期**. 通常,我们所说的函数的周期指的是最小正周期. 如 $y=\sin x$ 的周期是 $2\pi,y=\tan x$ 的周期是 π.

4. 函数的基本运算

1) 四则运算

设函数 $f(x)$ 和 $g(x)$ 的定义域分别为 D_f 和 D_g,$D=D_f\bigcap D_g\neq\varnothing$. 对于 $x\in D$,定义四则运算如下:

$$(f\pm g)(x)=f(x)\pm g(x),$$
$$(f\cdot g)(x)=f(x)\cdot g(x),$$
$$\left(\frac{f}{g}\right)(x)=\frac{f(x)}{g(x)},\quad g(x)\neq 0.$$

例如,设函数

$$f(x)=\ln(1-x),\quad x\in(-\infty,1);$$
$$g(x)=\sqrt{1-x^2},\quad x\in[-1,1].$$

而 $(-\infty,1)\bigcap[-1,1]=[-1,1)$,则有

$$(f+g)(x)=\ln(1-x)+\sqrt{1-x^2},\quad x\in[-1,1).$$

2) 复合运算

定义 1.7 设函数 $f(u)$ 的定义域为 D_f,函数 $u=\varphi(x)$ 的值域为 R_φ,若 $D_f\bigcap R_\varphi\neq\varnothing$,则 $y=f[\varphi(x)]$ 称为由 $y=f(u)$ 和 $u=\varphi(x)$ 构成的**复合函数**. 其中 $f(u)$ 为外层函数,$\varphi(x)$ 为内层函数,u 为中间变量.

例如,函数 $y=\ln u,u=x^2+1$,因为 $u=x^2+1$ 的值域 $[1,+\infty)$ 包含在 $y=\ln u$ 的定义

域$(0,+\infty)$内,所以$y=\ln u$与$u=x^2+1$可构成复合函数$y=\ln(x^2+1)$.

需要指出的是,并不是任何两个函数都可以复合.例如,函数$y=\ln u$和$u=-x^2-1$,由于$y=\ln u$的定义域$(0,+\infty)$与$u=-x^2-1$的值域$(-\infty,-1]$无公共部分,故$y=\ln u$和$u=-x^2-1$不能构成复合函数.

上述定义可推广到三个及以上函数的有限次复合.如函数$y=e^u$,$u=\sin v$和$v=\sqrt{x}$可复合成$y=e^{\sin\sqrt{x}}$.

例6 指出下列函数是由哪些函数复合而成的:

(1) $y=\cos x^4$;   (2) $y=\cos^4 x$.

解 (1) $y=\cos x^4$是由$y=\cos u$和$u=x^4$复合而成的;

(2) $y=\cos^4 x$是由$y=u^4$和$u=\cos x$复合而成的.

3）求逆运算

定义1.8 设函数$y=f(x)$的定义域为D,值域为W.如果对任意的$y\in W$,都有唯一确定的$x\in D$使得$f(x)=y$,那么这样就得到一个以y为自变量、以x为因变量,定义在W上的函数,称为$y=f(x)$的**反函数**,记作

$$x=f^{-1}(y),\quad y\in W.$$

由于习惯上用x表示自变量,y表示因变量,因此$y=f(x)$的反函数也记作

$$y=f^{-1}(x),\quad x\in W.$$

实际上,并不是所有的函数都存在反函数.由反函数的定义可知,如果函数$y=f(x)$的定义域与值域之间按照对应法则f建立了一一对应的关系,那么$y=f(x)$有反函数.显然,单调函数一定有反函数.

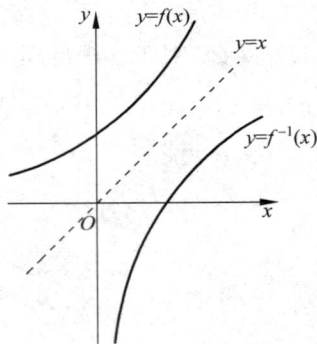

图 1-8

注意到,函数$y=f(x)$的定义域D为其反函数$y=f^{-1}(x)$的值域,$y=f(x)$的值域W为其反函数$y=f^{-1}(x)$的定义域.从图像上看,在同一直角坐标系中,$y=f(x)$与其反函数$y=f^{-1}(x)$的图像关于直线$y=x$对称(如图 1-8所示).

例7 求函数$y=2x-1$,$x\in(-\infty,+\infty)$的反函数.

解 由$y=2x-1$解出x,得到

$$x=\frac{1}{2}(y+1).$$

然后交换x与y的位置,即为所求反函数

$$y=\frac{1}{2}(x+1),\quad x\in(-\infty,+\infty).$$

从上例可以总结出求反函数的步骤:

(1) 由原函数$y=f(x)$解出x;

(2) 将x,y互换.

5. 常用函数

1）基本初等函数

常数函数、幂函数、指数函数、对数函数、三角函数和反三角函数这六类函数统称为**基本**

初等函数.

（1）**常数函数** $y=C(C$ **为常数**）.

常数函数的定义域为$(-\infty,+\infty)$,值域为$\{C\}$.其函数图像为一条平行或重合于 x 轴的水平直线,如图 1-9 所示.

（2）**幂函数** $y=x^a$（a **为实数**）.

幂函数的定义域随 a 的取值不同而不同,但无论 a 取何值,它在区间$(0,+\infty)$内总是有定义的,且函数图像恒过点$(1,1)$.函数 $y=x$,$y=x^2$,$y=\dfrac{1}{x}$,$y=\sqrt{x}$ 的图像如图 1-10 所示.

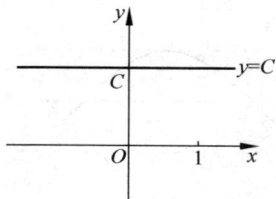

图 1-9

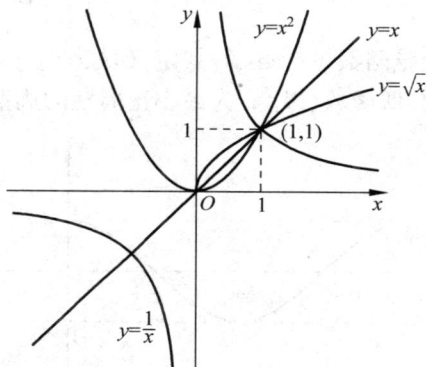

图 1-10

（3）**指数函数** $y=a^x(a>0,a\neq1)$.

指数函数的定义域为$(-\infty,+\infty)$,值域为$(0,+\infty)$,函数图像恒过点$(0,1)$.当 $a>1$ 时,$y=a^x$ 为单调递增函数;当 $0<a<1$ 时,$y=a^x$ 为单调递减函数,如图 1-11 所示.

（4）**对数函数** $y=\log_a x(a>0,a\neq1)$.

对数函数和指数函数互为反函数,其定义域为$(0,+\infty)$,值域为$(-\infty,+\infty)$,函数图像恒过点$(1,0)$.当 $a>1$ 时,$y=\log_a x$ 为单调递增函数;当 $0<a<1$ 时,$y=\log_a x$ 为单调递减函数,如图 1-12 所示.

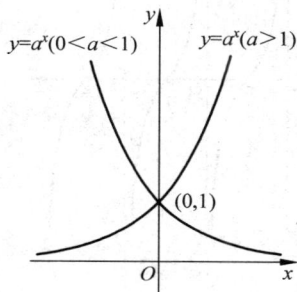

图 1-11

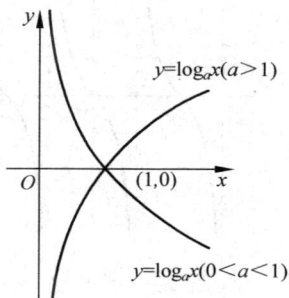

图 1-12

（5）**三角函数**.

三角函数包括以下六种:

- **正弦函数** $y=\sin x$，其定义域为 $(-\infty,+\infty)$，值域为 $[-1,1]$．正弦函数是有界函数、奇函数、以 2π 为最小正周期的周期函数（如图 1-13 所示）．

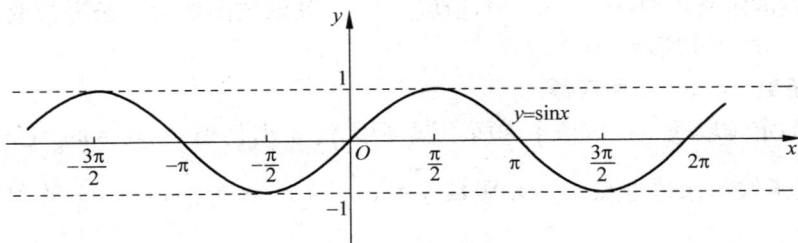

图 1-13

- **余弦函数** $y=\cos x$，其定义域为 $(-\infty,+\infty)$，值域为 $[-1,1]$．余弦函数是有界函数、偶函数、以 2π 为最小正周期的周期函数（如图 1-14 所示）．

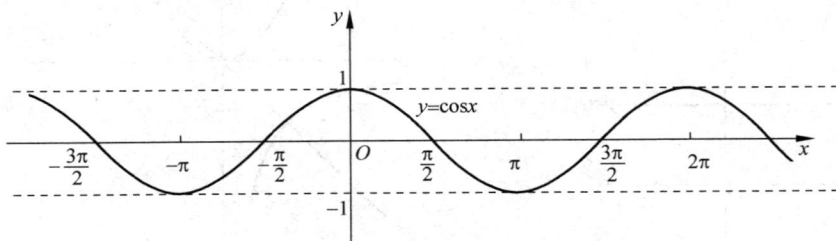

图 1-14

- **正切函数** $y=\tan x$，其定义域为 $\left\{x \mid x\neq k\pi+\dfrac{\pi}{2}, k\in\mathbf{Z}\right\}$，值域为 $(-\infty,+\infty)$．正切函数是奇函数，最小正周期为 π（如图 1-15 所示）．
- **余切函数** $y=\cot x$，其定义域为 $\{x \mid x\neq k\pi, k\in\mathbf{Z}\}$，值域为 $(-\infty,+\infty)$．余切函数是奇函数，最小正周期为 π（如图 1-16 所示）．

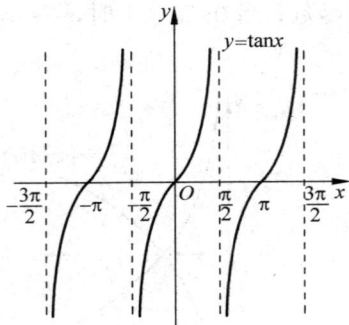

图 1-15

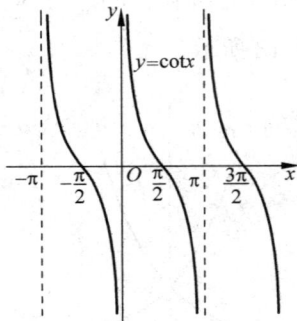

图 1-16

- **正割函数** $y=\sec x=\dfrac{1}{\cos x}$，其定义域为 $\left\{x \mid x\neq k\pi+\dfrac{\pi}{2}, k\in\mathbf{Z}\right\}$，值域为 $(-\infty,-1]\cup[1,+\infty)$．正割函数是偶函数，最小正周期为 2π．

- **余割函数** $y = \csc x = \dfrac{1}{\sin x}$，其定义域为 $\{x \mid x \neq k\pi, k \in \mathbf{Z}\}$，值域为 $(-\infty, -1] \cup [1, +\infty)$．余割函数是奇函数，最小正周期为 2π．

（6）反三角函数．

反三角函数是三角函数的反函数．由于三角函数都是周期函数，所以在三角函数的定义域上其反函数不存在，必须限制在三角函数的单调区间上才能建立反三角函数．常用的反三角函数包括以下四种：

- **反正弦函数** $y = \arcsin x$，其定义域为 $[-1, 1]$，值域为 $\left[-\dfrac{\pi}{2}, \dfrac{\pi}{2}\right]$．反正弦函数是奇函数，且单调递增（如图 1-17 所示）．
- **反余弦函数** $y = \arccos x$，其定义域为 $[-1, 1]$，值域为 $[0, \pi]$．反余弦函数是单调递减函数（如图 1-18 所示）．

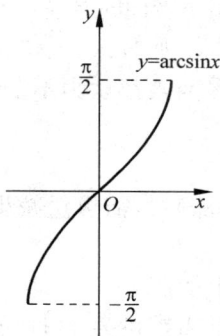

图 1-17

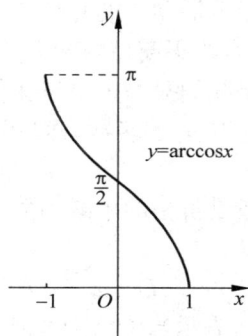

图 1-18

- **反正切函数** $y = \arctan x$，其定义域为 $(-\infty, +\infty)$，值域为 $\left(-\dfrac{\pi}{2}, \dfrac{\pi}{2}\right)$．反正切函数是奇函数，且单调递增（如图 1-19 所示）．
- **反余切函数** $y = \operatorname{arccot} x$，其定义域为 $(-\infty, +\infty)$，值域为 $(0, \pi)$．反余切函数是单调递减函数（如图 1-20 所示）．

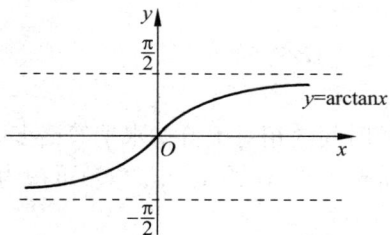

图 1-19

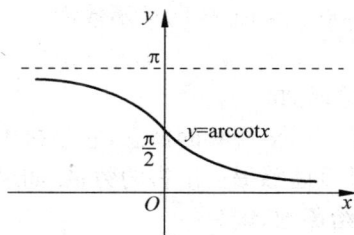

图 1-20

2）初等函数

由基本初等函数经过有限次四则运算和复合运算所得到的、能用一个解析式表示的函数称为**初等函数**．例如，$y = \sin\sqrt{e^x + 1}$ 和 $y = \arctan\dfrac{1 + x^2}{1 - x^2}$ 都是初等函数．而分段函数

$$y=\begin{cases} 1-x, & x\leqslant -2, \\ \sin x, & -2<x<2, \\ 1+x, & x\geqslant 2 \end{cases}$$

不是初等函数. 初等函数是微积分学的主要研究对象.

例 8　指出下列函数的复合关系：

(1) $y=\ln(x+\sqrt{1+x^2})$；　　　　　　　　(2) $y=\left(x^2\cos\dfrac{1}{x}\right)^{-1}$.

解　(1) $y=\ln(x+\sqrt{1+x^2})$ 由下列函数复合而成：$y=\ln u$，$u=x+\sqrt{v}$，$v=1+x^2$.

(2) $y=\left(x^2\cos\dfrac{1}{x}\right)^{-1}$ 由下列函数复合而成：$y=u^{-1}$，$u=x^2\cos v$，$v=\dfrac{1}{x}$.

6. 经济学中几种常见的函数

1）需求函数

需求是社会经济活动中的一种现象，它的含义是指消费者同时具备两个条件，即既有购买商品的愿望，又有购买商品的能力. 需求和许多因素有关，如收入、人口、消费的时间和商品价格，等等. 如果我们只考虑价格变化的因素，其他诸多因素都认为不变，则需求量（记为 D）可视为价格（记为 p）的函数，称为**需求函数**，记为

$$D=f(p).$$

需求函数一般是价格的单减函数，即当价格增加（上涨）时，需求量减少. 最简单的需求函数为线性函数

$$D=a-bp \quad (a>0,b>0,皆为常数).$$

当 $p=0$ 时，$D=a$，表示当价格为零时，消费者对该商品的需求量为 a（称为该商品的**市场饱和需求量**）；当 $p=\dfrac{a}{b}$ 时，$D=0$，表示当价格上涨到 $\dfrac{a}{b}$ 时，无人购买该商品.

例 9　某商品定价 20 元，预测每月可卖出 300 件；若降价 25%，每月可卖出 500 件. 求需求函数（假设为线性函数）.

解　设所求线性需求函数为 $D=a-bp$. 由题可得

$$\begin{cases} 300=a-20b, \\ 500=a-20(1-25\%)b. \end{cases}$$

解得 $a=1000$，$b=40$. 故所求函数为

$$D=1100-40p, \quad p\in[0,27.5].$$

2）供给函数

供给是与需求相对的概念，它是指生产者在某时间内相对于价格水平等诸多因素，对某商品愿意并且能够提供出售的数量. 如果只考虑价格因素，供给量（记为 Q）可视为价格的函数，称为**供给函数**，记为

$$Q=g(p).$$

供给函数一般是价格的单增函数，即当价格增加（上涨）时，供给量增加. 最简单的供给函数为线性函数

$$Q=dp-c \quad (d>0,c>0,皆为常数).$$

由上式可知，$\dfrac{c}{d}$ 为价格的最低限，只有当价格大于 $\dfrac{c}{d}$ 时，生产者才会提供该商品于市场.

设某商品的需求函数与供给函数分别为 $D=a-bp$ 与 $Q=dp-c$（其中 a,b,c,d 均为正数）. 若供给量与需求量相等,此时该商品供需平衡,使得供需平衡的价格称为**平衡价格**,记为 $p_0=\dfrac{a+c}{b+d}$.

3）总成本函数

任何生产或经营活动都离不开成本的投入,商品的成本就是产品生产和商业流通的总投入. **总成本**一般由固定成本与可变成本两部分构成. 产品的固定成本与产量无关（如企业的厂房、机器设备投入等）,可变成本则与产量有关（如原材料、能源、人力消耗等）. 如果记总成本为 C,产量为 x,固定成本为 C_0,可变成本为 C_v,则**总成本函数**可表示为

$$C=C(x)=C_0+C_v.$$

总成本关于产量的平均值称为**平均成本**,记为 $\bar{C}$,即

$$\bar{C}=\frac{C(x)}{x}.$$

例 10 某电信公司规定每台话机每月通话不超过 100 次时收费为 25 元,超过 100 次时超过部分每次收费 0.2 元. 试求通话总费用 y 与通话次数 x 的函数关系.

解 每台话机每月的固定费用为 25 元,可变费用为 $0.2(x-100)$ 元（其中 x 为整数且 $x>100$）. 故总费用函数为

$$y=\begin{cases} 25, & 0\leqslant x\leqslant 100, \\ 25+0.2(x-100), & x>100. \end{cases}$$

4）总收入函数与总利润函数

产品的销售量 x 与销售单价 p 的乘积即为**总收入**. 如果固定销售单价 p,则总收入是销售量 x 的函数,称为**总收入函数**,记为 R,即

$$R=R(x)=px.$$

总收入函数减去总成本函数称为**总利润函数**,记为 L,即有

$$L=L(x)=R(x)-C(x).$$

例 11 某食品厂生产一种食品,每千克售价为 2 元. 如果每天生产 x（单位：t）,则其成本函数为 $C(x)=1000+1300x+100x^2$.

（1）试求该厂的日利润函数.

（2）产量在什么范围内有盈利？ 在什么范围内要亏本？

解 （1）如果每天生产 x 吨,则日总收入为 $R(x)=2000x$ 元,故日利润函数为

$$L(x)=2000x-1000-1300x-100x^2$$
$$=-100x^2+700x-1000.$$

（2）若 $L(x)>0$,则表明该厂有盈利；若 $L(x)<0$,表明要亏本. 由

$$L(x)=-100x^2+700x-1000>0,$$

即

$$(x-2)(x-5)<0,$$

可得,当 $x\in(2,5)$ 时,也就是产量在 2～5t 之间时,该厂盈利；产量低于 2t 或高于 5t 时亏本.

在上例中,当产量 $x=2t$ 或 5t 时 $L(x)=0$,即利润为零. 一般地,使得利润等于零的产

量称为保本产量,经济学中也称损益平衡点.

习题 1-1

1. 判断下列每组的两个函数是否表示同一个函数：

(1) $y=x+1$, $y=\dfrac{x^2-1}{x-1}$;　　　　(2) $y=x-1$, $y=\sqrt{(x-1)^2}$;

(3) $y=x$, $y=(\sqrt{x})^2$;　　　　(4) $y=\ln\sqrt{x-1}$, $y=\dfrac{1}{2}\ln(x-1)$.

2. 求下列函数的定义域：

(1) $y=\dfrac{1}{1-x^2}$;　　　　(2) $y=\sqrt{x-2}+\dfrac{1}{x-3}$;

(3) $y=\sqrt{x^2-x-2}+\ln(4-x)$;　　　　(4) $y=\dfrac{1}{3-x}+\log_3(5-x)$.

3. 设 $f(x)=x^3-3x$, 求 $f(0)$, $f(1)$, $f(-1)$, $f(-x)$.

4. 判断下列函数的奇偶性：

(1) $y=x^2\cos x$;　　　　(2) $y=x^4-2x^2+3$;

(3) $y=x^3+\sin x$;　　　　(4) $y=\ln\dfrac{1-x}{1+x}$.

5. 求下列函数的反函数：

(1) $y=3x+1$;　　　　(2) $y=x^3$.

6. 写出下列复合函数：

(1) $y=3^u$, $u=2x+1$;　　　　(2) $y=\ln u$, $u=x^2-1$;

(3) $y=\sqrt{u}$, $u=1+x^2$;　　　　(4) $y=\sin u$, $u=\dfrac{1}{x}$;

(5) $y=e^u$, $u=v^2$, $v=\sin x$;　　　　(6) $y=\arctan u$, $u=\sqrt{v}$, $v=x^2+1$.

7. 指出下列函数是怎样复合而成的：

(1) $y=\ln(x-1)$;　　　　(2) $y=2^{3x}$;

(3) $y=(2x+1)^5$;　　　　(4) $y=e^{\sin\frac{1}{x}}$.

8. 将下列函数按基本初等函数的复合与四则运算形式分解：

(1) $y=\sqrt[3]{3+2x}$;　　　　(2) $y=(1+x+2x^2)^3$;

(3) $y=\left(2^x\sin\dfrac{1}{x}\right)^{-3}$;　　　　(4) $y=\cos\sqrt{1-x^2}$.

9. 某商品定价 20 元/件,预测每月可卖出 300 件；若定价降低 25%,每月可卖出 500 件. 试求：

(1) 需求量 Q 关于价格 p 的函数(假设为线性函数)；

(2) 收入 R 关于价格 p 的函数；

(3) 收入 R 关于需求量 Q 的函数.

10. 设生产与销售某产品的总收入 R 是产量 x 的二次函数. 经统计得知,当产量 $x=0$, $2,4$ 时,总收入 R 分别为 $0,6,8$.试确定总收入 R 与产量 x 的函数关系.

第二节　数列的极限

一、极限的思想

极限的思想很早就产生了,可以追溯到公元前.战国时期哲学家庄子的《庄子·天下篇》中写道"一尺之锤,日取其半,万世不竭",这段话蕴含着极限的思想.魏晋时期数学家刘徽利用圆内接正多边形来推算圆面积的方法——割圆术就是极限思想在几何中的应用.古希腊人的穷竭法也蕴含了极限的思想.极限思想的进一步发展和微积分的建立与发展紧密联系在一起.微积分的一系列概念,如函数的连续、导数、积分、级数的收敛与发散等概念都建立在极限理论的基础上.

二、极限的定义

1. 引例

设有一圆,首先作其内接正六边形,此六边形面积记为 A_1;再作内接正十二边形,其面积记为 A_2;如此循环下去,一般将内接正 $6 \times 2^{n-1}$ 边形的面积记为 $A_n (n \in \mathbf{N}^*)$. 于是得到一系列内接正多边形的面积 $A_1, A_2, \cdots, A_n, \cdots$. 它们构成一个数列. n 越大, A_n 与圆的面积的差别就越小,但无论 n 取多大值, A_n 总比圆的面积小. 如果 n 趋向于无穷大(记为 $n \to \infty$),即内接正多边形无限接近于圆,同时 A_n 无限接近于某一确定的数,这个确定的数就理解为圆的面积. 这个确定的数在数学上称为数列 $A_1, A_2, \cdots, A_n, \cdots$ 当 $n \to \infty$ 时的极限. 从这个例子可以看出,正是这个数列的极限精确地表达了圆的面积.

在科学研究和应用中,会遇到各种各样的数列 $\{x_n\}$. 人们需要知道当 $n \to \infty$ 时 $\{x_n\}$ 的变化趋势,对这类问题的研究导致极限概念的产生.

2. 数列极限的定义

定义 1.9　如果当 n 无限增大时,数列 $\{x_n\}$ 的项 x_n 无限接近于某一个常数 a,则称这个常数 a 是数列 $\{x_n\}$ 当 n 趋于无穷大(记作 $n \to \infty$)时的**极限**,或者称数列 $\{x_n\}$ **收敛**于 a. 记为

$$\lim_{n \to \infty} x_n = a, \quad \text{或} \quad x_n \to a(n \to \infty).$$

如果这样的常数 a 不存在,则称数列 $\{x_n\}$ 没有极限,或数列 $\{x_n\}$ 是**发散**的,习惯上也说数列 $\{x_n\}$ 的极限不存在.

例 1　给出下列数列的通项,并观察它们当 n 无限增大时的变化趋势. 有极限的数列,请给出它们的极限.

(1) $1, -\dfrac{1}{2}, \dfrac{1}{3}, -\dfrac{1}{4}, \dfrac{1}{5}, \cdots$;　　　　(2) $1, -1, 1, -1, 1, -1, \cdots$;

(3) $1, \dfrac{2}{3}, \dfrac{3}{5}, \dfrac{4}{7}, \dfrac{5}{9}, \cdots$.

解　(1) 数列通项 $x_n = (-1)^{n-1} \dfrac{1}{n}$,当 n 无限增大时, $(-1)^{n-1} \dfrac{1}{n}$ 无限接近于 0,故 $\lim_{n \to \infty} x_n = 0$.

（2）数列通项 $x_n = (-1)^{n-1}$，当 n 无限增大时，$(-1)^{n-1}$ 交替取值 -1 和 1，故数列的极限不存在.

（3）数列通项 $x_n = \dfrac{n}{2n-1}$，当 n 无限增大时，$\dfrac{n}{2n-1}$ 无限接近于 $\dfrac{1}{2}$，故 $\lim\limits_{n\to\infty} x_n = \dfrac{1}{2}$.

定义 1.9 是建立在直观描述的基础上的，它的优点是容易被理解，缺点是其中的"无限增大""无限接近"是比较模糊的说法. 如何用精确的数学语言来刻画这些模糊的说法呢？

以数列 $\{x_n\} = \left\{\dfrac{1}{n}\right\}$ 的极限 $\lim\limits_{n\to\infty} \dfrac{1}{n} = 0$ 为例来分析如何用精确的数学语言来刻画. "当 n 无限增大时，$\dfrac{1}{n}$ 无限接近于 0"的含义是随着 n 的无限增大，数轴上动点 x_n 与定点 0 之间的距离 $|x_n - 0| = \dfrac{1}{n}$ 无限变小，即随着 n 的无限增大，$|x_n - 0|$ 可以小于任何一个给定的正数 ε. 若令 $\varepsilon_1 = 0.1$，则当 $n > 10$ 时，有 $|x_n - 0| = \dfrac{1}{n} < \varepsilon_1$；若再取 $\varepsilon_2 = 0.01$，则当 $n > 100$ 时，有 $|x_n - 0| = \dfrac{1}{n} < \varepsilon_2$；以此类推，对于数列 $\{x_n\} = \left\{\dfrac{1}{n}\right\}$，无论给定多么小的正数，总存在一个正数 N，当 $n > N$ 时，$|x_n - 0|$ 全都小于这个给定的正数.

下面给出数列极限的精确定义. 为了表达上的简练，用记号"$\forall$"表示"任意给定"，记号"$\exists$"表示"存在".

定义 1.10（数列极限的 ε-N 定义） 设有数列 $\{x_n\}$，a 是常数，如果对于 $\forall \varepsilon > 0$，总 $\exists$ 正整数 N，使得对于满足 $n > N$ 的一切 x_n，不等式 $|x_n - a| < \varepsilon$ 都成立，则称 a 是数列 $\{x_n\}$ 的**极限**，或者称数列 $\{x_n\}$ **收敛**于 a. 记为

$$\lim\limits_{n\to\infty} x_n = a, \quad 或 \quad x_n \to a (n \to \infty).$$

定义 1.10 主要用来证明与极限相关的定理，也可以用来验证常数 a 是不是数列 $\{x_n\}$ 的极限.

例 2 证明数列 $\{x_n\} = \left\{\dfrac{\sin n}{n}\right\}$ 的极限为 0.

证 要证明 $\lim\limits_{n\to\infty} \dfrac{\sin n}{n} = 0$，需要证明对 $\forall \varepsilon > 0$，总能找到正整数 N，使得当 $n > N$ 时，$\left|\dfrac{\sin n}{n} - 0\right| = \left|\dfrac{\sin n}{n}\right| < \varepsilon$. 因为 $\left|\dfrac{\sin n}{n}\right| \leqslant \dfrac{1}{n}$，只要 $\dfrac{1}{n} < \varepsilon$，即 $n > \dfrac{1}{\varepsilon}$，就能保证 $\left|\dfrac{\sin n}{n}\right| < \varepsilon$. 因此，只要取 $N = \left[\dfrac{1}{\varepsilon}\right]$，则对于满足 $n > N$ 的所有 n，都有 $\left|\dfrac{\sin n}{n}\right| < \varepsilon$. 根据定义 1.10，$\lim\limits_{n\to\infty} \dfrac{\sin n}{n} = 0$.

例 3 设 $|q| < 1$，证明 $\lim\limits_{n\to\infty} q^n = 0$.

证 令 $x_n = q^n$. 当 $q = 0$ 时，结论成立. 设 $0 < |q| < 1$. 对 $\forall \varepsilon > 0$，要使得 $|q^n - 0| = |q|^n < \varepsilon$，即 $n\ln|q| < \ln\varepsilon$. 因为 $\ln|q| < 0$，只需 $n > \dfrac{\ln\varepsilon}{\ln|q|}$. 取 $N \geqslant \left[\dfrac{\ln\varepsilon}{\ln|q|}\right]$，则对于满足 $n > N$ 的所有 n，都有 $|x_n - 0| = |q^n - 0| < \varepsilon$，故 $\lim\limits_{n\to\infty} q^n = 0$.

上例是一个经常用到的极限.

3. 数列极限的几何解释

若 $\lim\limits_{n\to\infty} x_n = a$，则对于 $\forall \varepsilon > 0$，无论它怎么小，都存在正整数 N，在 $\{x_n\}$ 中，从第 $N+1$ 项起所有的项全部落在 a 的 ε 邻域 $U(a,\varepsilon) = (a-\varepsilon, a+\varepsilon)$ 内，在这个邻域之外，最多含有 $\{x_n\}$ 的有限项 $x_1, x_2, \cdots, x_N$（图 1-21）.

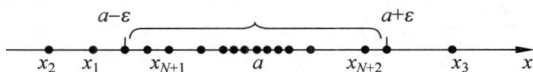

图 1-21

三、数列极限的性质

定义 1.11 设有数列 $\{x_n\}$，如果存在正数 M，使得对 $\forall n$，有 $|x_n| \leqslant M$，则称数列 $\{x_n\}$ **有界**. 如果这样的正数 M 不存在，则称 $\{x_n\}$ **无界**.

由定义 1.10 容易验证，数列 $\{x_n\}$ 有界当且仅当存在两个常数 m, M，使得对所有的 n 都有 $m \leqslant x_n \leqslant M$.

例如数列 $\{(-1)^{n-1}\}$，$\left\{\dfrac{n}{2n-1}\right\}$ 是有界数列；而数列 $\{3^n\}$，$\left\{\dfrac{n^2}{2n-1}\right\}$ 是无界数列.

由数列极限的几何解释可知，存在一个有限区间 $[m, M]$，使得该区间既包含邻域 $U(a,\varepsilon)$ 又包含 $U(a,\varepsilon)$ 外的数列 $\{x_n\}$ 的有限多个点，即对所有的 n，都有 $m \leqslant x_n \leqslant M$. 这表明收敛的数列 $\{x_n\}$ 有界. 因此有以下性质.

性质 1（有界性） 收敛的数列一定有界.

由性质 1 可得无界数列没有极限. 有界的数列不一定有极限，如 $\{(-1)^{n-1}\}$ 有界，但没有极限.

性质 2（唯一性） 若数列 $\{x_n\}$ 收敛，则其极限是唯一的.

证（反证法） 设 $\{x_n\}$ 有两个极限 a, b，且 $a \neq b$. 由定义 1.10，对 $\forall \varepsilon > 0$，存在正整数 N_1，当 $n > N_1$ 时，有 $|x_n - a| < \dfrac{\varepsilon}{2}$；又存在正整数 N_2，当 $n > N_2$ 时，有 $|x_n - b| < \dfrac{\varepsilon}{2}$. 取 $N = \max\{N_1, N_2\}$，则当 $n > N$ 时，有 $|a-b| = |a - x_n + x_n - b| \leqslant |x_n - a| + |x_n - b| < \varepsilon$. 由于 ε 可以任意取值，取 $\varepsilon = \dfrac{|a-b|}{2}$，与上式矛盾，这表明收敛数列 $\{x_n\}$ 不可能有两个极限.

性质 3（保号性） 若 $\lim\limits_{n\to\infty} x_n = a$，且 $a > 0$（或 $a < 0$），则存在正整数 N，当 $n > N$ 时，恒有 $x_n > 0$（或 $x_n < 0$）.

证 设 $a > 0$，取 $\varepsilon = \dfrac{a}{2}$，存在正整数 N，当 $n > N$ 时，有 $|x_n - a| < \dfrac{a}{2}$，即 $0 < \dfrac{a}{2} < x_n < \dfrac{3a}{2}$.

根据性质 3 可得如下推论.

推论 若存在正整数 N，当 $n > N$ 时，有 $x_n \geqslant 0$（或 $x_n \leqslant 0$）且 $\lim\limits_{n\to\infty} x_n = a$，则 $a \geqslant 0$（或 $a \leqslant 0$）.

性质 4（收敛数列与其子数列间的关系） 如果数列 $\{x_n\}$ 收敛于 a，则它的任一子数列

也收敛于 a.

由性质 4 可知,如果数列 $\{x_n\}$ 有两个子数列收敛于不同的极限,则数列 $\{x_n\}$ 是发散的.

习题 1-2

1. 观察下列数列当 n 无限增大时的变化趋势,判别哪些数列有极限,并给出它们的极限.

(1) $x_n = \dfrac{2^n}{3^n}$;　　(2) $x_n = 3 + (-1)^n \dfrac{1}{2n-1}$;　　(3) $x_n = (-1)^{n-1} - 1$;

(4) $x_n = \arctan[(-1)^n n]$;　　(5) $x_n = \ln\dfrac{1}{n}$;　　(6) $x_n = \dfrac{2-3n}{5n-4}$.

2. 利用数列极限的 ε-N 定义证明:

(1) $\lim\limits_{n \to \infty} \dfrac{1}{n^3} = 0$;　　(2) $\lim\limits_{n \to \infty} \dfrac{3n+1}{4n-3} = \dfrac{3}{4}$.

第三节　函数的极限

一、函数极限的定义

上一节给出了数列极限的定义,因为数列可以看作定义域为自然数集的函数 $x_n = f(n)$,数列的极限为 a,也就是当自变量 n 取正整数且无限增大时,对应的函数值 $f(n)$ 无限接近于常数 a.这样可以引出函数极限的一般概念:对于定义在实数的集合 D 上的函数 $f(x)$,在自变量 x 的某个变化过程中,如果函数 $f(x)$ 无限接近于某个确定的常数,那么这个确定的常数就叫作自变量在这一变化过程中**函数的极限**.这个极限是与自变量的变化过程密切相关的,由于自变量的变化过程不同,函数的极限也就不同.其中,自变量的变化过程有两大类:一是自变量 x 的绝对值 $|x|$ 无限增大,二是自变量 x 趋于有限值.相应地,函数的极限也有两大类.

1. 自变量趋于无穷大时函数的极限

自变量的绝对值 $|x|$ 无限增大记作 $x \to \infty$（读作 x 趋于无穷大）.

定义 1.12　设当 $|x| > M$（M 是正数）时函数 $f(x)$ 有定义.如果在 $x \to \infty$ 的过程中,对应的函数值 $f(x)$ 无限接近于某个确定的常数 A,则称 A 为**函数 $f(x)$ 当 $x \to \infty$ 时的极限**,记作

$$\lim_{x \to \infty} f(x) = A, \quad \text{或} \quad f(x) \to A\,(x \to \infty).$$

例如,函数 $f(x) = \dfrac{1}{x}$,当自变量的绝对值 $|x|$ 无限增大时,$\left|\dfrac{1}{x}\right|$ 无限接近于 0,从而 $|f(x)|$ 无限接近于 0,即 $\lim\limits_{x \to \infty} \dfrac{1}{x} = 0$.

与数列极限的定义一样,"无限增大""无限接近"等比较模糊的说法可以用精确的数学语言表达.

定义 1.13（ε-X 定义）　设当 $|x| > M$（M 是正数）时函数 $f(x)$ 有定义,A 为常数.对

$\forall \varepsilon > 0, \exists X > 0$，使得对满足 $|x| > X$ 的一切 x，不等式 $|f(x) - A| < \varepsilon$ 总成立，则称 A 为**函数 $f(x)$ 当 $x \to \infty$ 时的极限**，记作

$$\lim_{x \to \infty} f(x) = A, \quad \text{或} \quad f(x) \to A(x \to \infty).$$

例 1 证明 $\lim\limits_{x \to \infty} \dfrac{\cos x}{x} = 0$.

证 对 $\forall \varepsilon > 0$，要证 $\exists X > 0$，当 $|x| > X$ 时，不等式 $\left| \dfrac{\cos x}{x} - 0 \right| \leqslant \left| \dfrac{1}{x} \right| < \varepsilon$ 成立，只要取 $X = \dfrac{1}{\varepsilon}$，则当 $|x| > X$ 时，有 $\left| \dfrac{\cos x}{x} - 0 \right| \leqslant \left| \dfrac{1}{x} \right| < \varepsilon$. 即 $\lim\limits_{x \to \infty} \dfrac{\cos x}{x} = 0$.

自变量的绝对值 $|x|$ 无限增大有两种情况：x 的取值为正或 x 的取值为负.

如果 x 的取值为正且无限增大（记作 $x \to +\infty$），只要把定义 1.13 中的 $|x| > X$ 改为 $x > X$，就可得 $\lim\limits_{x \to +\infty} f(x) = A$ 的定义.

同样的，如果 x 的取值为负且 $|x|$ 无限增大（记作 $x \to -\infty$），只要把定义 1.13 中的 $|x| > X$ 改为 $x < -X$，就可得 $\lim\limits_{x \to -\infty} f(x) = A$ 的定义.

$\lim\limits_{x \to +\infty} f(x) = A$ 和 $\lim\limits_{x \to -\infty} f(x) = A$ 称为 $f(x)$ 当 $x \to \infty$ 时的单侧极限. 不难证明

$$\lim_{x \to \infty} f(x) = A \Leftrightarrow \lim_{x \to +\infty} f(x) = \lim_{x \to -\infty} f(x) = A.$$

例 2 证明 $\lim\limits_{x \to -\infty} e^x = 0$.

证 证明上式需要对任意小的正数 ε（不妨取 $\varepsilon < 1$），$\exists X > 0$，使得当 $x < -X$ 时，不等式 $|e^x - 0| < \varepsilon$ 成立，即 $x < \ln \varepsilon$. 因此，对 $\forall \varepsilon > 0$（且 $\varepsilon < 1$），取 $X = |\ln \varepsilon|$，则当 $x < -X$ 时，有 $x < \ln \varepsilon$，从而 $|e^x - 0| < \varepsilon$. 即 $\lim\limits_{x \to -\infty} e^x = 0$.

类似地，可以证明 $\lim\limits_{x \to +\infty} e^{-x} = 0$.

2. 自变量趋于有限值时函数的极限

现在考虑自变量 x 的变化过程为 $x \to x_0$（x_0 是一个常数），设函数 $f(x)$ 在 x_0 的某个去心邻域内有定义，如果在 $x \to x_0$ 的过程中，对应的函数值 $f(x)$ 无限接近于确定的常数 A，则称 A 是函数 $f(x)$ 当 $x \to x_0$ 时的极限.

例如，函数 $f(x) = \dfrac{x^2 - 1}{x - 1}$ 在点 $x = 1$ 处没有定义，当 $x \neq 1$ 时，$f(x) = x + 1$，如果 $x \to 1$，则函数值 $f(x)$ 无限接近于常数 2.

定义 1.14 设函数 $f(x)$ 在 x_0 的某个去心邻域内有定义. 如果在 $x \to x_0$ 的过程中，对应的函数值 $f(x)$ 无限接近于某个确定的常数 A，则称 A 为**函数 $f(x)$ 当 $x \to x_0$ 时的极限**，记作

$$\lim_{x \to x_0} f(x) = A, \quad \text{或} \quad f(x) \to A(x \to x_0).$$

上面的定义仍然是描述性的，下面给出精确的定义.

定义 1.15（ε-δ 定义） 设函数 $f(x)$ 在 x_0 的某个去心邻域内有定义，A 为常数. 对 $\forall \varepsilon > 0, \exists \delta > 0$，使得对满足 $0 < |x - x_0| < \delta$ 的一切 x，不等式 $|f(x) - A| < \varepsilon$ 总成立，则称 A 为**函数 $f(x)$ 当 $x \to x_0$ 时的极限**，记作

$$\lim_{x \to x_0} f(x) = A, \quad \text{或} \quad f(x) \to A(\text{当 } x \to x_0).$$

例 3　证明 $\lim\limits_{x \to 2}(x+1)=3$.

证　欲证明上式,需要对任意小的正数 ε,$\exists\delta>0$,使得当 $0<|x-2|<\delta$ 时,不等式

$$|x+1-3|=|x-2|<\varepsilon$$

成立,即有 $2-\varepsilon<x<2+\varepsilon$. 取 $\delta=\varepsilon$,则当 $0<|x-2|<\delta$ 时,有 $2-\varepsilon<x<2+\varepsilon$,故 $|x+1-3|<\varepsilon$. 即 $\lim\limits_{x \to 2}(x+1)=3$.

由上述 $x \to x_0$ 时函数 $f(x)$ 的极限定义可知,从数轴上看来,x 是既从 x_0 的左侧也从 x_0 的右侧趋于 x_0 的. 但有时候只能或只需考虑 x 仅从 x_0 左侧趋于 x_0(记作 $x \to x_0^-$)的情形,或考虑 x 仅从 x_0 右侧趋于 x_0(记作 $x \to x_0^+$)的情形.

对 $x \to x_0^-$ 的情形,此时 $x<x_0$,只需把定义 1.15 中的 $0<|x-x_0|<\delta$ 改为 $x_0-\delta<x<x_0$,那么 A 就叫作**函数 $f(x)$ 当 $x \to x_0$ 时的左极限**,记作

$$\lim_{x \to x_0^-} f(x) = A, \quad \text{或} \quad f(x_0^-)=A.$$

类似地,把定义 1.15 中的 $0<|x-x_0|<\delta$ 改为 $x_0<x<x_0+\delta$,那么 A 就叫作**函数 $f(x)$ 当 $x \to x_0$ 时的右极限**,记作

$$\lim_{x \to x_0^+} f(x) = A, \quad \text{或} \quad f(x_0^+)=A.$$

左极限与右极限统称为单侧极限.

根据极限、左极限与右极限的定义可得

$$\lim_{x \to x_0} f(x) = A \Leftrightarrow \lim_{x \to x_0^-} f(x) = \lim_{x \to x_0^+} f(x) = A.$$

例 4　设 $f(x)=\begin{cases}3x-1, & x<2,\\ 0, & x=2, \\ x^2+1, & x>2,\end{cases}$ 求函数在点 $x=2$ 处的左、右极限和极限.

解　$x=2$ 是分段函数 $f(x)$ 的分段点,在该点的左极限 $f(2^-)=\lim\limits_{x \to 2^-} f(x)=\lim\limits_{x \to 2^-}(3x-1)=5$.

右极限 $f(2^+)=\lim\limits_{x \to 2^+} f(x)=\lim\limits_{x \to 2^+}(x^2+1)=5$. $f(2^-)=f(2^+)=5$,故 $\lim\limits_{x \to 2}f(x)=5$.

例 5　设 $f(x)=\begin{cases}\arctan\dfrac{1}{x}, & x\neq 0,\\ \dfrac{\pi}{2}, & x=0,\end{cases}$ 求函数在点 $x=0$ 处的左、右极限和极限.

解　在点 $x=0$ 的左极限:$f(0^-)=\lim\limits_{x \to 0^-} f(x)=\lim\limits_{x \to 0^-}\arctan\dfrac{1}{x}=-\dfrac{\pi}{2}$.

右极限:$f(0^+)=\lim\limits_{x \to 0^+} f(x)=\lim\limits_{x \to 0^+}\arctan\dfrac{1}{x}=\dfrac{\pi}{2}$.

因为 $f(0^-)\neq f(0^+)$,故 $\lim\limits_{x \to 0}f(x)$ 不存在.

二、函数极限的性质

与收敛数列的性质类似,函数极限有一些相应的性质,它们都可以用函数极限的定义来

证明. 函数极限的定义随自变量的变化过程不同有多种形式,下面以 $\lim\limits_{x\to x_0}f(x)$ 这种形式为代表给出函数极限的性质.

性质 1(局部有界性) 若 $\lim\limits_{x\to x_0}f(x)=A$,则存在常数 $M>0$ 和 $\delta>0$,使得当 $0<|x-x_0|<\delta$ 时,有 $|f(x)|\leqslant M$.

证 由 $\lim\limits_{x\to x_0}f(x)=A$,取 $\varepsilon=1$,则 $\exists\delta>0$,当 $0<|x-x_0|<\delta$ 时,有

$$|f(x)-A|<1\Rightarrow|f(x)|\leqslant|f(x)-A|+|A|<|A|+1.$$

令 $M=A+1$,则 $|f(x)|\leqslant M$.

性质 2(唯一性) 若 $\lim\limits_{x\to x_0}f(x)=A$,则此极限是唯一的.

性质 2 的证明与收敛数列的极限是唯一的证明类似.

性质 3(局部保号性) 若 $\lim\limits_{n\to\infty}x_n=A$,且 $A>0$(或 $A<0$),则 $\exists\delta>0$,使得当 $0<|x-x_0|<\delta$ 时,恒有 $f(x)>0$(或 $f(x)<0$).

性质 3 的证明与收敛数列保号性的证明类似.

根据性质 3 可得如下推论.

推论 若 $\lim\limits_{x\to x_0}f(x)=A$ 且在 x_0 的某个去心邻域内 $f(x)\geqslant0$(或 $f(x)\leqslant0$),则 $A\geqslant0$(或 $A\leqslant0$).

三、极限的类型

高等数学所涉及的极限共有七种类型,分别是:

数列极限:$\lim\limits_{n\to\infty}x_n$.

函数极限:$x\to x_0$ 情形,$\lim\limits_{x\to x_0}f(x)$,$\lim\limits_{x\to x_0^-}f(x)$,$\lim\limits_{x\to x_0^+}f(x)$;

$x\to\infty$ 情形,$\lim\limits_{x\to\infty}f(x)$,$\lim\limits_{x\to-\infty}f(x)$,$\lim\limits_{x\to+\infty}f(x)$.

例 6 设 $\lim\limits_{x\to 2}f(x)$ 存在,且 $f(x)=3x-2\lim\limits_{x\to 2}f(x)$,求函数 $f(x)$.

解 令 $\lim\limits_{x\to 2}f(x)=A$,所给等式变为 $f(x)=3x-2A$,等式两边取 $x\to2$ 的极限,得

$$\lim_{x\to 2}f(x)=\lim_{x\to 2}3x-2A,$$

即 $A=6-2A$,得 $A=2$. 代入等式得 $f(x)=3x-4$.

极限的定义是建立极限理论的基础,它主要用来验证极限或证明与极限有关的命题. 一些简单的求极限问题可以通过直观考察来判断极限是否存在,但对于比较复杂的极限计算这一方法就行不通了. 对于比较复杂的极限计算,数学家们从极限的定义出发推导出了一系列方法,后面几节将陆续学习这些方法.

习题 1-3

1. 观察和判别下列函数在相应的自变量变化趋势下的极限情况,如果有极限,给出它们的极限.

(1) $f(x)=\dfrac{\arccos x}{\sqrt{x}}$,$x\to+\infty$;   (2) $f(x)=\dfrac{5x^2-2x+3}{x^2}$,$x\to\infty$;

(3) $f(x)=\dfrac{x^2+2x-3}{x-1},x\rightarrow1$; 　　(4) $f(x)=\dfrac{x^2-x}{x^2-1},x\rightarrow-1$;

(5) $f(x)=\mathrm{e}^{\frac{1}{x-1}},x\rightarrow1^{-}$.

2. 利用函数极限的 ε-δ 定义证明：$\lim\limits_{x\to3}(2x-5)=1$.

3. 求函数 $f(x)=\dfrac{|x|}{x}$ 在点 $x=0$ 处的左、右极限和极限.

4. 设 $\lim\limits_{x\to3}f(x)$ 存在，且 $f(x)=3\sqrt{x+6}-5\lim\limits_{x\to3}f(x)$，求函数 $f(x)$.

第四节　无穷小与无穷大

一、无穷小

1. 无穷小的定义

在极限理论中，无穷小有着非常重要的作用，微积分在早期又称为无穷小分析. 下面给出无穷小的定义.

定义 1.16　如果函数 $f(x)$ 当 $x\rightarrow x_0$（或 $x\rightarrow\infty$）时的极限为零，那么称函数 $f(x)$ 为当 $x\rightarrow x_0$（或 $x\rightarrow\infty$）时的**无穷小**.

对其他六种极限可以类似地定义无穷小. 例如，如果 $\lim\limits_{n\to\infty}x_n=0$，则称数列 $\{x_n\}$ 为当 $n\rightarrow\infty$ 时的无穷小. 需要注意的是，零是常数中唯一的无穷小. 除零以外，无穷小是变量.

例 1　(1) 因为 $\lim\limits_{x\to\infty}\dfrac{1}{x}=0$，故 $\dfrac{1}{x}$ 为当 $x\rightarrow\infty$ 时的无穷小.

(2) 因为 $\lim\limits_{x\to1}\dfrac{x^2-1}{x^2+2x+1}=0$，故 $\dfrac{x^2-1}{x^2+2x+1}$ 为当 $x\rightarrow1$ 时的无穷小.

需要注意的是，一个函数是不是无穷小与其变化趋势有很大的关系. 例如，$\dfrac{x^2-1}{x^2+2x+1}$ 是当 $x\rightarrow1$ 时的无穷小，如果 x 趋向别的常数或 ∞，$\dfrac{x^2-1}{x^2+2x+1}$ 就不是无穷小了.

有极限的变量与无穷小之间有着紧密的联系.

定理 1.1　$\lim\limits_{x\to x_0}f(x)=A\Leftrightarrow f(x)=A+\alpha(x)$，其中 $\alpha(x)$ 是当 $x\rightarrow x_0$ 时的无穷小.

定理 1.1 可以用函数极限的 ε-δ 定义证明. 定理 1.1 中的极限换成其他六种极限的任何一种，结论是一样的.

例 2　计算 $\lim\limits_{x\to\infty}\dfrac{3x-1}{2x}=\dfrac{3}{2}$.

解　因为 $\dfrac{3x-1}{2x}=\dfrac{3}{2}+\dfrac{-1}{2x}$，且 $\alpha(x)=\dfrac{-1}{2x}$ 是当 $x\rightarrow\infty$ 时的无穷小，故由定理 1.1 得

$$\lim\limits_{x\to\infty}\dfrac{3x-1}{2x}=\dfrac{3}{2}.$$

2. 无穷小的性质

定理 1.2 两个无穷小的和是无穷小.

证 设 α,β 是 $x \to x_0$ 时的两个无穷小，$\gamma = \alpha + \beta$.

对于 $\forall \varepsilon > 0$，因为 α,β 是 $x \to x_0$ 时的两个无穷小，分别存在 $\delta_1 > 0$ 和 $\delta_2 > 0$，使得对分别满足 $0 < |x - x_0| < \delta_1$ 和 $0 < |x - x_0| < \delta_2$ 的一切 x，不等式 $|\alpha| < \dfrac{\varepsilon}{2}$ 和 $|\beta| < \dfrac{\varepsilon}{2}$ 都成立.

取 $\delta = \min\{\delta_1, \delta_2\}$，当 $0 < |x - x_0| < \delta$ 时，不等式 $|\alpha| < \dfrac{\varepsilon}{2}$ 和 $|\beta| < \dfrac{\varepsilon}{2}$ 都成立，即不等式 $|\gamma| = |\alpha + \beta| \leqslant |\alpha| + |\beta| < \varepsilon$ 成立. 于是证明了 $\gamma = \alpha + \beta$ 是 $x \to x_0$ 时的无穷小.

定理 1.2 可以推广到有限个无穷小和的情况.

定理 1.3 无穷小与有界量的积是无穷小.

证 设变量 u 在 x_0 的某去心邻域 $\mathring{U}(x_0, \delta_1)$ 内有界，即存在 $M > 0$，使得 $|u| \leqslant M$ 对所有的 $x \in \mathring{U}(x_0, \delta_1)$ 成立.

设 α 是 $x \to x_0$ 时的无穷小，$\forall \varepsilon > 0$，$\exists \delta_2 > 0$，使得对满足 $0 < |x - x_0| < \delta_2$ 的一切 x，不等式 $|\alpha| < \dfrac{\varepsilon}{M}$ 成立.

取 $\delta = \min\{\delta_1, \delta_2\}$，当 $x \in \mathring{U}(x_0, \delta)$ 时，不等式 $|u| \leqslant M$ 和 $|\alpha| < \dfrac{\varepsilon}{M}$ 都成立，即不等式 $|u\alpha| = |u| \cdot |\alpha| \leqslant M \cdot \dfrac{\varepsilon}{M} < \varepsilon$ 成立. 于是证明了 $u\alpha$ 是 $x \to x_0$ 时的无穷小.

推论 1 常数与无穷小的积是无穷小.

推论 2 有限个无穷小的积是无穷小.

需要注意的是，两个无穷小的商未必是无穷小，例如 $x, 3x$ 都是 $x \to 0$ 时的无穷小，由 $\lim\limits_{x \to 0} \dfrac{3x}{x} = 3$ 知，当 $x \to 0$ 时 $\dfrac{3x}{x}$ 不是无穷小.

例 3 计算 $\lim\limits_{x \to 0} x \cos \dfrac{1}{x}$.

解 因为 $\left| \cos \dfrac{1}{x} \right| \leqslant 1 \ (x \neq 0)$ 且 x 是当 $x \to 0$ 时的无穷小，故由定理 1.3 得 $\lim\limits_{x \to 0} x \cos \dfrac{1}{x} = 0$.

二、无穷大

如果当 $x \to x_0$（或 $x \to \infty$）时，对应的函数 $f(x)$ 的绝对值 $|f(x)|$ 无限增大，就称函数 $f(x)$ 当 $x \to x_0$（或 $x \to \infty$）时为无穷大. 精确的定义为：

定义 1.17 设函数 $f(x)$ 在 x_0 的某个去心邻域内有定义（或 $|x|$ 大于某一正数时有定义），若对任意大的正数 M，总存在 $\delta > 0$（或正数 X），使得当 $0 < |x - x_0| < \delta$（或 $|x| > X$）时，总有 $|f(x)| > M$，则称函数 $f(x)$ 为当 $x \to x_0$（或 $x \to \infty$）时的**无穷大**，记作 $\lim\limits_{x \to x_0} f(x) = \infty$（或 $\lim\limits_{x \to \infty} f(x) = \infty$）.

需要说明的是，$\lim\limits_{x \to x_0} f(x) = \infty$（或 $\lim\limits_{x \to \infty} f(x) = \infty$）属于极限不存在的情形. 与 0 以外的无穷小类似，无穷大不是常数，是变量，所以不要把无穷大与很大的数混为一谈.

如果在无穷大的定义中，把 $|f(x)| > M$ 换成 $f(x) > M$（或 $f(x) < -M$），就记作

$$\lim_{\substack{x \to x_0 \\ (x \to \infty)}} f(x) = +\infty \quad (\text{或} \lim_{\substack{x \to x_0 \\ (x \to \infty)}} f(x) = -\infty).$$

例 4　$\lim\limits_{x \to 0} \dfrac{1}{x} = \infty$，特别地，$\lim\limits_{x \to 0^+} \dfrac{1}{x} = +\infty$，$\lim\limits_{x \to 0^-} \dfrac{1}{x} = -\infty$.

无穷大与无穷小之间有如下关系.

定理 1.4　对应于自变量的同一变化趋势，如果 $f(x)$ 为无穷大，则 $\dfrac{1}{f(x)}$ 为无穷小；如果 $f(x)$ 为非零的无穷小，则 $\dfrac{1}{f(x)}$ 为无穷大.

例 5　判断下列函数在自变量的什么变化趋势下是无穷小，在什么趋势下是无穷大.

(1) $f(x) = \tan x$；　　　　　　　　　(2) $f(x) = e^{-x}$.

解　(1) 因为 $\tan x = \dfrac{\sin x}{\cos x}$，故当 $x \to k\pi$（k 是整数）时，$f(x) = \tan x$ 是无穷小；当 $x \to k\pi + \dfrac{\pi}{2}$（$k$ 是整数）时，$f(x) = \tan x$ 是无穷大.

(2) 当 $x \to +\infty$ 时，$f(x) = e^{-x}$ 是无穷小；当 $x \to -\infty$ 时，$f(x) = e^{-x}$ 是无穷大.

习题 1-4

1. 利用定理 1.3 求下列极限：

(1) $\lim\limits_{x \to \infty} \dfrac{\arctan x}{\sqrt{x}}$；　　　　　　　　(2) $\lim\limits_{x \to 0^+} x^2 \sin \dfrac{1}{\sqrt{x}}$.

2. 函数 $y = x \sin x$ 在区间 $(0, +\infty)$ 内是否有界？当 $x \to +\infty$ 时，这个函数是否为无穷大？请给出理由.

第五节　极限运算法则

函数可以进行加减乘除运算和复合运算，当这些运算与求极限的运算复合在一起时，运算法则是什么样的呢？本节将要介绍的极限运算法则将解决此问题. 极限运算法则包含极限的四则运算法则和复合函数的极限运算法则，这些法则在函数极限的计算中经常用到，需要熟练掌握.

一、极限的四则运算法则

下面用 $\lim f(x)$ 表示七种极限中的任意一种.

定理 1.5　设对应于自变量的同一变化趋势，$f(x)$ 和 $g(x)$ 的极限都存在，且 $\lim f(x) = A$，$\lim g(x) = B$，则：

(1) $\lim[f(x) \pm g(x)] = \lim f(x) \pm \lim g(x) = A \pm B$；

(2) $\lim[f(x) \cdot g(x)] = \lim f(x) \cdot \lim g(x) = AB$；

(3) $\lim\dfrac{f(x)}{g(x)}=\dfrac{\lim f(x)}{\lim g(x)}=\dfrac{A}{B}$，$B\neq 0$.

证 这里只证明(1),(2)和(3)类似可证. 因为 $\lim f(x)=A$，$\lim g(x)=B$，根据定理 1.1 可得 $f(x)=A+\alpha(x)$，$g(x)=B+\beta(x)$，其中 $\alpha(x),\beta(x)$ 为无穷小，故

$$f(x)\pm g(x)=A\pm B+\alpha(x)\pm\beta(x).$$

由定理 1.2 得 $\alpha(x)\pm\beta(x)$ 是无穷小，再根据定理 1.1 得

$$\lim[f(x)\pm g(x)]=A\pm B=\lim f(x)\pm\lim g(x).$$

定理 1.5 的(1),(2)可以推广到有限个函数的情况.

推论 如果 $\lim f(x)=A$，C 为常数，则

$$\lim[Cf(x)]=C\lim f(x)=CA.$$

根据定理 1.5 和推论得极限运算具有线性(加法和数乘)性质，即

$$\lim[af(x)+bg(x)]=a\lim f(x)+b\lim g(x).$$

例 1 计算极限 $\lim\limits_{x\to 1}(3x^2-2x+4)$.

解 $\lim\limits_{x\to 1}(3x^2-2x+4)=3\lim\limits_{x\to 1}x^2-2\lim\limits_{x\to 1}x+4=3\times 1^2-2\times 1+4=5$.

一般的，对 n 次多项式，$p_n(x)=a_0x^n+a_1x^{n-1}+a_2x^{n-2}+\cdots+a_{n-1}x+a_n\ (a_0\neq 0)$，如同例 1，根据定理 1.5 和推论可得 $\lim\limits_{x\to x_0}p_n(x)=a_0x_0^n+a_1x_0^{n-1}+a_2x_0^{n-2}+\cdots+a_{n-1}x_0+a_n=p_n(x_0)$. 即

$$\lim_{x\to x_0}p_n(x)=p_n(x_0).$$

两个多项式的商 $R_n(x)=\dfrac{p_n(x)}{Q_m(x)}=\dfrac{a_0x^n+a_1x^{n-1}+a_2x^{n-2}+\cdots+a_{n-1}x+a_n}{b_0x^m+b_1x^{m-1}+b_2x^{m-2}+\cdots+b_{m-1}x+b_m}\ (a_0,\ b_0\neq 0)$ 称为**有理分式函数**.

例 2 计算极限 $\lim\limits_{x\to 2}\dfrac{5x^2+3x-4}{-2x^3+x^2+7x-3}$.

解 分母在点 $x=2$ 的函数值非零，由极限的运算法则得

$$\lim_{x\to 2}\frac{5x^2+3x-4}{-2x^3+x^2+7x-3}=\frac{\lim\limits_{x\to 2}(5x^2+3x-4)}{\lim\limits_{x\to 2}(-2x^3+x^2+7x-3)}=\frac{22}{-1}=-22.$$

例 3 计算极限 $\lim\limits_{x\to 3}\dfrac{x^2-9}{x^2-2x-3}$.

解 分子与分母都是 $x\to 3$ 时的无穷小，且分子与分母有公因子 $x-3$，分解因式得

$$\lim_{x\to 3}\frac{x^2-9}{x^2-2x-3}=\lim_{x\to 3}\frac{(x-3)(x+3)}{(x-3)(x+1)}=\lim_{x\to 3}\frac{x+3}{x+1}=\frac{3}{2}.$$

例 4 计算极限 $\lim\limits_{x\to 1}\dfrac{\sqrt{x-1}}{x^2-1}$.

解 分子与分母都是 $x\to 1$ 时的无穷小，分子与分母有公因子 $\sqrt{x-1}$，分解因式得

$$\lim_{x\to 1}\frac{\sqrt{x-1}}{x^2-1}=\lim_{x\to 1}\frac{\sqrt{x-1}}{(x-1)(x+1)}=\lim_{x\to 1}\frac{1}{\sqrt{x-1}\cdot(x+1)}=\infty.$$

例 3 与例 4 都是商的极限且分子分母都是无穷小的例子,这种商的极限可能存在也可能不存在,通常称为 $\dfrac{0}{0}$ 型未定式.

例 5 计算极限 $\lim\limits_{x \to \infty} \dfrac{2x^2 - 3x - 2}{3x^2 - 2x + 1}$.

解 分子与分母都是 $x \to \infty$ 时的无穷大,不能直接用商的极限运算法则,分子与分母关于 x 的最高次幂是 x^2,可以用 x^2 同时去除分子、分母然后取极限,得

$$\lim_{x \to \infty} \frac{2x^2 - 3x - 2}{3x^2 - 2x + 1} = \lim_{x \to \infty} \frac{2 - \dfrac{3}{x} - \dfrac{2}{x^2}}{3 - \dfrac{2}{x} + \dfrac{1}{x^2}} = \frac{2}{3}.$$

这是因为上式中 $\lim\limits_{x \to \infty} \dfrac{k}{x^a} = k \lim\limits_{x \to \infty} \dfrac{1}{x^a} = 0$,其中 k 为常数,a 为正数.

例 6 计算极限 $\lim\limits_{x \to \infty} \dfrac{4x^3 - 3x^2 + 5x - 1}{8x^4 - 6x^3 + 7}$.

解 分子与分母关于 x 的最高次幂是 x^4,可以用 x^4 同时去除分子、分母然后取极限,得

$$\lim_{x \to \infty} \frac{4x^3 - 3x^2 + 5x - 1}{8x^4 - 6x^3 + 7} = \lim_{x \to \infty} \frac{\dfrac{4}{x} - \dfrac{3}{x^2} + \dfrac{5}{x^3} - \dfrac{1}{x^4}}{8 - \dfrac{6}{x} + \dfrac{7}{x^4}} = 0.$$

例 5 与例 6 都是商的极限且分子分母都是无穷大的例子,这种商的极限与 $\dfrac{0}{0}$ 型未定式类似,也是未定式,通常称为 $\dfrac{\infty}{\infty}$ 型未定式.

例 5 与例 6 是下列一般情形的特例:当 $a_0 \neq 0, b_0 \neq 0, m, n$ 为非负整数时,有

$$\lim_{x \to \infty} \frac{a_0 x^n + a_1 x^{n-1} + a_2 x^{n-2} + \cdots + a_{n-1} x + a_n}{b_0 x^m + b_1 x^{m-1} + b_2 x^{m-2} + \cdots + b_{m-1} x + b_m} = \begin{cases} \dfrac{a_0}{b_0}, & n = m, \\ 0, & n < m, \\ \infty, & n > m. \end{cases}$$

二、复合函数的极限运算法则

定理 1.6 设函数 $u = g(x)$ 当 $x \to x_0$ 时的极限存在且等于 a,即

$$\lim_{x \to x_0} g(x) = a,$$

而函数 $y = f(u)$ 在点 $u = a$ 处有定义且

$$\lim_{u \to a} f(u) = f(a),$$

则复合函数 $y = f[g(x)]$ 当 $x \to x_0$ 时的极限存在且等于 $f(a)$,即

$$\lim_{x \to x_0} f[g(x)] = f(a).$$

证明略.

极限 $\lim\limits_{x \to x_0} f[g(x)] = f(a)$ 也可以写为

$$\lim_{x \to x_0} f[g(x)] = f[\lim_{x \to x_0} g(x)].$$

上式表明,在定理 1.6 的条件下,求复合函数 $y = f[g(x)]$ 的极限时,函数符号与极限符号可以交换次序.

例 7 计算极限 $\lim\limits_{x \to \infty} \dfrac{\sqrt{9x^3 - 3x^2 + 5}}{\sqrt{4x^3 - 2x + 1}}$.

解 根据定理 1.6 得

$$\lim_{x \to \infty} \frac{\sqrt{9x^3 - 3x^2 + 5}}{\sqrt{4x^3 - 2x + 1}} = \lim_{x \to \infty} \sqrt{\frac{9x^3 - 3x^2 + 5}{4x^3 - 2x + 1}} = \sqrt{\lim_{x \to \infty} \frac{9x^3 - 3x^2 + 5}{4x^3 - 2x + 1}}.$$

分子与分母关于 x 的最高次幂是 x^3,可以用 x^3 同时去除分子、分母然后取极限,得

$$\lim_{x \to \infty} \frac{\sqrt{9x^3 - 3x^2 + 5}}{\sqrt{4x^3 - 2x + 1}} = \sqrt{\lim_{x \to \infty} \frac{9x^3 - 3x^2 + 5}{4x^3 - 2x + 1}} = \sqrt{\lim_{x \to \infty} \frac{9 - \dfrac{3}{x} + \dfrac{5}{x^3}}{4 - \dfrac{2}{x^2} + \dfrac{1}{x^3}}} = \frac{3}{2}.$$

例 8 计算极限 $\lim\limits_{x \to 0} \dfrac{x^2}{\sqrt{x^2 + 4} - 2}$.

解 此题属于 $\dfrac{0}{0}$ 型未定式,分母含有无理根式,应用有理化方法简化计算,得

$$\lim_{x \to 0} \frac{x^2}{\sqrt{x^2 + 4} - 2} = \lim_{x \to 0} \frac{x^2(\sqrt{x^2 + 4} + 2)}{x^2} = \lim_{x \to 0}(\sqrt{x^2 + 4} + 2) = 4.$$

习题 1-5

1. 设 $\lim\limits_{x \to 2} f(x) = 3, \lim\limits_{x \to 2} g(x) = -1, \lim\limits_{x \to 2} h(x) = 2$,计算下列极限:

(1) $\lim\limits_{x \to 2}[f(x) + 2g(x)]$;

(2) $\lim\limits_{x \to 2} f(x)h(x)$;

(3) $\lim\limits_{x \to 2} \dfrac{\sqrt{h(x)}}{g(x)}$;

(4) $\lim\limits_{x \to 2} \dfrac{2g(x) - h(x)}{f(x)}$.

2. 计算下列极限:

(1) $\lim\limits_{x \to +\infty} \dfrac{2x^3 + 5x - 7}{3x^3 - 2x^2 + 1}$;

(2) $\lim\limits_{x \to +\infty} \dfrac{2 \cdot 5^n + (-3)^n}{5^{n+1} - (-3)^{n+1}}$;

(3) $\lim\limits_{x \to \infty} \dfrac{\sqrt{8x^4 - 7x^2 + 12}}{-x^2 + 3x - 1}$;

(4) $\lim\limits_{x \to \infty} \dfrac{(3x - 2)^{30}(4x - 1)^{40}}{(7x + 2)^{70}}$.

3. 计算下列极限：

(1) $\lim\limits_{x \to -1} \dfrac{x^2 + 2x + 2}{x^2 + 3}$;

(2) $\lim\limits_{n \to +\infty} (\sqrt{n-2} - \sqrt{n}) \sqrt{n}$;

(3) $\lim\limits_{h \to 0} \dfrac{(x-h)^2 - x^2}{h}$;

(4) $\lim\limits_{x \to 1} \dfrac{\sqrt[3]{x} - 1}{\sqrt{x} - 1}$;

(5) $\lim\limits_{x \to 2} \dfrac{x^2 - 4}{x^3 - 8}$;

(6) $\lim\limits_{n \to \infty} \left(1 + \dfrac{1}{n^2}\right)\left(3 - \dfrac{1}{n^2}\right)$.

4. 设极限 $\lim\limits_{x \to 1} \dfrac{x^2 - 3x + a}{x - 1} = -1$, 求 a.

第六节　极限存在准则　两个重要极限　连续复利

本节介绍判断极限存在的两个准则：夹逼准则与单调有界收敛准则. 并由这两个准则推导出两个重要极限：

$$\lim_{x \to 0} \frac{\sin x}{x} = 1, \qquad\qquad \lim_{x \to \infty} \left(1 + \frac{1}{x}\right)^x = e.$$

一、夹逼准则

夹逼准则分数列极限和函数极限两种情形.

准则 I　如果数列 $\{x_n\}, \{y_n\}, \{z_n\}$ 满足如下两个条件：

(1) $y_n \leqslant x_n \leqslant z_n$;　　　　(2) $\lim\limits_{n \to \infty} y_n = a$, $\lim\limits_{n \to \infty} z_n = a$,

那么数列 $\{x_n\}$ 的极限存在, 且 $\lim\limits_{n \to \infty} x_n = a$.

证　因为 $\lim\limits_{n \to \infty} y_n = a$, $\lim\limits_{n \to \infty} z_n = a$, 根据数列极限的定义, 对 $\forall \varepsilon > 0$, 总存在正整数 N_1, 使得当 $n > N_1$ 时, 有 $|y_n - a| < \varepsilon$; 又存在正整数 N_2, 使得当 $n > N_2$ 时, 有 $|z_n - a| < \varepsilon$. 取 $N = \max\{N_1, N_2\}$, 则当 $n > N$ 时, 有 $|y_n - a| < \varepsilon$, $|z_n - a| < \varepsilon$ 同时成立, 即

$$a - \varepsilon < y_n < a + \varepsilon, \quad a - \varepsilon < z_n < a + \varepsilon.$$

故当 $n > N$ 时,

$$a - \varepsilon < y_n \leqslant x_n \leqslant z_n < a + \varepsilon,$$

于是 $|x_n - a| < \varepsilon$, 所以 $\lim\limits_{n \to \infty} x_n = a$.

上述数列极限夹逼准则可以推广到函数的极限.

准则 I′　如果

(1) 当 $x \in \mathring{U}(x, \delta)$ (或 $|x| > X$) 时, 有 $g(x) \leqslant f(x) \leqslant h(x)$;

(2) $\lim\limits_{\substack{x \to x_0 \\ (x \to \infty)}} g(x) = A$, $\lim\limits_{\substack{x \to x_0 \\ (x \to \infty)}} h(x) = A$,

那么极限 $\lim\limits_{\substack{x \to x_0 \\ (x \to \infty)}} f(x)$ 存在, 且 $\lim\limits_{\substack{x \to x_0 \\ (x \to \infty)}} f(x) = A$.

例1　证明 $\lim\limits_{x \to 0} \left(\dfrac{1}{\sqrt{n^2 + 1}} + \dfrac{1}{\sqrt{n^2 + 2}} + \cdots + \dfrac{1}{\sqrt{n^2 + n}}\right) = 1$.

证 令 $x_n = \dfrac{1}{\sqrt{n^2+1}} + \dfrac{1}{\sqrt{n^2+2}} + \cdots + \dfrac{1}{\sqrt{n^2+n}}$，则

$$x_n < \frac{1}{\sqrt{n^2+1}} + \frac{1}{\sqrt{n^2+1}} + \cdots + \frac{1}{\sqrt{n^2+1}} = \frac{n}{\sqrt{n^2+1}},$$

$$x_n > \frac{1}{\sqrt{n^2+n}} + \frac{1}{\sqrt{n^2+n}} + \cdots + \frac{1}{\sqrt{n^2+n}} = \frac{n}{\sqrt{n^2+n}}.$$

即

$$\frac{n}{\sqrt{n^2+n}} < x_n < \frac{n}{\sqrt{n^2+1}}.$$

因为

$$\lim_{n\to\infty} \frac{n}{\sqrt{n^2+n}} = \lim_{n\to\infty} \frac{n}{\sqrt{n^2+1}} = 1,$$

由夹逼准则可得

$$\lim_{n\to\infty} x_n = \lim_{n\to\infty} \left(\frac{1}{\sqrt{n^2+1}} + \frac{1}{\sqrt{n^2+2}} + \cdots + \frac{1}{\sqrt{n^2+n}} \right) = 1.$$

二、第一个重要极限

应用准则 I' 可以证明第一个重要极限

$$\lim_{x\to 0} \frac{\sin x}{x} = 1.$$

在图 1-22 所示的单位圆中，设圆心角 $\angle AOB = x, 0 < x < \dfrac{\pi}{2}$，由

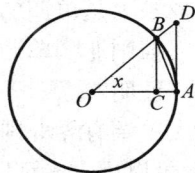

图 1-22 易得

△AOB 的面积 < 扇形 AOB 的面积 < △AOD 的面积，

所以

$$\frac{\sin x}{2} < \frac{x}{2} < \frac{\tan x}{2},$$

图 1-22

上面不等式各端同时除以 $\dfrac{\sin x}{2}$，得

$$1 < \frac{x}{\sin x} < \frac{1}{\cos x},$$

即

$$\cos x < \frac{\sin x}{x} < 1.$$

因为 $\cos x$ 与 $\dfrac{\sin x}{x}$ 都是偶函数，故上述不等式对 $-\dfrac{\pi}{2} < x < 0$ 也成立，即对于 $0 < |x| < \dfrac{\pi}{2}$，均有

$$\cos x < \frac{\sin x}{x} < 1.$$

因为 $\lim\limits_{x\to 0}\cos x=1,\lim\limits_{x\to 0}1=1$,因此由准则 I′可得 $\lim\limits_{x\to 0}\dfrac{\sin x}{x}=1$.

从第一个重要极限出发,可解决一类与三角函数有关的极限问题.

例 2　计算极限 $\lim\limits_{x\to 0}\dfrac{\tan x}{x}$.

解　$\lim\limits_{x\to 0}\dfrac{\tan x}{x}=\lim\limits_{x\to 0}\left(\dfrac{\sin x}{x}\cdot\dfrac{1}{\cos x}\right)=\lim\limits_{x\to 0}\dfrac{\sin x}{x}\cdot\lim\limits_{x\to 0}\dfrac{1}{\cos x}=1.$

例 3　计算极限 $\lim\limits_{x\to 0}\dfrac{2(1-\cos x)}{x^2}$.

解　$\lim\limits_{x\to 0}\dfrac{2(1-\cos x)}{x^2}=2\lim\limits_{x\to 0}\dfrac{2\sin^2\frac{x}{2}}{x^2}=\lim\limits_{x\to 0}\dfrac{\sin^2\frac{x}{2}}{\left(\frac{x}{2}\right)^2}=\left(\lim\limits_{x\to 0}\dfrac{\sin\frac{x}{2}}{\frac{x}{2}}\right)^2=1.$

例 4　计算极限 $\lim\limits_{x\to 0}\dfrac{\arctan x}{x}$.

解　令 $t=\arctan x$,则 $x=\tan t$,当 $x\to 0$ 时有 $t\to 0$.
由复合函数的极限运算法则和例 2 得
$$\lim\limits_{x\to 0}\dfrac{\arctan x}{x}=\lim\limits_{t\to 0}\dfrac{t}{\tan t}=1.$$

三、单调有界准则

由数列极限的性质可知,有极限的数列一定有界.反之,有界数列却不一定有极限.如果有界数列是单调的,则一定有极限.下面的准则称为单调有界准则

准则 II　单调有界数列必有极限.

证明略.

单调有界准则是实数集的一个重要属性,本课程主要用它来证明数列极限的存在.比如,可以用它来证明第二个重要极限.

四、第二个重要极限

作为准则 II 的应用,我们讨论第二个重要极限
$$\lim\limits_{x\to\infty}\left(1+\dfrac{1}{x}\right)^x.$$

形如 $y=u(x)^{v(x)}(u(x)>0)$ 的函数既不是指数函数,也不是幂函数,称为**幂指函数**.函数 $y=\left(1+\dfrac{1}{x}\right)^x$ 就是一个幂指函数.幂指函数 $y=\left(1+\dfrac{1}{x}\right)^x$ 的极限 $\lim\limits_{x\to\infty}\left(1+\dfrac{1}{x}\right)^x$ 不一定存在,称这样的极限为 1^∞ 型未定式.

下面应用准则 II 证明 $\lim\limits_{x\to\infty}\left(1+\dfrac{1}{x}\right)^x$ 存在.

设 $x_n=\left(1+\dfrac{1}{n}\right)^n$,先证明数列 $\{x_n\}$ 是单调有界的数列.

第一步,证明 $\{x_n\}$ 单调递增.

由均值不等式

$$x_n = \left(1+\frac{1}{n}\right)^n = \left(1+\frac{1}{n}\right)\cdots\left(1+\frac{1}{n}\right)\times 1 < \left[\frac{\left(1+\frac{1}{n}\right)+\cdots+\left(1+\frac{1}{n}\right)+1}{n+1}\right]^{n+1}$$

$$= \left(1+\frac{1}{n+1}\right)^{n+1} = x_{n+1},$$

证得数列 $\{x_n\}$ 是单调递增的.

第二步,证明 $\{x_n\}$ 有界.

设 $y_n = \left(1+\frac{1}{n}\right)^{n+1}$,考察数列 $\{y_n\}$,有 $x_n = \left(1+\frac{1}{n}\right)^n < y_n = \left(1+\frac{1}{n}\right)^{n+1}$.

由均值不等式

$$\frac{1}{y_n} = \left(\frac{n}{n+1}\right)^{n+1} = \frac{n}{n+1}\cdot\ldots\cdot\frac{n}{n+1}\cdot 1 < \left[\frac{\frac{n}{n+1}+\cdots+\frac{n}{n+1}+1}{n+2}\right]^{n+2}$$

$$= \left(\frac{n+1}{n+2}\right)^{n+2} = \frac{1}{y_{n+1}}$$

可知数列 $\{y_n\}$ 是单调递减的. 于是有

$$x_n < y_n < y_{n-1} < \cdots < y_1 = 4.$$

这样就证明了数列 $\{x_n\}$ 是单调有界的. 由准则 Ⅱ 可知,数列 $\{x_n\}$ 的极限存在,用字母 e 表示这个极限(数学家欧拉在 1748 年用这个符号表示这一极限),即

$$\lim_{n\to\infty}\left(1+\frac{1}{n}\right)^n = e.$$

可以证明,当 x 取实数而趋向 $+\infty$ 或 $-\infty$ 时,函数 $y = \left(1+\frac{1}{x}\right)^x$ 的极限都存在且等于 e,因此

$$\lim_{x\to\infty}\left(1+\frac{1}{x}\right)^x = e.$$

e 是无理数,它的值为 $e = 2.718\cdots$. 指数函数 $y = e^x$ 以及自然对数 $y = \ln x$ 中的 e 就是这个数.

令 $z = \frac{1}{x}$,则当 $x\to\infty$ 时,$z\to 0$,故

$$\lim_{z\to 0}(1+z)^{\frac{1}{z}} = \lim_{x\to\infty}\left(1+\frac{1}{x}\right)^x = e.$$

即

$$\lim_{x\to 0}(1+x)^{\frac{1}{x}} = e.$$

第二个重要极限常用的形式有三种:

$$\lim_{n\to\infty}\left(1+\frac{1}{n}\right)^n = e,\quad \lim_{x\to\infty}\left(1+\frac{1}{x}\right)^x = e \quad 和 \quad \lim_{x\to 0}(1+x)^{\frac{1}{x}} = e.$$

上面的形式可以进一步推广:

对应于自变量的某一趋向,如果 $\lim\varphi(x)=0$,则 $\lim[1+\varphi(x)]^{\frac{1}{\varphi(x)}}=e$;

如果 $\lim\varphi(x)=\infty$,则 $\lim\left[1+\dfrac{1}{\varphi(x)}\right]^{\varphi(x)}=e$.

例 5 计算极限 $\lim\limits_{x\to 0}(1-x)^{\frac{1}{x}}$.

解 由 $\lim\limits_{x\to 0}(1+x)^{\frac{1}{x}}=e$ 得

$$\lim_{x\to 0}(1-x)^{\frac{1}{x}}=\lim_{x\to 0}[1+(-x)]^{\frac{1}{x}\cdot(-1)}=\lim_{x\to 0}\frac{1}{[1+(-x)]^{\frac{1}{-x}}}=e^{-1}.$$

例 6 计算极限 $\lim\limits_{x\to\infty}x\cdot\ln\left(1+\dfrac{1}{x}\right)$.

解 由 $x\cdot\ln\left(1+\dfrac{1}{x}\right)=\ln\left(1+\dfrac{1}{x}\right)^{x}$ 和复合函数的极限运算法则得

$$\lim_{x\to\infty}x\cdot\ln\left(1+\frac{1}{x}\right)=\lim_{x\to\infty}\ln\left(1+\frac{1}{x}\right)^{x}=\ln\lim_{x\to\infty}\left(1+\frac{1}{x}\right)^{x}=\ln e=1.$$

类似于例 6,可得

$$\lim_{x\to 0}\frac{\ln(1+x)}{x}=1.$$

例 7 计算极限 $\lim\limits_{x\to 0}\dfrac{e^{x}-1}{x}$.

解 令 $u=e^{x}-1$,则 $x=\ln(1+u)$,且当 $x\to 0$ 时,$u\to 0$,故利用 $\lim\limits_{x\to 0}\dfrac{\ln(1+x)}{x}=1$ 可得

$$\lim_{x\to 0}\frac{e^{x}-1}{x}=\lim_{u\to 0}\frac{u}{\ln(1+u)}=1.$$

利用第二个重要极限来计算函数极限时,常遇到幂指函数 $y=u(x)^{v(x)}\ (u(x)>0)$ 的极限,如果 $\lim u(x)=A>0,\lim v(x)=B$,则可以证明 $\lim u(x)^{v(x)}=A^{B}$.

例 8 计算极限 $\lim\limits_{x\to 0}(1+x)^{\frac{2}{\sin x}}$.

解 因为 $\lim\limits_{x\to 0}(1+x)^{\frac{2}{\sin x}}=\lim\limits_{x\to 0}\left[(1+x)^{\frac{1}{x}}\right]^{\frac{2x}{\sin x}}$,因此由 $\lim\limits_{x\to 0}(1+x)^{\frac{1}{x}}=e$ 和 $\lim\limits_{x\to 0}\dfrac{2x}{\sin x}=2$ 得

$$\lim_{x\to 0}(1+x)^{\frac{2}{\sin x}}=e^{2}.$$

例 9 计算极限 $\lim\limits_{x\to\infty}\left(\dfrac{x+1}{x+5}\right)^{2x}$.

解 $\lim\limits_{x\to\infty}\left(\dfrac{x+1}{x+5}\right)^{2x}=\lim\limits_{x\to\infty}\dfrac{\left(1+\frac{1}{x}\right)^{x\cdot 2}}{\left(1+\frac{5}{x}\right)^{\frac{x}{5}\cdot 10}}=\dfrac{\left[\lim\limits_{x\to\infty}\left(1+\frac{1}{x}\right)^{x}\right]^{2}}{\left[\lim\limits_{x\to\infty}\left(1+\frac{5}{x}\right)^{\frac{x}{5}}\right]^{10}}=\dfrac{e^{2}}{e^{10}}=e^{-8}.$

五、连续复利

设一笔贷款本金为 A_0,年利率为 a,则:

一年后的本金与利息和为

$$A_1 = A_0(1+a);$$

两年后的本金与利息和为

$$A_2 = A_0(1+a)^2;$$

k 年后的本金与利息和为

$$A_k = A_0(1+a)^k.$$

如果一年分 n 期计息,年利率仍为 a,则每期利率为 $\dfrac{a}{n}$,且前一期的本金与利息和为后一期的本金,于是一年后的本金与利息和为 $A_1 = A_0\left(1+\dfrac{a}{n}\right)^n$. k 年后共计复利 nk 次,其本金与利息和为

$$A_k = A_0\left(1+\frac{a}{n}\right)^{nk}.$$

上式称为 k 年后本金与利息和的**离散复利**公式.

如果利息期数 $n \to \infty$,即利息随时计入本金(称为**连续复利**),则 k 年后的本金与利息和为

$$A_k = \lim_{n\to\infty} A_0\left(1+\frac{a}{n}\right)^{nk} = \lim_{n\to\infty} A_0\left[\left(1+\frac{1}{\frac{n}{a}}\right)^{\frac{n}{a}}\right]^{ak} = A_0 e^{ak}.$$

上式称为 k 年后本金与利息和的**连续复利**公式.连续复利在现实中不存在,俗称的利滚利实际上是离散复利.

A_0 称为**现在值**,A_k 称为**将来值**.已知 A_0 求 A_k,称为复利问题.已知 A_k 求 A_0,称为贴现问题,这时称利率 a 为**贴现率**.

习题 1-6

1. 计算下列极限:

(1) $\lim\limits_{x\to 0}\dfrac{\tan 2x}{\tan 3x}$;

(2) $\lim\limits_{x\to 0} x\cot 3x$;

(3) $\lim\limits_{x\to 0}\dfrac{x\sin 2x}{1-\cos 3x}$;

(4) $\lim\limits_{x\to 0}\dfrac{x-\sin 2x}{x+\tan x}$;

(5) $\lim\limits_{x\to 0}\dfrac{\tan x-\sin x}{x^3}$.

2. 计算下列极限:

(1) $\lim\limits_{x\to 0}\left(1-\dfrac{x}{2}\right)^{\frac{3}{x}}$;

(2) $\lim\limits_{x\to -1}\left(\dfrac{3+x}{2}\right)^{\frac{-2}{x+1}}$;

(3) $\lim\limits_{x\to\infty}\left(\dfrac{x+2}{x-3}\right)^x$;

(4) $\lim\limits_{x\to 0}(1+3x)^{\frac{2}{x}}$;

(5) $\lim\limits_{x\to\infty}\left(\dfrac{x^2}{x^2-2}\right)^{2x^2+1}$;

(6) $\lim\limits_{x\to\pi}(1+\tan x)^{3\csc x}$.

3. 利用夹逼准则计算极限：$\lim\limits_{n\to\infty}\left(\dfrac{1}{\sqrt{n^2+\pi}}+\dfrac{1}{\sqrt{n^2+2\pi}}+\cdots+\dfrac{1}{\sqrt{n^2+n\pi}}\right).$

第七节 无穷小的比较

无穷小量在微积分的许多环节发挥着重要的作用，如许多概念的引入、理论的推导及其应用都和无穷小量密切相关，因此微积分早期也称为无穷小分析. 由本章第四节可知，两个无穷小的和、差及乘积仍是无穷小，但是两个无穷小的商会出现多种情况. 例如，当 $x\to 0$ 时，$x,x^2,\sin 2x$ 都是无穷小，它们商的极限属于 $\dfrac{0}{0}$ 型未定式. 但是

$$\lim_{x\to 0}\frac{x}{\sin 2x}=\frac{1}{2},\quad \lim_{x\to 0}\frac{x}{x^2}=\infty,\quad \lim_{x\to 0}\frac{x^2}{\sin 2x}=0.$$

$\dfrac{0}{0}$ 型未定式的各种不同情况反映了不同的无穷小趋于零的"快慢"程度. 例如，当 $x\to 0$ 时，x 比 x^2 趋于零的速度"慢些"，也即 x^2 比 x 趋于零的速度"快些"，而 x 与 $\sin 2x$ 趋于零的速度"相仿".

下面用数学的语言来描述这些无穷小趋于零的"快慢""相仿"等现象.

定义 1.18 设 α,β 是对应于自变量同一变化趋势的两个无穷小，且 $\beta\neq 0$.

(1) 如果 $\lim\dfrac{\alpha}{\beta}=0$，则称 α **是比 β 高阶的无穷小**，记作 $\alpha=o(\beta)$；此时也称 β **是比 α 低阶的无穷小**.

(2) 如果 $\lim\dfrac{\alpha}{\beta}=c(c\neq 0)$，则称 α **与 β 是同阶无穷小**.

(3) 如果 $\lim\dfrac{\alpha}{\beta}=1$，则称 α **与 β 是等价无穷小**，记作 $\alpha\sim\beta$.

(4) 如果 $\lim\dfrac{\alpha}{\beta^k}=c(c\neq 0,k>0)$，则称 α **是 β 的 k 阶无穷小**.

显然，等价无穷小是同阶无穷小；如果 α 是 β 的 k 阶无穷小，则 α 与 β^k 是同阶的无穷小.

定理 1.7 α 与 β 是等价无穷小的充分必要条件是 $\beta=\alpha+o(\alpha)$.

证 必要性. 设 $\alpha\sim\beta$，则

$$\lim\frac{\beta-\alpha}{\alpha}=\lim\left(\frac{\beta}{\alpha}-1\right)=\lim\frac{\beta}{\alpha}-1=0,$$

即 $\beta-\alpha=o(\alpha)$ 或 $\beta=\alpha+o(\alpha)$.

充分性. 如果 $\beta=\alpha+o(\alpha)$，则

$$\lim\frac{\beta}{\alpha}=\lim\frac{\alpha+o(\alpha)}{\alpha}=\lim\left(1+\frac{o(\alpha)}{\alpha}\right)=1,$$

因此 $\alpha\sim\beta$.

定理 1.8 设 $\alpha\sim\alpha',\beta\sim\beta'$，且 $\lim\dfrac{\beta'}{\alpha'}$ 存在，则

$$\lim\frac{\beta}{\alpha}=\lim\frac{\beta'}{\alpha'}.$$

证 $\lim\dfrac{\beta}{\alpha}=\lim\left(\dfrac{\beta}{\beta'}\cdot\dfrac{\beta'}{\alpha'}\cdot\dfrac{\alpha'}{\alpha}\right)=\lim\dfrac{\beta}{\beta'}\cdot\lim\dfrac{\beta'}{\alpha'}\cdot\lim\dfrac{\alpha'}{\alpha}=\lim\dfrac{\beta'}{\alpha'}.$

定理 1.8 表明,求 $\dfrac{0}{0}$ 型未定式时,分子及分母都可以用等价无穷小来代替. 选择合适的等价无穷小,可以使得计算简化.

下面将 $x\to0$ 时的几个常用的等价无穷小列出来,便于记忆.

当 $x\to0$ 时,

$$x\sim\sin x\sim\tan x\sim\arcsin x\sim\arctan x\sim\ln(1+x)\sim \mathrm{e}^x-1;\ 1-\cos x\sim\frac{x^2}{2};$$

$$a^x-1\sim x\ln a;\ (1+x)^k-1\sim kx\quad(k\neq0).$$

特别地,

$$\sqrt[n]{1+x}-1\sim\frac{1}{n}x\quad(x\to0).$$

例1 计算极限 $\lim\limits_{x\to\infty}x\sin\dfrac{1}{x}.$

解 当 $x\to\infty$ 时,$\dfrac{1}{x}\sim\sin\dfrac{1}{x}$,则

$$\lim_{x\to\infty}x\sin\frac{1}{x}=\lim_{x\to\infty}x\cdot\frac{1}{x}=1.$$

例2 计算极限 $\lim\limits_{x\to0}\dfrac{x^2-3x}{\ln(1+x)}.$

解 当 $x\to0$ 时,$x\sim\ln(1+x)$,则

$$\lim_{x\to0}\frac{x^2-3x}{\ln(1+x)}=\lim_{x\to0}\frac{x^2-3x}{x}=\lim_{x\to0}(x-3)=3.$$

例3 计算极限 $\lim\limits_{x\to0}\dfrac{3x^2}{\sqrt{1+\sin^2x}-1}.$

解 当 $x\to0$ 时,$\sin^2x\to0$,$\sqrt{1+x}-1\sim\dfrac{1}{2}x$,则

$$\sqrt{1+\sin^2x}-1\sim\frac{1}{2}\sin^2x\sim\frac{1}{2}x^2,$$

所以

$$\lim_{x\to0}\frac{3x^2}{\sqrt{1+\sin^2x}-1}=\lim_{x\to0}\frac{3x^2}{\frac{1}{2}\sin^2x}=6\lim_{x\to0}\frac{x^2}{x^2}=6.$$

例4 计算极限 $\lim\limits_{x\to0}\dfrac{\mathrm{e}^x-\cos x}{\arcsin x}.$

解 $\lim\limits_{x\to0}\dfrac{\mathrm{e}^x-\cos x}{\arcsin x}=\lim\limits_{x\to0}\dfrac{\mathrm{e}^x-\cos x}{x}=\lim\limits_{x\to0}\dfrac{\mathrm{e}^x-1}{x}+\lim\limits_{x\to0}\dfrac{1-\cos x}{x}=\lim\limits_{x\to0}\dfrac{x}{x}+\lim\limits_{x\to0}\dfrac{\frac{x^2}{2}}{x}=1.$

例 5　计算极限 $\lim\limits_{x\to 0}\dfrac{\tan x-\sin x}{x^2}$.

解　$\lim\limits_{x\to 0}\dfrac{\tan x-\sin x}{x^3}=\lim\limits_{x\to 0}\dfrac{\tan x(1-\cos x)}{x^3}=\lim\limits_{x\to 0}\dfrac{x\cdot\dfrac{x^2}{2}}{x^3}=\dfrac{1}{2}$.

习题 1-7

1. 填空题

(1) $f(x)=x\sin\dfrac{1}{x}$ 是 $x\to$ ____ 时的无穷小;

(2) 当 $x\to 0$ 时,e^x-1 与 $2\sin\dfrac{x}{k}$ 是等价无穷小,则 $k=$ ____.

2. 计算下列极限:

(1) $\lim\limits_{x\to 0}\dfrac{x\tan 3x}{1-\cos 2x}$;

(2) $\lim\limits_{x\to 1}\dfrac{4\ln x}{x-1}$;

(3) $\lim\limits_{x\to 0}\dfrac{\tan x-\sin x}{x^2(e^{3x}-1)}$;

(4) $\lim\limits_{x\to 0}\dfrac{\sqrt{1+x\tan x}-1}{\sin^2 x}$;

(5) $\lim\limits_{x\to 0}\dfrac{\ln(x^2+1)}{1-\cos 3x}$;

(6) $\lim\limits_{x\to 0}\dfrac{(1-e^{-2x})\sin\dfrac{x}{2}}{x^2}$.

第八节　函数的连续性

客观世界的许多现象和事物都处于不断变化之中,其变化过程往往是连续的,比如植物的生长、汽车的加速等.这些不间断的变化在量上的反映就是函数的连续性.本节介绍连续函数的概念和初等函数的连续性,并从直观上介绍闭区间上连续函数的几个重要性质.

一、连续函数的概念

1. 函数的增量

设变量 u 从它的初值 u_0 变化到终值 u_1,终值与初值之差 u_1-u_0 称为变量 u 的**增量**,或称为 u 的**改变量**,记为 Δu,即 $\Delta u=u_1-u_0$.注意,Δu 可正可负,也可以等于 0.

定义 1.19　设函数 $y=f(x)$ 在点 x_0 附近有定义,当自变量 x 在 x_0 处取得增量 Δx,即 x 从 x_0 变化到 $x_0+\Delta x$ 时,相应地,函数 $y=f(x)$ 从 $f(x_0)$ 变到 $f(x_0+\Delta x)$,则 $\Delta y=f(x_0+\Delta x)-f(x_0)$ 称为**函数的增量**(如图 1-23 所示).

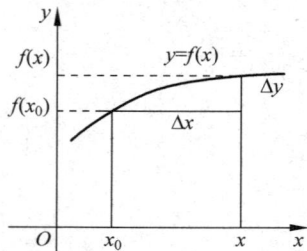

图 1-23

例 1　设 $y=x^2$,当自变量 x 由 1 变到 0.98 时,求自变量的增量 Δx 和函数的增量 Δy.

解　自变量的增量为 $\Delta x=0.98-1=-0.02$;

函数的增量为 $\Delta y=f(0.98)-f(1)=0.98^2-1^2=-0.0396$.

2. 函数在一点的连续性

以气温的变化为例,气温 T 是关于时间 t 的函数,而且 T 随着 t 的变化而连续变化. 事实上,当时间 t 的变化很小时,气温的变化也是很微小的,即当 $\Delta t \to 0$ 时,$\Delta T \to 0$.

定义 1.20 设函数 $y=f(x)$ 在 $x=x_0$ 的左右近旁有定义,如果当自变量 x 在点 x_0 处的增量 Δx 趋近于零时,函数 $y=f(x)$ 相应的增量 $\Delta y=f(x_0+\Delta x)-f(x_0)$ 也趋近于零,即

$$\lim_{\Delta x \to 0} \Delta y = 0 \quad 或 \quad \lim_{\Delta x \to 0}[f(x_0+\Delta x)-f(x_0)]=0,$$

则称函数 $y=f(x)$ 在 $x=x_0$ 处**连续**,x_0 为函数的**连续点**. 否则,称函数 $y=f(x)$ 在 $x=x_0$ 处**不连续**,称点 x_0 为函数 $y=f(x)$ 的**间断点**.

定义 1.20 表明,函数在一点连续的本质特征是:自变量变化很小时,对应的函数值的变化也很小. 例如,函数 $y=x^2$ 在 $x=1$ 处是连续的,因为

$$\lim_{\Delta x \to 0} \Delta y = \lim_{\Delta x \to 0}[f(1+\Delta x)-f(1)] = \lim_{\Delta x \to 0}[(1+\Delta x)^2-1^2] = \lim_{\Delta x \to 0}[(\Delta x)^2+2\Delta x]=0.$$

例 2 用连续的定义证明 $y=3x^2-1$ 在点 $x=2$ 处是连续的.

证 当自变量 x 在点 $x=2$ 处有增量 Δx 时,对应的函数增量为

$$\Delta y=f(2+\Delta x)-f(2)=[3(2+\Delta x)^2-1]-(3\times 2^2-1)=3(\Delta x)^2+12\Delta x.$$

故

$$\lim_{\Delta x \to 0} \Delta y = \lim_{\Delta x \to 0}[3(\Delta x)^2+12\Delta x]=0.$$

由连续的定义知,函数 $y=3x^2-1$ 在点 $x=2$ 处连续.

在定义 1.20 中,若令 $x=x_0+\Delta x$,即 $\Delta x=x-x_0$,则当 $\Delta x \to 0$ 时,也就是当 $x \to x_0$ 时,有

$$\lim_{\Delta x \to 0} \Delta y = \lim_{\Delta x \to 0}[f(x_0+\Delta x)-f(x_0)] = \lim_{x \to x_0}[f(x)-f(x_0)]=0,$$

即

$$\lim_{x \to x_0} f(x)=f(x_0).$$

由此,我们得到函数在一点连续的另一种叙述:

定义 1.21 设函数 $y=f(x)$ 在 $x=x_0$ 的左右近旁有定义,如果函数 $y=f(x)$ 当 $x \to x_0$ 时的极限存在,且等于它在 $x=x_0$ 处的函数值 $f(x_0)$,即 $\lim\limits_{x \to x_0} f(x)=f(x_0)$,则称函数 $y=f(x)$ 在 $x=x_0$ 处**连续**.

从上述定义可以看出,函数 $y=f(x)$ 在 $x=x_0$ 处连续需同时满足以下三个条件:

(1) $y=f(x)$ 在 $x=x_0$ 处有定义;

(2) $\lim\limits_{x \to x_0} f(x)$ 存在;

(3) $\lim\limits_{x \to x_0} f(x)$ 等于该点的函数值 $f(x_0)$.

这三个条件只要有一个不满足,函数 $y=f(x)$ 在 $x=x_0$ 处就不连续. 我们通常利用这三个条件来判断函数在一点是否连续.

例 3 考察函数 $f(x)=\begin{cases} \dfrac{\sin x}{x}, & x\neq 0, \\ 1, & x=0 \end{cases}$ 在 $x=0$ 处的连续性.

解 由于 $f(0)=1$，而 $\lim\limits_{x\to0}f(x)=\lim\limits_{x\to0}\dfrac{\sin x}{x}=1$，故有 $\lim\limits_{x\to0}f(x)=f(0)$，所以函数 $f(x)$ 在点 $x=0$ 处连续.

例 4 考察函数 $f(x)=\begin{cases}x^2, & x\neq0, \\ 1, & x=0\end{cases}$ 在 $x=0$ 处的连续性.

解 因为 $\lim\limits_{x\to0}f(x)=\lim\limits_{x\to0}x^2=0\neq f(0)$，故 $x=0$ 为 $f(x)$ 的间断点（如图 1-24 所示）.

例 5 考察函数 $f(x)=\begin{cases}x+2, & x\geqslant0, \\ x-2, & x<0\end{cases}$ 在 $x=0$ 处的连续性.

解 因为函数 $f(x)$ 在点 $x=0$ 处有定义，且 $f(0)=2$，又

$$\lim\limits_{x\to0^-}f(x)=\lim\limits_{x\to0^-}(x-2)=-2,\ \lim\limits_{x\to0^+}f(x)=\lim\limits_{x\to0^+}(x+2)=2,$$

所以 $f(x)$ 在点 $x=0$ 处的极限不存在，故 $f(x)$ 在点 $x=0$ 处不连续（如图 1-25 所示）.

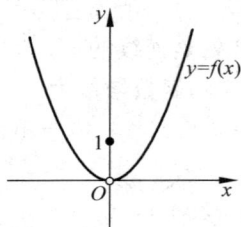

图 1-24

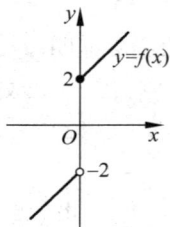

图 1-25

例 6 考察函数 $f(x)=\begin{cases}\dfrac{1}{x}, & x\neq0, \\ 0, & x=0\end{cases}$ 在点 $x=0$ 处的连续性.

解 因为 $\lim\limits_{x\to0}f(x)=\lim\limits_{x\to0}\dfrac{1}{x}=\infty$，即 $\lim\limits_{x\to0}f(x)$ 不存在，所以函数 $f(x)$ 在点 $x=0$ 处不连续，即函数 $f(x)$ 在点 $x=0$ 处间断.

在例 4、例 5、例 6 三个例题中，虽然函数都在点 $x=0$ 处间断，但间断的原因不同. 为此，我们按照函数在间断点的极限特点将间断点分为两类：

（1）设 x_0 为函数 $f(x)$ 的一个间断点，若 $f(x)$ 在 $x=x_0$ 处的左右两侧的极限均存在，则称 x_0 为函数 $y=f(x)$ 的**第一类间断点**.

特别地，若 $f(x)$ 在 $x=x_0$ 处的左右两侧的极限存在且相等，但 $\lim\limits_{x\to x_0}f(x)\neq f(x_0)$ 或 $f(x_0)$ 无定义，则称 x_0 为函数 $f(x)$ 的**可去间断点**（例 4）；若 $f(x)$ 在 $x=x_0$ 处的左右两侧的极限均存在，但 $\lim\limits_{x\to x_0^-}f(x)\neq\lim\limits_{x\to x_0^+}f(x)$，则称 x_0 为函数 $f(x)$ 的**跳跃间断点**（例 5）.

（2）设 x_0 为函数 $f(x)$ 的一个间断点，若 $\lim\limits_{x\to x_0^-}f(x)$ 与 $\lim\limits_{x\to x_0^+}f(x)$ 至少有一个不存在，则称 x_0 为函数 $y=f(x)$ 的**第二类间断点**（例 6）.

3. 函数在区间上的连续

将函数在一点连续的定义拓展到一个区间上，就得到函数在区间上连续的概念.

定义 1.22 若函数 $f(x)$ 在开区间 (a,b) 内的每一点都连续，则称函数 $f(x)$ 在**开区间**

(a,b) **内连续**；若函数 $f(x)$ 在开区间 (a,b) 内连续，在左端点 a 处有 $\lim\limits_{x \to a^+} f(x) = f(a)$，在右端点 b 处有 $\lim\limits_{x \to b^-} f(x) = f(b)$，则称函数 $f(x)$ 在**闭区间** $[a,b]$ **上连续**.

几何上，连续函数的图像是一条连续不断的曲线.

例 7 讨论函数 $y = |x|$ 在 $(-\infty, +\infty)$ 内的连续性.

解 当 $x > 0$ 时，$y = x$. 任取 $x_0 \in (0, +\infty)$，有 $\Delta y = |x_0 + \Delta x| - |x_0| = \Delta x$，因此，当 $\Delta x \to 0$ 时，有 $\lim\limits_{\Delta x \to 0} \Delta y = \lim\limits_{\Delta x \to 0} \Delta x = 0$，所以 $y = |x|$ 在点 x_0 处连续. 由 x_0 的任意性，得 $y = |x|$ 在 $(0, +\infty)$ 内连续，同理可得，$y = |x|$ 在 $(-\infty, 0)$ 内连续.

又因为
$$\lim_{x \to 0^-} f(x) = \lim_{x \to 0^-} |x| = \lim_{x \to 0^-} (-x) = 0 = f(0),$$
$$\lim_{x \to 0^+} f(x) = \lim_{x \to 0^+} |x| = \lim_{x \to 0^+} x = 0 = f(0),$$

因此函数 $y = |x|$ 在 $x = 0$ 处连续.

综上所述，$y = |x|$ 在 $(-\infty, +\infty)$ 内连续.

二、初等函数的连续性

由基本初等函数的图像可知，基本初等函数在其定义区间内都是连续的. 对于初等函数，我们有以下结论：

定理 1.9 初等函数在其定义区间内是连续的.

根据这个结论，如果 $f(x)$ 是初等函数，x_0 是其定义域内的一点，那么求 $\lim\limits_{x \to x_0} f(x)$ 时，只需将 x_0 代入函数 $f(x)$ 的表达式中，求出函数值 $f(x_0)$ 即可.

例 8 讨论函数 $y = \cos \sqrt{1 - x^2}$ 的连续性.

解 函数 $y = \cos \sqrt{1 - x^2}$ 可以看成 $y = \cos u$ 和 $u = \sqrt{1 - x^2}$ 复合而成，$y = \cos u$ 在 $(-\infty, +\infty)$ 上连续，$u = \sqrt{1 - x^2}$ 在 $[-1, 1]$ 上连续，且其值域包含于 $y = \cos u$ 的定义域之中，根据定理 1.9，复合函数 $y = \cos \sqrt{1 - x^2}$ 在 $[-1, 1]$ 上连续.

例 9 求 $\lim\limits_{x \to 0} 2e^x (\sin x + 1)$.

解 因为 $y = 2e^x (\sin x + 1)$ 是初等函数，其定义域为 $(-\infty, +\infty)$. 又因为 $x = 0$ 在其定义域内，所以 $\lim\limits_{x \to 0} 2e^x (\sin x + 1) = 2e^0 (\sin 0 + 1) = 2$.

例 10 求函数 $f(x) = \dfrac{1}{\sqrt{x^2 - 3x + 2}}$ 的连续区间.

解 因为 $f(x) = \dfrac{1}{\sqrt{x^2 - 3x + 2}}$ 是初等函数，求其连续区间只需求函数的定义域即可. 由 $x^2 - 3x + 2 > 0$ 可得函数 $f(x)$ 的连续区间为 $(-\infty, 1)$ 和 $(2, +\infty)$.

三、闭区间上连续函数的性质

闭区间上的连续函数有一些很重要的性质.

1. 最值定理

定义 1.23 设函数 $f(x)$ 在区间 I 上有定义，若有 $x_0 \in I$，使得 $\forall x \in I$，都有 $f(x) \leqslant f(x_0)$（或 $f(x) \geqslant f(x_0)$），则称 $f(x_0)$ 是函数 $f(x)$ 在区间 I 上的**最大值**（或**最小值**）. 最大值与最小值统称为**最值**.

定理 1.10 若函数 $f(x)$ 在闭区间 $[a,b]$ 上连续，则函数 $f(x)$ 在 $[a,b]$ 上必有最大值和最小值.

如图 1-26 所示，函数 $f(x)$ 在 $[a,b]$ 上连续，在点 $x=x_1$ 处取得最小值 m，在点 $x=x_2$ 处取得最大值 M. 注意，定理 1.10 中的"闭区间"与"连续"两个条件不同时具备时，不能保证结论成立.

例如函数 $y=x$ 在 $(0,1)$ 内连续，但 $y=x$ 在 $(0,1)$ 内既无最大值又无最小值.

又如，函数 $f(x)=\begin{cases} -x+1, & 0 \leqslant x < 1, \\ 1, & x=1, \\ -x+3, & 1 < x \leqslant 2 \end{cases}$ 在闭区间 $[0,2]$ 上有定义，但 $x=1$ 是间断点，$f(x)$ 在闭区间 $[0,2]$ 上既无最大值又无最小值（如图 1-27 所示）.

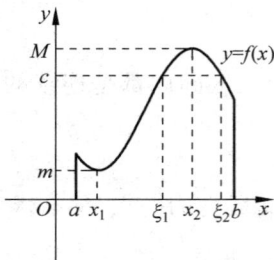

图 1-26

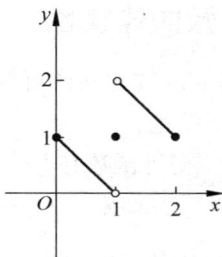

图 1-27

2. 介值定理

定理 1.11 设函数 $y=f(x)$ 在闭区间 $[a,b]$ 上连续，m 与 M 分别是 $f(x)$ 在闭区间 $[a,b]$ 上的最小值和最大值，对于介于 m 与 M 之间的任一值 c，至少存在一点 $\xi \in [a,b]$，使得 $f(\xi)=c$.

如图 1-26 所示，连续曲线 $y=f(x)$ 与直线 $y=c$ 交于两点，其横坐标分别为 ξ_1 和 ξ_2，即 $f(\xi_1)=f(\xi_2)=c$.

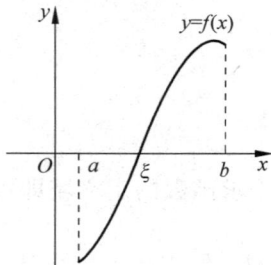

图 1-28

3. 零点定理

定理 1.12 设函数 $y=f(x)$ 在闭区间 $[a,b]$ 上连续，且 $f(a) \cdot f(b) < 0$，则在开区间 (a,b) 内至少存在一点 ξ，使得 $f(\xi)=0$.

如图 1-28 所示，连续曲线 $y=f(x)$ 与 x 轴交于点 $(\xi,0)$，即 $f(\xi)=0$.

例 11 证明方程 $x^3 - 4x + 1 = 0$ 在区间 $(0,1)$ 内至少有一个根.

证 因为函数 $f(x)=x^3 - 4x + 1$ 是初等函数，所以它在闭区间 $[0,1]$ 上连续. 又因为 $f(0)=1>0$，$f(1)=-2<0$，由零点定理知，至少存在一点 $\xi \in (0,1)$ 使得 $f(\xi)=0$，即 ξ 是

方程 $f(x)=0$ 的一个根,因此方程 $x^3-4x+1=0$ 在区间$(0,1)$内至少有一个根.

习题 1-8

1. 选择题

(1) 下列命题正确的是(　　).

A. 当 $x \to a$ 时,$f(x)$的极限存在,则 $f(x)$ 在点 $x=a$ 处连续

B. $\lim\limits_{x \to a} f(x)$存在,则 $f(x)$ 在点 $x=a$ 处一定有定义

C. $f(x)$在点 $x=a$ 处连续,则$\lim\limits_{x \to a} f(x)$存在

D. $f(x)$在点 $x=a$ 处有定义,则$\lim\limits_{x \to a} f(x)$存在

(2) 设 $f(x)=\begin{cases} \dfrac{x^2-2x-3}{x+1}, & x \neq -1 \\ a, & x=-1, \end{cases}$ 若 $f(x)$在 $x=-1$ 处连续,则 $a=($　　$)$.

A. ∞ 　　　　　　B. -4 　　　　　　C. 0 　　　　　　D. 任意确定值

(3) 函数 $f(x)=\begin{cases} 0, & x \leqslant 0, \\ \dfrac{1}{x}, & x>0 \end{cases}$ 在点 $x=0$ 处不连续是因为(　　).

A. $\lim\limits_{x \to 0^-} f(x)$不存在 　　　　　　B. $\lim\limits_{x \to 0^+} f(x)$不存在

C. $\lim\limits_{x \to 0^-} f(x) \neq f(0)$ 　　　　　　D. $\lim\limits_{x \to 0^+} f(x)=f(0)$

2. 填空题

(1) 若函数 $y=f(x)$在 $x=x_0$ 处连续,则 $\lim\limits_{x \to x_0} f(x)=$_____.

(2) 已知函数 $f(x)$在点 $x=0$ 处连续,且当 $x \neq 0$ 时,函数 $f(x)=2^{-\frac{1}{x^2}}$,则 $f(0)=$____.

(3) 函数 $y=\dfrac{1}{x-6}$的间断点为_____.

(4) 函数 $y=\dfrac{1}{1+\dfrac{1}{x}}$的间断点为_____.

(5) 函数 $y=\dfrac{1}{\ln(x-3)}$的间断点为_____.

(6) 函数 $y=\sqrt{x+2}+\dfrac{1}{\ln(x-1)}$的连续区间为_____.

3. 判断函数 $f(x)=\begin{cases} x \sin \dfrac{1}{x}, & x \neq 0 \\ 0, & x=0 \end{cases}$ 在 $x=0$ 处的连续性.

4. 讨论函数 $f(x)=\begin{cases} x^2, & x>0, \\ x-1, & x \leqslant 0 \end{cases}$ 在 $x=0$ 处的连续性.

5. 求下列极限:

(1) $\lim\limits_{x \to 0} \dfrac{1}{\sqrt{x^2+16}-3}$;

(2) $\lim\limits_{x \to 0} \dfrac{\ln(1+2x^2)}{e^x \cos x}$.

6. 求下列函数的连续区间和间断点：

(1) $f(x)=\dfrac{x^3+3x^2-x-3}{x^2+x-6}$;

(2) $f(x)=\begin{cases} x+1, & x<0, \\ x^2, & 0 \leqslant x \leqslant 1, \\ 2x-1, & x>1. \end{cases}$

7. 试确定常数 a，使得函数 $f(x)=\begin{cases} x\sin\dfrac{1}{x}, & x>0, \\ a+x^2, & x \leqslant 0 \end{cases}$ 在 $(-\infty,+\infty)$ 内连续.

总习题 一

1. 选择题

(1) 函数 $f(x)=\sin(x+1)$ 是（　　）.

A. 有界函数　　　　B. 单调函数　　　　C. 奇函数　　　　D. 偶函数

(2) 极限 $\lim\limits_{x \to 0}(1-\sin x)^{\frac{3}{x}}=$（　　）.

A. 1　　　　　　B. e　　　　　　C. e^3　　　　　　D. e^{-3}

(3) 下列数列有极限的是（　　）.

A. $x_n=2^n$　　　　　　　　　　　B. $x_n=2-(-1)^n$

C. $x_n=2-(-1)^n\dfrac{1}{n}$　　　　　D. $x_n=n^2\sin\dfrac{1}{n}$

(4) 当 $x \to 0$ 时，下列说法正确的是（　　）.

A. x^2 是比 $1-\cos x$ 高阶的无穷小　　B. $\tan x-\sin x$ 是比 x^2 高阶的无穷小

C. $x\ln(1-x)$ 是与 x^2 等价的无穷小　　D. $x\sin\dfrac{1}{x^2}$ 不是无穷小

(5) 如果 $\lim\limits_{x \to 0^-}f(x)=A$，$\lim\limits_{x \to 0^+}f(x)=A$，则函数 $f(x)$ 在 $x=0$ 处（　　）.

A. 一定有定义　　　　　　　　　B. 一定有极限

C. 一定连续　　　　　　　　　　D. 一定间断

2. 填空题

(1) 函数 $f(x)=\ln(x-2)$ 的定义域为 _____.

(2) 设函数 $f(x)=1-x^2$，则 $f(0)=$ _____.

(3) 设函数 $f(x)=\begin{cases} x-1, & x>0, \\ e, & x=0, \\ 1, & x<0, \end{cases}$ 则 $f(-1)=$ _____，$f(0)=$ _____.

(4) 函数 $y=2x-1$ 的反函数为 _____.

(5) 设 $f(u)=u^2+1$，$\varphi(x)=\tan x$，则 $f[\varphi(x)]=$ _____，$\varphi[f(u)]=$ _____.

(6) 极限 $\lim\limits_{x \to 0}(1-x)^{\frac{5}{x}}=$ _____.

(7) 极限 $\lim\limits_{x \to 3}\dfrac{f(x)}{x-3}=2$，则 $\lim\limits_{x \to 3}f(x)=$ _____.

(8) 设函数 $f(x)=x\arcsin 5x$，$g(x)=\cos x-1$，则当 $x\to 0$ 时，$f(x)$ 是 $g(x)$ 的_____无穷小.

3. 写出 $y=\ln u$ 和 $u=1-x$ 复合而成的函数.

4. 指出函数 $y=e^{x^2}$ 是怎样复合而成的.

5. 计算下列极限：

(1) $\lim\limits_{n\to\infty}n[\ln(n-3)-\ln n]$；

(2) $\lim\limits_{x\to 0}x\cos\dfrac{1}{x^2}$；

(3) $\lim\limits_{t\to 0}x(1-t)^{\frac{x}{t}}$；

(4) $\lim\limits_{x\to 0}\dfrac{\sqrt{1+\tan^2 x}-1}{1-\cos 2x}$；

(5) $\lim\limits_{n\to\infty}\left(\dfrac{n-1}{n}\right)^n$；

(6) $\lim\limits_{x\to 0}\dfrac{1-\cos 3x}{x(e^{-2x}-1)}$.

6. 讨论下列函数在 $x=0$ 处的连续性：

(1) $f(x)=\begin{cases}x^2, & x>0,\\ x, & x\leqslant 0;\end{cases}$

(2) $f(x)=\begin{cases}x+1, & x\leqslant 0,\\ x-1, & x>0.\end{cases}$

7. 求下列函数的连续区间和间断点：

(1) $f(x)=\begin{cases}x-1, & x<0,\\ 0, & x=0,\\ x+1, & x>0;\end{cases}$

(2) $f(x)=\begin{cases}x\sin\dfrac{1}{x}, & x\neq 0,\\ 0, & x=0.\end{cases}$

8. 试确定常数 k 的值，使函数 $f(x)=\begin{cases}\dfrac{x^2-4}{x-2}, & x\neq 2,\\ k, & x=2\end{cases}$ 在 $x=2$ 处连续.

9. 设某商品的市场供应函数为 $Q=-80+4p$，其中 Q 为供应量，p 为市场价格. 商品的每单位生产成本为 1.5 元，若想要使利润达到 240 元，价格 p 应为多少？

10. 设某商品的需求量 Q 与价格 p 的函数关系为 $Q=300-2p$.
(1) 求收入 R 关于价格 p 的函数关系式；
(2) 当成本函数 $C=90Q+Q^2$ 时，求利润函数；
(3) 当价格上涨到多少时，需求量为零？

第二章　导数与微分

一、引例

为了说明微分学的基本概念——导数,我们先讨论两个问题:切线问题和速度问题.这两个问题在历史上都与导数概念的形成有密切的关系.

1. 曲线切线的斜率

在介绍曲线切线的斜率之前,先说明什么叫曲线的切线.在中学中,切线定义为与曲线只交于一点的直线.这种定义只适用于少数几种曲线,如圆、椭圆等.对科学技术和经济学中研究的其他曲线就不一定合适了.我们定义曲线的切线如下:

定义 2.1　设点 P_0 是曲线 L 上的一个定点,点 P 是动点,当 P 沿曲线 L 趋向于点 P_0 时,如果割线 PP_0 的极限位置 P_0T 存在,则称直线 P_0T 为曲线 L 在点 P_0 处的**切线**(图 2-1).

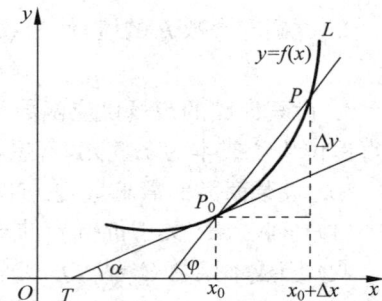

图 2-1

曲线的切线斜率如何计算呢? 设曲线的方程 $y=f(x)$(图 2-1)在点 $P_0(x_0,y_0)$ 处附近取一点 $P(x_0+\Delta x,y_0+\Delta y)$,那么割线 P_0P 的斜率为

$$\tan\varphi = \frac{\Delta y}{\Delta x} = \frac{f(x_0+\Delta x)-f(x_0)}{\Delta x}.$$

如果当点 P 沿曲线趋向于点 P_0 时,割线 P_0P 的极限位置存在,即点 P_0 处的切线存在,此刻 $\Delta x \to 0$,$\varphi \to \alpha$,则割线斜率 $\tan\varphi$ 趋向于切线 P_0T 的斜率 $\tan\alpha$,即

$$\tan\alpha = \lim_{\Delta x \to 0} \frac{f(x_0+\Delta x)-f(x_0)}{\Delta x}.$$

2. 变速直线运动的瞬时速度

从物理学中知道,如果物体做直线运动,它所移动的路程 s 是时间 t 的函数,记为 $s = s(t)$,则从时刻 t_0 到 $t_0+\Delta t$ 的时间间隔内它的平均速度为

$$\frac{\Delta s}{\Delta t} = \frac{s(t_0 + \Delta t) - s(t_0)}{\Delta t}.$$

在匀速运动中,这个比值是常量,但在变速运动中,它不仅与 t_0 有关,而且也与 Δt 有关. 当 Δt 很小时,显然 $\frac{\Delta s}{\Delta t}$ 与在 t_0 时刻的速度近似. 如果当 Δt 趋于零时,平均速度 $\frac{\Delta s}{\Delta t}$ 的极限存在,那么,我们可以把这个极限值叫作物体在时刻 t_0 时的瞬时速度,简称速度,记作 $v(t_0)$,即

$$v(t_0) = \lim_{\Delta t \to 0} \frac{s(t_0 + \Delta t) - s(t_0)}{\Delta t}.$$

以上虽然是两个不同的具体问题,但都是某个量 $y = f(x)$ 的变化率问题,其计算可归结为如下的极限问题:

$$\lim_{\Delta x \to 0} \frac{f(x_0 + \Delta x) - f(x_0)}{\Delta x},$$

其中 $\frac{f(x_0 + \Delta x) - f(x_0)}{\Delta x}$ 为函数增量与自变量增量之商,表示函数的平均变化率,而当 $\Delta x \to 0$ 时平均变化率的极限即为函数 $f(x)$ 在点 x_0 处的变化率.

在实际生活中还有很多不同类型的变化率问题,例如细杆的线密度、电流强度、人口增长率以及经济学中的边际成本、边际利润等,涉及众多不同领域,这就要求我们用统一的方式来加以处理,从而得到导数的概念.

二、导数的定义

1. 函数在一点处的导数与导函数

定义 2.2 设函数 $y = f(x)$ 在点 x_0 的某个邻域内有定义,当自变量 x 在点 x_0 处取得增量 Δx 时(点 $x_0 + \Delta x$ 在该邻域内),因变量 y 相应地取得增量 $\Delta y = f(x_0 + \Delta x) - f(x_0)$,如果 Δy 与 Δx 之比当 $\Delta x \to 0$ 时的极限存在,则称函数 $y = f(x)$ 在点 x_0 处可导,并称这个极限为函数 $y = f(x)$ 在点 x_0 处的**导数**,记为 $y'|_{x=x_0}$,即

$$y'|_{x=x_0} = \lim_{\Delta x \to 0} \frac{\Delta y}{\Delta x} = \lim_{\Delta x \to 0} \frac{f(x_0 + \Delta x) - f(x_0)}{\Delta x}, \tag{2.1}$$

也可记作 $f'(x_0), \dfrac{\mathrm{d}y}{\mathrm{d}x}\Big|_{x=x_0}$ 或 $\dfrac{\mathrm{d}f(x)}{\mathrm{d}x}\Big|_{x=x_0}$.

函数 $f(x)$ 在点 x_0 处可导有时也说成函数 $f(x)$ 在点 x_0 处具有导数或导数存在.

如果令 $x = x_0 + \Delta x$,则 $\Delta x = x - x_0$,且当 $\Delta x \to 0$ 时,$x \to x_0$,于是得到一个和式(2.1)等价的定义

$$f'(x_0) = \lim_{x \to x_0} \frac{f(x) - f(x_0)}{x - x_0}. \tag{2.2}$$

导数是概括了各种各样的变化率概念而得出来的一个更具一般性也更抽象的概念,它撇开了自变量和因变量所代表的几何或物理等方面的特殊意义,纯粹从数量方面来刻画变化率的本质,它反映了因变量随自变量的变化而变化的快慢程度.

如果当 $\Delta x \to 0$ 时,因变量增量与自变量增量之比 $\frac{\Delta y}{\Delta x}$ 的极限不存在,就说函数 $y = f(x)$ 在点 x_0 处不可导. 如果不可导的原因是当 $\Delta x \to 0$ 时,比值 $\frac{\Delta y}{\Delta x} \to \infty$,在这种情况下,为了方

便起见,也往往说函数 $y=f(x)$ 在点 x_0 处的导数为无穷大,并记作 $f'(x_0)=\infty$.

上面讲的是函数在某一点处可导,如果函数 $y=f(x)$ 在开区间 I 内的每点处都可导,就称函数 $y=f(x)$ 在**开区间 I 内可导**.这时对于区间内的每一个确定的 x 值,都对应着 $f(x)$ 的一个确定的导数,这样就构成了一个新的函数,这个函数叫作原来函数 $y=f(x)$ 的**导函数**,记作 y',$f'(x)$,$\dfrac{\mathrm{d}y}{\mathrm{d}x}$ 或 $\dfrac{\mathrm{d}f(x)}{\mathrm{d}x}$.

在式(2.1)中,把 x_0 换成 x,即得导函数的定义式

$$f'(x)=\lim_{\Delta x\to 0}\frac{f(x+\Delta x)-f(x)}{\Delta x}. \tag{2.3}$$

注意,在上式中虽然 x 可以取区间 I 内的任何数值,但在取极限的过程中,x 是常量,Δx 是变量.

导函数 $f'(x)$ 也常简称为导数.显然,函数 $f(x)$ 在点 x_0 处的导数 $f'(x_0)$ 就是导函数 $f'(x)$ 在点 x_0 处的函数值,即

$$f'(x_0)=f'(x)\,|_{x=x_0}.$$

2. 求导数举例

下面根据导数定义求一些简单函数的导数.

例 1　求函数 $f(x)=C$(C 为常数)的导数.

解
$$f'(x)=\lim_{\Delta x\to 0}\frac{f(x+\Delta x)-f(x)}{\Delta x}=\lim_{\Delta x\to 0}\frac{C-C}{\Delta x}=0,$$
即 $(C)'=0$.

例 2　设函数 $f(x)=x^n$(n 为正整数),求 $f'(x)$.

解　根据导数的定义,利用牛顿二项展开式,可得

$$f'(x)=\lim_{\Delta x\to 0}\frac{f(x+\Delta x)-f(x)}{\Delta x}=\lim_{\Delta x\to 0}\frac{(x+\Delta x)^n-x^n}{\Delta x}$$

$$=\lim_{\Delta x\to 0}\frac{\mathrm{C}_n^1 x^{n-1}\Delta x+\mathrm{C}_n^2 x^{n-2}\Delta x^2+\cdots+(\Delta x)^n}{\Delta x}=nx^{n-1},$$

即 $(x^n)'=nx^{n-1}$.

后面将会证明:在函数相应的定义区间内,此公式对于一般实指数也成立,即对于任意给定的实数 μ,有

$$(x^\mu)'=\mu x^{\mu-1}.$$

利用此公式可以方便地求出幂函数的导数,例如

$$y'=(\sqrt{x})'=\left(x^{\frac{1}{2}}\right)'=\frac{1}{2}x^{-\frac{1}{2}}.$$

例 3　求函数 $f(x)=\cos x$ 的导数.

解
$$f'(x)=\lim_{\Delta x\to 0}\frac{f(x+\Delta x)-f(x)}{\Delta x}=\lim_{\Delta x\to 0}\frac{\cos(x+\Delta x)-\cos x}{\Delta x}$$

$$=\lim_{\Delta x\to 0}\frac{-2\sin\dfrac{2x+\Delta x}{2}\sin\dfrac{\Delta x}{2}}{\Delta x}=-\lim_{\Delta x\to 0}\sin\left(x+\frac{\Delta x}{2}\right)\frac{\sin\dfrac{\Delta x}{2}}{\dfrac{\Delta x}{2}}$$

$$=-\sin x,$$

即

$$(\cos x)' = -\sin x.$$

用类似的方法可以求得

$$(\sin x)' = \cos x.$$

例 4 求指数函数 $f(x) = a^x (a > 0, a \neq 1)$ 的导数.

解
$$f'(x) = \lim_{\Delta x \to 0} \frac{f(x + \Delta x) - f(x)}{\Delta x} = \lim_{\Delta x \to 0} \frac{a^{x+\Delta x} - a^x}{\Delta x}$$

$$= a^x \lim_{\Delta x \to 0} \frac{a^{\Delta x} - 1}{\Delta x} = a^x \lim_{\Delta x \to 0} \frac{\mathrm{e}^{\Delta x \ln a} - 1}{\Delta x}$$

$$= a^x \lim_{\Delta x \to 0} \frac{\Delta x \ln a}{\Delta x} = a^x \ln a,$$

即

$$(a^x)' = a^x \ln a.$$

特别地,当 $a = \mathrm{e}$ 时有 $(\mathrm{e}^x)' = \mathrm{e}^x$.

例 5 求对数函数 $f(x) = \log_a x (a > 0, a \neq 1)$ 的导数.

解
$$f'(x) = \lim_{\Delta x \to 0} \frac{f(x + \Delta x) - f(x)}{\Delta x} = \lim_{\Delta x \to 0} \frac{\log_a(x + \Delta x) - \log_a x}{\Delta x}$$

$$= \lim_{\Delta x \to 0} \frac{\log_a\left(1 + \frac{\Delta x}{x}\right)}{\Delta x} = \lim_{\Delta x \to 0} \log_a\left(1 + \frac{\Delta x}{x}\right)^{\frac{1}{\Delta x}}$$

$$= \log_a \mathrm{e}^{\frac{1}{x}} = \frac{1}{x \ln a},$$

即

$$(\log_a x)' = \frac{1}{x \ln a}.$$

特别地,当 $a = \mathrm{e}$ 时有

$$(\ln x)' = \frac{1}{x}.$$

3. 单侧导数

根据函数 $f(x)$ 在点 x_0 处的导数 $f'(x_0)$ 的定义,导数

$$f'(x_0) = \lim_{\Delta x \to 0} \frac{f(x_0 + \Delta x) - f(x_0)}{\Delta x}$$

是一个极限,而极限存在的充分必要条件是左、右极限都存在且相等,因此 $f'(x_0)$ 存在即 $f(x)$ 在点 x_0 处可导的充分必要条件是左、右极限

$$\lim_{\Delta x \to 0^-} \frac{f(x_0 + \Delta x) - f(x_0)}{\Delta x} \quad 及 \quad \lim_{\Delta x \to 0^+} \frac{f(x_0 + \Delta x) - f(x_0)}{\Delta x}$$

都存在且相等,这两个极限分别称为函数 $f(x)$ 在点 x_0 处的**左导数**和**右导数**,记作 $f'_-(x_0)$ 及 $f'_+(x_0)$,即

$$f'_-(x_0) = \lim_{\Delta x \to 0^-} \frac{f(x_0 + \Delta x) - f(x_0)}{\Delta x},$$

$$f'_+(x_0) = \lim_{\Delta x \to 0^+} \frac{f(x_0 + \Delta x) - f(x_0)}{\Delta x}.$$

现在可以说，函数 $f(x)$ 在点 x_0 处可导的充分必要条件是左导数 $f'_-(x_0)$ 和右导数 $f'_+(x_0)$ 都存在且相等.

例6 求函数 $f(x) = |x|$ 在点 $x = 0$ 处的导数.

解
$$\lim_{\Delta x \to 0} \frac{f(\Delta x + 0) - f(0)}{\Delta x} = \lim_{\Delta x \to 0} \frac{|\Delta x|}{\Delta x}.$$

当 $\Delta x > 0$ 时，$\dfrac{|\Delta x|}{\Delta x} = 1$，故 $\lim\limits_{\Delta x \to 0^+} \dfrac{|\Delta x|}{\Delta x} = 1$.

当 $\Delta x < 0$ 时，$\dfrac{|\Delta x|}{\Delta x} = -1$，故 $\lim\limits_{\Delta x \to 0^-} \dfrac{|\Delta x|}{\Delta x} = -1$.

所以 $\lim\limits_{\Delta x \to 0} \dfrac{f(\Delta x + 0) - f(0)}{\Delta x}$ 不存在. 即函数 $f(x) = |x|$ 在点 $x = 0$ 处不可导，其函数图形如图 2-2 所示.

左导数和右导数统称为**单侧导数**.

如果函数 $f(x)$ 在开区间 (a,b) 内可导，且 $f'_+(a)$ 及 $f'_-(b)$ 都存在，就说 $f(x)$ **在闭区间 $[a,b]$ 上可导**.

三、导数的几何意义

由前面的讨论我们已经知道：函数 $y = f(x)$ 在点 x_0 处的导数 $f'(x_0)$ 在几何上表示曲线 $y = f(x)$ 在点 $M(x_0, f(x_0))$ 处切线的斜率，即
$$f'(x_0) = \tan\alpha,$$
其中 α 是切线的倾角（见图 2-3）.

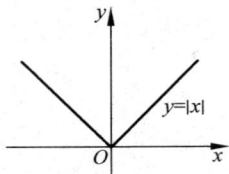

图 2-2

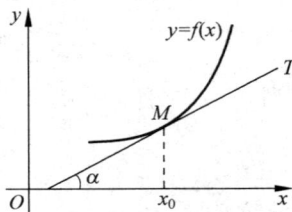

图 2-3

如果 $y = f(x)$ 在点 x_0 处的导数为无穷大，那么曲线 $y = f(x)$ 的割线以垂直于 x 轴的直线 $x = x_0$ 为极限位置，即曲线 $y = f(x)$ 在点 $M(x_0, f(x_0))$ 处具有垂直于 x 轴的切线 $x = x_0$.

根据导数的几何意义并应用直线的点斜式方程，可知曲线 $y = f(x)$ 在点 $M(x_0, f(x_0))$ 处的切线方程为
$$y - y_0 = f'(x_0)(x - x_0).$$

过切点 $M(x_0, y_0)$ 且与切线垂直的直线叫作曲线 $y = f(x)$ 在点 M 处的**法线**. 如果 $f'(x_0) \neq 0$，则法线的斜率为 $-\dfrac{1}{f'(x_0)}$，从而法线方程为
$$y - y_0 = -\frac{1}{f'(x_0)}(x - x_0).$$

例 7 求等边双曲线 $y = \dfrac{1}{x}$ 在点 $\left(\dfrac{1}{2}, 2\right)$ 处的切线斜率，并写出在该点处的切线方程和法线方程.

解 由导数的几何意义，得切线斜率为

$$k = y' \Big|_{\frac{1}{2}} = \left(\frac{1}{x}\right)' \Big|_{\frac{1}{2}} = -\frac{1}{x^2} \Big|_{\frac{1}{2}} = -4.$$

所以切线方程为 $y - 2 = -4\left(x - \dfrac{1}{2}\right)$，即 $4x + y - 4 = 0$. 法线方程为 $y - 2 = \dfrac{1}{4}\left(x - \dfrac{1}{2}\right)$，即 $2x - 8y + 15 = 0$.

四、函数可导性与连续性的关系

函数 $y = f(x)$ 在点 x_0 处连续是指

$$\lim_{\Delta x \to 0} \Delta y = 0,$$

而在点 x_0 处可导是指

$$\lim_{\Delta x \to 0} \frac{\Delta y}{\Delta x}$$

存在，那么这两种极限有什么关系呢?

定理 2.1 如果函数 $y = f(x)$ 在点 x_0 处可导，则在点 x_0 处连续.

证 因为

$$\lim_{\Delta x \to 0} \frac{\Delta y}{\Delta x}$$

存在，其中

$$\Delta y = f(x_0 + \Delta x) - f(x_0),$$

所以

$$\lim_{\Delta x \to 0} \Delta y = \lim_{\Delta x \to 0} \left(\frac{\Delta y}{\Delta x} \cdot \Delta x\right) = \lim_{\Delta x \to 0} \frac{\Delta y}{\Delta x} \cdot \lim_{\Delta x \to 0} \Delta x = 0,$$

即函数 $y = f(x)$ 在点 x_0 处连续.

函数 $y = f(x)$ 在点 x_0 处连续，但函数 $y = f(x)$ 在点 x_0 处不一定可导，例如在例 6 中，函数 $f(x) = |x|$ 在点 $x = 0$ 处连续，但函数 $f(x) = |x|$ 在点 $x = 0$ 处不可导. 所以函数在某点处连续是函数在该点可导的必要条件，但不是充分条件.

最后，我们讨论分段函数在分段点处的可导性.

例 8 讨论函数 $f(x) = \begin{cases} x\sin\dfrac{1}{x}, & x \neq 0, \\ 0, & x = 0 \end{cases}$ 在 $x = 0$ 处的连续性与可导性.

解 因为

$$\lim_{x \to 0} f(x) = \lim_{x \to 0} x\sin\frac{1}{x} = 0 = f(0),$$

所以 $f(x)$ 在 $x = 0$ 处连续. 又

$$f'(0) = \lim_{x \to 0} \frac{x\sin\dfrac{1}{x} - 0}{x - 0} = \lim_{x \to 0} \sin\frac{1}{x}$$

不存在，所以 $f(x)$ 在 $x=0$ 处不可导.

习题 2-1

1. 求过点 $(2,0)$ 的一条直线，使它与曲线 $y=\dfrac{1}{x}$ 相切.

2. 设 $f(x)=4x^2$，试按定义求 $f'(-1)$.

3. 设 $f(x)=\begin{cases} ax+b, & x>0, \\ \cos x, & x\leqslant 0, \end{cases}$ 为使函数 $f(x)$ 在 $x=0$ 处连续且可导，a,b 应取什么值？

4. 求下列函数的导数：

(1) $\dfrac{1}{\sqrt{x\sqrt{x}}}$；

(2) $\dfrac{\mathrm{e}^x}{6^x}$；

(3) $\lg x$；

(4) $y=\dfrac{x\cdot\sqrt[3]{x^2}}{\sqrt{x^3}}$.

5. 设 $f(x)$ 在 $x=x_0$ 处可导且 $f'(x_0)=A$，计算 $\lim\limits_{h\to 0}\dfrac{f(x_0+\alpha h)-f(x_0+\beta h)}{h}$（其中 α，β 为不等于零的常数）.

6. 已知 $f(x)$ 在 $x=1$ 处连续，且 $\lim\limits_{x\to 1}\dfrac{f(x)}{x-1}=2$，求 $f'(1)$.

第二节 求导法则与基本初等函数求导公式

本节将介绍求导数的几个基本法则以及前一节中未讨论过的几个基本初等函数的导数公式，借助于这些法则和基本初等函数的导数公式，就能比较方便地求出常见的初等函数的导数.

一、函数的和、差、积、商的求导法则

定理 2.2 如果函数 $u=u(x)$ 及 $v=v(x)$ 都在点 x 处具有导数，那么它的和、差、积、商（除分母为零的点外）都在点 x 处具有导数，且

(1) $[u(x)\pm v(x)]'=u'(x)\pm v'(x)$；

(2) $[u(x)v(x)]'=u'(x)v(x)+u(x)v'(x)$；

(3) $\left[\dfrac{u(x)}{v(x)}\right]'=\dfrac{u'(x)v(x)-u(x)v'(x)}{v^2(x)}\ (v(x)\neq 0)$.

以上三个法则都可用导数的定义和极限的运算法则来证明，下面以法则(2)为例，证明如下：

证 $[u(x)v(x)]'=\lim\limits_{\Delta x\to 0}\dfrac{u(x+\Delta x)v(x+\Delta x)-u(x)v(x)}{\Delta x}$

$=\lim\limits_{\Delta x\to 0}\left[\dfrac{u(x+\Delta x)-u(x)}{\Delta x}v(x+\Delta x)+u(x)\dfrac{v(x+\Delta x)-v(x)}{\Delta x}\right]$

$$= \lim_{\Delta x \to 0} \frac{u(x+\Delta x)-u(x)}{\Delta x} \lim_{\Delta x \to 0} v(x+\Delta x)+u(x) \lim_{\Delta x \to 0} \frac{v(x+\Delta x)-v(x)}{\Delta x}$$

$$=u'(x)v(x)+u(x)v'(x).$$

注：法则(2)可简单地表示为

$$(uv)'=u'v+uv'.$$

上述定理中的法则(1),(2)可推广到任意有限个可导函数的情形,例如,设 $u=u(x),v=v(x),w=w(x)$ 均可导,则有

$$(u \pm v \pm w)'=u' \pm v' \pm w' \quad 和 \quad (uvw)'=u'vw+uv'w+uvw'.$$

推论 $(Cu)'=Cu'$(其中 C 为常数).

例 1 设 $y=\tan x$,求 y'.

解
$$y'=\left(\frac{\sin x}{\cos x}\right)'=\frac{(\sin x)'\cos x-\sin x(\cos x)'}{\cos^2(x)}$$

$$=\frac{\cos^2 x+\sin^2 x}{\cos^2 x}=\frac{1}{\cos^2 x}=\sec^2 x,$$

即

$$(\tan x)'=\sec^2 x.$$

例 2 设 $y=\sec x$,求 y'.

解
$$y'=(\sec x)'=\left(\frac{1}{\cos x}\right)'=\frac{(1)'\cos x-1 \cdot (\cos x)'}{\cos^2(x)}$$

$$=\frac{\sin x}{\cos^2 x}=\sec x \tan x,$$

即

$$(\sec x)'=\sec x \tan x.$$

用类似的方法,还可以求得余切函数及余割函数的导数公式

$$(\cot x)'=-\csc^2 x,$$

$$(\csc x)'=-\csc x \cot x.$$

二、反函数的求导法则

定理 2.3 如果函数 $x=f(y)$ 在区间 I_y 内单调、可导且 $f'(y) \neq 0$,则它的反函数 $y=f^{-1}(x)$ 在区间 $I_x=\{x \mid x=f(y),y \in I_y\}$ 内也可导,且

$$[f^{-1}(x)]'=\frac{1}{f'(y)} \quad 或 \quad \frac{dy}{dx}=\frac{1}{\dfrac{dx}{dy}}. \tag{2.4}$$

证 由于 $x=f(y)$ 在 I_y 内单调可导,则它的反函数 $y=f^{-1}(x)$ 存在,且 $f^{-1}(x)$ 在 I_x 内也单调、连续.

任取 $x \in I_x$,给 x 以增量 $\Delta x(\Delta x \neq 0,x+\Delta x \in I_x)$,由 $y=f^{-1}(x)$ 的单调性可知

$$\Delta y=f^{-1}(x+\Delta x)-f^{-1}(x) \neq 0,$$

于是有

$$\frac{\Delta y}{\Delta x} = \frac{1}{\dfrac{\Delta x}{\Delta y}}.$$

因 $y = f^{-1}(x)$ 连续，故

$$\lim_{\Delta x \to 0} \Delta y = 0.$$

从而

$$[f^{-1}(x)]' = \lim_{\Delta x \to 0} \frac{\Delta y}{\Delta x} = \lim_{\Delta y \to 0} \frac{1}{\dfrac{\Delta x}{\Delta y}} = \frac{1}{f'(y)}.$$

上述结论可简单地说成：反函数的导数等于直接函数导数的倒数. 利用此结论可以求反三角函数及对数函数的导数.

例 3 设 $y = \arcsin x(|x| < 1)$，求 y'.

解 $y = \arcsin x(|x| < 1)$ 是 $x = \sin y$，$y \in \left(-\dfrac{\pi}{2}, \dfrac{\pi}{2}\right)$ 的反函数，而函数 $x = \sin y$ 在开区间 $I_y = \left(-\dfrac{\pi}{2}, \dfrac{\pi}{2}\right)$ 内单调、可导，且

$$(\sin y)' = \cos y > 0,$$

因此当 $x \in (-1, 1)$ 时有

$$(\arcsin x)' = \frac{1}{(\sin y)'} = \frac{1}{\cos y} = \frac{1}{\sqrt{1 - \sin^2 y}} = \frac{1}{\sqrt{1 - x^2}}.$$

即

$$(\arcsin x)' = \frac{1}{\sqrt{1 - x^2}}.$$

例 4 设 $y = \arctan x$，求 y'.

解 $y = \arctan x$ 是 $x = \tan y$，$y \in \left(-\dfrac{\pi}{2}, \dfrac{\pi}{2}\right)$ 的反函数，而函数 $x = \tan y$ 在开区间 $I_y = \left(-\dfrac{\pi}{2}, \dfrac{\pi}{2}\right)$ 内单调、可导，且

$$(\tan y)' = \sec^2 y \neq 0,$$

因此当 $x \in (-\infty, +\infty)$ 时有

$$(\arctan x)' = \frac{1}{(\tan y)'} = \frac{1}{\sec^2 y} = \frac{1}{1 + \tan^2 y} = \frac{1}{1 + x^2}.$$

即

$$(\arctan x)' = \frac{1}{1 + x^2}.$$

用类似的方法可得反余弦函数和反余切函数的导数公式

$$(\arccos x)' = -\frac{1}{\sqrt{1 - x^2}}, \quad (\text{arccot} x)' = -\frac{1}{1 + x^2}.$$

例 5 设 $y = \log_a x(a > 0, a \neq 1)$，求 y'.

解 $y = \log_a x(a > 0, a \neq 1)$ 是 $x = a^y$，$y \in (-\infty, +\infty)$ 的反函数，而函数 $x = a^y$ 在开

区间 $(-\infty, +\infty)$ 内单调、可导,且

$$(a^y)' = a^y \ln a \neq 0.$$

因此当 $x > 0$ 时有

$$(\log_a x)' = \frac{1}{(a^y)'} = \frac{1}{a^y \ln a} = \frac{1}{x \ln a}.$$

即

$$(\log_a x)' = \frac{1}{x \ln a}.$$

特别地,当 $a = \mathrm{e}$ 时,$(\ln x)' = \dfrac{1}{x}$.

三、复合函数的求导法则

定理 2.4 如果 $u = \varphi(x)$ 在点 x_0 处可导,而 $y = f(u)$ 在点 $u_0 = \varphi(x_0)$ 处可导,则复合函数 $y = f[\varphi(x)]$ 在点 x_0 处可导,且其导数为

$$\frac{\mathrm{d}y}{\mathrm{d}x}\bigg|_{x=x_0} = f'(u_0)\varphi'(x_0).$$

若自变量 x 在点 x_0 处有增量 Δx,相应地 u 在点 u_0 处有增量 Δu,从而 y 也相应有增量 Δy,则有

$$\frac{\Delta y}{\Delta x} = \frac{\Delta y}{\Delta u} \cdot \frac{\Delta u}{\Delta x},$$

因而当 $\Delta x \to 0$ 时,相应地 $\Delta u \to 0$,$\Delta y \to 0$,根据导数的定义,便有

$$\frac{\mathrm{d}y}{\mathrm{d}x}\bigg|_{x=x_0} = \frac{\mathrm{d}y}{\mathrm{d}u}\bigg|_{u=u_0} \frac{\mathrm{d}u}{\mathrm{d}x}\bigg|_{x=x_0} = f'(u_0)\varphi'(x_0).$$

如果函数是多个函数的复合,如 $y = f(u)$,$u = \varphi(v)$,$v = \psi(x)$ 复合而成的复合函数 $y = f\{\varphi[\psi(x)]\}$,那么

$$\frac{\mathrm{d}y}{\mathrm{d}x} = \frac{\mathrm{d}y}{\mathrm{d}u} \cdot \frac{\mathrm{d}u}{\mathrm{d}v} \cdot \frac{\mathrm{d}v}{\mathrm{d}x}.$$

该公式表明,复合函数的导数等于复合函数对中间变量的导数乘以中间变量对自变量的导数,复合函数的求导法则称为**链式法则**.

例 6 求函数 $y = \ln\sin x$ 的导数.

解 令 $y = \ln u$,$u = \sin x$,则

$$\frac{\mathrm{d}y}{\mathrm{d}x} = \frac{\mathrm{d}y}{\mathrm{d}u} \cdot \frac{\mathrm{d}u}{\mathrm{d}x} = \frac{1}{u} \cdot \cos x = \frac{\cos x}{\sin x} = \cot x.$$

读者对此比较熟练后不必设中间变量,可直接求导数.

例 7 求下列函数的导数:

(1) $y = \sin^2 x$;(2) $y = (2x+5)^4$;(3) $y = \sqrt{a^2 - x^2}$(其中 a 为常数).

解 (1) $y' = 2\sin x \cdot (\sin x)' = 2\sin x \cos x = \sin 2x$;

(2) $y' = 4(2x+5)^3 \cdot 2 = 8(2x+5)^3$;

(3) $y' = \dfrac{1}{2\sqrt{a^2 - x^2}} \cdot (-2x) = -\dfrac{x}{\sqrt{a^2 - x^2}}$.

例 8 求函数 $y=\ln\cos(\mathrm{e}^x)$ 的导数.

解
$$\frac{\mathrm{d}y}{\mathrm{d}x}=\frac{1}{\cos\mathrm{e}^x}\cdot(\cos\mathrm{e}^x)'=\frac{1}{\cos\mathrm{e}^x}\cdot(-\sin\mathrm{e}^x)\cdot(\mathrm{e}^x)'$$
$$=-\mathrm{e}^x\tan\mathrm{e}^x.$$

例 9 设函数 $f(u)$ 可导，求 $y=f(\sin x^3)$ 的导数.

解
$$y'=f'(\sin x^3)\cdot(\sin x^3)'=f'(\sin x^3)\cdot\cos x^3\cdot3x^2.$$

应特别注意，这里 y' 是指 $[f(\sin^2 x)]'$，而 $f'(\sin x^3)=f'(u)\big|_{u=\sin^2 x}$.

四、基本求导法则与导数公式

基本初等函数的导数公式与本节中所讨论的求导法则在初等函数的求导运算中起着重要的作用，我们必须熟练地掌握它们. 为了便于查阅，现将这些导数公式和求导法则归纳如下：

1. 常数和基本初等函数的导数公式

(1) $(C)'=0$;　　　　　　　　　　　(2) $(x^\mu)'=\mu x^{\mu-1}$;

(3) $(\sin x)'=\cos x$;　　　　　　　(4) $(\cos x)'=-\sin x$;

(5) $(\tan x)'=\sec^2 x$;　　　　　　(6) $(\cot x)'=-\csc^2 x$;

(7) $(\sec x)'=\sec x\tan x$;　　　　(8) $(\csc x)'=-\csc x\cot x$;

(9) $(a^x)'=a^x\ln a$;　　　　　　　(10) $(\mathrm{e}^x)'=\mathrm{e}^x$;

(11) $(\log_a x)'=\dfrac{1}{x\ln a}$;　　　　(12) $(\ln x)'=\dfrac{1}{x}$;

(13) $(\arcsin x)'=\dfrac{1}{\sqrt{1-x^2}}$;　　(14) $(\arccos x)'=-\dfrac{1}{\sqrt{1-x^2}}$;

(15) $(\arctan x)'=\dfrac{1}{1+x^2}$;　　(16) $(\cot x)'=-\dfrac{1}{1+x^2}$.

2. 函数的和、差、积、商的求导法则

设 $u=u(x),v=v(x)$ 都可导，则：

(1) $(u\pm v)'=u'\pm v'$;　　　　　(2) $(Cu)'=Cu'$（C 为常数）;

(3) $(uv)'=u'v+uv'$;　　　　　　(4) $\left(\dfrac{u}{v}\right)'=\dfrac{u'v-uv'}{v^2}$（$v\neq0$）.

3. 反函数的求导法则

如果函数 $x=f(y)$ 在区间 I_y 内单调、可导且 $f'(y)\neq0$，则它的反函数 $y=f^{-1}(x)$ 在区间 $I_x=\{x\,|\,x=f(y),y\in I_y\}$ 内也可导，且
$$[f^{-1}(x)]'=\frac{1}{f'(y)}\quad\text{或}\quad\frac{\mathrm{d}y}{\mathrm{d}x}=\frac{1}{\dfrac{\mathrm{d}x}{\mathrm{d}y}}.$$

4. 复合函数的求导法则

设函数 $y=f(u),u=\varphi(x)$ 都可导，则复合函数 $y=f[\varphi(x)]$ 的导数为
$$\frac{\mathrm{d}y}{\mathrm{d}x}=\frac{\mathrm{d}y}{\mathrm{d}u}\cdot\frac{\mathrm{d}u}{\mathrm{d}x}\quad\text{或}\quad y'(x)=f'(u)\cdot\varphi'(x).$$

例 10 求函数 $y=\dfrac{x}{2}\sqrt{a^2-x^2}+\dfrac{a^2}{2}\arcsin\dfrac{x}{a}$ 的导数,其中常数 $a>0$.

解
$$y'=\left(\frac{x}{2}\sqrt{a^2-x^2}\right)'+\left(\frac{a^2}{2}\arcsin\frac{x}{a}\right)'$$
$$=\frac{1}{2}\sqrt{a^2-x^2}-\frac{1}{2}\frac{x^2}{\sqrt{a^2-x^2}}+\frac{a^2}{2\sqrt{a^2-x^2}}$$
$$=\sqrt{a^2-x^2}.$$

习题 2-2

1. 求下列函数的导数:

(1) $y=\ln\left(\tan\dfrac{x}{2}\right)-\cos x\cdot\ln(\tan x)$; (2) $y=\sqrt{x+\sqrt{x}}$;

(3) $y=\arctan\sqrt{x^2-1}-\dfrac{\ln x}{\sqrt{x^2-1}}$; (4) $y=\dfrac{x}{2}\sqrt{a^2+x^2}+\dfrac{a^2}{2}\ln(x+\sqrt{a^2+x^2})$;

(5) $y=\dfrac{x}{2}\sqrt{a^2-x^2}+\dfrac{a^2}{2}\arcsin\dfrac{x}{a}$; (6) $y=\dfrac{\arccos x}{\sqrt{1-x^2}}+\dfrac{1}{2}\ln\dfrac{1+x}{1-x}$.

2. 设 $f(x)=\dfrac{\ln^2 x}{x^2}$,求 $f'(1)$.

3. 设 $f(x)=(x^2-a^2)g(x)$,其中 $g(x)$ 在 $x=a$ 处连续,求 $f'(a)$.

4. 设 $f(x)$ 是可导函数, $f(x)>0$,求下列导数:

(1) $y=\ln f(2x)$; (2) $y=f^2(e^x)$.

第三节 高阶导数

我们知道,如果物体的运动方程为 $s=s(t)$,则物体在时刻 t 的瞬时速度为 s 对 t 的导数,亦即 $v=s'(t)$. 如果 $v=s'(t)$ 对时间 t 仍可导,则它对时间 t 的导数称为物体在时刻 t 的瞬时加速度,即

$$a=\frac{\mathrm{d}v}{\mathrm{d}t}=\frac{\mathrm{d}}{\mathrm{d}t}\left(\frac{\mathrm{d}s}{\mathrm{d}t}\right),$$

记为 s'', s'' 称为 s 对 t 的二阶导数.

例如自由落体的运动方程为

$$s=\frac{1}{2}gt^2,$$

所以,其加速度 $a=s''=\left(\dfrac{1}{2}gt^2\right)''=(gt)'=g$.

一、高阶导数的定义

函数 $y=f(x)$ 的导数 $y'=f'(x)$ 如果对 x 仍可导,则它的导数称为函数 $y=f(x)$ 的二阶导数,记作

$$y'', f''(x) \text{ 或 } \frac{\mathrm{d}^2 y}{\mathrm{d}x^2} = \frac{\mathrm{d}}{\mathrm{d}x}\left(\frac{\mathrm{d}y}{\mathrm{d}x}\right).$$

如 $y = \sin x$，$y' = \cos x$，$y'' = -\sin x$.

如果二阶导数对 x 又可导，就可以得到**三阶导数**，记作

$$y''', f'''(x) \text{ 或 } \frac{\mathrm{d}^3 y}{\mathrm{d}x^3};$$

以此类推可得**四阶导数**，记作

$$y^{(4)}, f^{(4)}(x) \text{ 或 } \frac{\mathrm{d}^4 y}{\mathrm{d}x^4};$$

$$\cdots$$

n **阶导数**记作

$$y^{(n)}, f^{(n)}(x) \text{ 或 } \frac{\mathrm{d}^n y}{\mathrm{d}x^n}.$$

n 阶导数的导数称为 $n+1$ **阶导数**，二阶和二阶以上的导数统称为**高阶导数**. 高阶导数的阶数是相对于函数本身而言的，函数本身可以看作 0 阶导数 $f^{(0)}(x)$. 高阶导数可以通过对函数本身连续求导而得.

二、求高阶导数的方法

1. 直接法——逐阶求导

例 1 设 $y = \arctan x$，求 $y''(0)$，$y'''(0)$.

解 因为

$$y' = \frac{1}{1+x^2}, \quad y'' = \left(\frac{1}{1+x^2}\right)' = \frac{-2x}{(1+x^2)^2}, \quad y''' = \left(\frac{-2x}{(1+x^2)^2}\right)' = \frac{2(3x^2-1)}{(1+x^2)^3},$$

所以

$$y''(0) = \frac{-2x}{(1+x^2)^2}\bigg|_{x=0} = 0, \quad y'''(0) = \frac{2(3x^2-1)}{(1+x^2)^3}\bigg|_{x=0} = -2.$$

例 2 设 $y = \ln(1+x)$，求 $y^{(n)}$.

解 因为

$$y' = \frac{1}{1+x}, \quad y'' = -\frac{1}{(1+x)^2}, \quad y''' = (-1)^2 \frac{1 \cdot 2}{(1+x)^3}, \cdots,$$

所以

$$y^{(n)} = (-1)^{n-1} \frac{(n-1)!}{(1+x)^n}.$$

类似地，用逐阶求导法可得一些常用的高阶导数公式：
$(\mathrm{e}^x)^{(n)} = \mathrm{e}^x$，

$$\left(\frac{1}{a+x}\right)^{(n)} = (-1)^n \frac{n!}{(a+x)^{n+1}}, \qquad \left(\frac{1}{a-x}\right)^{(n)} = \frac{n!}{(a-x)^{n+1}},$$

$$[\ln(a+x)]^{(n)} = (-1)^{n-1} \frac{(n-1)!}{(a+x)^n}, \qquad [\ln(a-x)]^{(n)} = -\frac{(n-1)!}{(a-x)^n},$$

$$(\sin x)^{(n)} = \sin\left(x + n \cdot \frac{\pi}{2}\right), \qquad\qquad (\cos x)^{(n)} = \cos\left(x + n \cdot \frac{\pi}{2}\right).$$

2. 间接法——利用已知的高阶导数公式

如果函数 $u = u(x)$ 及 $v = v(x)$ 都在点 x 处具有 n 阶导数,那么显然 $u(x) \pm v(x)$ 也在点 x 处具有 n 阶导数,且

$$(u \pm v)^{(n)} = u^{(n)} \pm v^{(n)}.$$

但乘积 $u(x) \cdot v(x)$ 的 n 阶导数并不如此简单,由

$$(uv)' = u'v + uv',$$

首先得出

$$(uv)'' = u''v + 2u'v' + uv'',$$
$$(uv)''' = u'''v + 3u''v' + 3u'v'' + uv'''.$$

用数学归纳法可以证明

$$(uv)^{(n)} = u^{(n)}v + C_n^1 u^{(n-1)}v' + C_n^2 u^{(n-2)}v'' + \cdots + C_n^k u^{(n-k)}v^{(k)} + \cdots + uv^{(n)}.$$

上式称为**莱布尼茨(Leibniz)公式**,这个公式可以这样记忆:把按二项式定理展开写成

$$(u + v)^n = u^n + C_n^1 u^{n-1}v + C_n^2 u^{n-2}v^2 + \cdots + C_n^n v^n,$$

然后把 k 次幂换成 k 阶导数(零阶导数理解为函数本身),再把左端的 $u + v$ 换成 uv,这样就得到莱布尼茨公式

$$(uv)^{(n)} = u^{(n)}v + C_n^1 u^{(n-1)}v' + C_n^2 u^{(n-2)}v'' + \cdots + C_n^k u^{(n-k)}v^{(k)} + \cdots + uv^{(n)}.$$

例 3 设 $y = x^2 e^{2x}$,求 $y^{(20)}$.

解 设 $u = e^{2x}$,$v = x^2$,则

$$u^{(k)} = 2^k e^{2x}, \quad k = 1, 2, \cdots, 20,$$
$$v' = 2x, \ v'' = 2, \ v^{(k)} = 0, \quad k = 3, \cdots, 20,$$

所以

$$y^{(20)} = 2^{20} e^{2x} \cdot x^2 + 20 \times 2^{19} e^{2x} \cdot 2x + \frac{20 \times 19}{2!} 2^{18} e^{2x} \times 2$$
$$= 2^{20} e^{2x} (x^2 + 20x + 95).$$

习题 2-3

1. 设 $y = e^{x^2}$,求 y'',y'''.

2. 设 $f(x)$ 二阶可导,求 y'':

(1) $y = \ln[f(x)]$; (2) $y = f\left(\dfrac{1}{x}\right)$.

3. 设 $f(x)$ 任意阶可导,且 $f'(x) = f^2(x)$,当 $n \geqslant 2$ 时,计算 $f^{(n)}(x)$.

4. 求下列函数的 n 阶导数:

(1) $y = \sin^4 x + \cos^4 x$; (2) $y = \dfrac{1}{x^2 - 3x + 2}$;

(3) $y = e^x (x^2 - 2x + 2)$.

第四节　隐函数及由参数方程所确定的函数的导数

一、隐函数的导数

形如 $y=f(x)$ 的函数,因变量 y 表示为自变量 x 的表达式,称这种函数为**显函数**. 有些函数自变量 x 和因变量 y 之间的函数关系没有明显给出来,则称为**隐函数**. 如 $x-y^3-1=0$,其中 y 是 x 的函数. 当然,像 $x-y^3-1=0$ 确定的 y 与 x 之间的隐函数关系完全可以通过方程变形得到显函数 $y=\sqrt[3]{x-1}$. 这种将隐函数转换为显函数的过程叫作**隐函数的显化**. 但是,并不是所有的隐函数都能这样方便地显化,有的隐函数显化是很困难的,有的甚至是不能显化的,例如

$$e^y - e^{-x} + xy = 0.$$

于是,求隐函数的导数时,将隐函数先显化、再求导的方法有时是不可行的. 那么,如何直接由确定隐函数的方程来求出隐函数的导数呢?

隐函数求导的基本思想是将方程

$$F(x,y)=0$$

中的 y 看作 x 的函数,该函数满足恒等式

$$F(x,y(x))=0.$$

在恒等式两边对 x 求导,就可得到 $y'(x)$ 应满足的恒等式,然后再将 $y'(x)$ 解出即可.

例1　设 $y=y(x)$ 由方程 $e^y+xy=e$ 确定,求 y',y''.

解　方程两边对 x 求导,得

$$e^y y' + y + xy' = 0.$$

解出 y',

$$y' = -\frac{y}{e^y+x}.$$

从而

$$y'' = \frac{\mathrm{d}}{\mathrm{d}x}\left(-\frac{y}{e^y+x}\right) = -\frac{y'(e^y+x)-y(e^y y'+1)}{(e^y+x)^2}$$

$$= \frac{-e^y y + 2e^y + 2x}{(e^y+x)^3}y.$$

例2　求心形线 $x^2+y^2+y=\sqrt{x^2+y^2}$ 上点 $(1,0)$ 处的切线和法线方程.

解　方程两边对 x 求导,得

$$2x + 2yy' + y' = \frac{x+yy'}{\sqrt{x^2+y^2}},$$

将 $x=1$,$y=0$ 代入求得 $y'|_{(1,0)}=-1$. 所求切线方程为 $y=-(x-1)$,即 $x+y-1=0$. 所求法线方程为 $y=x-1$,即 $x-y-1=0$.

二、对数求导法

我们知道,取对数可将乘除运算变成加减运算. 在涉及乘除、乘方、开方的求导时,采用

对数求导法比较方便,即对两边取对数后再求导,这种求导的方法叫作**对数求导法**.

例3 设 $y = \dfrac{(x+1)\sqrt[3]{x-1}}{(x+4)^2 e^x}$, $x > 1$, 求 y'.

解 等式两边取对数得

$$\ln y = \ln(x+1) + \frac{1}{3}\ln(x-1) - 2\ln(x+4) - x.$$

两边对 x 求导得

$$\frac{y'}{y} = \frac{1}{x+1} + \frac{1}{3(x-1)} - \frac{2}{x+4} - 1.$$

故

$$y' = \frac{(x+1)\sqrt[3]{x-1}}{(x+4)^2 e^x}\left[\frac{1}{x+1} + \frac{1}{3(x-1)} - \frac{2}{x+4} - 1\right].$$

对于一般形式的幂指函数

$$y = u^v \ (u > 0), \tag{2.5}$$

如果 $u = u(x)$, $v = v(x)$ 都可导,可以利用对数求导法求出它的导数.

先在两边取对数,得

$$\ln y = v \cdot \ln u.$$

上式两边对 x 求导,注意到 y, u, v 都是 x 的函数,得

$$\frac{1}{y}y' = v'\ln u + v \cdot \frac{1}{u} \cdot u',$$

于是

$$y' = y\left(v'\ln u + v \cdot \frac{1}{u} \cdot u'\right) = u^v\left(v'\ln u + v \cdot \frac{1}{u} \cdot u'\right).$$

例4 求函数 $y = (\tan x)^{\sin x}$ 的导数.

解 等式两边取对数化为

$$\ln y = \sin x \ln\tan x,$$

两边对 x 求导得

$$\frac{1}{y}y' = \cos x \ln\tan x + \frac{\sin x}{\tan x}\sec^2 x,$$

解得

$$y' = (\cos x \ln\tan x + \sec x)(\tan x)^{\sin x}.$$

例5 求函数 $y = (\tan x)^{\sin x} + \arctan\sqrt{x}$ 的导数.

解 令 $y_1 = (\tan x)^{\sin x}$, $y_2 = \arctan\sqrt{x}$, 则

$$\ln y_1 = \sin x \ln\tan x,$$

所以

$$\frac{1}{y_1}y_1' = \cos x \ln\tan x + \frac{\sin x}{\tan x}\sec^2 x.$$

故

$$y_1' = (\cos x \ln\tan x + \sec x)(\tan x)^{\sin x}.$$

又

$$y_2' = \frac{1}{1+x} \cdot \frac{1}{2\sqrt{x}} = \frac{1}{2(1+x)\sqrt{x}},$$

所以

$$y' = (\cos x \ln\tan x + \sec x)(\tan x)^{\sin x} + \frac{1}{2(1+x)\sqrt{x}}.$$

三、由参数方程所确定的函数的导数

有些函数关系可以由参数方程来确定,所谓参数方程就是自变量和因变量分别由一个作为参数的变量表示出来,如 $\begin{cases} x=\varphi(t), \\ y=\psi(t), \end{cases}$ 那么 $y=f(x)$ 就隐含在这个参数方程中,该函数 $y=f(x)$ 就叫作**由参数方程** $\begin{cases} x=\varphi(t), \\ y=\psi(t) \end{cases}$ **确定的隐函数.**

如何求隐函数的导数 $y'=f'(x)$? 如果能在参数方程中消去参数 t,那么先将隐函数显化得到显函数 $y=f(x)$,再进行求导. 但是有时用该方法消去参数是很困难的,因此直接从参数方程求出隐函数导数的问题就被提出来了. 前面讲的隐函数求导方法实际上是运用了复合函数求导的方法,那么参数方程所确定的隐函数如何求导? 自然也会想到能否用复合函数的求导法则.

如果在参数方程中函数 $x=\varphi(t)$ 具有单调连续的反函数 $t=\varphi^{-1}(x)$,并且这个反函数能与函数 $y=\psi(t)$ 复合成复合函数,那么由参数方程确定的隐函数可看成是由函数 $t=\varphi^{-1}(x)$ 和 $y=\psi(t)$ 复合而成的函数 $y=\psi[\varphi^{-1}(x)]$,于是,综合运用复合函数求导和反函数求导就可对参数方程确定的隐函数进行求导,可得

$$\frac{dy}{dx} = \frac{dy}{dt} \cdot \frac{dt}{dx} = \frac{dy}{dt} \cdot \frac{1}{\frac{dx}{dt}} = \frac{\psi'(t)}{\varphi'(t)},$$

即 $\frac{dy}{dx} = \frac{\psi'(t)}{\varphi'(t)} = \omega(t)$,它仍然是 t 的函数.

如果 $x=\varphi(t)$ 和 $y=\psi(t)$ 二阶可导,且 $\varphi'(t)\neq 0$,那么对参数方程 $\begin{cases} x=\varphi(t), \\ y'=\omega(t) \end{cases}$ 运用上述方法可求得二阶导数

$$\frac{d^2y}{dx^2} = \frac{\omega'(t)}{\varphi'(t)} = \frac{\psi''(t)\varphi'(t) - \psi'(t)\varphi''(t)}{[\varphi'(t)]^3}.$$

例 6 设 $\begin{cases} x=1+t^2, \\ y=t^3, \end{cases}$ 求 $\frac{dy}{dx}\Big|_{t=\frac{\pi}{2}}$ 和 $\frac{d^2y}{dx^2}$.

解 因为

$$\frac{dy}{dx} = \frac{(t^3)'}{(1+t^2)'} = \frac{3t^2}{2t} = \frac{3t}{2},$$

所以

$$\frac{\mathrm{d}y}{\mathrm{d}x}\Big|_{t=\frac{\pi}{2}}=\frac{3\pi}{4}.$$

从而

$$\frac{\mathrm{d}^2 y}{\mathrm{d}x^2}=\frac{\left(\frac{3}{2}t\right)'}{(1+t^2)'}=\frac{\frac{3}{2}}{2t}=\frac{3}{4t}.$$

例 7 求摆线 $\begin{cases} x=a(t-\sin t), \\ y=a(1-\cos t) \end{cases}$ 在 $t=\frac{\pi}{2}$ 处的切线方程.

解 因为

$$\frac{\mathrm{d}y}{\mathrm{d}x}=\frac{\dfrac{\mathrm{d}y}{\mathrm{d}t}}{\dfrac{\mathrm{d}x}{\mathrm{d}t}}=\frac{a\sin t}{a-a\cos t}=\frac{\sin t}{1-\cos t},$$

所以

$$\frac{\mathrm{d}y}{\mathrm{d}x}\Big|_{t=\frac{\pi}{2}}=\frac{\sin\dfrac{\pi}{2}}{1-\cos\dfrac{\pi}{2}}=1.$$

当 $t=\dfrac{\pi}{2}$ 时，$x=a\left(\dfrac{\pi}{2}-1\right)$，$y=a$. 所求切线方程为 $y-a=x-a\left(\dfrac{\pi}{2}-1\right)$，即 $y=x+a\left(2-\dfrac{\pi}{2}\right)$.

习题 2-4

1. 求下列方程所确定隐函数 y 的导数 $\dfrac{\mathrm{d}y}{\mathrm{d}x}$：

(1) $x^2 y-\mathrm{e}^{2x}=\sin y$；　　　　　　　　(2) $xy=\mathrm{e}^{x+y}$.

2. 求由方程 $y=1+x\mathrm{e}^y$ 所确定的隐函数 y 的二阶导数 $\dfrac{\mathrm{d}^2 y}{\mathrm{d}x^2}$.

3. 用对数求导法求下列函数的导数：

(1) $y=(x^2+1)^3(x+2)^2 x^6$；　　　　　　(2) $y=(1+\cos x)^{\frac{1}{x}}$.

4. 设函数 $y=y(x)$ 由方程 $x\mathrm{e}^{f(y)}=C\mathrm{e}^y$ 确定，其中 C 为非零常数，f 具有二阶导数，且 $f'(y)\neq 1$，求 $\dfrac{\mathrm{d}y}{\mathrm{d}x},\dfrac{\mathrm{d}^2 y}{\mathrm{d}x^2}$.

5. 求曲线 $\begin{cases} x=\mathrm{e}^{2t}, \\ y=\mathrm{e}^{-t} \end{cases}$ 在参数 $t=0$ 对应的点处的切线方程和法线方程.

6. 设曲线 $y=y(x)$ 由下列参数方程确定，求曲线上对应于 $t=0$ 处的切线方程.

(1) $\begin{cases} x=t\mathrm{e}^t, \\ \mathrm{e}^t+\mathrm{e}^y=2; \end{cases}$　　　　　　(2) $\begin{cases} x=\ln(t+\sqrt{1+t^2}), \\ t\mathrm{e}^y+\sin t+y=1. \end{cases}$

第五节 函数的微分

一、引例

一个正方形金属薄片受温度变化的影响，其边长由 x_0 变到 $x_0 + \Delta x$（见图 2-4），问此薄片的面积改变了多少？

设此薄片的边长为 x，面积为 A，则 A 是 x 的函数：$A = x^2$. 薄片受温度变化的影响时，面积的增量可以看成是当自变量 x 自 x_0 取得增量 Δx 时，函数 A 相应的增量 ΔA，即

$$\Delta A = (x_0 + \Delta x)^2 - x_0^2 = 2x_0 \Delta x + (\Delta x)^2.$$

由上式可以看出，ΔA 分成两部分，第一部分 $2x_0 \Delta x$ 是 Δx 的线性函数，即图 2-4 中带有斜线的两个矩形面积之和，第二部分 $(\Delta x)^2$ 在图 2-4 中是带有交叉斜线的小正方形的面积，当 $\Delta x \to 0$ 时，第二部分 $(\Delta x)^2$ 是比 Δx 高阶的无穷小，即 $(\Delta x)^2 = o(\Delta x)$. 由此可见，如果边长的改变很微小，即 $|\Delta x|$ 很小时，面积的增量 ΔA 可近似地用第一部分来代替.

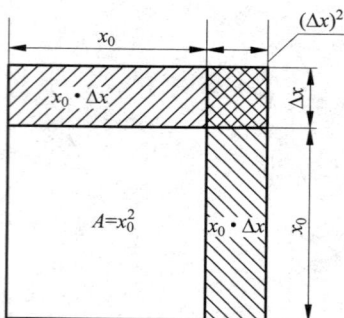

图 2-4

二、微分的定义

定义 2.3 设函数 $y = f(x)$ 在某区间内有定义，x_0 及 $x_0 + \Delta x$ 在此区间内，如果函数的增量

$$\Delta y = f(x_0 + \Delta x) - f(x_0)$$

可表示为

$$\Delta y = A \Delta x + o(\Delta x), \tag{2.6}$$

其中 A 是不依赖于 Δx 的常数，那么称函数 $y = f(x)$ 在点 x_0 **可微**，而 $A \Delta x$ 叫作函数 $y = f(x)$ 在点 x_0 的**微分**，记作 $\mathrm{d}y$，即

$$\mathrm{d}y = A \Delta x.$$

定理 2.5 函数 $y = f(x)$ 在点 x_0 可微的充分必要条件是函数 $y = f(x)$ 在点 x_0 可导，且

$$\mathrm{d}y \big|_{x=x_0} = f(x_0) \Delta x.$$

证 先证必要性. 因为 $y = f(x)$ 在点 x_0 可微，则

$$\Delta y = f(x_0 + \Delta x) - f(x_0) = A \Delta x + o(\Delta x),$$

所以 $\lim\limits_{\Delta x \to 0} \dfrac{\Delta y}{\Delta x} = \lim\limits_{\Delta x \to 0} \left(A + \dfrac{o(\Delta x)}{\Delta x} \right) = A$. 故 $y = f(x)$ 在点 x_0 可导，且 $f'(x_0) = A$.

接着证充分性. 设 $y = f(x)$ 在点 x_0 可导，则

$$\lim_{\Delta x \to 0} \frac{\Delta y}{\Delta x} = f'(x_0).$$

由第一章的定理 1.1 可知

$$\frac{\Delta y}{\Delta x} = f'(x_0) + \alpha \left(\lim_{\Delta x \to 0} \alpha = 0 \right).$$

故

$$\Delta y = f'(x_0) \Delta x + \alpha \Delta x = f'(x_0) \Delta x + o(\Delta x).$$

即 $y = f(x)$ 在该点可微,且 $\mathrm{d}y|_{x=x_0} = f'(x_0) \Delta x$.

当 $f'(x_0) \neq 0$ 时,有

$$\lim_{\Delta x \to 0} \frac{\Delta y}{\mathrm{d}y} = \lim_{\Delta x \to 0} \frac{\Delta y}{f'(x_0) \Delta x} = \frac{1}{f'(x_0)} \lim_{\Delta x \to 0} \frac{\Delta y}{\Delta x} = 1.$$

从而,当 $\Delta x \to 0$ 时,Δy 与 $\mathrm{d}y$ 是等价无穷小,于是由第一章的定理 1.1 可知

$$\Delta y = \mathrm{d}y + o(\mathrm{d}y),$$

即 $\mathrm{d}y$ 是 Δy 的主部. 又由于 $\mathrm{d}y = f'(x_0) \Delta x$ 是 Δx 的线性函数,所以在 $f'(x_0) \neq 0$ 的条件下,我们说 $\mathrm{d}y$ 是 Δy 的线性主部(当 $\Delta x \to 0$). 于是得到结论:在 $f'(x_0) \neq 0$ 的条件下,以微分 $\mathrm{d}y = f'(x_0) \Delta x$ 近似代替增量 $\Delta y = f(x_0 + \Delta x) - f(x_0)$ 时,其误差为 $o(\mathrm{d}y)$. 因此,在 $|\Delta x|$ 很小时,有近似等式

$$\Delta y \approx \mathrm{d}y.$$

例 1 已知函数 $y = x^3$,求:(1) $x = 2$ 时的微分;(2) x 由 2 变化到 2.02 时的微分.

解 (1) 因为 $\mathrm{d}y = (x^3)' \Delta x = 3x^2 \Delta x$,所以

$$\mathrm{d}y|_{x=2} = 3x^2 \mathrm{d}x|_{x=2} = 12\mathrm{d}x.$$

(2) $\mathrm{d}y\Big|_{\substack{x=2 \\ \mathrm{d}x=0.02}} = 3x^2 \cdot \mathrm{d}x\Big|_{\substack{x=2 \\ \mathrm{d}x=0.02}} = 0.24.$

例 2 设 $y = \mathrm{e}^{\cos^2 x}$,求微分 $\mathrm{d}y$.

解 $\mathrm{d}y = (\mathrm{e}^{\cos^2 x})' \mathrm{d}x = \mathrm{e}^{\cos^2 x} \cdot 2\cos x \cdot (-\sin x) \mathrm{d}x$

$\qquad = -\sin 2x \cdot \mathrm{e}^{\cos^2 x} \mathrm{d}x.$

函数 $y = f(x)$ 在任意点 x 的微分称为函数的微分,记作 $\mathrm{d}y$ 或 $\mathrm{d}f(x)$,即

$$\mathrm{d}y = f'(x) \Delta x.$$

通常把自变量 x 的增量 Δx 称为**自变量的微分**,记作 $\mathrm{d}x$,即 $\mathrm{d}x = \Delta x$,于是函数 $y = f(x)$ 的微分又可记作

$$\mathrm{d}y = f'(x) \mathrm{d}x.$$

从而有

$$\frac{\mathrm{d}y}{\mathrm{d}x} = f'(x).$$

这就是说,函数的微分 $\mathrm{d}y$ 与自变量的微分 $\mathrm{d}x$ 之商等于该函数的导数,因此,导数也叫作"微商".

为了对微分有比较直观的了解,下面说明微分的几何意义. 在直角坐标系中,函数 $y = f(x)$ 的图形是一条曲线. 对于某一固定的 x_0 值,曲线上有一个确定点 $M(x_0, y_0)$,当自变量 x 有微小增量 Δx 时,就得到曲线上另一点 $N(x_0 + \Delta x, y_0 + \Delta y)$. 由图 2-5 可知

$$MQ = \Delta x, \quad QN = \Delta y.$$

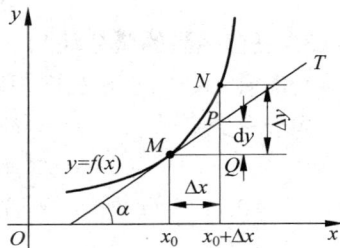

图 2-5

过点 M 作曲线的切线 MT，它的倾角为 α，则

$$QP = MQ \cdot \tan\alpha = \Delta x \cdot f'(x_0),$$

即

$$\mathrm{d}y = QP.$$

由此可见，对于可微函数 $y = f(x)$ 而言，当 Δy 是曲线 $y = f(x)$ 上点的纵坐标的增量时，$\mathrm{d}y$ 就是曲线的切线上点的纵坐标的相应增量. 当 $|\Delta x|$ 很小时，$|\Delta y - \mathrm{d}y|$ 比 $|\Delta x|$ 小得多. 因此在点 M 的附近，我们可以用切线段来近似代替曲线段，数学上称之为非线性函数的局部线性化.

三、基本初等函数的微分公式与微分运算法则

从函数的微分表达式

$$\mathrm{d}y = f'(x)\mathrm{d}x$$

可以看出，计算函数的微分，只要计算函数的导数，再乘以自变量的微分. 因此，可以得到如下的微分公式和微分运算法则.

1. 基本初等函数的微分公式

由基本初等函数的导数公式，可以直接写出如下基本初等函数的微分公式：

$\mathrm{d}(C) = 0$;　　　　　　　　　　　　　$\mathrm{d}(x^\mu) = \mu x^{\mu-1}\mathrm{d}x$;

$\mathrm{d}(\sin x) = \cos x\mathrm{d}x$;　　　　　　　　$\mathrm{d}(\cos x) = -\sin x\mathrm{d}x$;

$\mathrm{d}(\tan x) = \sec^2 x\mathrm{d}x$;　　　　　　　$\mathrm{d}(\cot x) = -\csc^2 x\mathrm{d}x$;

$\mathrm{d}(\sec x) = \sec x\tan x\mathrm{d}x$;　　　　　$\mathrm{d}(\csc x) = -\csc x\cot x\mathrm{d}x$;

$\mathrm{d}(a^x) = a^x\ln a\mathrm{d}x$;　　　　　　　$\mathrm{d}(\mathrm{e}^x) = \mathrm{e}^x\mathrm{d}x$;

$\mathrm{d}(\log_a x) = \dfrac{1}{x\ln a}\mathrm{d}x$;　　　　　$\mathrm{d}(\ln x) = \dfrac{1}{x}\mathrm{d}x$;

$\mathrm{d}(\arcsin x) = \dfrac{1}{\sqrt{1-x^2}}\mathrm{d}x$;　　　$\mathrm{d}(\arccos x) = -\dfrac{1}{\sqrt{1-x^2}}\mathrm{d}x$;

$\mathrm{d}(\arctan x) = \dfrac{1}{1+x^2}\mathrm{d}x$;　　　$\mathrm{d}(\operatorname{arccot} x) = -\dfrac{1}{1+x^2}\mathrm{d}x.$

2. 函数和、差、积、商的微分法则

由函数和、差、积、商的求导法则，可推得相应的微分法则：

$$\mathrm{d}(u \pm v) = \mathrm{d}u \pm \mathrm{d}v; \qquad \mathrm{d}(Cu) = C\mathrm{d}u;$$

$$\mathrm{d}(uv) = v\mathrm{d}u + u\mathrm{d}v; \qquad \mathrm{d}\left(\frac{u}{v}\right) = \frac{v\mathrm{d}u - u\mathrm{d}v}{v^2}.$$

3. 复合函数的微分法则

与复合函数的求导法则相对应的复合函数的微分法则可推导如下：
设 $y = f(u)$ 及 $u = g(x)$ 都可导，则复合函数 $y = f[g(x)]$ 的微分为

$$\mathrm{d}y = y_x'\mathrm{d}x = f'(u)g'(x)\mathrm{d}x.$$

由于 $g'(x)\mathrm{d}x = \mathrm{d}u$，所以，复合函数 $y = f[g(x)]$ 的微分公式也可以写成

$$\mathrm{d}y = f'(u)\mathrm{d}u \quad \text{或} \quad \mathrm{d}y = y_u'\mathrm{d}u.$$

由此可见，无论 u 是自变量还是另一个变量的可微函数，微分形式 $\mathrm{d}y = f'(u)\mathrm{d}u$ 保持不变.

这一性质称为**微分形式不变性**. 该性质表示, 当变换自变量时(即设 u 为另一变量的任一可微函数时), 微分形式 $\mathrm{d}y = f'(u)\mathrm{d}u$ 并不改变.

例 3 设 $y = \mathrm{e}^{\cos^2 x}$, 求微分 $\mathrm{d}y$.

解 方法一:

$$\mathrm{d}y = (\mathrm{e}^{\cos^2 x})' \mathrm{d}x$$
$$= \mathrm{e}^{\cos^2 x} \cdot 2\cos x \cdot (-\sin x)\mathrm{d}x$$
$$= -\sin 2x \cdot \mathrm{e}^{\cos^2 x} \mathrm{d}x.$$

方法二: 由微分形式不变性可得

$$\mathrm{d}y = \mathrm{e}^{\cos^2 x} \mathrm{d}(\cos^2 x) = \mathrm{e}^{\cos^2 x} \cdot 2\cos x \mathrm{d}(\cos x)$$
$$= \mathrm{e}^{\cos^2 x} \cdot 2\cos x \cdot (-\sin x)\mathrm{d}x$$
$$= -\sin 2x \cdot \mathrm{e}^{\cos^2 x} \mathrm{d}x.$$

例 4 在下列括号中填入适当的函数使等式成立:

(1) $\mathrm{d}(\qquad) = x\mathrm{d}x$;   (2) $\mathrm{d}(\qquad) = \cos\omega t\,\mathrm{d}t$.

解 (1) $\mathrm{d}\left(\dfrac{1}{2}x^2 + C\right) = x\mathrm{d}x$, 其中 C 为任意常数;

(2) $\mathrm{d}\left(\dfrac{1}{\omega}\sin\omega t + C\right) = \cos\omega t\,\mathrm{d}t$, 其中 C 为任意常数.

注 上述微分的反问题是不定积分中研究的内容. 数学中的反问题往往具有多值性, 例如

$$2^2 = (4), \qquad\qquad (\pm 2)^2 = 4.$$
$$\sin\frac{\pi}{4} = \left(\frac{\sqrt{2}}{2}\right), \qquad\qquad \sin\left(\frac{\pi}{4} + 2k\pi\right) = \frac{\sqrt{2}}{2}.$$

例 5 设 $y\sin x - \cos(x - y) = 0$, 求 $\mathrm{d}y$.

解 利用微分形式不变性, 得

$$\mathrm{d}(y\sin x) - \mathrm{d}(\cos(x - y)) = 0,$$
$$\sin x\,\mathrm{d}y + y\cos x\,\mathrm{d}x + \sin(x - y)(\mathrm{d}x - \mathrm{d}y) = 0,$$
$$\mathrm{d}y = \frac{y\cos x + \sin(x - y)}{\sin(x - y) - \sin x}\mathrm{d}x,$$

所以该隐函数的导数是

$$y' = \frac{y\cos x + \sin(x - y)}{\sin(x - y) - \sin x}.$$

四、微分在近似计算中的应用

前面说过, 如果 $y = f(x)$ 在点 x_0 处的导数 $f'(x_0) \neq 0$, 且 $|\Delta x|$ 很小时, 可得

$$\Delta y \approx \mathrm{d}y = f'(x_0)\Delta x.$$

这个式子也可以写为

$$\Delta y = f(x_0 + \Delta x) - f(x_0) \approx f'(x_0)\Delta x \qquad\qquad (2.7)$$

或

$$f(x_0+\Delta x)\approx f(x_0)+f'(x_0)\Delta x. \tag{2.8}$$

令 $x=x_0+\Delta x$，即 $\Delta x=x-x_0$，那么式（2.8）可改写为

$$f(x)\approx f(x_0)+f'(x_0)(x-x_0). \tag{2.9}$$

如果 $f(x_0)$ 与 $f'(x_0)$ 都容易计算，那么可利用式（2.7）来近似计算 Δy，利用式（2.8）来近似计算 $f(x_0+\Delta x)$，或者利用式（2.9）来近似计算 $f(x)$．这种近似计算的实质就是用 x 的线性函数 $f(x_0)+f'(x_0)(x-x_0)$ 来近似表达函数 $f(x)$．由导数的几何意义可知，这也就是用曲线 $y=f(x)$ 在点 $(x_0,f(x_0))$ 处的切线近似代替该曲线（就切点邻近部分来说）．

例 6 半径 10cm 的金属圆片加热后，半径伸长了 0.05cm，问面积大约增大了多少？

解 设金属圆片的半径为 r，面积为 A，则 $A=\pi r^2$，因为 $r=10$cm，$\Delta r=0.05$cm，所以面积增大值为 ΔA，用 $\mathrm{d}A$ 作为其近似值，有

$$\mathrm{d}A=2\pi r\cdot\Delta r=2\pi\times 10\times 0.05\text{cm}^2=\pi\text{cm}^2.$$

例 7 求 $\mathrm{e}^{-0.03}$ 的近似值．

解 设 $f(x)=\mathrm{e}^x$，取 $x_0=0$，$x=-0.03$，则由

$$f(x)\approx f(x_0)+f'(x_0)(x-x_0)$$

求得

$$\mathrm{e}^{-0.03}\approx f(0)+f'(0)(-0.03-0)=1-0.03=0.97.$$

习题 2-5

1. 将适当的函数填入下列括号使等式成立：

(1) $\mathrm{d}(\qquad)=5x\mathrm{d}x$；

(2) $\mathrm{d}(\qquad)=\sin 2x\mathrm{d}x$；

(3) $\mathrm{d}(\qquad)=\mathrm{e}^{-3x}\mathrm{d}x$；

(4) $\mathrm{d}(\qquad)=\dfrac{1}{1+x}\mathrm{d}x$；

(5) $\mathrm{d}(\qquad)=\dfrac{1}{\sqrt{x}}\mathrm{d}x$；

(6) $\mathrm{d}(\qquad)=\dfrac{1}{(1+x)^2}\mathrm{d}x$．

2. 若 $f(x)\mathrm{d}(\arctan x)=\mathrm{d}(3^x)$，则 $f(x)=$ _____．

3. 设函数 $y=x^3$，计算在 $x=2$ 处，Δx 等于 -0.1 时的增量及微分．

4. 求下列函数的微分：

(1) $y=x^{5x}$；

(2) $y=\ln\left(\sin\dfrac{x}{2}\right)$；

(3) $y=\mathrm{e}^{-x}\cos(x-3)$；

(4) $y=\sin f(\mathrm{e}^x)$，其中 $f(x)$ 可微．

5. 设 $y=f(\sqrt{1+x})$，$f'(x)=\arctan(1-x^2)$，则 $\mathrm{d}y|_{x=1}=$ _____．

6. 扩音器的插头为圆柱形，其截面半径 $r=0.2$cm，长度 $l=4$cm．为了提高它的导电性能，需在圆柱的侧面镀一层 0.01cm 的纯铜，已知纯铜的密度为 8.9g/cm^3，问约需多少克纯铜？

7. 已知单摆的周期 $T=2\pi\sqrt{\dfrac{l}{g}}$，其中 l 为摆长，取 $g=980$cm/s^2，且原摆长为 20cm，为使周期 T 增大 0.05s，摆长约需加长多少？

第六节 边际与弹性

一、边际的概念

经济学中,将一元经济函数的导数定义为**边际函数**,边际成本、边际收入、边际利润分别用

$$C'(x), \quad R'(x), \quad L'(x)$$

来表示. 在经济分析中,导数

$$f'(x_0) = \lim_{\Delta x \to 0} \frac{\Delta y}{\Delta x}$$

常用来近似表达当自变量在 x_0 处产生一个单位的改变时,函数 $f(x)$ 的改变量,即

$$f(x_0 + 1) - f(x_0) \approx f'(x_0).$$

如 $C'(100) = 10$,表示当生产 101 个产品时成本增加 10 元.

例 1 设某产品的需求量 x 与价格 P 满足如下函数关系:

$$P = 80 - 0.1x,$$

成本函数为 $C(x) = 5000 + 20x$,单位是元. 求边际利润函数 $L'(x)$,并分别求 $x = 150$ 和 $x = 400$ 时的边际利润.

解 利润函数

$$
\begin{aligned}
L(x) = R(x) - C(x) &= P \cdot x - C(x) \\
&= (80 - 0.1x)x - (5000 + 20x) \\
&= -0.1x^2 + 60x - 5000,
\end{aligned}
$$

边际利润函数为

$$L'(x) = (-0.1x^2 + 60x - 5000)' = -0.2x + 60.$$

$x = 150$ 时的边际利润为

$$L'(150) = -0.2 \times 150 + 60 = 30;$$

$x = 400$ 时的边际利润为

$$L'(400) = -0.2 \times 400 + 60 = -20.$$

可见销售第 151 个产品,利润会增加 30 元;而销售第 401 个产品,利润将减少 20 元.

二、弹性的概念

对一般的 x,若 $f(x)$ 可导且 $f(x) \neq 0$,则有

$$\frac{\mathrm{E}y}{\mathrm{E}x} = \lim_{\Delta x \to 0} \frac{\Delta y / y}{\Delta x / x} = y' \frac{x}{y}$$

是 x 的函数,称为 $f(x)$ 的**弹性函数**(简称**弹性**),其也记为 $\frac{\mathrm{E}}{\mathrm{E}x} f(x)$ 或 $\mathrm{E}x$,它反映了 $f(x)$ 对 x 变化反应的**强烈程度**或**灵敏度**. 例如对于需求函数 $Q = f(P)$,产品在价格为 P 时的**需求弹性**

$$\eta = \eta(P) = Q' \cdot \frac{P}{Q},$$

它表示在价格为 P 时,价格变动 1%,需求量将变化 $\eta\%$. 一般地,需求函数是单调递减函数,故需求弹性一般是负值.

例 2 某商品的需求函数为 $Q(P)=75-P^2$(其中 Q 为需求量,P 为价格).

(1) 求 $P=4$ 时的边际需求,并说明其经济意义.

(2) 求 $P=4$ 时的需求弹性,并说明其经济意义.

(3) 当 $P=4$ 时,若价格 P 上涨 1%,总收益将变化百分之几? 是增加还是减少?

(4) 当 $P=6$ 时,若价格 P 上涨 1%,总收益将变化百分之几? 是增加还是减少?

解 (1) 边际需求函数为 $Q'(P)=-2P$,$P=4$ 时的边际需求 $Q'(4)=-8$,它说明当价格为 4 个单位时,上涨 1 个单位的价格,则需求量下降 8 个单位.

(2) 需求弹性为

$$\eta(P)=Q'(P)\cdot\frac{P}{Q(P)}=(75-P^2)'\cdot\frac{P}{75-P^2}=\frac{-2P^2}{75-P^2},$$

当 $P=4$ 时的需求弹性

$$\eta(4)=-\frac{32}{59}\approx-0.54,$$

说明当 $P=4$ 时,价格上涨 1%,需求减少约 0.54%.

(3) 要求总收益增长的百分比,即求总收益 R 的弹性,即为

$$\frac{ER}{EP}=R'(P)\cdot\frac{P}{R(P)}=[P(75-P^2)]'\cdot\frac{P}{P(75-P^2)}=\frac{75-3P^2}{75-P^2},$$

$$\left.\frac{ER}{EP}\right|_{P=4}=\frac{27}{59}\approx0.46.$$

所以当 $P=4$ 时,价格上涨 1%,总收益增加约 0.46%.

(4) 因为

$$\left.\frac{ER}{EP}\right|_{P=6}=-\frac{33}{39}\approx-0.85,$$

所以当 $P=6$ 时,价格上涨 1%,总收益将减少约 0.85%.

习题 2-6

1. 求下列函数的边际函数与弹性函数:

(1) $y=x^2 e^{-x}$;　　　　　　　　　　　　(2) $y=\dfrac{e^x}{x}$;

(3) $y=(x+1)\cdot e^{2x}$.

2. 设某商品的总收入 R 关于销售量 Q 的函数为 $R(Q)=104Q-0.4Q^2$. 求:

(1) 总收入 R 的边际收入;

(2) $Q=50$ 个单位时总收入 R 的边际收入;

(3) $Q=100$ 个单位时总收入 R 对 Q 的弹性.

3. 某化工厂日产能力最高为 $1000\mathrm{t}$,每日产品的总成本 C(单位:元)是日产量 x(单位:t)的函数

$$C=C(x)=1000+7x+50\sqrt{x},\quad x\in[0,1000].$$

（1）求当日产量为 100t 时的边际成本；

（2）求当日产量为 100t 时的平均成本.

4. 某商品的需求量 Q 关于价格 P 的函数为

$$Q = f(P) = \frac{100}{(2P+1)^2},$$

（1）求总收益函数、边际收益函数以及需求弹性函数；

（2）求 $P = 2$ 时的总收益、边际收益、边际需求量以及需求弹性.

总习题 二

1. 选择题

（1）设 $F(x) = \begin{cases} \dfrac{f(x)}{x}, & x \neq 0, \\ f(0), & x = 0, \end{cases}$ 其中 $f(x)$ 在 $x=0$ 处可导，且 $f'(0) \neq 0, f(0) = 0$，则
$x = 0$ 是 $F(x)$ 的（　　）.

  A. 连续点   B. 第一类间断点

  C. 第二类间断点   D. 以上都不能确定

（2）设 $F(x) = \begin{cases} \dfrac{1-\cos x}{\sqrt{x}}, & x > 0, \\ x^2 f(x), & x \leqslant 0, \end{cases}$ 其中 $f(x)$ 是有界函数，则 $F(x)$ 在 $x = 0$ 处（　　）.

  A. 极限不存在   B. 极限存在但不连续

  C. 连续但不可导   D. 可导

（3）设函数 $f(x) = \lim\limits_{n \to \infty} \sqrt[n]{1 + x^{2n}}$，则 $f(x)$ 在 $(-\infty, +\infty)$ 内（　　）不可导点.

  A. 没有   B. 恰有一个

  C. 恰有两个   D. 至少有三个

2. 填空题

（1）已知 $f(x)$ 可导，$f'(a) = b$，则极限 $\lim\limits_{x \to 0} \dfrac{f(a) - f(a - 3x)}{5x} = $ _____.

（2）设 $f(x) = x(x-1)(x-2) \cdots (x-n)$，则 $f'(0) = $ _____.

（3）设 $y = \ln(1 + 3^{-x})$，则 $\mathrm{d}y = $ _____.

（4）设 $\begin{cases} x = f(t) - \pi, \\ y = f(e^{3t} - 1), \end{cases}$ 其中 $f(x)$ 可导且 $f'(0) \neq 0$，则 $\left. \dfrac{\mathrm{d}y}{\mathrm{d}x} \right|_{t=0} = $ _____.

（5）设 $y = f(x)$ 由方程 $xy + 2\ln x = y^4$ 所确定，则曲线 $y = f(x)$ 在点 $(1,1)$ 处的切线
方程是 _____.

3. 设 $f(x) = (2^x - 1)\varphi(x)$，其中 $\varphi(x)$ 在 $x = 0$ 处连续，求 $f'(0)$.（提示：用导数定义）

4. 设 $f(x)$ 在 $x = 0$ 处可导，且 $f'(0) = 2$，又对任意 x 有 $f(x+3) = 3f(x)$，求 $f'(3)$.

5. 设函数 $f(x)$ 在 $x = a$ 处可导，又 $f(a) \neq 0$，求 $\lim\limits_{x \to \infty} \left[\dfrac{f\left(a + \dfrac{1}{x}\right)}{f(a)} \right]^x$.

6. 设函数 $F(x)$ 在 $x=0$ 处可导，又 $F(0)=0$，求 $\lim\limits_{x \to 0} \dfrac{F(1-\cos x)}{\tan x^2}$.

7. 曲线 $\begin{cases} x=\ln(1+t^2), \\ y=\dfrac{\pi}{2}-\arctan t \end{cases}$ 哪些点的切线和直线 $3x-y=1$ 构成的夹角为 $\dfrac{\pi}{4}$？

8. 设 $f(x)=\begin{cases} \sin x, & x \leqslant \dfrac{\pi}{4}, \\ ax+b, & x > \dfrac{\pi}{4}, \end{cases}$ 确定 a,b 使得函数 $f(x)$ 在 $x=\dfrac{\pi}{4}$ 处可导.

9. 设 $\arctan \dfrac{y}{x} = \dfrac{1}{2}\ln(x^2+y^2)$ 确定隐函数 $y=y(x)$，已知 $y\big|_{x=1}=0$，求 $\dfrac{\mathrm{d}y}{\mathrm{d}x}\Big|_{x=1}, \dfrac{\mathrm{d}^2 y}{\mathrm{d}x^2}\Big|_{x=1}$.

第三章　微分中值定理与导数的应用

第二章介绍了导数的概念及其计算方法.本章我们将借助微分中值定理来分析函数的某些性态——单调性、凹凸性、极值、最值等,以及求极限的一种特殊方法——洛必达法则,最后研究极值在经济管理中的应用.

第一节　微分中值定理

微分中值定理反映了函数在闭区间上的整体性质和它在区间内某点的局部性质之间的关系,是联系导数和它的应用的纽带.利用中值定理及其推论,我们可以得到诸如单调性、凹凸性、洛必达法则、极值、最值等在实际问题中非常有用的应用.中值定理是系列定理,包括罗尔定理、拉格朗日中值定理及柯西中值定理.

一、罗尔定理

定理 3.1(罗尔(Rolle)定理)　如果函数 $f(x)$ 满足:

(1) 在闭区间 $[a,b]$ 上连续;

(2) 在开区间 (a,b) 内可导;

(3) 在区间端点处的函数值相等,即 $f(a)=f(b)$,则在 (a,b) 内至少存在一点 $\xi(a<\xi<b)$,使得 $f'(\xi)=0$.

通常称导数等于零的点为函数的驻点.即如果 $f'(x_0)=0$,则称 x_0 为函数 $f(x)$ 的**驻点**.

显然,驻点是方程 $f'(x)=0$ 的根.所以罗尔定理的结论也可叙述为:方程 $f'(x)=0$ 在 (a,b) 内至少有一个实根.

罗尔定理的几何意义如图 3-1 所示,在曲线弧 $\overparen{AB}$ 上至少有一个点 C,在该点处有水平切线.

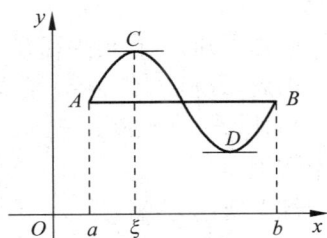

图 3-1

罗尔定理的证明　因为 $f(x)$ 在闭区间上连续,故 $f(x)$ 在 $[a,b]$ 上取得最大值 M 和最小值 m.

(1) 如果 $M=m$,则 $f(x)$ 在闭区间 $[a,b]$ 上恒为常数,即 $f(x)\equiv C$,于是对任意的 $\xi\in$

(a,b)，都有 $f'(\xi)=0$.

（2）如果 $M\neq m$，则必有 $M>m$，又因为 $f(a)=f(b)$，故 M,m 中至少有一个在开区间 (a,b) 内取得. 不妨设最大值 M 在开区间 (a,b) 内取得，即存在 $\xi\in(a,b)$，使得 $f(\xi)=M$，则对应于自变量的改变量 Δx，有

$$f(\xi+\Delta x)-f(\xi)\leqslant 0.$$

易见，当 $\Delta x<0$ 时，$\dfrac{f(\xi+\Delta x)-f(\xi)}{\Delta x}\geqslant 0$；当 $\Delta x>0$ 时，$\dfrac{f(\xi+\Delta x)-f(\xi)}{\Delta x}\leqslant 0$. 因此，由极限的保号性可知，$f(x)$ 在点 ξ 处的左导数和右导数满足

$$f'_-(\xi)=\lim_{\Delta x\to 0}\frac{f(\xi+\Delta x)-f(\xi)}{\Delta x}\geqslant 0,\quad f'_+(\xi)=\lim_{\Delta x\to 0}\frac{f(\xi+\Delta x)-f(\xi)}{\Delta x}\leqslant 0.$$

因为 $f(x)$ 在点 ξ 处可导，因此必有 $f'(\xi)=f'_-(\xi)=f'_+(\xi)=0$.

注 罗尔定理的条件是充分条件，三个条件同时满足就能保证定理的结论. 如果缺少其中某一个条件，定理的结论就可能不再成立. 如图 3-2 所示，其中第一个图中的 $f(x)$ 在 $x=c$ 处不连续，第二个图中的 $f(x)$ 在 $x=c$ 处不可导，第三个图中的 $f(x)$ 在区间端点处的函数值不相等，相应的曲线上都没有水平切线，即定理的结论不成立.

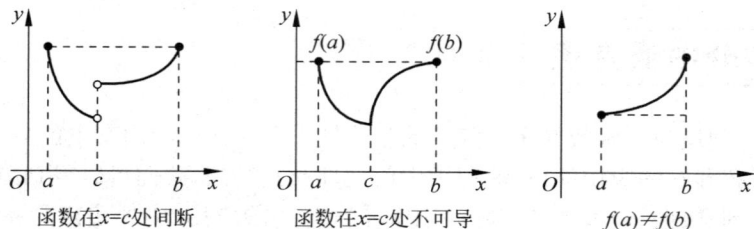

函数在$x=c$处间断　　函数在$x=c$处不可导　　$f(a)\neq f(b)$

图 3-2

例 1 设函数 $f(x)=x(x-1)(x-2)$，不用计算 $f'(x)$，指出方程 $f'(x)=0$ 有几个实根，各属于什么区间.

解 因为 $f(x)$ 在闭区间 $[0,1]$ 上连续，在开区间 $(0,1)$ 内可导，且 $f(0)=f(1)=0$，由罗尔定理，至少存在一点 $\xi_1\in(0,1)$，使得 $f'(\xi_1)=0$，即 ξ_1 是 $f'(x)=0$ 在 $(0,1)$ 内的一个实根.

同理可知，方程至少存在一个根 $\xi_2\in(1,2)$，使得 $f'(\xi_2)=0$.

因此，方程 $f'(x)=0$ 至少有两个实根.

另外，$f(x)=x(x-1)(x-2)$ 是三次多项式，所以 $f'(x)=0$ 是一元二次方程，最多有两个实根.

综上所述，方程 $f'(x)=0$ 一共有两个实根，分别在开区间 $(0,1)$ 和 $(1,2)$ 内.

例 2 证明方程 $x^3+2x-2=0$ 有且仅有一个小于 1 的正实根.

证（存在性） 令 $f(x)=x^3+2x-2$，则 $f(x)$ 在 $[0,1]$ 上连续，在 $(0,1)$ 内可导，且 $f(0)=-2<0$，$f(1)=1>0$，由连续函数的零点定理知，至少存在一点 $x_0\in(0,1)$，使得 $f(x_0)=0$. 即方程 $f(x)=0$ 存在小于 1 的正实根.

（唯一性） 假设方程 $f(x)=0$ 另有一个小于 1 的正实根，即在开区间 $(0,1)$ 内另有一点 x_1，满足 $f(x_1)=0$，则在以 x_0,x_1 为端点的区间（区间 $[0,1]$ 的一个子区间）上，$f(x)$ 满

足罗尔定理的条件,故在 x_0,x_1 之间至少存在一点 ξ,使得 $f'(\xi)=0$. 这与 $f'(x)=3x^2+2>0(x\in(0,1))$ 矛盾. 所以方程仅有唯一一实根.

例 3 设函数 $f(x)$ 在 $[0,a]$ 上连续,在 $(0,a)$ 内可导,且 $f(a)=0$,证明:至少存在一点 $\xi\in(0,a)$,使得 $f(\xi)+\xi f'(\xi)=0$.

分析 $f(\xi)+\xi f'(\xi)=0$ 可写成 $[xf(x)]'|_{x=\xi}=0$.

证 设 $F(x)=xf(x)$,由已知条件可知 $F(x)$ 在 $[0,a]$ 上连续,在 $(0,a)$ 内可导,$F(0)=F(a)=af(a)=0$,且 $F'(x)=f(x)+xf'(x)$. 所以由罗尔定理得:至少存在一点 $\xi\in(0,a)$,使得 $F'(\xi)=0$. 即 $f(\xi)+\xi f'(\xi)=0$.

二、拉格朗日中值定理

如果将罗尔定理的第三个条件 $f(a)=f(b)$ 去掉,保留其余两个条件,你会怎样想? 首先,因为对函数 $f(x)$ 的要求被放宽,因此适用范围会更加宽泛;其次,罗尔定理的结论会随之改变. 会如何变化呢? 结合几何图形来分析一下. 如图 3-3 所示,现在,连续曲线的两个端点 A,B 的高度不一样,但在曲线上有一点 C,过点 C 的曲线切线平行于弦 AB. 设点 C 的横坐标为 ξ,则过点 C 的切线斜率为 $f'(\xi)$,而弦 AB 的斜率为

$$\frac{f(b)-f(a)}{b-a},$$

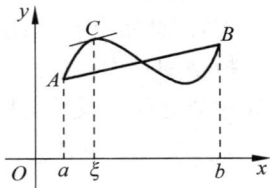
图 3-3

因此有

$$f'(\xi)=\frac{f(b)-f(a)}{b-a}.$$

定理 3.2(拉格朗日(Lagrange)中值定理) 设函数 $f(x)$ 满足:
(1) 在闭区间 $[a,b]$ 上连续;
(2) 在开区间 (a,b) 内可导,
则至少存在一点 $\xi\in(a,b)$,使得

$$f(b)-f(a)=f'(\xi)(b-a),\quad \text{或}\quad f'(\xi)=\frac{f(b)-f(a)}{b-a}.$$

定理证明思路分析 证明的常用手段是由已知结论证明待证结论. 现由 $f(x)$ 出发,构造一个满足罗尔定理条件的辅助函数. 构造辅助函数的方法很多,我们取其中的一种. 要证明存在 $\xi\in(a,b)$,使得 $f'(\xi)=\frac{f(b)-f(a)}{b-a}$,相当于证明方程 $f'(x)-\frac{f(b)-f(a)}{b-a}=0$ 在 (a,b) 内至少有一个根,所以考虑辅助函数

$$\varphi(x)=f(x)-\frac{f(b)-f(a)}{b-a}x.$$

拉格朗日中值定理的证明 设 $\varphi(x)=f(x)-\frac{f(b)-f(a)}{b-a}x$,则 $\varphi(x)$ 在闭区间 $[a,b]$ 上连续,在开区间 (a,b) 内可导,且

$$\varphi'(x)=f'(x)-\frac{f(b)-f(a)}{b-a},$$

$$\varphi(a)=f(a)-\frac{f(b)-f(a)}{b-a}\cdot a=\frac{bf(a)-af(b)}{b-a},$$

$$\varphi(b)=f(b)-\frac{f(b)-f(a)}{b-a}\cdot b=\frac{bf(a)-af(b)}{b-a},$$

即 $\varphi(a)=\varphi(b)$. 由罗尔定理,至少存在一点 $\xi\in(a,b)$,使得 $\varphi'(\xi)=0$,即 $f'(\xi)=\frac{f(b)-f(a)}{b-a}$. 定理得证.

若在拉格朗日中值定理中添加"端点值相等"的条件,即得罗尔定理,所以罗尔定理是拉格朗日中值定理的一个特例. 如果将拉格朗日中值定理进行进一步推广,又可以推出柯西中值定理,因此常称拉格朗日中值定理为**微分中值定理**.

拉格朗日中值公式精确地表达了函数在一个区间上的增量与函数在这个区间内某点处的导数值之间的关系,从而开辟了利用导数反过来研究函数性态的途径.

设 $f(x)$ 在 $[a,b]$ 上连续,在 (a,b) 内可导,$x_0,x_0+\Delta x\in(a,b)$,则有

$$f(x_0+\Delta x)-f(x_0)=f'(x_0+\theta\Delta x)\Delta x \quad (0<\theta<1),$$

也可记为

$$\Delta y=f'(x_0+\theta\Delta x)\Delta x \quad (0<\theta<1).$$

这是函数增量 Δy 的准确表达式,因此也称拉格朗日中值公式为**有限增量公式**.

我们知道,常数的导数为零,那么导数恒为零的函数是否为常数呢? 下面的推论给出了肯定的回答.

推论 若 $f(x)$ 在区间 I 上的导数恒为零,则 $f(x)$ 在 I 上恒等于常数.

证 在区间 I 上任取两点 $a,b(a<b)$,由拉格朗日中值定理知,存在 $\xi\in(a,b)$,使得

$$f(b)-f(a)=f'(\xi)(b-a),$$

由已知 $f'(\xi)=0$,故 $f(b)-f(a)=0$,即 $f(b)=f(a)$. 又由 a,b 的任意性可知,$f(x)$ 在 I 上恒等于常数.

例4 证明恒等式:$\arctan x+\text{arccot}\, x=\frac{\pi}{2}$,$x\in(-\infty,+\infty)$.

分析 证明恒等式分两步:①由 $f'(x)=0$ 得 $f(x)=C$;②把特殊点代入函数求出 C 的值.

证 设 $f(x)=\arctan x+\text{arccot}\, x$,$x\in(-\infty,+\infty)$,因为

$$f'(x)=\frac{1}{1+x^2}+\left(-\frac{1}{1+x^2}\right)=0,\quad x\in(-\infty,+\infty),$$

由推论知,$f(x)=C$,$x\in(-\infty,+\infty)$;取 $x=1$,则 $C=f(1)=\frac{\pi}{4}+\frac{\pi}{4}=\frac{\pi}{2}$,从而证得

$$\arctan x+\text{arccot}\, x=\frac{\pi}{2},\quad x\in(-\infty,+\infty).$$

在罗尔定理和拉格朗日定理中,没有具体指出点 ξ 是 (a,b) 内哪一点,但它是存在的,利用点 ξ 的存在性就可以证明一些命题.

例5 证明:当 $x>0$ 时,有 $\frac{x}{1+x}<\ln(1+x)<x$.

证 设 $f(x)=\ln(1+x)$,则 $f(x)$ 在 $[0,x]$ 上满足拉格朗日中值定理的条件,故

$$f(x) - f(0) = f'(\xi)(x - 0), \quad 0 < \xi < x,$$

而 $f(0) = 0, f'(x) = \dfrac{1}{1+x}$，从而 $\ln(1+x) = \dfrac{x}{1+\xi}$.

又因为 $0 < \xi < x$，所以 $\dfrac{x}{1+x} < \dfrac{x}{1+\xi} < x$，即 $\dfrac{x}{1+x} < \ln(1+x) < x$.

三、柯西中值定理

定理 3.3（柯西（Cauchy）中值定理） 设函数 $f(x), g(x)$ 满足：

(1) 在闭区间 $[a, b]$ 上连续；

(2) 在开区间 (a, b) 内可导，且 $g'(x) \neq 0$，

则存在 $\xi \in (a, b)$，使得

$$\frac{f(b) - f(a)}{g(b) - g(a)} = \frac{f'(\xi)}{g'(\xi)}.$$

证明略.

如果取 $g(x) = x$，则柯西中值定理就是拉格朗日中值定理，所以柯西中值定理是拉格朗日中值定理的推广.

例 6 设函数 $f(x)$ 在闭区间 $[a, b]$ 上连续，在开区间 (a, b) 内可导，证明存在一点 $\xi \in (a, b)$，使得

$$f(b) - f(a) = \xi f'(\xi) \ln \frac{b}{a}, \quad b > a > 0.$$

分析 待证等式变形为 $\dfrac{f(b) - f(a)}{\ln b - \ln a} = \dfrac{f'(\xi)}{(\ln x)' |_{x = \xi}}$.

证 作辅助函数 $g(x) = \ln x$，则 $g(x)$ 在 $[a, b]$ 上连续，在 (a, b) 内可导，且 $g'(x) = \dfrac{1}{x} \neq 0$，故 $f(x), g(x)$ 在 $[a, b]$ 上满足柯西中值定理的条件，于是至少存在一点 $\xi \in (a, b)$，使

$$\frac{f(b) - f(a)}{\ln b - \ln a} = \frac{f'(\xi)}{\dfrac{1}{x} \Big|_{x = \xi}} = \xi f'(\xi),$$

亦即 $f(b) - f(a) = \xi f'(\xi) \ln \dfrac{b}{a}$.

习题 3-1

1. 验证函数 $f(x) = e^{x^2} - 1$ 在区间 $[-1, 1]$ 上满足罗尔定理的条件，并求出定理中的 ξ 值.

2. 求函数 $f(x) = x^3$ 在区间 $[0, 3]$ 上满足拉格朗日中值公式的 ξ 值.

3. 不用求函数 $f(x) = x(x+2)(x-2)$ 的导数，试用罗尔定理说明方程 $f'(x) = 0$ 有几个实根，并指出它们所在的区间.

4. 证明方程 $x^3 - 3x + 1 = 0$ 有且仅有一个小于 1 的正实根.

5. 设函数 $f(x)$ 在 $[0, 1]$ 上连续，在 $(0, 1)$ 内可导，且已知 $f(0) = f(1) = 0$，求证：至少存在一点 $\xi \in (0, 1)$，使得 $f(\xi) + f'(\xi) = 0$.

6. 设 $f(x)$ 在 $[0,2]$ 上连续，在 $(0,2)$ 内可导，且 $f(0)=f(2)=0,f(1)=2$，证明：至少存在一点 $\xi\in(0,2)$，使得 $f'(\xi)=1$.

7. 已知函数 $f(x)$ 在闭区间 $[a,b]$ 上连续，在开区间 (a,b) 内可导，证明：至少存在一点 $\xi\in(a,b)$，使得

$$\frac{bf(b)-af(a)}{b-a}=f(\xi)+\xi f'(\xi).$$

8. 证明恒等式：$\arcsin x+\arccos x=\dfrac{\pi}{2},x\in[-1,1]$.

9. 证明下列不等式：

(1) $|\arctan a-\arctan b|\leqslant|a-b|$；

(2) $\dfrac{b-a}{b}<\ln\dfrac{b}{a}<\dfrac{b-a}{a},b>a>0$；

(3) 当 $x>0$ 时，$e^x>1+x$.

第二节 洛必达法则

如果当 $x\to x_0$（或 $x\to\infty$）时，函数 $f(x)$ 和 $g(x)$ 都是无穷小或者都是无穷大，那么 $f(x)$ 和 $g(x)$ 之比的极限 $\lim\dfrac{f(x)}{g(x)}$ 可能存在，也可能不存在. 洛必达（L'Hospital）法则就是求这类极限的一种常用方法.

一、$\dfrac{0}{0}$ 型和 $\dfrac{\infty}{\infty}$ 型未定式的洛必达法则

我们先来看三个相似的极限问题：

$$\lim_{x\to 0}\frac{\sin x}{x},\quad \lim_{x\to 1}\frac{x^2-1}{x^2+x-2},\quad \lim_{x\to x_0}\frac{f(x)-f(x_0)}{x-x_0}.$$

第一个问题是"两个重要极限"中的一个，第二个问题可以用因式分解解决，而第三个问题就是导数在一个点处的定义. 这三个极限有一个共同的特点——它们的除数和被除数的极限都为零，这类函数的极限有可能存在，也有可能不存在；若存在，也可能为任意值. 所以我们形象地称这类问题为 $\dfrac{0}{0}$ 型未定式.

由极限基本定理可知，极限的商等于商的极限，但那样就会出现分母为零的情形，那是无意义的，因此极限基本定理不适用于这种情况. 要想求出这种未定式的极限人们必须另辟蹊径.

1696 年，法国的一个贵族 L'Hospital 编写了第一部微分法导论，书中包含了从他的老师 Bernoulli 那里学来的一种独特的方法. 由于该法则是通过他的书第一次正式公开发表的，所以后来被称为洛必达法则.

定理 3.4（洛必达法则 1） 设函数 $f(x)$ 和 $g(x)$ 满足以下三个条件：

(1) $\lim\limits_{x\to x_0}f(x)=0,\lim\limits_{x\to x_0}g(x)=0$；

(2) 在 x_0 的某个去心邻域内，$f'(x)$ 与 $g'(x)$ 都存在，且 $g'(x)\neq 0$；

(3) 极限 $\lim\limits_{x\to x_0}\dfrac{f'(x)}{g'(x)}$ 存在或者为 ∞，

则 $\lim\limits_{x \to x_0} \dfrac{f(x)}{g(x)} = \lim\limits_{x \to x_0} \dfrac{f'(x)}{g'(x)}$.

证明要点 由条件(1),可设 $f(x_0) = \lim\limits_{x \to x_0} f(x) = 0$,$g(x_0) = \lim\limits_{x \to x_0} g(x) = 0$;在以 x_0,x 为端点的区间上利用柯西中值定理可知,在 x_0,x 之间存在 ξ 使得

$$\frac{f(x)}{g(x)} = \frac{f(x) - f(x_0)}{g(x) - g(x_0)} = \frac{f'(\xi)}{g'(\xi)},$$

取极限:

$$\lim_{x \to x_0} \frac{f(x)}{g(x)} = \lim_{\xi \to x_0} \frac{f'(\xi)}{g'(\xi)} = \lim_{x \to x_0} \frac{f'(x)}{g'(x)}.$$

通过分子、分母分别求导再求极限来确定未定式的值的方法称为洛必达法则,定理 3.4 是说,对于满足定理条件的 $\dfrac{0}{0}$ 型未定式,其极限可转化为

$$\lim_{x \to x_0} \frac{f(x)}{g(x)} = \lim_{x \to x_0} \frac{f'(x)}{g'(x)}.$$

上述法则中,如果把 $x \to x_0$ 改为 $x \to \infty$ 或 x 的其他趋向,洛必达法则的结论仍然成立.

例 1 求极限 $\lim\limits_{x \to 2} \dfrac{\ln(x^2 - 3)}{x^2 - x - 2}$.

解 这是 $\dfrac{0}{0}$ 型未定式,应用洛必达法则得

$$\lim_{x \to 2} \frac{\ln(x^2 - 3)}{x^2 - x - 2} \overset{\frac{0}{0}}{=} \lim_{x \to 2} \frac{\dfrac{1}{x^2 - 3} \cdot 2x}{2x - 1} = \frac{4}{3}.$$

例 2 求极限 $\lim\limits_{x \to 0} \dfrac{\mathrm{e}^x - \cos x}{x \sin x}$.

解 $\lim\limits_{x \to 0} \dfrac{\mathrm{e}^x - \cos x}{x \sin x} = \lim\limits_{x \to 0} \dfrac{\mathrm{e}^x - \cos x}{x^2} \overset{\frac{0}{0}}{=} \lim\limits_{x \to 0} \dfrac{\mathrm{e}^x + \sin x}{2x} = \infty$.

定理 3.5(洛必达法则 2) 设函数 $f(x)$ 和 $g(x)$ 满足以下三个条件:

(1) $\lim\limits_{x \to x_0} f(x) = \infty$,$\lim\limits_{x \to x_0} g(x) = \infty$;

(2) 在 x_0 的某去心邻域内,$f'(x)$ 与 $g'(x)$ 存在,且 $g'(x) \neq 0$;

(3) 极限 $\lim\limits_{x \to x_0} \dfrac{f'(x)}{g'(x)}$ 存在或者为 ∞,

则 $\lim\limits_{x \to x_0} \dfrac{f(x)}{g(x)} = \lim\limits_{x \to x_0} \dfrac{f'(x)}{g'(x)}$.

上述法则中,如果把 $x \to x_0$ 改为 $x \to \infty$ 或 x 的其他趋向,洛必达法则的结论仍然成立.

例 3 求极限 $\lim\limits_{x \to +\infty} \dfrac{\ln x}{x^n} \, (n > 0)$.

解 原式 $\overset{\frac{\infty}{\infty}}{=} \lim\limits_{x \to +\infty} \dfrac{\dfrac{1}{x}}{nx^{n-1}} = \lim\limits_{x \to +\infty} \dfrac{1}{nx^n} = 0$.

例 4 求极限 $\lim\limits_{x \to +\infty} \dfrac{x^n}{e^x}$ $(n>0)$.

解 当 n 为正整数时,相继使用洛必达法则 n 次,得

$$\lim_{x \to +\infty} \frac{x^n}{e^x} \overset{\frac{\infty}{\infty}}{=} \lim_{x \to +\infty} \frac{nx^{n-1}}{e^x} \overset{\frac{\infty}{\infty}}{=} \lim_{x \to +\infty} \frac{n(n-1)x^{n-2}}{e^x} \overset{\frac{\infty}{\infty}}{=} \cdots \overset{\frac{\infty}{\infty}}{=} \lim_{x \to +\infty} \frac{n!}{e^x} = 0.$$

当 n 不是正整数时,总可找到正整数 N,使得 $N-1 < n < N$,从而有

$$\frac{x^{N-1}}{e^x} < \frac{x^n}{e^x} < \frac{x^N}{e^x}.$$

对上式令 $x \to +\infty$ 时取极限,由极限的夹逼准则可得 $\lim\limits_{x \to +\infty} \dfrac{x^n}{e^x} = 0$.

由以上两例可以看出,当 $x \to +\infty$ 时,幂函数 x^n $(n>0)$ 比对数函数 $\ln x$ 的增大速度快得多,而指数函数 e^x 又比幂函数 x^n $(n>0)$ 的增大速度快得多.

在利用洛必达法则求极限时需要注意以下几点:

(1)洛必达法则适用于 $\dfrac{0}{0}$ 型和 $\dfrac{\infty}{\infty}$ 型未定式,因此每次使用时都需要检查是否为 $\dfrac{0}{0}$ 型和 $\dfrac{\infty}{\infty}$ 型未定式,上述例子中我们将检查结果表述在等号上方.

(2)每次使用洛必达法则前尽可能化简并结合其他求极限的方法,如等价无穷小等.

(3)如果 $\lim \dfrac{f'(x)}{g'(x)}$ 还是 $\dfrac{0}{0}$ 型或 $\dfrac{\infty}{\infty}$ 型未定式,则可继续使用洛必达法则.

(4)若 $\lim \dfrac{f'(x)}{g'(x)}$ 不存在且不为 ∞ 时,不能简单地认为 $\lim \dfrac{f(x)}{g(x)}$ 不存在,仅指对该极限不能应用洛必达法则.

例 5 求极限 $\lim\limits_{x \to 0} \dfrac{1 - \dfrac{\sin x}{x}}{1 - \cos x}$.

解 原式 $= \lim\limits_{x \to 0} \dfrac{\dfrac{x - \sin x}{x}}{\dfrac{1}{2}x^2} = 2\lim\limits_{x \to 0} \dfrac{x - \sin x}{x^3} \overset{\frac{0}{0}}{=} 2\lim\limits_{x \to 0} \dfrac{1 - \cos x}{3x^2} = 2\lim\limits_{x \to 0} \dfrac{\dfrac{1}{2}x^2}{3x^2} = \dfrac{1}{3}$.

可以看到,本题结合了等价无穷小进行计算,比直接使用洛必达法则大大简化了运算.

例 6 求极限 $\lim\limits_{x \to 1} \dfrac{x^3 - x^2 - x + 1}{x^3 - 3x + 2}$.

解 原式 $\overset{\frac{0}{0}}{=} \lim\limits_{x \to 1} \dfrac{3x^2 - 2x - 1}{3x^2 - 3} \overset{\frac{0}{0}}{=} \lim\limits_{x \to 1} \dfrac{6x - 2}{6x} = \dfrac{2}{3}$.

注意到,本题前两式都是 $\dfrac{0}{0}$ 型未定式,但第三式不再满足,不可以再用洛必达法则.

例 7 求极限 $\lim\limits_{x \to \infty} \dfrac{x + \sin x}{x}$.

解 这是 $\dfrac{\infty}{\infty}$ 型未定式,如果用洛必达法则,则有

$$\lim_{x \to \infty} \frac{x + \sin x}{x} = \lim_{x \to \infty} \frac{1 - \cos x}{1} = 1 - \lim_{x \to \infty} \cos x,$$

最后的极限不存在且不为无穷大,不能下结论说原极限不存在.事实上,这个极限是存在的:

$$\lim_{x \to \infty} \frac{x + \sin x}{x} = \lim_{x \to \infty} \left(1 + \frac{1}{x} \sin x\right) = 1 + 0 = 1.$$

二、其他五类未定式的极限

除 $\frac{0}{0}$ 型、$\frac{\infty}{\infty}$ 型未定式外,另外还有 $0 \cdot \infty, \infty - \infty, 0^0, \infty^0, 1^\infty$ 型五种未定式,对这五种未

定式不能直接使用洛必达法则,必须经过转化,化为 $\frac{0}{0}$ 型或 $\frac{\infty}{\infty}$ 型后才能使用.

1. $0 \cdot \infty$ 型未定式（乘积的极限）

若 $\lim f(x) = 0, \lim g(x) = \infty$,则称 $\lim f(x)g(x)$ 为 $0 \cdot \infty$ 型未定式.处理方法是将

$f(x)$ 或 $g(x)$ 放到分母中,将 $0 \cdot \infty$ 型未定式转化为 $\frac{0}{0}$ 型或 $\frac{\infty}{\infty}$ 型未定式.

例 8 求极限 $\lim\limits_{x \to 0^+} x \ln x$.

解 $\lim\limits_{x \to 0^+} x \ln x = \lim\limits_{x \to 0^+} \frac{\ln x}{x^{-1}} \overset{\frac{\infty}{\infty}}{=} \lim\limits_{x \to 0^+} \frac{\frac{1}{x}}{-x^{-2}} = -\lim\limits_{x \to 0^+} x = 0.$

注意适当选择除到分母中的函数.如果选择为 $\frac{1}{\ln x}$,显然求导就会复杂得多.

2. $\infty - \infty$ 型未定式（差的极限）

若 $\lim f(x) = \infty, \lim g(x) = \infty$,则称 $\lim[f(x) - g(x)]$ 为 $\infty - \infty$ 型未定式.处理方法

是通分,将 $\infty - \infty$ 型未定式转化为 $\frac{0}{0}$ 型或 $\frac{\infty}{\infty}$ 型未定式.

例 9 求极限 $\lim\limits_{x \to 0} \left(\frac{1}{x} - \frac{1}{\sin x}\right)$.

解 原式 $= \lim\limits_{x \to 0} \frac{\sin x - x}{x \sin x} = \lim\limits_{x \to 0} \frac{\sin x - x}{x^2} \overset{\frac{0}{0}}{=} \lim\limits_{x \to 0} \frac{\cos x - 1}{2x} = -\lim\limits_{x \to 0} \frac{\frac{1}{2} x^2}{2x} = 0.$

3. $0^0, \infty^0, 1^\infty$ 型未定式（幂指函数的极限）

这三种类型都属于幂指函数 $u(x)^{v(x)}$ 的极限,可应用恒等变形

$$\lim_{x \to a} u(x)^{v(x)} = \lim_{x \to a} e^{v(x)\ln u(x)} = e^{\lim\limits_{x \to a} v(x)\ln u(x)},$$

先化成 $0 \cdot \infty$ 型未定式,然后再转化成 $\frac{0}{0}$ 型或 $\frac{\infty}{\infty}$ 型未定式,从而能使用洛必达法则.

例 10 求极限 $\lim\limits_{x \to 0^+} x^x$.

解 这是 0^0 型未定式,$\lim\limits_{x \to 0^+} x^x = \lim\limits_{x \to 0^+} e^{x \ln x}$,而 $\lim\limits_{x \to 0^+} x \ln x = 0$(例8),所以 $\lim\limits_{x \to 0^+} x^x = e^0 = 1.$

例 11 求极限 $\lim\limits_{x \to 0^+} \left(\frac{1}{x}\right)^{\tan x}$.

解 这是 ∞^0 型未定式,

$$\lim_{x\to 0^+}\left(\frac{1}{x}\right)^{\tan x}=\lim_{x\to 0^+}e^{\tan x\ln\frac{1}{x}}=e^{\lim_{x\to 0^+}\tan x\ln\frac{1}{x}},$$

而

$$\lim_{x\to 0^+}\tan x\ln\frac{1}{x}=-\lim_{x\to 0^+}\frac{\ln x}{\cot x}=-\lim_{x\to 0^+}\frac{\frac{1}{x}}{-\csc^2 x}=\lim_{x\to 0^+}\frac{\sin^2 x}{x}=0,$$

所以

$$\lim_{x\to 0^+}\left(\frac{1}{x}\right)^{\tan x}=e^0=1.$$

例 12 求极限 $\lim\limits_{x\to\infty}\left(1+\dfrac{3}{x}\right)^x$.

解 这是 1^∞ 型未定式,可以采用刚才通过恒等变形化成 $0\cdot\infty$ 型未定式的方法求解,但对于 1^∞ 型未定式,千万别忘了还有重要极限可以应用:

$$\lim_{x\to\infty}\left(1+\frac{3}{x}\right)^x=\lim_{x\to\infty}\left(1+\frac{3}{x}\right)^{\frac{x}{3}\cdot 3}=e^3.$$

以上分析总结于图 3-4 中.

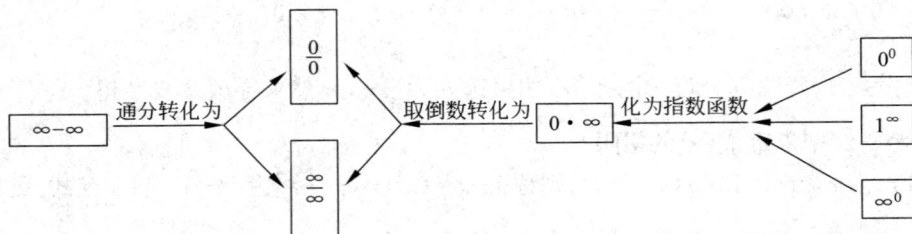

图 3-4

习题 3-2

1. 求下列极限:

(1) $\lim\limits_{x\to 1}\dfrac{x^3-4x+3}{x^2+x-2}$; 　(2) $\lim\limits_{x\to +\infty}\dfrac{\dfrac{\pi}{2}-\arctan x}{\dfrac{1}{x}}$; 　(3) $\lim\limits_{x\to +\infty}\dfrac{\ln x}{2\sqrt{x}}$;

(4) $\lim\limits_{x\to 0}\dfrac{\tan x-x}{x^2\sin x}$; 　(5) $\lim\limits_{x\to 0}\dfrac{e^x+\sin x-2x-1}{x\ln(1+x)}$; 　(6) $\lim\limits_{x\to -\infty}\dfrac{e^x+e^{-x}}{e^x-e^{-x}}$.

2. 求下列极限:

(1) $\lim\limits_{x\to 1}(1-x)\tan\dfrac{\pi}{2}x$; 　(2) $\lim\limits_{x\to 0}\left(\cot x-\dfrac{1}{x}\right)$; 　(3) $\lim\limits_{x\to 1}\left(\dfrac{x}{x-1}-\dfrac{1}{\ln x}\right)$;

(4) $\lim\limits_{x\to 0^+}(\sin x)^{\frac{1}{\ln x}}$; 　(5) $\lim\limits_{x\to 0}(\cot x)^{\sin x}$; 　(6) $\lim\limits_{x\to 1}x^{\frac{1}{x-1}}$.

第三节 泰勒公式

泰勒(Taylor)公式将一些复杂的函数近似地表示为简单的多项式函数. 泰勒公式这种化繁为简的功能,使得它成为分析和研究许多数学问题的有力工具. 泰勒公式得名于英国数学家布鲁克·泰勒,他在 1712 年给他老师梅钦的一封信中首次叙述了这个公式,是一个用函数在某点的信息描述其附近取值的公式.

第二章第五节介绍微分在近似计算中的应用时,曾导出可微函数 $f(x)$ 在点 x_0 处的近似表示式

$$f(x) \approx f(x_0) + f'(x_0)(x - x_0).$$

上式右端是线性函数(一次多项式),其误差为 $o(x - x_0)$,当 $|x - x_0|$ 较大时,误差也大. 如果加上略去的误差,则上式变为

$$f(x) = f(x_0) + f'(x_0)(x - x_0) + o(x - x_0).$$

这启发我们思考这样的问题:在点 x_0 附近,能否用一个次数更高的 n 次多项式 $P_n(x)$ 来近似表示 $f(x)$,并且使得误差 $|f(x) - P_n(x)|$ 变得更小? 回答是肯定的,泰勒公式很好地解决了这个问题. 以下分析用来近似表示 $f(x)$ 的 n 次多项式 $P_n(x)$ 如何确定.

设函数 $f(x)$ 在 x_0 的某个邻域内有直到 $n+1$ 阶导数,$P_n(x)$ 是一个关于 $(x - x_0)$ 的 n 次多项式:

$$P_n(x) = a_0 + a_1(x - x_0) + a_2(x - x_0)^2 + \cdots + a_n(x - x_0)^n, \qquad (3.1)$$

要想用 $P_n(x)$ 近似表示 $f(x)$,基本的要求就是在点 x_0 处 $f(x)$ 与 $P_n(x)$ 的各阶导数值都相同,即

$$P_n(x_0) = f(x_0), P_n'(x_0) = f'(x_0), P_n''(x_0) = f''(x_0), \cdots, P_n^{(n)}(x_0) = f^{(n)}(x_0).$$
$$\qquad (3.2)$$

根据这些条件可以确定多项式(3.1)的系数 $a_0, a_1, a_2, \cdots, a_n$.

对式(3.1)求各阶导数,并分别套用条件(3.2),得

$$a_0 = f(x_0), \quad 1 \cdot a_1 = f'(x_0), \quad 2! \cdot a_2 = f''(x_0), \quad \cdots, \quad n! \cdot a_n = f^{(n)}(x_0),$$

解得

$$a_0 = f(x_0), \quad a_1 = f'(x_0), \quad a_2 = \frac{1}{2!} f''(x_0), \quad \cdots, \quad a_n = \frac{1}{n!} f^{(n)}(x_0).$$

将求得的系数 $a_0, a_1, a_2, \cdots, a_n$ 代入式(3.1),得到 n 次多项式

$$P_n(x) = f(x_0) + f'(x_0)(x - x_0) + \frac{f''(x_0)}{2!}(x - x_0)^2 + \cdots + \frac{f^{(n)}(x_0)}{n!}(x - x_0)^n.$$

定理 3.6(泰勒中值定理 1) 如果函数 $f(x)$ 在点 x_0 的某邻域内有直到 $n+1$ 阶导数,则对该邻域内的任意一点 x 都有

$$f(x) = f(x_0) + f'(x_0)(x - x_0) + \frac{f''(x_0)}{2!}(x - x_0)^2 + \cdots +$$

$$\frac{f^{(n)}(x_0)}{n!}(x - x_0)^n + \frac{f^{(n+1)}(\xi)}{(n+1)!}(x - x_0)^{n+1}, \qquad (3.3)$$

此式称为 $f(x)$ **在点 x_0 的 n 阶泰勒公式**,可以简单地表示为

$$f(x) = P_n(x) + R_n(x).$$

其中 $P_n(x) = f(x_0) + f'(x_0)(x-x_0) + \dfrac{f''(x_0)}{2!}(x-x_0)^2 + \cdots + \dfrac{f^{(n)}(x_0)}{n!}(x-x_0)^n$ 称

为函数 $f(x)$ 在点 x_0 处的**泰勒多项式**；$R_n(x) = \dfrac{f^{(n+1)}(\xi)}{(n+1)!}(x-x_0)^{n+1}$ 称为**拉格朗日型余**

项，式中 ξ 介于 x_0, x 之间.

    证 $R_n(x) = f(x) - P_n(x)$，由条件(3.2)得

$$R_n(x_0) = R'_n(x_0) = R''_n(x_0) = \cdots = R_n^{(n)}(x_0) = 0.$$

对函数 $R_n(x)$ 和 $(x-x_0)^{n+1}$ 在以 x_0, x 为端点的区间上运用柯西中值定理，存在 ξ_1 使得

$$\frac{R_n(x)}{(x-x_0)^{n+1}} = \frac{R_n(x) - R_n(x_0)}{(x-x_0)^{n+1} - 0} = \frac{R'_n(\xi_1)}{(n+1)(\xi_1-x_0)^n}.$$

这样的过程进行 $n+1$ 次后，可得

$$\frac{R_n(x)}{(x-x_0)^{n+1}} = \frac{R_n^{(n+1)}(\xi)}{(n+1)!} = \frac{f^{(n+1)}(\xi)}{(n+1)!},$$

式中 ξ 介于 x_0, x 之间. 移项即得 $R_n(x) = \dfrac{f^{(n+1)}(\xi)}{(n+1)!}(x-x_0)^{n+1}$，证毕.

    根据泰勒中值定理，用泰勒多项式 $P_n(x)$ 来近似表达函数 $f(x)$ 时，所产生的误差为 $|R_n(x)|$，如果在 (a,b) 内，$|f^{(n+1)}(x)| \leqslant M$，则误差估计式为

$$|R_n(x)| = \left| \frac{f^{(n+1)}(\xi)}{(n+1)!}(x-x_0)^{n+1} \right| \leqslant \frac{M}{(n+1)!} |x-x_0|^{n+1}.$$

且 $\lim\limits_{x \to x_0} \dfrac{R_n(x)}{(x-x_0)^n} = 0.$ 由此可见，当 $x \to x_0$ 时误差 $|R_n(x)|$ 是比 $(x-x_0)^n$ 高阶的无穷小，即

$$R_n(x) = o((x-x_0)^n).$$

    因此，在不需要余项的精确表达式时，泰勒中值定理也可表述为：

    定理 3.7（泰勒中值定理 2） 如果函数 $f(x)$ 在点 x_0 的某邻域内有 n 阶导数，则对该邻域内的任意一点 x 都有

$$f(x) = f(x_0) + f'(x_0)(x-x_0) + \frac{f''(x_0)}{2!}(x-x_0)^2 + \cdots +$$

$$\frac{f^{(n)}(x_0)}{n!}(x-x_0)^n + o((x-x_0)^n) \tag{3.4}$$

其中 $R_n(x) = o((x-x_0)^n)$ 称为**皮亚诺（Peano）型余项**.

    在式(3.3)与式(3.4)中取 $x_0 = 0$ 时，泰勒公式化为

$$f(x) = f(0) + f'(0)x + \cdots + \frac{f^{(n)}(0)}{n!}x^n + \frac{f^{(n+1)}(\xi)}{(n+1)!}x^{n+1}, \xi \text{ 介于 } 0 \text{ 与 } x \text{ 之间},$$

与

$$f(x) = f(0) + f'(0)x + \cdots + \frac{f^{(n)}(0)}{n!}x^n + o(x^n).$$

称这两个公式为 $f(x)$ 的 n **阶麦克劳林（Maclaurin）公式**.

由此得近似公式

$$f(x) \approx f(0) + f'(0)x + \cdots + \frac{f^{(n)}(0)}{n!}x^n.$$

如果在 (a,b) 内 $|f^{(n+1)}(x)| \leqslant M$，则误差估计式为

$$R_n(x) = \left| \frac{f^{(n+1)}(\xi)}{(n+1)!}x^{n+1} \right| \leqslant \frac{M}{(n+1)!}x^{n+1}.$$

例 1 将多项式函数 $f(x) = x^3 - x^2 + x$ 展开成 $(x-1)$ 的多项式.

解 $f(x) = x^3 - x^2 + x$, $f'(x) = 3x^2 - 2x + 1$, $f''(x) = 6x - 2$, $f'''(x) = 6$, $f^{(4)}(x) = 0$, 得

$$f(1) = 1, \quad f'(1) = 2, \quad f''(1) = 4, \quad f'''(1) = 6, \quad f^{(4)}(1) = 0.$$

所以 $f(x) = x^3 - x^2 + x$ 化为关于 $(x-1)$ 的多项式为

$$f(x) = 1 + 2(x-1) + \frac{4}{2!}(x-1)^2 + \frac{6}{3!}(x-1)^3,$$

化简得 $f(x) = 1 + 2(x-1) + 2(x-1)^2 + (x-1)^3.$

例 2 写出函数 $f(x) = e^x$ 的带有拉格朗日型余项的 n 阶麦克劳林公式.

解 计算各阶导数：

$$f^{(k)}(x) = e^x, \quad k = 0,1,2,\cdots,$$

求出函数 $f(x) = e^x$ 在 $x = 0$ 点直到 n 阶导数值：

$$f^{(k)}(0) = e^0 = 1, \quad k = 0,1,2,\cdots,n; \quad f^{(n+1)}(\xi) = e^\xi, \xi \text{ 介于 } 0, x \text{ 之间}.$$

将计算结果代入式

$$f(x) = f(0) + f'(0)x + \cdots + \frac{f^{(n)}(0)}{n!}x^n + \frac{f^{(n+1)}(\xi)}{(n+1)!}x^{n+1},$$

得

$$e^x = 1 + x + \frac{1}{2!}x^2 + \cdots + \frac{1}{n!}x^n + \frac{e^\xi}{(n+1)!}x^{n+1}, \xi \text{ 介于 } 0, x \text{ 之间}.$$

若用 n 次多项式近似表达 e^x，即

$$e^x \approx 1 + x + \frac{1}{2!}x^2 + \cdots + \frac{1}{n!}x^n,$$

则这时所产生的误差为

$$|R_n(x)| = \left| \frac{e^\xi}{(n+1)!}x^{n+1} \right| < \frac{e^{|x|}}{(n+1)!}|x|^{n+1},$$

取 $x = 1$，可得 e 的近似计算公式为

$$e \approx 1 + 1 + \frac{1}{2!} + \cdots + \frac{1}{n!},$$

误差估计式为

$$|R_n| < \frac{e}{(n+1)!} < \frac{3}{(n+1)!},$$

当 $n = 9$ 时，可算出 $e \approx 2.718281$，其误差不超过 10^{-6}.

例 3 写出函数 $f(x) = \sin x$ 的 n 阶麦克劳林公式.

解 $f'(x) = \cos x$, $f''(x) = -\sin x$, $f'''(x) = -\cos x$, $f^{(4)}(x) = \sin x, \cdots$,

$$f^{(n)}(x) = \sin\left(x + n\,\frac{\pi}{2}\right).$$

令 $x=0$ 得 $f(0)=0, f'(0)=1, f''(0)=0, f'''(0)=-1, f^{(4)}(0)=0$，依次循环出现 $0,1,0,$ -1，将这些值代入式(3.3)得（令 $n=2m$）

$$\sin x = x - \frac{1}{3!}x^3 + \frac{1}{5!}x^5 + \cdots + (-1)^{m-1}\frac{1}{(2m-1)!}x^{2m-1} + R_{2m}(x).$$

其中

$$R_{2m}(x) = \frac{\sin\left(\theta x + (2m+1)\,\dfrac{\pi}{2}\right)}{(2m+1)!}x^{2m+1}, \quad 0 < \theta < 1.$$

于是有近似公式

$$\sin x \approx x - \frac{1}{3!}x^3 + \cdots + (-1)^{m-1}\frac{1}{(2m-1)!}x^{2m-1},$$

误差

$$R_{2m} = \left|\frac{\sin\left(\theta x + \dfrac{2m+1}{2}\pi\right)}{(2m+1)!}x^{2m+1}\right| \leqslant \frac{|x|^{2m+1}}{(2m+1)!}.$$

如果取 $m=1$，则 $\sin x \approx x$，误差不超过 $\dfrac{|x|^3}{3!}$；

如果取 $m=2$，则 $\sin x \approx x - \dfrac{1}{3!}x^3$，误差不超过 $\dfrac{|x|^5}{5!}$；

如果取 $m=3$，则 $\sin x \approx x - \dfrac{1}{3!}x^3 + \dfrac{1}{5!}x^5$，误差不超过 $\dfrac{|x|^7}{7!}$；……

可以看到，麦克劳林多项式的次数越高，精确度就越高，误差也就越小. 图 3-5 直观地表明了这一事实.

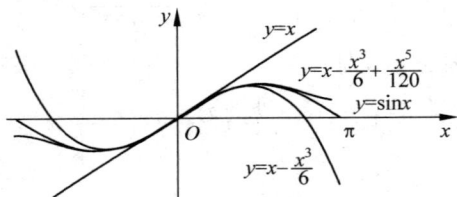

图 3-5

利用上述方法，可得常用的几个初等函数的麦克劳林公式，罗列如下：

$$e^x = 1 + x + \frac{1}{2!}x^2 + \cdots + \frac{1}{n!}x^n + o(x^n),$$

$$\sin x = x - \frac{1}{3!}x^3 + \cdots + (-1)^{n-1}\frac{1}{(2n-1)!}x^{2n-1} + o(x^{2n}),$$

$$\cos x = 1 - \frac{1}{2!}x^2 + \cdots + (-1)^n\frac{1}{(2n)!}x^{2n} + o(x^{2n+1}),$$

$$\ln(1+x) = x - \frac{1}{2}x^2 + \frac{1}{3}x^3 - \cdots + (-1)^{n-1}\frac{1}{n}x^n + o(x^n),$$

$$\frac{1}{1-x}=1+x+x^2+x^3+\cdots+x^n+o(x^n),$$

$$(1+x)^\alpha=1+\alpha x+\frac{\alpha(\alpha-1)}{2!}x^2+\cdots+\frac{\alpha(\alpha-1)\cdots(\alpha-n+1)}{n!}x^n+o(x^n).$$

经常将这几个麦克劳林展开式作为已知条件,用于间接展开一些较为复杂的函数.

例 4 求函数 $f(x)=\ln\frac{1+x}{1-x}$ 的 n 阶麦克劳林公式.

解 因为 $\ln(1+x)=x-\frac{1}{2}x^2+\frac{1}{3}x^3-\cdots+(-1)^{n-1}\frac{1}{n}x^n+o(x^n)$,所以

$$\ln(1-x)=-x-\frac{1}{2}x^2-\frac{1}{3}x^3-\cdots-\frac{1}{n}x^n+o(x^n),$$

则有

$$f(x)=\ln\frac{1+x}{1-x}=\ln(1+x)-\ln(1-x)$$

$$=\sum_{k=1}^n\left[(-1)^{k-1}+1\right]\frac{1}{k}x^k+o(x^n)=2\sum_{k=1}^m\frac{1}{2m-1}x^{2m-1}+o(x^{2m}).$$

泰勒公式的应用很广泛,除了近似运算,还可以用来求极限、证明不等式等.

例 5 利用泰勒公式求极限 $\lim\limits_{x\to0}\dfrac{\cos x-e^{-\frac{x^2}{2}}}{x^4}$.

解 因为

$$\cos x=1-\frac{x^2}{2!}+\frac{x^4}{4!}+o(x^5),\quad e^{-\frac{x^2}{2}}=1-\frac{x^2}{2}+\frac{1}{2!}\left(-\frac{x^2}{2}\right)^2+o(x^4),$$

所以

$$\cos x-e^{-\frac{x^2}{2}}=-\frac{x^4}{12}+o(x^4),$$

则有

$$\lim_{x\to0}\frac{\cos x-e^{-\frac{x^2}{2}}}{x^4}=\lim_{x\to0}\left(-\frac{1}{12}+\frac{o(x^4)}{x^4}\right)=-\frac{1}{12}.$$

习题 3-3

1. 将多项式函数 $f(x)=x^3+4x^2+2$ 展开成 $(x+1)$ 的多项式.

2. 求函数 $f(x)=\ln x$ 在 $x=1$ 处的泰勒展开式.

3. 求函数 $f(x)=xe^x$ 的 n 阶麦克劳林公式.

4. 求函数 $f(x)=\dfrac{1}{2-3x+x^2}$ 的 n 阶麦克劳林公式.

5. 利用泰勒公式求下列极限:

(1) $\lim\limits_{x\to0}\dfrac{\sin x-x\cos x}{\sin^3 x}$;　　　　(2) $\lim\limits_{x\to0}\dfrac{2\cos x-2+x^2}{x^2(x+\ln(1-x))}$.

第四节　函数单调性的判别法

函数的单调性反映的是函数值增大或者减小的趋势,有着广泛的应用背景.对于很多函数而言,利用定义直接判别函数的单调性有一定的难度,本节将利用导函数的符号来判别函数的单调性.

由第一章函数单调的定义可知,如果函数 $f(x)$ 在 $[a,b]$ 上单调增加,那么它的图形是一条随 x 增大而上升的曲线(图 3-6),曲线上各点处的切线斜率是非负的,即 $f'(x) \geqslant 0$.如果函数 $f(x)$ 在 $[a,b]$ 上单调减少,那么它的图形是一条随 x 增大而下降的曲线(图 3-7),曲线上各点处的切线斜率是非正的,即 $f'(x) \leqslant 0$.由此可见,函数的单调性与导数的符号有着密切的联系.

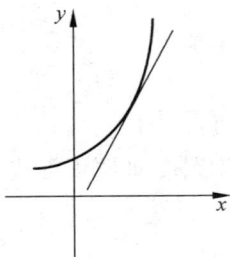

图 3-6

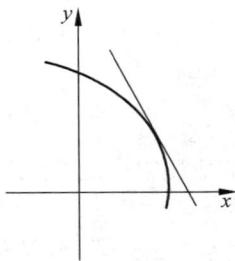

图 3-7

定理 3.8　设函数 $y=f(x)$ 在 $[a,b]$ 上连续,在 (a,b) 内可导.

(1) 如果在 (a,b) 内 $f'(x)>0$,则函数 $f(x)$ 在 $[a,b]$ 上单调增加;

(2) 如果在 (a,b) 内 $f'(x)<0$,则函数 $f(x)$ 在 $[a,b]$ 上单调减少.

证　(1) 任取 $x_1,x_2 \in [a,b]$,且设 $x_2>x_1$,则由拉格朗日中值定理,存在 $\xi \in (x_1,x_2)$ 使得

$$f(x_2)-f(x_1)=f'(\xi)(x_2-x_1)>0.$$

所以,$f(x)$ 在 $[a,b]$ 上单调增加.

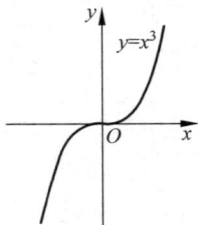

图 3-8

类似可证结论(2).

函数的单调性是一个区间上的性质.有时候会出现导函数在区间内个别点处为零的情形,但这并不影响函数在该区间上的单调性.例如,函数 $y=x^3$ 在其定义域 $(-\infty,+\infty)$ 内是单调增加的,但它的导数 $y=3x^2$ 在 $x=0$ 处为零(图 3-8).

如果函数在定义域的某个区间内是单调的,则称该区间为函数的**单调区间**.

例 1　验证函数 $y=x-\arctan x$ 在 $(-\infty,+\infty)$ 内单调增加.

证　函数在 $(-\infty,+\infty)$ 内连续,导函数

$$y'=1-\frac{1}{1+x^2}=\frac{x^2}{1+x^2}>0, \quad x \neq 0,$$

因此,在 $(-\infty,+\infty)$ 内,仅当 $x=0$ 时,$y'=0$,其他点处均有 $y'>0$,故函数 $y=x-\arctan x$

在$(-\infty,+\infty)$内单调增加.

$y=x-\arctan x$ 在$(-\infty,+\infty)$内单调增加,也就是在该函数的定义域内单调增加. 所以很多时候直接称函数 $y=x-\arctan x$ 是单调增函数.

如果函数在整个定义域上不具单调性,它可能在部分区间具有单调性,此时一定要指出相应的区间. 如函数 $y=\sin x$ 不是单调函数,但在 $\left[-\dfrac{\pi}{2},\dfrac{\pi}{2}\right]$ 上单调增加,在 $\left[\dfrac{\pi}{2},\dfrac{3\pi}{2}\right]$ 上单调减少.

例2 求函数 $f(x)=2x^3-3x^2-12x+6$ 的单调区间.

解 $f(x)$的定义域为$(-\infty,+\infty)$,在其上 $f(x)$连续,导函数
$$f'(x)=6x^2-6x-12=6(x+1)(x-2),$$
令 $f'(x)=0$,得 $x_1=-1,x_2=2$.将定义域$(-\infty,+\infty)$分成三个子区间,则在每个子区间上 $f'(x)$都有确定的符号. 以下进行讨论.

当 $x<-1$ 或 $x>2$ 时,$f'(x)>0$,故 $f(x)$在区间$(-\infty,-1]$,$[2,+\infty)$上单调增加;
当 $-1<x<2$ 时,$f'(x)<0$,故 $f(x)$在区间$[-1,2]$上单调减少.

为简便起见,常采用列表法来表示上述事实:

x	$(-\infty,-1)$	-1	$(-1,2)$	2	$(2,+\infty)$
$f'(x)$	$+$	0	$-$	0	$+$
$f(x)$	增		减		增

除了导数等于零的点(函数的驻点)可能把定义域划分为几个单调区间以外,导数不存在的点也可能将定义域划分为不同的单调区间,如下例所示.

例3 求函数 $f(x)=\sqrt[3]{x^2}$ 的单调区间.

解 函数在定义域$(-\infty,+\infty)$上连续,导函数 $f'(x)=\dfrac{2}{3}\cdot\dfrac{1}{\sqrt[3]{x}}(x\neq0)$. 显然,当 $x=0$ 时函数的导数不存在. 用 $x=0$ 将定义域$(-\infty,+\infty)$划分为两部分:

当 $x\in(-\infty,0)$时,$f'(x)<0$,所以函数在$(-\infty,0]$上单调减少;
当 $x\in(0,+\infty)$时,$f'(x)>0$,所以函数在$[0,+\infty)$上单调增加.

由上述两例可见,函数在定义域内可能不单调,但是如果用函数的驻点或导数不存在的点将定义域划分为几个子区间,则在各子区间上函数的单调性是确定的.

下面归纳求函数单调区间的步骤:
(1)确定函数 $f(x)$ 的定义域及连续性;
(2)计算 $f'(x)$,求出 $f'(x)=0$ 的点(驻点)和 $f'(x)$不存在的点,用这些点将函数的定义域划分成若干个子区间;
(3)列表讨论 $f'(x)$ 在每个子区间内的符号,判别函数 $f(x)$ 在各子区间上的单调性.

利用函数的单调性,还可以用来证明不等式和判定方程根的个数.

例4 证明当 $x>0$ 时,$1+\dfrac{1}{2}x>\sqrt{1+x}$.

证 设 $f(x)=1+\dfrac{1}{2}x-\sqrt{1+x}$,$f(x)$在$[0,+\infty)$上连续,且在$(0,+\infty)$内有

$$f'(x) = \frac{1}{2} - \frac{1}{2\sqrt{1+x}}.$$

当 $x>0$ 时,$f'(x)>0$,所以 $f(x)$ 在 $[0,+\infty)$ 上单调增加. 因此,当 $x>0$ 时,$f(x)>f(0)$,而 $f(0)=0$,所以当 $x>0$ 时,$1+\frac{1}{2}x>\sqrt{1+x}$.

定理 3.9 连续函数 $f(x)$ 在区间 I 上单调,则方程 $f(x)=0$ 在区间 I 上至多有一个实根.

证明略.

例 5 证明方程 $\tan x = 1-x$ 在 $(0,1)$ 内有且仅有一个实根.

证 设 $f(x)=\tan x-1+x$,则 $f(x)$ 在 $[0,1]$ 上连续,且 $f(0)=-1<0$,$f(1)=\tan 1>0$,所以由连续函数的零点定理得知,$f(x)=0$ 在 $(0,1)$ 内至少有一个实根.

又因为 $f'(x)=\sec^2 x+1>0$,所以 $f(x)$ 在 $(0,1)$ 内单调增加,表明方程 $f(x)=0$ 在 $(0,1)$ 内至多有一个实根.

综上所述,方程 $f(x)=0$ 即 $\tan x=1-x$ 在 $(0,1)$ 内有且仅有一个实根.

习题 3-4

1. 确定下列函数的单调区间:

(1) $f(x)=x+\cos x$;   (2) $f(x)=x^3-3x+2$;   (3) $f(x)=2x^2-\ln x$;

(4) $f(x)=x-\mathrm{e}^x$;   (5) $f(x)=\frac{1}{3}x^3-x^2-3x+1$.

2. 证明下列不等式:

(1) 当 $x>1$ 时,$\mathrm{e}^x>\mathrm{e}x$;

(2) 当 $x>1$ 时,$3-2\sqrt{x}<\frac{1}{x}$;

(3) 当 $0<x<2\pi$ 时,$\sin x<x$.

3. 证明方程 $x^3+x-1=0$ 只有一个小于 1 的正根.

4. 证明方程 $\sin x=x$ 有且仅有一个实根.

第五节 函数的极值与最大值、最小值

在学科研究和实际问题中,经常会遇到求最大值和最小值的问题,例如在一定条件下用料最省、时间最短、利润最大、效率最高,等等. 这类问题在数学上统称为最优化问题,它们往往可归结为某一函数(通常称为目标函数)的最大值或最小值问题. 在讨论最值问题之前,我们先介绍函数的极值.

一、函数的极值

1. 极值的概念

旅程中汽车的瞬时油耗量的变化,交易市场上的股票、石油或黄金的价格变化都可能出现类似图 3-9 的曲线形状. 在什么样的车速下油耗量最省或是在什么价格上购入股票才能

赢得较大利益,这一类问题可归结为求函数的极值或最值问题. 现结合图 3-9 来理一理解
决问题的思路.

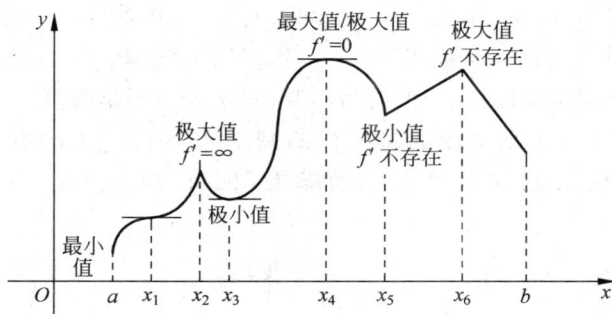

图 3-9

曲线上有的点像山峰的峰顶(例如,与 x_2,x_4,x_6 对应的点),称其为"峰点",显然,峰点
对应的函数值比它邻近点处的其他函数值都大;曲线上有的点像山谷的谷底(例如,与 x_3,
x_5 对应的点),称之为"谷点",谷点对应的函数值比它邻近点处的其他函数值都小. 于是,我
们将峰点处的函数值称为函数的极大值,谷点处的函数值称为函数的极小值. 具体定义
如下:

定义 3.1 设函数 $f(x)$ 在 x_0 的某个邻域内有定义,且对于该邻域内的任意一点 x,
总有
$$f(x) < f(x_0) \quad (或 f(x) > f(x_0)),$$
则称 $f(x_0)$ 为函数的一个**极大(小)值**,称 x_0 为函数的**极大(小)值点**.

极大值和极小值统称为函数的**极值**,极大值点和极小值点统称为函数的**极值点**.

需要注意的是,极值是局部的概念. 极大值不一定是最大值,甚至极大值可能会小于极
小值,如图 3-9 中的极大值 $f(x_2)$ 就小于极小值 $f(x_5)$.

2. 极值存在的判别定理

观察图 3-9 可见,如果曲线有切线,那么在出现极值的地方切线一定是水平的,有如下
的定理:

定理 3.10(极值的必要条件——费马引理) 如果函数 $y=f(x)$ 在 x_0 点可导,并且在
该点取得极值,则 $f'(x_0)=0$.

这一定理的证明可从罗尔定理的证明中得出,证略.

定理 3.10 表明可导函数的极值点必为驻点. 但函数的驻点却不一定是极值点. 例如,
图 3-9 中与 x_1 对应的点处切线是水平的,即 $f'(x_1)=0$,但 x_1 不是极值点. 又如 $f(x)=$
x^3,$f'(0)=0$,$x=0$ 是驻点,但显然 $x=0$ 不是极值点.

此外,函数不可导的点也有可能是极值点. 例如,图 3-9 中的 x_6 为极大值点,曲线上对
应点处的切线不存在,函数在点 x_6 不可导. 又如,函数 $f(x)=|x|$ 在 $x=0$ 点不可导,但
$x=0$ 是它的极小值点.

综上,连续函数的极值一定是在驻点或者导数不存在的点处取得. 不过这样的点是不是
函数的极值点,是极大值点还是极小值点,还需加以检验. 下面的定理说明,利用函数的单调
性可以确定函数的极值点.

定理 3.11（极值的第一充分条件） 设函数 $f(x)$ 在 x_0 点连续，在 x_0 的某空心邻域 $\overset{\circ}{U}(x_0)$ 内可导，如果在 $x\in\overset{\circ}{U}(x_0)$ 内，

(1) 当 $x<x_0$ 时，$f'(x)>0$，而当 $x>x_0$ 时，$f'(x)<0$，则 $f(x_0)$ 是极大值；

(2) 当 $x<x_0$ 时，$f'(x)<0$，而当 $x>x_0$ 时，$f'(x)>0$，则 $f(x_0)$ 是极小值；

(3) 在点 x_0 的左右两侧，$f'(x)$ 的符号不变，则 $f(x_0)$ 不是极值.

证 对于情形(1)，根据函数的单调性的判别法，函数 $f(x)$ 在 x_0 的左侧邻近是单调递增的，在 x_0 的右侧邻近是单调递减的，因此 $f(x_0)$ 是 $f(x)$ 的一个极大值（图 3-10(a)）.

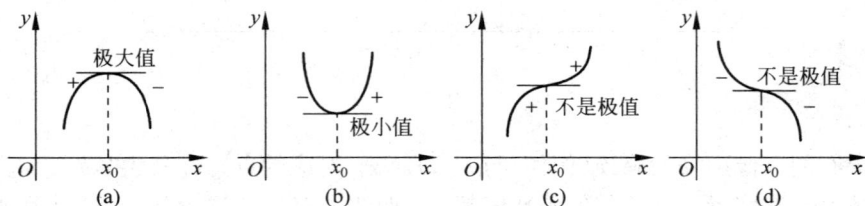

图 3-10

类似地可论证情形(2)（图 3-10(b)）及情形(3)（图 3-10(c)，(d)）.

利用第一充分条件求函数极值的步骤如下：

(1) 确定函数 $f(x)$ 的定义域及连续性；

(2) 求出 $f(x)$ 可能的极值点：驻点和导数不存在的点；

(3)（列表）检查上述点两侧邻近导函数 $f'(x)$ 的符号，判别并求出极值.

例 1 求函数 $f(x)=2x^3-3x^2-12x+6$ 的极值.

解 $f(x)$ 的定义域为 $(-\infty,+\infty)$，在其上 $f(x)$ 连续，导函数

$$f'(x)=6x^2-6x-12=6(x+1)(x-2),$$

令 $f'(x)=0$，得 $x_1=-1,x_2=2$.

列表讨论如下：

x	$(-\infty,-1)$	-1	$(-1,2)$	2	$(2,+\infty)$
$f'(x)$	$+$	0	$-$	0	$+$
$f(x)$	增	极大值	减	极小值	增

所以 $f(x)$ 的极大值为 $f(-1)=13$，极小值为 $f(2)=-14$.

例 2 求函数 $f(x)=x+\dfrac{1}{x}$ 的极值.

解 $f(x)$ 的定义域为 $(-\infty,0)\cup(0,+\infty)$，导函数

$$f'(x)=1-\frac{1}{x^2},$$

令 $f'(x)=0$，得驻点 $x=\pm1$；另有 $f'(x)$ 不存在的点：$x=0$.

列表讨论如下：

x	$(-\infty,-1)$	-1	$(-1,0)$	0	$(0,1)$	1	$(1,+\infty)$
$f'(x)$	+	0	−	不存在	−	0	+
$f(x)$	增	极大值	减	无极值	减	极小值	增

所以,极大值为 $f(-1)=-2$,极小值为 $f(1)=2$.

极值的第一充分条件要检验一点两侧导数的符号,有时不甚方便. 如果函数在驻点处二阶可导且不等于零,则亦可以用驻点处二阶导数的符号来判定.

定理 3.12(极值的第二充分条件) 设函数 $y=f(x)$ 在 x_0 处二阶可导,且 $f'(x_0)=0$,$f''(x_0)$ 存在且不为零,则:

(1) 当 $f''(x_0)>0$ 时,$f(x_0)$ 是极小值;

(2) 当 $f''(x_0)<0$ 时,$f(x_0)$ 是极大值.

如果 $f''(x_0)=0$,则 $f(x_0)$ 可能是极值,也可能不是极值. 此时只能改用第一充分条件来判别. 例如,函数 $y=x^4,y'=4x^3,y''=12x^2$,在驻点 $x=0$ 处 $y''=0$,改由第一充分条件,可以判别 $x=0$ 为 $y=x^4$ 的极小值点. 对于函数 $y=x^3,y'=3x^2,y''=6x$,在驻点 $x=0$ 处 $y''=0$,改由第一充分条件,可以判别 $x=0$ 不是 $y=x^3$ 的极值点.

利用第二充分条件求极值的步骤如下:

(1) 确定函数 $f(x)$ 的定义域;

(2) 求出 $f'(x)$ 和 $f''(x)$,解出所有驻点;

(3) 考察二阶导数在各驻点处的符号,确定极大(小)值点,求出 $f(x)$ 的极值.

例 3 用二阶导数求函数 $f(x)=2x^3-3x^2-12x+6$ 的极值.

解 $$f'(x)=6x^2-6x-12=6(x+1)(x-2),$$
令 $f'(x)=0$,得 $x_1=-1,x_2=2$.
$$f''(x)=12x-6,$$
$f''(-1)=-18<0$,所以 $f(-1)=13$ 为函数的极大值;

$f''(2)=18>0$,所以 $f(2)=-14$ 为函数的极小值.

二、函数的最大值、最小值

由闭区间上连续函数的性质知,如果函数 $f(x)$ 在 $[a,b]$ 上连续,则 $f(x)$ 在 $[a,b]$ 上的最大值和最小值一定存在.

由前面对极值的讨论可知,如果 $f(x)$ 的最值在区间内部取得,则其必为极值,当然最值还可能在区间的端点处取得. 所以最值点只可能是开区间 (a,b) 内的极值点或区间的端点.

综上所述,求连续函数 $f(x)$ 在闭区间 $[a,b]$ 上的最大、最小值,一般需要以下三个步骤:

第一步,求出 $f(x)$ 在开区间 (a,b) 内的可能的极值点 $x_1,x_2,\cdots,x_k$;

第二步,计算函数值 $f(x_1),f(x_2),\cdots,f(x_k),f(a),f(b)$;

第三步,比较上述函数值的大小,其中最大的即为函数的最大值,最小的就是最小值.

例 4 求函数 $y=x+\sqrt{1-x}$ 在闭区间 $[-5,1]$ 上的最大值和最小值.

解 函数在指定的闭区间 $[-5,1]$ 上连续，求导数得

$$y'=1-\frac{1}{2\sqrt{1-x}},$$

令 $y'=0$，解得 $x=\frac{3}{4}$；不可导点 $x=1$. 计算：

$$f(-5)=-5+\sqrt{6},\quad f\left(\frac{3}{4}\right)=\frac{5}{4},\quad f(1)=1,$$

比较得最大值为 $M=f\left(\frac{3}{4}\right)=\frac{5}{4}$，最小值为 $m=f(-5)=-5+\sqrt{6}$.

下面介绍几种特别情形：

（1）如果 $f(x)$ 在区间 $[a,b]$ 上单调增加，则区间的两个端点处的函数值 $f(a),f(b)$ 分别是 $f(x)$ 的最小值和最大值；单调减少的情形有类似的结果.

（2）如果 $f(x)$ 在 $[a,b]$ 区间的内部只有一个极值，那么当它是极大（小）值时，它必定也是最大（小）值.

（3）如果 $f(x)$ 在 $[a,b]$ 区间的内部只有一个驻点，而根据实际问题知最大（小）值必定存在，则此驻点就是最大（小）值点.

对于实际问题求最大（小）值，首先要把实际问题转化为数学问题，即根据题意建立相应的函数关系，通常称作建立目标函数，然后求目标函数的最大值或最小值.

例 5 设直圆柱形罐头的容积为定值 V，其高 h 与底半径 r 为何值时用料最少（即表面积 S 最小）？

解 由 $V=\pi r^2 h$，$S=2\pi r^2+2\pi rh=2\pi r^2+\frac{2V}{r}$，得

$$S'=4\pi r-\frac{2V}{r^2}.$$

令 $S'=0$，得唯一驻点

$$r_0=\sqrt[3]{\frac{V}{2\pi}}.$$

又由 $S''=4\pi+\frac{4V}{r^3}>0$ 知，r_0 是 $S(r)$ 的极小值点，也是 $S(r)$ 的最小值点，此时，容器的高为

$$h=\frac{V}{\pi r_0^2}=\sqrt[3]{\frac{4V}{\pi}}=2r_0.$$

故当 $h=2r=\sqrt[3]{\frac{4V}{\pi}}$ 时用料最少.

例 6 从边长为 a 的一个正方形铁皮每个角截去同样的小方块，然后将四边折起来，做成一个无盖的方盒. 为了使这个方盒的容积最大，问应该截去多少？

解 设截去的小方块边长为 x，则所做成的方盒的容积为

$$V=(a-2x)^2 x=4x^3-4ax^2+a^2 x,\quad x\in\left(0,\frac{a}{2}\right),$$

求导数得

$$V'=12x^2-8ax+a^2=(2x-a)(6x-a).$$

令 $V'=0$，得 $x_1=\dfrac{a}{6}$，$x_2=\dfrac{a}{2}$（舍）．又由 $V''=24x-8a$，得 $V''\left(\dfrac{a}{6}\right)=-4a<0$，所以 $x_1=\dfrac{a}{6}$ 是

V 的极大值点，也是最大值点，故当截去的小正方形边长为所给正方形铁皮边长的 $\dfrac{1}{6}$ 时，所做的无盖方盒的容积最大．

习题 3-5

1. 求下列函数的极值：

(1) $y=x^3-3x^2-9x+5$； (2) $y=x-\ln(1+x)$；

(3) $y=\sin x-\dfrac{1}{2}x\left(-\dfrac{\pi}{2}\leqslant x\leqslant\dfrac{\pi}{2}\right)$．

2. 设曲线 $y=x^3+ax^2+bx$ 在 $x=1$ 处取得极值 -2，试确定常数 a，b，并求出其极大值和极小值．

3. 试问 a 为何值时，函数 $f(x)=a\cos x+\dfrac{1}{2}\cos 2x$ 在 $x=\dfrac{\pi}{4}$ 处取得极值？它是极大值还是极小值？并求此极值．

4. 试证：当 $b^2-3ac<0$ 时，函数 $f(x)=ax^3+bx^2+cx+d(a>0)$ 无极值．

5. 求下列函数在给定区间上的最大值和最小值：

(1) $f(x)=x^3-6x^2+9x$，$[0,4]$； (2) $y=3\sqrt[3]{x}-4x$，$[-1,1]$．

6. 设有一条长为 l 的绳子，将其剪为两段，分别围成一个正方形和一个圆，采用何种剪法使正方形面积与圆面积之和最小？

7. 要做一个长方体的带盖箱子，其体积为 72m^3，其底边的长和宽之比为 $2:1$，问各边长为多少时，才能使表面积最小？

8. 欲用围墙围成面积为 96m^2 的一块矩形土地，并在正中用一堵墙将其隔成两块，问这块土地的长和宽选取多大的尺寸，才能使所用建筑材料最省？

第六节 曲线的凹凸性与拐点

为了全面了解函数的变化情况，除了分析函数的单调性即曲线的上升或者下降之外，还需要研究曲线的弯曲状况，这种关于曲线的弯曲方向的研究就是凹凸性的研究．本节将给出曲线凹凸性的定义和利用二阶导函数的符号判别曲线凹凸性的方法．

图 3-11 所示的曲线弧 $y=f(x)$ 是向下凸的．在该曲线上任取两点 $(x_1,f(x_1))$，$(x_2,f(x_2))$，则连接这两点的弦总是位于这两点间的弧段的上方，因此在 x_1，x_2 之间，弦上点的纵坐标总是大于曲线弧上点的纵坐标．特别地，对应于 x_1，x_2 的中点 $\dfrac{x_1+x_2}{2}$，有

$$f\left(\dfrac{x_1+x_2}{2}\right)<\dfrac{f(x_1)+f(x_2)}{2}.$$

类似地，图 3-12 所示的曲线弧是向上凸的，在该曲线弧上任取两点 $(x_1,f(x_1))$，$(x_2,f(x_2))$，则对应于 x_1，x_2 的中点 $\dfrac{x_1+x_2}{2}$，有

$$f\left(\frac{x_1+x_2}{2}\right) > \frac{f(x_1)+f(x_2)}{2}.$$

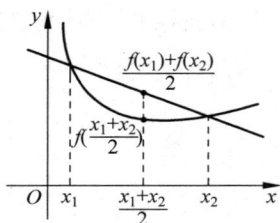

图 3-11

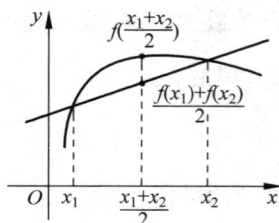

图 3-12

定义 3.2 设函数 $f(x)$ 在区间 I 上连续，如果对于区间 I 上任意两点 x_1,x_2，总有

$$f\left(\frac{x_1+x_2}{2}\right) < \frac{f(x_1)+f(x_2)}{2},$$

则称曲线 $y=f(x)$ 为区间 I 上的**凹曲线**，也称**凹弧**，并称函数 $y=f(x)$ 为 I 上的**凹函数**，称区间 I 为**凹区间**；如果恒有

$$f\left(\frac{x_1+x_2}{2}\right) > \frac{f(x_1)+f(x_2)}{2},$$

则称曲线 $y=f(x)$ 为区间 I 上的**凸曲线**，也称**凸弧**，并称函数 $y=f(x)$ 为 I 上的**凸函数**，称区间 I 为**凸区间**.

定义 3.3 连续曲线上凹弧和凸弧的分界点称为曲线的**拐点**.

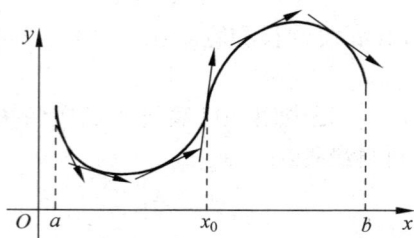

图 3-13

定义 3.2 很难用来判断函数 $f(x)$ 在某区间上的凹凸性.看看有没有别的办法.

假设函数 $y=f(x)$ 可导，即对应曲线上各点的切线都存在，如图 3-13 所示，在区间 (a, x_0) 上，曲线为凹的，切线总位于曲线之下；在区间 (x_0,b) 上，曲线是凸的，切线总位于曲线之上；在拐点 $(x_0,f(x_0))$ 处，曲线的凹凸性发生变化，切线从曲线的一侧穿越拐点到了另一侧.

再仔细考查图 3-13 可以发现，在 (a,x_0) 上切线的斜率随 x 增加而增加，在 (x_0,b) 上切线的斜率随 x 增加而减小.这说明在凹曲线上导函数 $f'(x)$ 单调增加，即二阶导数 $f''(x) > 0$；在凸曲线上 $f'(x)$ 是单调减少，即 $f''(x) < 0$.

综上，得到判别曲线凹凸性的判别法如下：

定理 3.13 设函数 $f(x)$ 在区间 $[a,b]$ 上连续，在 (a,b) 内二阶可导，对于任意的 $x \in (a,b)$，

(1) 如果 $f''(x) > 0$，则对应的曲线 $y=f(x)$ 为 $[a,b]$ 上的凹曲线；

(2) 如果 $f''(x) < 0$，则对应的曲线 $y=f(x)$ 为 $[a,b]$ 上的凸曲线.

证 情形(1).设 x_1 和 x_2 为 $[a,b]$ 内任意两点，且 $x_1 < x_2$，记 $\dfrac{x_1+x_2}{2}=x_0$，并记 $x_2-x_0=x_0-x_1=h$，则由拉格朗日中值公式得

$$f(x_1)-f(x_0)=f'(\xi_1)\cdot(-h),$$
$$f(x_2)-f(x_0)=f'(\xi_2)\cdot h.$$

其中 $\xi_1\in(x_1,x_0),\xi_2\in(x_0,x_2)$. 两式相加,即得
$$f(x_1)+f(x_2)-2f(x_0)=[f'(\xi_2)-f'(\xi_1)]\cdot h.$$
对 $f'(x)$ 在区间 $[\xi_1,\xi_2]$ 上再次使用拉格朗日中值公式,得
$$f(x_1)+f(x_2)-2f(x_0)=[f'(\xi_2)-f'(\xi_1)]h=f''(\xi)(\xi_2-\xi_1)h,$$
其中 $\xi\in(\xi_1,\xi_2)$. 由情形(1)的假设,$f''(\xi)>0$,故有
$$f(x_1)+f(x_2)-2f(x_0)>0,$$
即
$$\frac{f(x_1)+f(x_2)}{2}>f(x_0)=f\left(\frac{x_1+x_2}{2}\right).$$

所以 $f(x)$ 在 $[a,b]$ 上的图形是凹的.

类似地可证明情形(2).

例 1　讨论曲线 $y=x^3$ 的凹凸性,并求其拐点.

解　该函数在其定义域 $(-\infty,+\infty)$ 内连续,对其求导得
$$y'=3x^2,\quad y''=6x.$$

当 $x\in(-\infty,0)$ 时 $y''<0$,所以 $y=x^3$ 在 $(-\infty,0]$ 上为凸曲线;

当 $x\in(0,+\infty)$ 时 $y''>0$,所以 $y=x^3$ 在 $[0,+\infty)$ 上为凹曲线.

在 $(0,0)$ 处,函数的凹凸性发生改变,故 $(0,0)$ 是其拐点.

显然,在拐点横坐标 $x=0$ 左右两侧邻近处 $f''(x)$ 异号,而在拐点的横坐标 $x=0$ 处,$f''(x)$ 等于零,这也就说明 $y''=0$ 的点可能是拐点.

例 2　讨论曲线 $y=x^4$ 是否有拐点.

解　该函数在其定义域 $(-\infty,+\infty)$ 内连续,对其求导得
$$y'=4x^3,\quad y''=12x^2.$$

只有 $x=0$ 是 $y''=0$ 的实根. 但当 $x\neq0$ 时,$y''>0$,即在点 $x=0$ 的左右两侧,y'' 的符号相同,函数的凹凸性没有发生改变,故 $(0,0)$ 不是拐点. 因此,该曲线没有拐点.

因此,需要强调的是,$y''=0$ 的点不一定是曲线的拐点.

例 3　讨论曲线 $y=\sqrt[3]{x}$ 的凹凸性,并求其拐点.

解　该函数在其定义域 $(-\infty,+\infty)$ 内连续.

当 $x\neq0$ 时,$y'=\dfrac{1}{3\sqrt[3]{x^2}},y''=-\dfrac{2}{9x\sqrt[3]{x^2}}$;

当 $x=0$ 时,y',y'' 都不存在,且在 $(-\infty,+\infty)$ 内没有 $y''=0$ 的点.

当 $x\in(-\infty,0)$ 时,$y''>0$,所以曲线在 $(-\infty,0]$ 上是凹的;当 $x\in(0,+\infty)$ 时,$y''<0$,所以曲线在 $[0,+\infty)$ 上是凸的. 在 $(0,0)$ 处,函数的凹凸性发生改变,故 $(0,0)$ 是其拐点.

这也就是说,除了 $y''=0$ 的点可能是拐点外,y'' 不存在的点也可能是拐点.

综上所述,判断曲线的凹凸性及求拐点的主要步骤如下:

(1) 确定函数 $f(x)$ 的定义域;

(2) 计算 $f''(x)$,求出 $f''(x)=0$ 的点以及 $f''(x)$ 不存在的点,用这些点将函数的定义

域划分成若干个子区间；

（3）列表讨论 $f''(x)$ 在每个子区间内的符号，从而判别函数 $f(x)$ 在各子区间上的凹凸性，最后得到拐点.

例 4 求函数 $y=x^4-4x^3+3$ 的凹凸区间以及曲线的拐点.

解 （1）函数 y 的定义域为 $(-\infty,+\infty)$.

（2）$y'=4x^3-12x^2$，$y''=12x^2-24x=12x(x-2)$. 令 $y''=0$，得 $x_1=0,x_2=2$. 无 y'' 不存在的点.

（3）列表讨论如下：

x	$(-\infty,0)$	0	$(0,2)$	2	$(2,+\infty)$
y''	$+$	0	$-$	0	$+$
y	凹	拐点	凸	拐点	凹

所以函数的凹区间为 $(-\infty,0]$ 与 $[2,+\infty)$，凸区间为 $[0,2]$，曲线的拐点为点 $(0,3)$ 和点 $(2,-13)$.

习题 3-6

1. 求下列曲线的凹凸区间及拐点：

（1）$f(x)=x^4-2x^3+2$；　　　　　（2）$f(x)=xe^{-x}$；

（3）$f(x)=\ln(1+x^2)$；　　　　　（4）$f(x)=(x-1)\sqrt[3]{x^2}$.

2. 问 a,b,c 为何值时，点 $(-1,1)$ 是曲线 $y=x^3+ax^2+bx+c$ 的拐点，且是驻点？

第七节 函数图像的描绘

一元函数的图像是一条平面曲线，它可以直观地显示出函数值的增长或下降、峰值与谷值等信息，有助于人们对函数背后的实际问题作出正确的解释、判断与决策. 本节介绍的函数作图就是借助于函数的一阶导数和二阶导数展示函数的主要特征，包括单调区间、凹凸区间，极值和拐点，根据这些特征绘制函数图形.

一、曲线的渐近线

曲线的渐近线是对曲线的走向有某种影响的直线.

定义 3.4 如果当曲线 $y=f(x)$ 上的动点 $P(x,y)$ 沿曲线趋于无穷远时，点 P 与定直线 l 无限接近（即动点 P 到定直线 l 的距离趋于零），则称直线 l 为曲线 $y=f(x)$ 的一条渐近线.

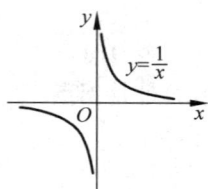
图 3-14

结合图 3-14，考察曲线 $y=\dfrac{1}{x}$. 首先注意到 $\lim\limits_{x\to 0}\dfrac{1}{x}=\infty$，这意味着当 $x\to 0$ 时，曲线上动点 (x,y) 沿曲线趋于无穷远，同时又在无限逼近直线 $x=0$，因此直线 $x=0$ 为曲线 $y=\dfrac{1}{x}$ 的一条渐近线.

其次，$\lim\limits_{x \to -\infty} \dfrac{1}{x}=0$，$\lim\limits_{x \to +\infty} \dfrac{1}{x}=0$，这表明曲线上动点 (x,y) 沿曲线趋于无穷远时，无限逼近水平直线 $y=0$，所以直线 $y=0$ 为曲线 $y=\dfrac{1}{x}$ 的渐近线.

一般地，如果 $\lim\limits_{x \to a} f(x)=\infty$，则称直线 $x=a$ 为曲线 $y=f(x)$ 的**铅直渐近线**. 如果 $\lim\limits_{x \to \infty} f(x)=b$，则称直线 $y=b$ 为曲线 $y=f(x)$ 的**水平渐近线**.

故对曲线 $y=\dfrac{1}{x}$ 来说，$y=0$ 是水平渐近线，$x=0$ 是铅直渐近线.

又如，对曲线 $y=\arctan x$，$\lim\limits_{x \to -\infty} \arctan x=-\dfrac{\pi}{2}$，$\lim\limits_{x \to +\infty} \arctan x=\dfrac{\pi}{2}$，所以曲线 $y=\arctan x$ 有两条水平渐近线 $y=-\dfrac{\pi}{2}$ 与 $y=\dfrac{\pi}{2}$.

二、函数作图

将数据表、数学公式、代数方程等不同形式的函数 $y=f(x)$ 表示为一条曲线是一项非常有意义的工作. 因为曲线的起伏能够直观表现函数的整体属性和动态效果，通过图形，很多重要的结果，例如，周期性、对称性、单调性、凹凸性、有界性、非负性、交点个数等都可以一目了然.

绘制函数的图形可以采用两种方法：描点作图法与分析作图法. 描点作图法首先确定一系列曲线上的样点(通常等距离采样)，然后将其光滑地连接. 当样点较多时，得到的图形比较可靠，因此该方法较适于用计算机实现，如用 Mathematica，MATLAB 等软件都能实现. 分析作图法主要通过对函数关系的分析来得到曲线的对称性、单调性、凹凸性、连续性、极值、无穷远的趋势等信息，再辅以少量的样点之后便可以一段段地绘制，下面介绍分析作图法.

描绘函数 $y=f(x)$ 的图像的一般步骤如下：
(1) 确定函数的定义域，考察周期性、奇偶性；
(2) 通过一阶导数确定函数的单调区间、驻点、极值点；
(3) 通过二阶导数确定函数的凹凸区间与拐点；
(4) 确定并绘制曲线的渐近线；
(5) 根据上述性态描绘图形，必要时再找几个帮助定位的辅助点.

例 1 作出函数 $y=\dfrac{2x^2}{(1-x)^2}$ 的图形.

解 (1) 函数 $f(x)$ 的定义域为 $(-\infty,1)\bigcup(1,+\infty)$.

(2) 确定单调区间与极值. 求导数得 $y'=\dfrac{4x}{(1-x)^3}$，令 $y'=0$，得驻点 $x=0$，另有 y' 不存在的点 $x=1$. 列表讨论如下：

x	$(-\infty,0)$	0	$(0,1)$	1	$(1,+\infty)$
y'	$-$	0	$+$	不存在	$-$
y	减	极小值 0	增	无定义	减

（3）确定凹凸区间与拐点. 求得 $y''=\dfrac{8x+4}{(1-x)^4}$，令 $y''=0$，解得 $x=-\dfrac{1}{2}$. 另有 y'' 不存在的点 $x=1$. 列表讨论如下：

x	$\left(-\infty,-\dfrac{1}{2}\right)$	$-\dfrac{1}{2}$	$\left(-\dfrac{1}{2},1\right)$	1	$(1,+\infty)$
y''	$-$	0	$+$	不存在	$+$
y	凸	拐点 $\left(-\dfrac{1}{2},\dfrac{2}{9}\right)$	凹	无定义	凹

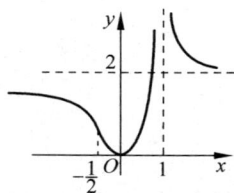

图 3-15

（4）考察渐近线. 因为 $\lim\limits_{x\to\infty}y=\lim\limits_{x\to\infty}\dfrac{2x^2}{(1-x)^2}=2$，故 $y=2$ 是曲线的水平渐近线；因 $\lim\limits_{x\to1}y=\lim\limits_{x\to1}\dfrac{2x^2}{(1-x)^2}=+\infty$，故 $x=1$ 是曲线的铅直渐近线.

（5）描图. 取辅助点 $\left(-2,\dfrac{8}{9}\right),\left(\dfrac{1}{2},2\right),\left(3,\dfrac{9}{2}\right),\left(5,\dfrac{25}{8}\right)$，根据以上讨论结果，描绘出函数的图形，如图 3-15 所示.

例 2 作出函数 $f(x)=\dfrac{1}{\sqrt{2\pi}}e^{-\frac{x^2}{2}}$ 的图形.

解 （1）函数 $f(x)$ 的定义域为 $(-\infty,+\infty)$，它是偶函数，只要讨论 $[0,+\infty)$ 上的图形，利用图形关于 y 轴对称，即可得到 $(-\infty,+\infty)$ 上的图形.

（2）确定单调区间与极值. 先求导数得 $y'=-\dfrac{x}{\sqrt{2\pi}}e^{-\frac{x^2}{2}}$，令 $y'=0$，得 $x=0$. 当 $x>0$ 时，$y'<0$，y 在 $[0,+\infty)$ 上是单调减少的. 在 $x=0$ 处，取极大值 $f(0)=\dfrac{1}{\sqrt{2\pi}}$.

（3）确定凹凸区间与拐点. 求二阶导数得

$$y''=\dfrac{(x^2-1)}{\sqrt{2\pi}}e^{-\frac{x^2}{2}}=\dfrac{(x+1)(x-1)}{\sqrt{2\pi}}e^{-\frac{x^2}{2}},$$

令 $y''=0$，解得 $x=1$. 列表讨论如下：

x	$(0,1)$	1	$(1,+\infty)$
y'	$-$	0	$+$
y	凸	拐点 $\left(1,\dfrac{1}{\sqrt{2\pi e}}\right)$	凹

（4）考察渐近线. 因为 $\lim\limits_{x\to+\infty}y=\lim\limits_{x\to+\infty}\dfrac{1}{\sqrt{2\pi}}e^{-\frac{x^2}{2}}=0$，故 $y=0$ 是水平渐近线；无铅直渐近线.

（5）描图. 取辅助点 $\left(0,\dfrac{1}{\sqrt{2\pi}}\right),\left(1,\dfrac{1}{\sqrt{2\pi e}}\right),\left(2,\dfrac{1}{e^2\sqrt{2\pi}}\right)$，根据以上讨论结果，再利用对

称性,描绘出函数图像,如图 3-16 所示.

我们通过后面的学习可知这是标准正态分布的概率密度函数,在概率统计中有着非常重要的意义.

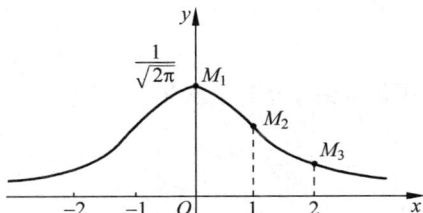

习题 3-7

确定下列函数的单调性、极值、凹凸性、拐点和渐近线,并作出它们的图像:

(1) $y=x^4-2x^3$;

(2) $y=\dfrac{4+4x-2x^2}{x^2}$;

(3) $y=\ln(1+x^2)$;

(4) $y=xe^{-x}$.

图 3-16

第八节 函数最值在经济中的应用

在经济领域中常见的最值问题有利润最大化、成本最小化及库存控制.

1. 最大利润问题

我们知道,利润 $L(q)$、收益 $R(q)$ 和成本 $C(q)$ 三者间有如下关系:
$$L(q)=R(q)-C(q),$$
其中 q 表示产品数量.设 $R(q)$ 和 $C(q)$ 都二阶可导,要使 $L(q)$ 有极大值,必有
$$L'(q)=R'(q)-C'(q)=0,$$
即在 $L'(q)=0$ 的点 $q=q_0$ 处,$R'(q)=C'(q)$,即边际收益等于边际成本.若还有
$$L''(q_0)=R''(q_0)-C''(q_0)<0,$$
即在点 $q=q_0$ 处,$R''(q_0)<C''(q_0)$,边际收益对产量的导数小于边际成本对产量的导数,则 $L(q)$ 必获得最大值 $L(q_0)$.

例 1 某企业生产某种产品,总成本为 C 元,其中固定成本为 125 万元,每多生产一单位产品消耗成本增加 5 万元.市场对此商品的年需求量最高为 1000 个单位,若超出此范围,产品会积压,在此范围内产品能全部售出,销售的收入为 $R(x)=10x-0.01x^2$,其中 x 为产品售出数量.问该产品年产多少个单位时,才能使年利润最大?最大利润是多少?

解 设该产品年产量为 x 个单位,则成本为
$$C(x)=125+5x,$$
于是利润函数为
$$L(x)=R(x)-C(x)=10x-0.01x^2-(125+5x)=-0.01x^2+5x-125.$$
令
$$L'(x)=-0.02x+5=0,$$
解得唯一驻点 $x=250$,$250<1000$,产品全能售出,此时 $L(250)=500$.

因为驻点唯一,且最大利润存在,所以该产品年产 250 个单位时,年利润最大,最大利润是 500 万元.

2. 平均成本最低的产量问题

设企业生产 q 数量的成本为可导函数 $C(q)$,则平均成本为

$$\bar{C}(q) = \frac{C(q)}{q}.$$

当其取得最小值时，必有

$$\bar{C}'(q) = \frac{qC'(q) - C(q)}{q^2} = 0,$$

可得

$$C'(q) = \frac{C(q)}{q} = \bar{C}(q),$$

即当使得平均成本达到最小值时，边际成本等于平均成本.

例 2 设某厂某日生产某种产品 x 单位的总成本为 $C(x) = \frac{1}{5}x^2 + 4x + 20$（元），问每日生产多少单位的产品时，其平均成本最小？并求最小成本和相应的边际成本.

解 平均成本为

$$\bar{C}(x) = \frac{C(x)}{x} = \frac{x}{5} + 4 + \frac{20}{x}.$$

令 $\bar{C}'(x) = \frac{1}{5} - \frac{20}{x^2} = 0$，得唯一驻点 $x_0 = 10$（负值 $x_1 = -10$ 舍去）. 又由 $\bar{C}''(x) = \frac{40}{x^3} > 0$，知 $x_0 = 10$ 是极小值点，也是最小值点. 即每日生产 10 个单位的产品时，其平均成本最小，最小值为 $\bar{C}(10) = 8$ 元/单位，此时边际成本为 $C'(10) = \left(\frac{2}{5}x + 4\right)\Big|_{x=10} = 8$ 元/单位.

3. 最优批量问题

例 3 某企业计划年产量为 a 件，假设：(1) 这些产品分成若干批生产，每批生产准备费 b 元（与批量大小无关）；(2) 产品均匀销售（即产品的平均库存量为批量的一半），且每件产品的年库存费用为 c 元. 问生产批量为多少，分几批生产时，全年的总费用最小？

解 设全年的生产批次为 T，则产品的批量为 $Q = \frac{a}{T}$，年平均库存量为 $\frac{Q}{2} = \frac{a}{2T}$，这样，全年的总费用 y 是批次 T 的函数：

$$y = bT + \frac{a}{2T} \cdot c.$$

令 $y' = b - \frac{ac}{2T^2} = 0$，得唯一驻点 $T_0 = \sqrt{\frac{ac}{2b}}$.

又由 $y''(x) = \frac{ac}{T^3} > 0$，知全年总费用在 $T = T_0$ 时达到最小.

例如，$a = 100$ 万件，$b = 1000$ 元，$c = 0.05$ 元，则最优批次为

$$T_0 = \sqrt{\frac{1 \times 10^6 \times 0.05}{2 \times 1000}} = 5.$$

此时，批量为 $Q = \frac{a}{T_0} = \frac{100}{5}$ 万件 $= 20$ 万件，全年总费用最小，最小值为 $y|_{T=5} = 1$ 万元.

在上述库存控制问题中，建立函数关系要注意两点：其一，我们所讨论的往往都是理想化的情形，即均匀销售——平均库存量＝批量÷2；其二，批量×批次＝总量. 倘若将批量设

为自变量,利用上面两个关系,也可以列出相应函数关系式.

最后,对微分学作一个简短的小结.微分学的研究是一步一步深入的,从极限的基础开始,逐渐建立连续性、导数、微分等概念.随着研究的深入,人们对曲线的研究也逐步深入,由初等性质(定义域、值域、奇偶性、周期性等)到极限性质(连续性、渐近性等),再到一阶性质(可导性、单调性、驻点、极值等)、二阶性质(凹凸性、拐点、曲率等),这样的研究还可以再深入下去,比如三阶性质.因此,微分学是一个需要不断深入研究的领域,需要我们不断探索新的理论和应用.

习题 3-8

1. 某工厂生产某种产品,已知该产品的月生产量 x(单位:t)与产品的价格 p(元/t)之间的关系为 $p = 24\,200 - \dfrac{1}{5}x^2$,且生产 x(单位:t)的成本为 $C = 50\,000 + 200x$(元),问该产品每月生产多少吨才能使利润最大? 最大利润是多少?

2. 某房地产公司有 50 套公寓出租,当月租金定为 1000 元时,公寓会全部租出去.月租金每增加 50 元,就会多一套公寓租不出去,且租出去的公寓每月需花费 100 元的维护费.试问将房租定为多少可获得最大收入?

3. 某产品的总成本函数 $C(q) = \dfrac{1}{3}q^2 + 3q + 12$,$q$ 为产量,问当 q 为多大时其平均成本最小? 并求最小平均成本.

4. 某工厂每年需要某种原料 5000 件,分批订购,均匀消耗,每批的订购费用为 400 元,原料的库存费用为每件 4 元,求最经济的订购批量及全年的订购批次.

总习题 三

1. 选择题

(1) 在区间 $[-1, 1]$ 上满足罗尔定理条件的函数是(   ).

A. $f(x) = x\sin\dfrac{2}{x}$ B. $f(x) = |x|$

C. $f(x) = \ln(1 + x^2)$ D. $f(x) = x^2 - 2x - 1$

(2) 如果在区间 (a, b) 内,$f(x)$ 的一阶导数 $f'(x) < 0$,且二阶导数 $f''(x) > 0$,则函数 $y = f(x)$ 的图形是(   ).

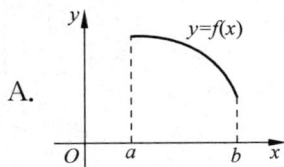

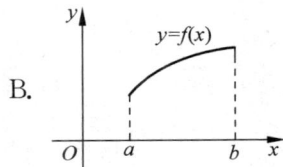

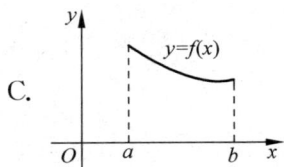

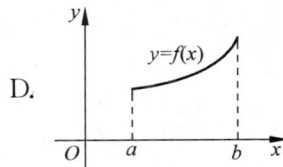

（3）如果函数 $y=f(x)$ 在点 $x=x_0$ 处取得极值，则（　　）.

A. $f'(x)=0$ 　　　　　　　　　　B. $f''(x)<0$

C. $f'(x)=0$ 且 $f''(x)<0$ 　　　　D. $f'(x)=0$ 或 $f'(x)$ 不存在

（4）设 $f(x)=x\sin x+\cos x$，下列命题正确的是（　　）.

A. $f(0)$ 是极大值，$f\left(\dfrac{\pi}{2}\right)$ 是极小值 　　B. $f(0)$ 是极小值，$f\left(\dfrac{\pi}{2}\right)$ 是极大值

C. $f(0)$ 是极小值，$f\left(\dfrac{\pi}{2}\right)$ 是极小值 　　D. $f(0)$ 是极大值，$f\left(\dfrac{\pi}{2}\right)$ 是极大值

（5）曲线 $y=\dfrac{1+\mathrm{e}^{-x^2}}{1-\mathrm{e}^{-x^2}}$（　　）.

A. 既有水平渐近线，又有铅直渐近线 　　B. 没有渐近线

C. 仅有水平渐近线 　　　　　　　　　　D. 仅有铅直渐近线

2. 求极限 $\lim\limits_{x\to 0}\dfrac{x-\sin x}{x^2\ln(1+x)}$.

3. 求极限 $\lim\limits_{x\to 0}\left(\dfrac{1+x}{1-\mathrm{e}^{-x}}-\dfrac{1}{x}\right)$.

4. 设 $y=ax^3+bx^2+cx$ 在 $x=-1$ 处取得极值，且点 $(1,11)$ 为其拐点，问常数 a,b,c 的值是多少？

5. 列表讨论函数 $y=2x^3+3x^2-12x+1$ 的单调区间、极值、凹凸区间及对应曲线的拐点.

6. 已知某产品的需求函数 $Q(x)=1000-100p$，总成本函数 $C=1000+3Q$，若工厂有自主定价权，则每天生产多少个单位的产品时，利润最大？此时价格为多少？

7. 设 $f(x)$ 在 $[0,1]$ 上连续，在 $(0,1)$ 内可导，$0<f(x)<1$，且对任意的 $x\in(0,1)$ 都有 $f'(x)\neq 1$，试证：在 $(0,1)$ 内，有且仅有一个 ξ，使得 $f(\xi)=\xi$.

8. 设函数 $f(x)$ 在闭区间 $[0,1]$ 上连续，在开区间 $(0,1)$ 内可导，且 $f(1)=0$. 证明：在开区间 $(0,1)$ 内存在一点 ξ，使得 $3f(\xi)+\xi f'(\xi)=0$.

9. 证明：当 $x>0$ 时，$x>\ln(1+x)$.

第四章 不定积分

在第二章中,我们讨论过已知路程变化规律 $s(t)$,求速度 $v(t)$;已知曲线 $f(x)$,求曲线上各点的切线斜率 $k(x)$ 等问题.一句话,已知函数 $F(x)$,求它的导数 $f(x)$.但在实际中,我们经常遇到与此相反的问题.例如,已知速度 $v(t)$,反求路程 $s(t)$;已知曲线上各点的切线斜率 $k(x)$,反求曲线方程 $f(x)$;在经济学中,已知边际经济量求经济总量;等等.从数学上加以概括,就是已知函数 $F(x)$ 的导数 $f(x)$,反求原来的函数 $F(x)$.像这类已知导数求函数的问题就是本章所研究的主要内容.

第一节 不定积分的概念与性质

一、原函数的概念

定义 4.1 如果在区间 I 上,可导函数 $F(x)$ 的导函数为 $f(x)$,即对任一 $x \in I$,都有
$$F'(x) = f(x) \quad 或 \quad \mathrm{d}F(x) = f(x)\mathrm{d}x,$$
那么函数 $F(x)$ 就称为 $f(x)$ 在区间 I 上的原函数.

例如,对于函数 $f(x) = 2x$,因为 $(x^2)' = 2x$,$(x^2+2)' = 2x$,所以 x^2,x^2+2 都是 $2x$ 的原函数;再如,对于函数 $f(x) = \cos x$,因为 $(\sin x)' = \cos x$,$(\sin x + 3)' = \cos x$,所以 $\sin x$,$\sin x + 3$ 都是 $\cos x$ 的原函数.

由上述可以看出,一个函数如果有原函数,则原函数不止一个.那么,对于区间 I 上的已知函数,在什么情况下存在原函数?如果存在的话,到底有多少个原函数?既然是同一个函数的原函数,它们之间到底有什么关系?通过本章的学习,这些问题都将被解决.

定理 4.1(原函数存在定理) 如果函数 $f(x)$ 在区间 I 上连续,那么在区间 I 上存在可导函数 $F(x)$,使
$$F'(x) = f(x), \quad x \in I.$$
简单地说就是:连续函数一定有原函数.

因为初等函数在其定义区间内连续,所以初等函数在其定义区间内一定有原函数.

若 $F(x)$ 为 $f(x)$ 在区间 I 上的原函数,则有
$$F'(x) = f(x), \quad [F(x) + C]' = f(x), \quad C \text{ 为任意常数}.$$

从而，$F(x)+C$ 也是 $f(x)$ 在区间 I 上的原函数. 这说明如果函数 $f(x)$ 存在原函数 $F(x)$，则一定有无穷多个原函数 $F(x)+C$. 那么，这无穷多个原函数是否就是 $f(x)$ 的所有原函数？$f(x)$ 有没有其他形式的原函数？

设 $G(x)$ 是 $f(x)$ 的另一个原函数，即当 $x\in I$ 时，

$$F'(x)=G'(x)=f(x),$$

于是

$$[F(x)-G(x)]'=F'(x)-G'(x)=0,$$

由第三章介绍的拉格朗日中值定理的推论可知，在一个区间上导数恒为零的函数必为常数，因此

$$F(x)-G(x)=C, \quad C \text{ 为任意常数}.$$

这表明 $f(x)$ 的任意两个原函数只相差一个常数. 因此，若 $F(x)$ 是 $f(x)$ 在区间 I 上的一个原函数，则 $F(x)+C$ 可以表示 $f(x)$ 的任意一个原函数.

二、不定积分的概念

定义 4.2　在区间 I 上，函数 $f(x)$ 的带有任意常数项的原函数称为 $f(x)$ 在区间 I 上的不定积分，记作

$$\int f(x)\mathrm{d}x.$$

其中记号 $\int$ 称为积分号，$f(x)$ 称为被积函数，$f(x)\mathrm{d}x$ 称为被积表达式，x 称为积分变量.

由定义知，如果 $F(x)$ 是 $f(x)$ 在区间 I 上的一个原函数，那么在 I 上有

$$\int f(x)\mathrm{d}x=F(x)+C, \quad C \text{ 称为积分常数}.$$

因此，求一个函数的不定积分实际上只需求出它的一个原函数，再加上任意常数即可.

在前面的例子中，因为 $(x^2)'=2x$，所以

$$\int 2x\mathrm{d}x=x^2+C,$$

因为 $(\sin x)'=\cos x$，所以

$$\int \cos x\mathrm{d}x=\sin x+C.$$

例 1　求 $\int \dfrac{1}{x}\mathrm{d}x$.

解　因为 $x>0$ 时，$(\ln x)'=\dfrac{1}{x}$；$x<0$ 时，$[\ln(-x)]'=\dfrac{1}{-x}(-x)'=\dfrac{1}{x}$，得 $(\ln|x|)'=\dfrac{1}{x}$，因此有

$$\int \dfrac{1}{x}\mathrm{d}x=\ln|x|+C, \quad x\neq 0.$$

例 2　求函数 $f(x)=x^{\mu}$ 的不定积分，其中 $\mu\neq -1$，为常数.

解　因为 $\left(\dfrac{1}{\mu+1}x^{\mu+1}\right)'=x^{\mu}$，所以

$$\int x^{\mu} dx = \frac{1}{\mu+1} x^{\mu+1} + C.$$

例3 已知曲线经过点$(1,2)$,且其上任一点处的切线斜率等于该点横坐标的两倍,求曲线方程.

解 设所求曲线方程为$y=f(x)$,由题意,曲线上任一点(x,y)处的切线斜率为

$$\frac{dy}{dx} = 2x,$$

即所求$f(x)$是$2x$的一个原函数.

$2x$的任意一个原函数为

$$\int 2x dx = x^2 + C,$$

故其中存在某个常数C使$f(x)=x^2+C$,即曲线方程为$y=x^2+C$. 由于曲线通过点$(1,2)$,故

$$2 = 1^2 + C, \quad 即 \quad C=1.$$

故所求曲线为$y=x^2+1$.

函数$f(x)$的一个原函数$F(x)$的图形称为$f(x)$的**一条积分曲线**. 显然,$f(x)$的积分曲线不唯一. 本例即是求函数$2x$的通过点$(1,2)$的那条积分曲线,这条积分曲线可由其中任意一条积分曲线(例如$y=x^2$)沿y轴方向平移得到. 这族积分曲线有一个共同特点:在横坐标为x的点处的切线斜率都等于$2x$,因而这些切线是相互平行的(图4-1).

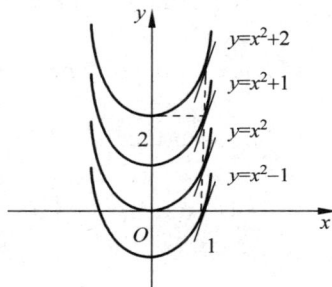

图 4-1

一般地,称$f(x)$的全体原函数,即不定积分$\int f(x)dx$的图形为$f(x)$的**积分曲线族**.

三、不定积分的性质

由不定积分的定义,$\int f(x)dx$表示$f(x)$的任一原函数,因此对$\int f(x)dx$求导数与微分,结果分别为$f(x)$与$f(x)dx$,故有以下性质:

性质1 $\quad \dfrac{d}{dx}\left[\int f(x)dx\right]=f(x) \quad$ 或 $\quad d\left[\int f(x)dx\right]=f(x)dx.$

注意到$F(x)$是$F'(x)$的原函数,又有

性质2 $\quad \int F'(x)dx = F(x)+C \quad$ 或 $\quad \int dF(x)=F(x)+C.$

注 由性质1和性质2可见,在可相差常数的前提下,不定积分与微分互为逆运算.

利用不定积分的定义和微分运算法则,可得如下运算性质:

性质3 两个函数之代数和的不定积分等于这两个函数的不定积分之代数和,即

$$\int[f(x)\pm g(x)]dx = \int f(x)dx \pm \int g(x)dx.$$

注 此性质可推广到有限个函数之代数和的情形.

性质4 求不定积分时,被积函数的非零常数因子可以提到积分号外面,即

$$\int kf(x)dx = k\int f(x)dx \quad (k\neq 0).$$

四、基本积分表

根据不定积分的定义，由导数或微分基本公式即可得到相应的积分公式. 这里把一些基本的积分公式列成一个表，通常称为基本积分表. 这是求不定积分的基础，请读者务必熟记，求不定积分最终都归结为这些基本积分公式.

(1) $\int 0 \cdot \mathrm{d}x = C$;

(2) $\int k \mathrm{d}x = kx + C$（$k$ 是常数）;

(3) $\int x^{\mu} \mathrm{d}x = \dfrac{1}{\mu+1} x^{\mu+1} + C$（$\mu \neq -1$）;

(4) $\int \dfrac{1}{x} \mathrm{d}x = \ln|x| + C$;

(5) $\int \dfrac{1}{1+x^2} \mathrm{d}x = \arctan x + C$;

(6) $\int \dfrac{1}{\sqrt{1-x^2}} \mathrm{d}x = \arcsin x + C$;

(7) $\int \cos x \mathrm{d}x = \sin x + C$;

(8) $\int \sin x \mathrm{d}x = -\cos x + C$;

(9) $\int \sec^2 x \mathrm{d}x = \tan x + C$;

(10) $\int \csc^2 x \mathrm{d}x = -\cot x + C$;

(11) $\int \sec x \tan x \mathrm{d}x = \sec x + C$;

(12) $\int \csc x \cot x \mathrm{d}x = -\csc x + C$;

(13) $\int \mathrm{e}^x \mathrm{d}x = \mathrm{e}^x + C$;

(14) $\int a^x \mathrm{d}x = \dfrac{a^x}{\ln a} + C$（$a > 0, a \neq 1$）.

五、直接积分法

对一些简单的不定积分，通过对被积函数作适当的恒等变形，能够利用基本积分公式及不定积分的运算性质直接求出不定积分. 我们把这种方法称为直接积分法.

例 4 求 $\int \dfrac{1}{x \sqrt[3]{x}} \mathrm{d}x$.

解 把被积函数化为 x^{μ} 的形式，应用基本积分表公式(3)，可得

$$\int \frac{1}{x \sqrt[3]{x}} \mathrm{d}x = \int x^{-\frac{4}{3}} \mathrm{d}x = \frac{1}{-\frac{4}{3}+1} x^{-\frac{4}{3}+1} + C = -3x^{-\frac{1}{3}} + C.$$

例 5 求 $\int 2^x \mathrm{e}^x \mathrm{d}x$.

解 把被积函数变形为 $(2\mathrm{e})^x$，则可将其看作函数 a^x，应用公式(14)可得

$$\int 2^x \mathrm{e}^x \mathrm{d}x = \int (2\mathrm{e})^x \mathrm{d}x = \frac{(2\mathrm{e})^x}{\ln(2\mathrm{e})} + C.$$

例 6 求 $\int \left(10^x + 3\cos x + \dfrac{1}{\sqrt{x}} \right) \mathrm{d}x$.

解
$$\int \left(10^x + 3\cos x + \frac{1}{\sqrt{x}} \right) \mathrm{d}x = \int 10^x \mathrm{d}x + 3\int \cos x \mathrm{d}x + \int \frac{1}{\sqrt{x}} \mathrm{d}x$$

$$= \frac{1}{\ln 10} 10^x + 3\sin x + 2\sqrt{x} + C.$$

注 （1）分项积分后,据定义,每个积分号都含有一个任意常数,但由于任意常数之和仍为任意常数,所以只要写出一个总的任意常数 C 即可.

（2）检验积分结果正确与否,只需将结果求导,看它的导数是否等于被积函数.

例 7 求 $\int \dfrac{x^4}{1+x^2}\mathrm{d}x$.

分析 本例不能直接应用基本积分公式计算,但由于被积函数的分子可写成 $x^4 = x^4 - 1 + 1$,故该积分可分成三项,分别应用基本积分公式即可求得结果.

解
$$\int \frac{x^4}{1+x^2}\mathrm{d}x = \int \frac{(x^4-1)+1}{1+x^2}\mathrm{d}x = \int \left(x^2 - 1 + \frac{1}{1+x^2}\right)\mathrm{d}x$$
$$= \int x^2\mathrm{d}x - \int 1\mathrm{d}x + \int \frac{1}{1+x^2}\mathrm{d}x = \frac{1}{3}x^3 - x + \arctan x + C.$$

例 8 求 $\int \dfrac{1}{x^2(1+x^2)}\mathrm{d}x$.

解
$$\int \frac{1}{x^2(1+x^2)}\mathrm{d}x = \int \frac{(1+x^2)-x^2}{x^2(1+x^2)}\mathrm{d}x = \int \frac{1}{x^2}\mathrm{d}x - \int \frac{1}{1+x^2}\mathrm{d}x = -\frac{1}{x} - \arctan x + C.$$

例 9 求 $\int \sin^2 \dfrac{x}{2}\mathrm{d}x$.

解
$$\int \sin^2 \frac{x}{2}\mathrm{d}x = \int \frac{1-\cos x}{2}\mathrm{d}x = \frac{x}{2} - \frac{1}{2}\sin x + C.$$

例 10 求 $\int \dfrac{1}{\sin^2 x \cos^2 x}\mathrm{d}x$.

解
$$\int \frac{1}{\sin^2 x \cos^2 x}\mathrm{d}x = \int \frac{\sin^2 x + \cos^2 x}{\sin^2 x \cos^2 x}\mathrm{d}x = \int \frac{1}{\cos^2 x}\mathrm{d}x + \int \frac{1}{\sin^2 x}\mathrm{d}x$$
$$= \tan x - \cot x + C.$$

例 11 已知 $f'(\tan x) = \sec^2 x$, $f(0) = 2$,求 $f(x)$.

解 $f'(\tan x) = \sec^2 x = 1 + \tan^2 x$,故 $f'(x) = 1 + x^2$,则
$$f(x) = \int f'(x)\mathrm{d}x = \int (1+x^2)\mathrm{d}x = x + \frac{1}{3}x^3 + C.$$

由条件 $f(0)=2$,求得 $C=2$,则所求函数为 $f(x) = x + \dfrac{1}{3}x^3 + 2$.

注 利用基本积分公式时,必须严格按照公式的形式.如已知 $\int \sin x\mathrm{d}x = -\cos x + C$,但 $\int \sin 2x\mathrm{d}x \neq -\cos 2x + C$.

例 12 已知生产某产品的总成本 $C(x)$ 是其产量 x 的函数,且边际成本函数为
$$C'(x) = 0.03x^2 - x + 90(\text{元 / 单位产量}),$$
又知生产 10 单位产品的总成本为 1000 元,求该产品的总成本函数 $C(x)$.

解 因 $C(x)$ 是其边际成本 $C'(x)$ 的原函数,所以有
$$C(x) = \int (0.03x^2 - x + 90)\mathrm{d}x = 0.01x^3 - 0.5x^2 + 90x + C.$$

又 $C(10)=1000$，代入上式得 $C=140$. 因此，总成本函数为

$$C(x)=0.01x^3-0.5x^2+90x+140.$$

在上面的例题中，有些是利用基本积分公式和性质直接求得，有些则需要经过某些代数变换或者三角变换等变形后再应用积分公式求解，这种直接积分法是求不定积分的基本方法.

习题 4-1

1. 设 $f(x)$ 的一个原函数是 e^{x^2}，求 $\int f'(x)\mathrm{d}x$.

2. 已知曲线上任一点处切线的斜率为 $3x^2$，且曲线经过点 $(2,3)$，求此曲线的方程.

3. 求下列不定积分：

(1) $\displaystyle\int \frac{1}{x^2\sqrt{x}}\mathrm{d}x$；

(2) $\displaystyle\int \frac{3x^2}{x^2+1}\mathrm{d}x$；

(3) $\displaystyle\int \frac{\sqrt{x}-x+x^2 e^x}{x^2}\mathrm{d}x$；

(4) $\displaystyle\int \frac{e^{2x}-1}{e^x+1}\mathrm{d}x$；

(5) $\displaystyle\int \frac{\cos 2x}{\cos x-\sin x}\mathrm{d}x$；

(6) $\displaystyle\int \frac{1}{1+\cos 2x}\mathrm{d}x$；

(7) $\displaystyle\int \frac{1+\cos^2 x}{1+\cos 2x}\mathrm{d}x$；

(8) $\displaystyle\int (2^x+3^x)^2\mathrm{d}x$；

(9) $\displaystyle\int \frac{(x-1)^3}{x^2}\mathrm{d}x$；

(10) $\displaystyle\int \left(1-\frac{1}{x^2}\right)\sqrt{x\sqrt{x}}\,\mathrm{d}x$.

4. 求下列不定积分：

(1) $\displaystyle\int x^2\sqrt[3]{x}\,\mathrm{d}x$；

(2) $\displaystyle\int \frac{1+2x^2}{x^2(1+x^2)}\mathrm{d}x$；

(3) $\displaystyle\int (2^x+x^2+\sqrt[3]{x})\mathrm{d}x$；

(4) $\displaystyle\int (\sqrt{x}+1)(\sqrt[3]{x}-1)\mathrm{d}x$；

(5) $\displaystyle\int \frac{2\times 3^x-5\times 2^x}{3^x}\mathrm{d}x$；

(6) $\displaystyle\int (\tan x+\cot x)^2\mathrm{d}x$；

(7) $\displaystyle\int \frac{x^2+\sin^2 x}{x^2\sin^2 x}\mathrm{d}x$；

(8) $\displaystyle\int \frac{x^3}{x+3}\mathrm{d}x$；

(9) $\displaystyle\int \frac{\sqrt{x^4+x^{-4}+2}}{x^2}\mathrm{d}x$；

(10) $\displaystyle\int \cot x(\csc x-\cot x)\mathrm{d}x$.

第二节 换元积分法

能用直接积分法计算的不定积分是很有限的. 大量的被积函数相比基本积分表中的被积函数在形式上经过了复合运算，更加复杂. 因为不定积分与微分互为逆运算，我们将在复合函数求导法则的基础上，通过中间变量代换，将某些不定积分化为可利用基本积分公式的形式，从而求出不定积分，称为换元积分法. 根据中间变量选取的方式不同通常分为两类换元法，下面分别介绍.

一、第一类换元法（凑微分法）

凑微分是微分运算的逆运算,例如,x^2 的微分 $\mathrm{d}x^2=2x\mathrm{d}x$,所以 $2x\mathrm{d}x$ 就可以凑成 x^2 的微分,即 $2x\mathrm{d}x=\mathrm{d}(x^2)$.当然我们也可以由此凑微分 $x\mathrm{d}x=\dfrac{1}{2}\mathrm{d}(x^2)$.我们通过下面的例子说明第一类换元法的思想.

例 1 求 $\displaystyle\int\cos 2x\,\mathrm{d}x$.

解 此问题看似可用直接积分法求解,因为按积分公式
$$\int\cos x\,\mathrm{d}x=\sin x+C,$$
立即可写出
$$\int\cos 2x\,\mathrm{d}x=\sin 2x+C.$$

这个结果对不对? 只需验证上式右端的导数是否等于左端的被积函数即知.事实上,
$$(\sin 2x+C)'=2\cos 2x,$$
并不等于被积函数 $\cos 2x$,因此,以上解法是错误的.

问题在于积分公式中的被积函数是 $\cos x$,而本例的被积函数则是 $\cos 2x$,两者并不完全相同,不能简单套用.

我们知道 $\displaystyle\int\cos u\,\mathrm{d}u=\sin u+C$ 成立.要设法将二倍角余弦函数变为普通的余弦函数,所以自然会想到作变换 $u=2x$,则被积函数变为 $\cos u$,微分 $\mathrm{d}x$ 可以凑成 $\dfrac{1}{2}\mathrm{d}(2x)$,所以有 $\mathrm{d}x=\dfrac{1}{2}\mathrm{d}(2x)=\dfrac{1}{2}\mathrm{d}u$,于是
$$\int\cos 2x\,\mathrm{d}x=\int\cos 2x\cdot\frac{1}{2}\mathrm{d}(2x)=\frac{1}{2}\int\cos u\,\mathrm{d}u=\frac{1}{2}\sin u+C=\frac{1}{2}\sin 2x+C.$$

容易验证,这个结果是正确的.这就是第一类换元法的主要思想,即通过凑微分,引入新的积分变量,将原不定积分化为可以直接利用积分公式或性质计算的不定积分,所以也称这种方法为凑微分法.

定理 4.2 设 $f(u)$ 具有原函数 $F(u)$,函数 $u=\varphi(x)$ 可导,则有换元公式
$$\int f[\varphi(x)]\varphi'(x)\mathrm{d}x\xlongequal{u=\varphi(x)}\int f(u)\mathrm{d}u=F(u)+C=F(\varphi(x))+C. \tag{4.1}$$

证 由复合函数求导的链式法则有
$$[F(\varphi(x))]'=F'(u)\cdot\frac{\mathrm{d}u}{\mathrm{d}x}=f(u)\cdot\frac{\mathrm{d}u}{\mathrm{d}x}=f(\varphi(x))\cdot\varphi'(x),$$
即
$$\int f[\varphi(x)]\varphi'(x)\mathrm{d}x=F(\varphi(x))+C.$$

注 (1) 利用凑微分法求不定积分 $\displaystyle\int g(x)\mathrm{d}x$,关键的一步是将被积表达式 $g(x)\mathrm{d}x$ 凑成微分形式:

$$g(x)\mathrm{d}x = f[\varphi(x)]\varphi'(x)\mathrm{d}x = f[\varphi(x)]\mathrm{d}\varphi(x) = f(u)\mathrm{d}u.$$

即通过凑微分，作变量代换，使新的不定积分 $\int f(u)\mathrm{d}u$ 可以用直接积分法求出.

（2）利用凑微分法求不定积分时，若引入了新的变量 u，在求出原函数后，要代回原来的变量 x.

例 2 求 $\int \dfrac{1}{3x-1}\mathrm{d}x$.

解 $\int \dfrac{1}{3x-1}\mathrm{d}x = \dfrac{1}{3}\int \dfrac{1}{3x-1}(3x-1)'\mathrm{d}x = \dfrac{1}{3}\int \dfrac{1}{3x-1}\mathrm{d}(3x-1)$

$$\xlongequal{u=3x-1} \dfrac{1}{3}\int \dfrac{1}{u}\mathrm{d}u = \dfrac{1}{3}\ln|u|+C = \dfrac{1}{3}\ln|3x-1|+C.$$

一般地，对于积分 $\int f(ax+b)\mathrm{d}x$，可考虑作变换 $u=ax+b$，把积分化为

$$\int f(ax+b)\mathrm{d}x = \int f(ax+b)\cdot\dfrac{1}{a}\mathrm{d}(ax+b)\xlongequal{u=ax+b}\dfrac{1}{a}\int f(u)\mathrm{d}u$$

来计算.

例 3 求 $\int \mathrm{e}^x(1+\mathrm{e}^x)^4\mathrm{d}x$.

解 $\int \mathrm{e}^x(1+\mathrm{e}^x)^4\mathrm{d}x = \int(1+\mathrm{e}^x)^4\mathrm{d}(\mathrm{e}^x) = \int(1+\mathrm{e}^x)^4\mathrm{d}(1+\mathrm{e}^x)$

$$\xlongequal{u=1+\mathrm{e}^x}\int u^4\mathrm{d}u = \dfrac{1}{5}u^5+C = \dfrac{1}{5}(1+\mathrm{e}^x)^5+C.$$

例 4 $\int \dfrac{\sec^2\sqrt{x}}{\sqrt{x}}\mathrm{d}x$.

解 $\int \dfrac{\sec^2\sqrt{x}}{\sqrt{x}}\mathrm{d}x = 2\int\sec^2\sqrt{x}\,(\sqrt{x})'\mathrm{d}x = 2\int\sec^2\sqrt{x}\,\mathrm{d}(\sqrt{x})$

$$\xlongequal{u=\sqrt{x}}2\int\sec^2 u\,\mathrm{d}u = 2\tan u+C = 2\tan\sqrt{x}+C.$$

在对不定积分的凑微分法熟练了以后，可以不写出中间变量，从而省略换元和回代的过程.

例 5 求 $\int \dfrac{1}{x(1-2\ln x)}\mathrm{d}x$.

解 $\int \dfrac{1}{x(1-2\ln x)}\mathrm{d}x = \int \dfrac{\mathrm{d}(\ln x)}{(1-2\ln x)} = -\dfrac{1}{2}\int \dfrac{\mathrm{d}(1-2\ln x)}{(1-2\ln x)}$

$$= -\dfrac{1}{2}\ln|1-2\ln x|+C.$$

例 6 求 $\int \dfrac{1}{a^2+x^2}\mathrm{d}x\,(a>0)$.

解 $\int \dfrac{1}{a^2+x^2}\mathrm{d}x = \dfrac{1}{a^2}\int \dfrac{1}{1+\left(\frac{x}{a}\right)^2}\mathrm{d}x = \dfrac{1}{a}\int \dfrac{1}{1+\left(\frac{x}{a}\right)^2}\mathrm{d}\left(\dfrac{x}{a}\right) = \dfrac{1}{a}\arctan\dfrac{x}{a}+C.$

例 7 求 $\displaystyle\int \frac{1}{1+e^x}dx$.

解 方法一:

$$\int \frac{1}{1+e^x}dx = \int \frac{1+e^x-e^x}{1+e^x}dx = \int \left(1-\frac{e^x}{1+e^x}\right)dx$$

$$= \int dx - \int \frac{e^x}{1+e^x}dx = \int dx - \int \frac{1}{1+e^x}d(1+e^x)$$

$$= x - \ln(1+e^x) + C.$$

方法二:

$$\int \frac{1}{1+e^x}dx = \int \frac{e^{-x}}{e^{-x}+1}dx = -\int \frac{d(e^{-x})}{e^{-x}+1}$$

$$= -\int \frac{d(e^{-x}+1)}{e^{-x}+1} = -\ln(e^{-x}+1) + C.$$

两种方法求出的原函数形式上虽有不同,但经过化简可得二者相等或相差某一常数.

例 8 求 $\displaystyle\int \sin^2 x \cos^3 x\, dx$.

解 $\displaystyle\int \sin^2 x \cos^3 x\, dx = \int \sin^2 x \cos^2 x\, d(\sin x) = \int \sin^2 x (1-\sin^2 x)\, d(\sin x)$

$$= \frac{1}{3}\sin^3 x - \frac{1}{5}\sin^5 x + C.$$

例 9 求 $\displaystyle\int \cos^2 x\, dx$.

解 $\displaystyle\int \cos^2 x\, dx = \int \frac{1+\cos 2x}{2}dx = \frac{1}{2}\left(\int dx + \int \cos 2x\, dx\right)$

$$= \frac{1}{2}\int dx + \frac{1}{4}\int \cos 2x\, d(2x) = \frac{x}{2} + \frac{\sin 2x}{4} + C.$$

注 对形如 $\displaystyle\int \sin^m x \cos^n x\, dx$ 的积分($m,n \in \mathbf{N}$),可按如下方法处理:

(1) 若 m,n 至少有一个为奇数,例如 $n = 2k+1$,则拆一个该三角函数去凑微分,例如
$$\int \sin^m x \cos^{2k+1} x\, dx = \int \sin^m x (1-\sin^2 x)^k d(\sin x);$$

(2) 若 m,n 都为偶数,则用半角公式
$$\sin^2 x = \frac{1}{2}(1-\cos 2x), \quad \cos^2 x = \frac{1}{2}(1+\cos 2x)$$

降低被积函数幂次.

例 10 求 $\displaystyle\int \tan x\, dx$.

解 $\displaystyle\int \tan x\, dx = \int \frac{\sin x}{\cos x}dx = \int \frac{-1}{\cos x}d(\cos x) = -\ln|\cos x| + C.$

类似可得

$$\int \cot x\, dx = \ln|\sin x| + C.$$

例 11 求 $\displaystyle\int\frac{1}{\sqrt{a^2-x^2}}\mathrm{d}x\,(a>0)$.

解 $\displaystyle\int\frac{1}{\sqrt{a^2-x^2}}\mathrm{d}x=\int\frac{1}{a\cdot\sqrt{1-\left(\frac{x}{a}\right)^2}}\mathrm{d}x=\int\frac{1}{\sqrt{1-\left(\frac{x}{a}\right)^2}}\mathrm{d}\left(\frac{x}{a}\right)=\arcsin\frac{x}{a}+C$.

例 12 求 $\displaystyle\int\tan^2x\sec^4x\,\mathrm{d}x$.

解 $\displaystyle\int\tan^2x\sec^4x\,\mathrm{d}x=\int\tan^2x\sec^2x\,\mathrm{d}(\tan x)=\int\tan^2x(1+\tan^2x)\,\mathrm{d}(\tan x)$

$$=\int(\tan^2x+\tan^4x)\,\mathrm{d}(\tan x)=\frac{1}{3}\tan^3x+\frac{1}{5}\tan^5x+C.$$

例 13 求 $\displaystyle\int\sec x\,\mathrm{d}x$.

解 $\displaystyle\int\sec x\,\mathrm{d}x=\int\frac{1}{\cos x}\mathrm{d}x=\int\frac{\cos x}{\cos^2x}\mathrm{d}x=\int\frac{\mathrm{d}(\sin x)}{1-\sin^2x}$

$$=\frac{1}{2}\int\left(\frac{1}{1+\sin x}+\frac{1}{1-\sin x}\right)\mathrm{d}(\sin x)$$

$$=\frac{1}{2}\left[\int\frac{\mathrm{d}(1+\sin x)}{1+\sin x}-\int\frac{\mathrm{d}(1-\sin x)}{1-\sin x}\right]$$

$$=\frac{1}{2}(\ln|1+\sin x|-\ln|1-\sin x|)+C$$

$$=\frac{1}{2}\ln\left|\frac{1+\sin x}{1-\sin x}\right|+C=\frac{1}{2}\ln\frac{(1+\sin x)^2}{\cos^2x}+C$$

$$=\ln\left|\frac{1+\sin x}{\cos x}\right|+C=\ln|\sec x+\tan x|+C.$$

类似可得

$$\int\csc x\,\mathrm{d}x=\ln|\csc x-\cot x|+C.$$

通过上面所举的例子可以看到,在被积表达式中凑出适用的微分是第一类换元法的关键所在. 这方面并无一般法则可循,但熟记一些微分运算的逆运算公式是很有必要的. 具体如下:

(1) $x\mathrm{d}x=\dfrac{1}{2}\mathrm{d}(x^2)$;

(2) $\dfrac{1}{x}\mathrm{d}x=\mathrm{d}(\ln x)$;

(3) $\dfrac{1}{x^2}\mathrm{d}x=-\mathrm{d}\left(\dfrac{1}{x}\right)$;

(4) $\dfrac{1}{\sqrt{x}}\mathrm{d}x=2\mathrm{d}(\sqrt{x})$;

(5) $x^{\mu-1}\mathrm{d}x=\dfrac{1}{\mu}\mathrm{d}(x^\mu)(\mu\neq0)$;

(6) $\mathrm{e}^x\mathrm{d}x=\mathrm{d}(\mathrm{e}^x)$;

(7) $\cos x\mathrm{d}x=\mathrm{d}(\sin x)$;

(8) $\sin x\mathrm{d}x=-\mathrm{d}(\cos x)$;

(9) $\sec^2x\mathrm{d}x=\mathrm{d}(\tan x)$;

(10) $\csc^2x\mathrm{d}x=-\mathrm{d}(\cot x)$.

二、第二类换元法

我们通过下面的例子说明不定积分第二类换元法的思想.

例 14 求 $\displaystyle\int \frac{1}{x+\sqrt{x}}\mathrm{d}x$.

解 该不定积分显然无法用直接积分法和凑微分法求解. 由于被积函数中含有根式,为了使被积函数有理化,令 $\sqrt{x}=t$,则 $x=t^2,\mathrm{d}x=2t\,\mathrm{d}t$,代入原不定积分得

$$\int \frac{1}{x+\sqrt{x}}\mathrm{d}x=\int \frac{1}{t^2+t}\cdot 2t\,\mathrm{d}t=2\int \frac{1}{t+1}\mathrm{d}t=2\ln|t+1|+C,$$

将 $t=\sqrt{x}$ 代回,还原为原来的变量 x,则

$$原式=2\ln(1+\sqrt{x})+C.$$

在此例中,通过作变量代换 $x=\psi(t)$,将积分 $\displaystyle\int f(x)\mathrm{d}x$ 化为 $\displaystyle\int f[\psi(t)]\psi'(t)\mathrm{d}t$,去掉被积函数中的根式,从而简化被积函数的形式,使新的不定积分比较容易计算;在求出后一个积分后,再由 $x=\psi(t)$ 的反函数代回到原来的变量 x. 这就是第二类换元法的主要思想. 它跟第一类换元法相反,第一类换元法是通过变量代换 $u=\varphi(x)$,将积分 $\displaystyle\int f[\varphi(x)]\varphi'(x)\mathrm{d}x$ 化为 $\displaystyle\int f(u)\mathrm{d}u$.

定理 4.3 设 $x=\psi(t)$ 是单调的、可导的函数,并且 $\psi'(t)\neq 0$. 又设 $f[\psi(t)]\psi'(t)$ 具有原函数 $F(t)$,则有换元公式

$$\int f(x)\mathrm{d}x \xrightarrow{x=\psi(t)} \int f[\psi(t)]\psi'(t)\mathrm{d}t=F(t)+C=F[\psi^{-1}(x)]+C, \qquad (4.2)$$

其中 $\psi^{-1}(x)$ 是 $x=\psi(t)$ 的反函数.

证 由已知条件知反函数 $t=\psi^{-1}(x)$ 存在且单值可导,且

$$\frac{\mathrm{d}}{\mathrm{d}x}F[\psi^{-1}(x)]=\frac{\mathrm{d}F}{\mathrm{d}t}\cdot\frac{\mathrm{d}t}{\mathrm{d}x}=f[\psi(t)]\psi'(t)\cdot\frac{1}{\psi'(t)}=f[\psi(t)]=f(x),$$

故式(4.2)右端是 $f(x)$ 的一个原函数,从而结论得证.

例 15 求 $\displaystyle\int \frac{1}{\sqrt{x}+\sqrt[3]{x}}\mathrm{d}x$.

解 由于被积函数中含 2 次和 3 次根式,为同时去掉这两个根式,令 $x=t^6$,则 $\mathrm{d}x=6t^5\mathrm{d}t$,从而

$$\int \frac{1}{\sqrt{x}+\sqrt[3]{x}}\mathrm{d}x=\int \frac{6t^5}{t^3+t^2}\mathrm{d}t=\int \frac{6t^3}{t+1}\mathrm{d}t=6\int \frac{t^3+1-1}{t+1}\mathrm{d}t$$

$$=6\int\left(t^2-t+1-\frac{1}{t+1}\right)\mathrm{d}t=2t^3-3t^2+6t-6\ln|t+1|+C$$

$$=2\sqrt{x}-3\sqrt[3]{x}+6\sqrt[6]{x}-6\ln|\sqrt[6]{x}+1|+C.$$

例 16 求 $\displaystyle\int \sqrt{a^2-x^2}\,\mathrm{d}x\,(a>0)$.

解 求这个积分的困难在于根式 $\sqrt{a^2-x^2}$,我们利用三角公式 $\sin^2 t+\cos^2 t=1$ 来消根式. 设 $x=a\sin t,t\in\left(-\frac{\pi}{2},\frac{\pi}{2}\right)$,于是有单值可导的反函数 $t=\arcsin\frac{x}{a}$. 而

$$\sqrt{a^2-x^2}=\sqrt{a^2-a^2\sin^2 t}=|a\cos t|=a\cos t, \quad \mathrm{d}x=a\cos t\,\mathrm{d}t,$$

所以

$$\int \sqrt{a^2-x^2}\,\mathrm{d}x = \int a\cos t \cdot a\cos t\,\mathrm{d}t = a^2\int \cos^2 t\,\mathrm{d}t = \frac{a^2}{2}\int (1+\cos 2t)\,\mathrm{d}t$$

$$= \frac{a^2}{2}\left(t+\frac{1}{2}\sin 2t\right)+C = \frac{a^2}{2}(t+\sin t\cos t)+C.$$

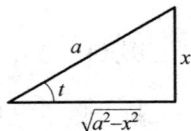

图 4-2

为了将变量 t 还原为原来的积分变量 x，由 $x=a\sin t$ 作直角三角形（图 4-2），可知 $\cos t = \dfrac{\sqrt{a^2-x^2}}{a}$，代入上式得

$$\int \sqrt{a^2-x^2}\,\mathrm{d}x = \frac{a^2}{2}\left(\arcsin\frac{x}{a}+\frac{x}{a}\cdot\frac{\sqrt{a^2-x^2}}{a}\right)+C$$

$$= \frac{a^2}{2}\arcsin\frac{x}{a}+\frac{x}{2}\cdot\sqrt{a^2-x^2}+C.$$

注 本例中，若令 $x=a\cos t$，$t\in(0,\pi)$，同样可计算.

例 17 求 $\displaystyle\int \frac{1}{\sqrt{x^2+a^2}}\mathrm{d}x\,(a>0)$.

解 令 $x=a\tan t$，则

$$\mathrm{d}x = a\sec^2 t\,\mathrm{d}t, \quad t\in\left(-\frac{\pi}{2},\frac{\pi}{2}\right),$$

$$\int \frac{1}{\sqrt{x^2+a^2}}\mathrm{d}x = \int \frac{1}{a\sec t}\cdot a\sec^2 t\,\mathrm{d}t = \int \sec t\,\mathrm{d}t$$

$$= \ln|\sec t+\tan t|+C_1.$$

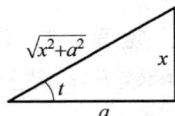

图 4-3

由 $x=a\tan t$ 作直角三角形（图 4-3），可知 $\sec t=\dfrac{\sqrt{x^2+a^2}}{a}$，代入上式得

$$\int \frac{1}{\sqrt{x^2+a^2}}\mathrm{d}x = \ln\left|\frac{\sqrt{x^2+a^2}}{a}+\frac{x}{a}\right|+C_1 = \ln|x+\sqrt{x^2+a^2}|+C,$$

其中 $C=C_1-\ln a$.

例 18 求 $\displaystyle\int \frac{1}{\sqrt{x^2-a^2}}\mathrm{d}x\,(a>0)$.

解 被积函数的定义域是 $x>a$ 和 $x<-a$ 两个区间，为方便起见，我们在两个区间内分别求该不定积分.

当 $x>a$ 时，令 $x=a\sec t$，则

$$\mathrm{d}x = a\sec t\cdot\tan t\,\mathrm{d}t, \quad t\in\left(0,\frac{\pi}{2}\right),$$

$$\int \frac{1}{\sqrt{x^2-a^2}}\mathrm{d}x = \int \frac{1}{a\tan t}a\sec t\tan t\,\mathrm{d}t$$

$$= \int \sec t\,\mathrm{d}t = \ln|\sec t+\tan t|+C_1.$$

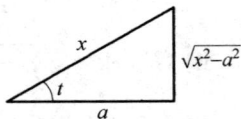

图 4-4

由 $x=a\sec t$ 作直角三角形（图 4-4），可知 $\tan t=\dfrac{\sqrt{x^2-a^2}}{a}$，代入上式得

$$\int \frac{1}{\sqrt{x^2-a^2}}\mathrm{d}x = \ln\left|\frac{x}{a}+\frac{\sqrt{x^2-a^2}}{a}\right|+C_1 = \ln|x+\sqrt{x^2-a^2}|+C,$$

其中 $C=C_1-\ln a$.

当 $x<-a$ 时，令 $x=-u$，那么 $u>a$，由上段结果得

$$\int \frac{1}{\sqrt{x^2-a^2}}\mathrm{d}x = -\int \frac{1}{\sqrt{u^2-a^2}}\mathrm{d}u = -\ln|u+\sqrt{u^2-a^2}|+C_2$$

$$= -\ln|-x+\sqrt{x^2-a^2}|+C_2 = \ln\left|\frac{-x-\sqrt{x^2-a^2}}{a^2}\right|+C_2$$

$$= \ln|x+\sqrt{x^2-a^2}|+C,$$

其中 $C=C_2-2\ln a$.

因此，无论 $x>a$ 或 $x<-a$，都有：$\int \dfrac{1}{\sqrt{x^2-a^2}}\mathrm{d}x = \ln|x+\sqrt{x^2-a^2}|+C$.

注 以上三例所使用的均为**三角代换**，其目的是去掉被积函数中的根式，一般所作的变量代换如下：

(1) 被积函数中含有 $\sqrt{a^2-x^2}$，可令 $x=a\sin t$；

(2) 被积函数中含有 $\sqrt{x^2+a^2}$，可令 $x=a\tan t$；

(3) 被积函数中含有 $\sqrt{x^2-a^2}$，可令 $x=a\sec t$.

值得注意的是，二次多项式 ax^2+bx+c 经配方可消去一次项，所以形如 $\sqrt{ax^2+bx+c}$ 的二次根式都能转化为上述三种类型之一. 但在应用时应视具体情况灵活处理，如求 $\int \dfrac{x}{\sqrt{2+x^2}}\mathrm{d}x$，$\int \dfrac{\mathrm{d}x}{\sqrt{5-2x^2}}$ 等不定积分时，运用凑微分法显然简单得多.

另外有些不定积分，读者可试用倒代换 $x=\dfrac{1}{t}$ 求解.

例 19 求 $\int \dfrac{\mathrm{d}x}{x^2\sqrt{1+x^2}}(x>0)$.

解 方法一：令 $x=\tan t$，则 $\mathrm{d}x=\sec^2 t\,\mathrm{d}t$，因此有

$$\int \frac{1}{x^2\sqrt{1+x^2}}\mathrm{d}x = \int \frac{1}{\tan^2 t\sec t}\cdot\sec^2 t\,\mathrm{d}t = \int \frac{\sec t}{\tan^2 t}\mathrm{d}t = \int \frac{\cos t}{\sin^2 t}\mathrm{d}t$$

$$= \int \frac{\mathrm{d}\sin t}{\sin^2 t} = -\frac{1}{\sin t}+C = -\frac{\sqrt{1+x^2}}{x}+C.$$

方法二：令 $x=\dfrac{1}{t}$，那么 $\mathrm{d}x=-\dfrac{1}{t^2}\mathrm{d}t$，于是

$$\int \frac{\mathrm{d}x}{x^2\sqrt{1+x^2}} = \int \frac{1}{\dfrac{1}{t^2}\sqrt{1+\dfrac{1}{t^2}}}\cdot\left(-\frac{1}{t^2}\mathrm{d}t\right) = -\int \frac{t}{\sqrt{1+t^2}}\mathrm{d}t$$

$$= -\frac{1}{2}\int (1+t^2)^{-\frac{1}{2}}\mathrm{d}(1+t^2) = -\sqrt{1+t^2}+C = -\frac{\sqrt{1+x^2}}{x}+C.$$

其中第二种方法是一种很有用的代换——倒代换,利用它常可消去被积函数分母中的 x.

本节中一些例题的结果以后会经常用到,我们把它们续补到第一节的基本积分表中(其中常数 $a>0$).

(15) $\int \tan x \, dx = -\ln|\cos x| + C$;

(16) $\int \cot x \, dx = \ln|\sin x| + C$;

(17) $\int \sec x \, dx = \ln|\sec x + \tan x| + C$;

(18) $\int \csc x \, dx = \ln|\csc x - \cot x| + C$;

(19) $\int \dfrac{1}{a^2+x^2} dx = \dfrac{1}{a}\arctan\dfrac{x}{a} + C$;

(20) $\int \dfrac{1}{\sqrt{a^2-x^2}} dx = \arcsin\dfrac{x}{a} + C$;

(21) $\int \dfrac{1}{x^2-a^2} dx = \dfrac{1}{2a}\ln\left|\dfrac{x-a}{x+a}\right| + C$;

(22) $\int \dfrac{1}{\sqrt{x^2\pm a^2}} dx = \ln|x+\sqrt{x^2\pm a^2}| + C$.

习题 4-2

1. 填空使等式成立:

(1) $dx = \underline{\quad\quad} d(ax+b)$;

(2) $x \, dx = \underline{\quad\quad} d(1-2x^2)$;

(3) $x^4 \, dx = \underline{\quad\quad} d(x^5-2)$;

(4) $x^n \, dx = \underline{\quad\quad} d(x^{n+1})$;

(5) $\dfrac{1}{x^2} dx = \underline{\quad\quad} d\left(\dfrac{1}{x}\right)$;

(6) $e^{ax} dx = \underline{\quad\quad} d(1+e^{ax})$;

(7) $\dfrac{1}{\sqrt{x}} dx = \underline{\quad\quad} d(\sqrt{x})$;

(8) $\dfrac{1}{x} dx = \underline{\quad\quad} d(5\ln x+1)$;

(9) $\sin x \, dx = \underline{\quad\quad} d(\cos x)$;

(10) $\cos\dfrac{2x}{3} dx = \underline{\quad\quad} d\left(\sin\dfrac{2x}{3}\right)$;

(11) $\dfrac{1}{\sqrt{1-4x^2}} dx = \underline{\quad\quad} d(\arcsin 2x)$;

(12) $-\dfrac{x}{\sqrt{1-x^2}} dx = \underline{\quad\quad} d(\sqrt{1-x^2})$;

(13) $\dfrac{x}{1+x^2} dx = \underline{\quad\quad} d(\ln(1+x^2))$;

(14) $x e^{-x^2} dx = \underline{\quad\quad} d(-x^2) = \underline{\quad\quad} d(e^{-x^2})$.

2. 求下列不定积分：

(1) $\int e^{a-bx} dx$；

(2) $\int x \sin x^2 dx$；

(3) $\int \dfrac{3}{(1-2x)^2} dx$；

(4) $\int \dfrac{x dx}{\sqrt{4-x^2}}$；

(5) $\int e^x \sin(e^x) dx$；

(6) $\int x^2 \sqrt{1-4x^3} dx$；

(7) $\int \dfrac{e^x}{\sqrt{1-e^{2x}}} dx$；

(8) $\int \dfrac{\ln x + 2}{x} dx$；

(9) $\int \dfrac{1}{(\arcsin x)^2 \sqrt{1-x^2}} dx$；

(10) $\int 3^{\sin x} \cos x dx$；

(11) $\int \dfrac{dx}{x \sqrt{1+2\ln x}}$；

(12) $\int \dfrac{\sin \sqrt{x}}{\sqrt{x}} dx$；

(13) $\int \dfrac{1-\cos x}{(x-\sin x)^2} dx$；

(14) $\int \tan^{10} x \cdot \sec^2 x dx$；

(15) $\int \tan^3 x \sec x dx$；

(16) $\int \sin 2x \cos x dx$；

(17) $\int \sin^2 x \cos^2 x dx$；

(18) $\int \dfrac{dx}{\sqrt{4-9x^2}}$；

(19) $\int \dfrac{1}{x^2+2x+5} dx$；

(20) $\int \dfrac{x-1}{\sqrt{1-x^2}} dx$；

(21) $\int \dfrac{1+\ln x}{(x\ln x)^2} dx$；

(22) $\int \dfrac{1}{x^3} \sec \dfrac{2}{x^2} dx$；

(23) $\int \dfrac{x}{x-\sqrt{x^2-1}} dx$；

(24) $\int \dfrac{1}{x \ln x \ln\ln x} dx$.

3. 求下列不定积分：

(1) $\int \dfrac{1}{\sqrt{x+1}+2} dx$；

(2) $\int \dfrac{1}{\sqrt{1+e^x}} dx$；

(3) $\int \dfrac{x^3}{\sqrt{x^2+1}} dx$；

(4) $\int \dfrac{1}{x\sqrt{4-x^2}} dx$；

(5) $\int \dfrac{\sqrt{x^2-a^2}}{x} dx$；

(6) $\int \dfrac{dx}{(1-x^2)^{\frac{3}{2}}}$；

(7) $\int \dfrac{1}{\sqrt{x}+\sqrt[4]{x}} dx$；

(8) $\int \dfrac{1}{x} \sqrt{\dfrac{1-x}{1+x}} dx$；

(9) $\int x^3 \sqrt{1+x^2} dx$；

(10) $\int \dfrac{\sqrt{1+\sqrt{x}}}{\sqrt[4]{x^3} x} dx$.

第三节　分部积分法

前面介绍的换元积分法虽然可以解决许多积分的计算问题，但是有些积分，如$\int x\mathrm{e}^x\mathrm{d}x$，$\int\mathrm{e}^x\sin x\mathrm{d}x$，$\int\ln x\mathrm{d}x$ 等，利用换元法无法求解. 本节我们从乘积的求导法则出发，推出另一种积分方法 —— 分部积分法.

定理 4.4　设函数 $u=u(x)$，$v=v(x)$ 均有连续的导数，则

$$\int u\mathrm{d}v=uv-\int v\mathrm{d}u. \tag{4.3}$$

式(4.3)称为分部积分公式.

证　由两个函数乘积的求导法则得

$$(uv)'=u'v+uv',$$

移项得

$$uv'=(uv)'-u'v.$$

对上式两边求不定积分，得

$$\int uv'\mathrm{d}x=uv-\int u'v\mathrm{d}x,$$

即

$$\int u\mathrm{d}v=uv-\int v\mathrm{d}u.$$

用不定积分的分部积分法求不定积分，就是通过利用分部积分公式(4.3)将一个较难求解的不定积分 $\int u(x)\mathrm{d}v(x)$ 转化为一个较易求解的不定积分 $\int v(x)\mathrm{d}u(x)$. 但对于一个给定的积分 $\int f(x)\mathrm{d}x$，如何将它变成 $\int u(x)\mathrm{d}v(x)$ 的形式呢？ 显然我们可以通过凑微分的方法使被积表达式的形式改变.

例 1　求 $\int x\mathrm{e}^x\mathrm{d}x$.

解　我们选取被积函数 $x\mathrm{e}^x$ 的因式项 e^x 和 $\mathrm{d}x$ 凑微分得到 $\int x\mathrm{e}^x\mathrm{d}x=\int x\mathrm{d}(\mathrm{e}^x)$，即 $u=x$，$v=\mathrm{e}^x$，代入分部积分公式(4.3)，得

$$\int x\mathrm{e}^x\mathrm{d}x=\int x\mathrm{d}(\mathrm{e}^x)=x\mathrm{e}^x-\int \mathrm{e}^x\mathrm{d}x,$$

而 $\int \mathrm{e}^x\mathrm{d}x$ 容易积出，于是

$$\int x\mathrm{e}^x\mathrm{d}x=x\mathrm{e}^x-\mathrm{e}^x+C.$$

如果把 $x\mathrm{e}^x$ 的因式项 x 和 $\mathrm{d}x$ 凑微分得到 $\int x\mathrm{e}^x\mathrm{d}x=\int \mathrm{e}^x\mathrm{d}\left(\dfrac{x^2}{2}\right)$，即 $u=\mathrm{e}^x$，$v=\dfrac{1}{2}x^2$，代入式(4.3)得

$$\int x\mathrm{e}^x\mathrm{d}x=\int \mathrm{e}^x\mathrm{d}\left(\frac{x^2}{2}\right)=\frac{x^2}{2}\mathrm{e}^x-\int \frac{x^2}{2}\mathrm{d}(\mathrm{e}^x)=\frac{x^2}{2}\mathrm{e}^x-\int \frac{x^2}{2}\mathrm{e}^x\mathrm{d}x,$$

上式右端的积分与原积分相比更不易求出.

由此可见,如果 u,v 选择不当,就求不出结果.因此利用分部积分法计算不定积分时,选择好 u,v 非常关键.首先要考虑容易从 $v'\mathrm{d}x$ 凑出 $\mathrm{d}v$;在此基础上,最重要的是使 $\int v\mathrm{d}u$ 比 $\int u\mathrm{d}v$ 易于积分.

注 当被积函数中出现指数函数(如 e^x)时,一般用指数函数和 $\mathrm{d}x$ 凑微分,使不定积分 $\int f(x)\mathrm{d}x$ 变成 $\int u(x)\mathrm{d}v(x)$ 形式,然后用分部积分公式求解.

例 2 求 $\int x\cos x\mathrm{d}x$.

解 令 $u=x$,$\cos x\mathrm{d}x=\mathrm{d}(\sin x)=\mathrm{d}v$,则

$$\int x\cos x\mathrm{d}x=\int x\mathrm{d}(\sin x)=x\sin x-\int \sin x\mathrm{d}x=x\sin x+\cos x+C.$$

注 当被积函数中出现三角函数(如 $\sin x$,$\cos x$)时,一般用三角函数和 $\mathrm{d}x$ 凑微分,使不定积分 $\int f(x)\mathrm{d}x$ 变成 $\int u(x)\mathrm{d}v(x)$ 形式,然后用分部积分公式求解.

例 3 求 $\int x^2\ln x\mathrm{d}x$.

解 如果设 $u=x$,$\mathrm{d}v=\ln x\mathrm{d}x$,则求 v 较困难.因此,重新设

$$u=\ln x,\quad x^2\mathrm{d}x=\mathrm{d}\left(\frac{x^3}{3}\right)=\mathrm{d}v,$$

则

$$\int x^2\ln x\mathrm{d}x=\int \ln x\mathrm{d}\left(\frac{x^3}{3}\right)=\frac{x^3}{3}\ln x-\int \frac{1}{3}x^3\mathrm{d}(\ln x)$$
$$=\frac{1}{3}x^3\ln x-\frac{1}{3}\int x^3\cdot\frac{1}{x}\mathrm{d}x=\frac{1}{3}x^3\ln x-\frac{1}{9}x^3+C.$$

例 4 求 $\int x\arctan x\mathrm{d}x$.

解
$$\int x\arctan x\mathrm{d}x=\frac{1}{2}\int \arctan x\mathrm{d}(x^2)=\frac{1}{2}\left[x^2\arctan x-\int x^2\mathrm{d}(\arctan x)\right]$$
$$=\frac{1}{2}\left[x^2\arctan x-\int \frac{x^2}{1+x^2}\mathrm{d}x\right]$$
$$=\frac{1}{2}\left[x^2\arctan x-\int\left(1-\frac{1}{1+x^2}\right)\mathrm{d}x\right]$$
$$=\frac{1}{2}(x^2\arctan x-x+\arctan x)+C.$$

注 当被积函数中出现对数函数(如 $\ln x$)或反三角函数(如 $\arctan x$)时,一般用被积函数中的其余部分和 $\mathrm{d}x$ 凑微分,使不定积分 $\int f(x)\mathrm{d}x$ 变成 $\int u(x)\mathrm{d}v(x)$ 形式,然后用分部积分公式求解.

有时需要多次分部积分才能解决问题.

例 5 求 $\int x^2 \mathrm{e}^x \mathrm{d}x$.

解 令 $u = x^2$，$\mathrm{e}^x \mathrm{d}x = \mathrm{d}(\mathrm{e}^x) = \mathrm{d}v$，则

$$\int x^2 \mathrm{e}^x \mathrm{d}x = \int x^2 \mathrm{d}(\mathrm{e}^x) = x^2 \mathrm{e}^x - 2\int x \mathrm{e}^x \mathrm{d}x.$$

结果将积分 $\int x^2 \mathrm{e}^x \mathrm{d}x$ 转化为 $\int x \mathrm{e}^x \mathrm{d}x$ 的求解，x 的方次降低了一次，后者比前者容易积分。再次运用分部积分法，得

$$\int x^2 \mathrm{e}^x \mathrm{d}x = x^2 \mathrm{e}^x - 2\int x \mathrm{d}(\mathrm{e}^x) = x^2 \mathrm{e}^x - 2\left(x \mathrm{e}^x - \int \mathrm{e}^x \mathrm{d}x\right)$$

$$= x^2 \mathrm{e}^x - 2(x \mathrm{e}^x - \mathrm{e}^x) + C = (x^2 - 2x + 2)\mathrm{e}^x + C.$$

例 6 求 $\int \mathrm{e}^x \sin x \mathrm{d}x$.

解 令 $u = \sin x$，$\mathrm{e}^x \mathrm{d}x = \mathrm{d}(\mathrm{e}^x)$，则

$$\int \mathrm{e}^x \sin x \mathrm{d}x = \int \sin x \mathrm{d}(\mathrm{e}^x) = \mathrm{e}^x \sin x - \int \mathrm{e}^x \mathrm{d}(\sin x) = \mathrm{e}^x \sin x - \int \mathrm{e}^x \cos x \mathrm{d}x,$$

结果将积分 $\int \mathrm{e}^x \sin x \mathrm{d}x$ 转化为 $\int \mathrm{e}^x \cos x \mathrm{d}x$ 的求解，两个积分的难度是相同的，因此并没有使问题变得容易些。

试对 $\int \mathrm{e}^x \cos x \mathrm{d}x$ 再分部积分一次：

$$\int \mathrm{e}^x \cos x \mathrm{d}x = \int \cos x \mathrm{d}\mathrm{e}^x = \mathrm{e}^x \cos x - \int \mathrm{e}^x \mathrm{d}(\cos x) = \mathrm{e}^x \cos x + \int \mathrm{e}^x \sin x \mathrm{d}x,$$

代入原式得

$$\int \mathrm{e}^x \sin x \mathrm{d}x = \mathrm{e}^x \sin x - \mathrm{e}^x \cos x - \int \mathrm{e}^x \sin x \mathrm{d}x,$$

移项解得

$$\int \mathrm{e}^x \sin x \mathrm{d}x = \frac{1}{2}\mathrm{e}^x(\sin x - \cos x) + C.$$

注 若被积函数是指数函数与正（余）弦函数的乘积，用哪种函数凑微分均可；但如果在求不定积分的过程中多次使用分部积分法，则每次用来凑微分的函数必须是同类函数。

例 7 求积分 $\int \sec^3 x \mathrm{d}x$.

解
$$\int \sec^3 x \mathrm{d}x = \int \sec x \mathrm{d}\tan x = \sec x \tan x - \int \tan x \cdot \sec x \tan x \mathrm{d}x$$

$$= \sec x \tan x - \int \sec x (\sec^2 x - 1)\mathrm{d}x$$

$$= \sec x \tan x - \int \sec^3 x \mathrm{d}x + \int \sec x \mathrm{d}x.$$

移项后可得

$$\int \sec^3 x \mathrm{d}x = \frac{1}{2}\sec x \tan x + \frac{1}{2}\ln|\sec x + \tan x| + C.$$

注 以上两例均出现循环现象，必须进行移项处理.

例 8 求 $\int (\arcsin x)^2 dx$.

解 被积函数中只出现反三角函数 $\arcsin x$，所以可以把 dx 看作公式中的 $dv(x)$，直接利用分部积分公式得

$$\int (\arcsin x)^2 dx = x(\arcsin x)^2 - \int x d(\arcsin x)^2$$
$$= x(\arcsin x)^2 - \int x \cdot 2\arcsin x \cdot \frac{1}{\sqrt{1-x^2}} dx$$
$$= x(\arcsin x)^2 + 2\int \arcsin x \, d\sqrt{1-x^2}$$
$$= x(\arcsin x)^2 + 2\left(\sqrt{1-x^2}\arcsin x - \int \sqrt{1-x^2}\, d\arcsin x\right)$$
$$= x(\arcsin x)^2 + 2\sqrt{1-x^2}\arcsin x - 2\int \sqrt{1-x^2} \cdot \frac{1}{\sqrt{1-x^2}} dx$$
$$= x(\arcsin x)^2 + 2\sqrt{1-x^2}\arcsin x - 2x + C.$$

在求不定积分过程中，有时需要兼用换元法与分部积分法，如下例所示.

例 9 求 $\int e^{\sqrt{x+1}} dx$.

解 本题直接用分部积分法并不容易解出，须去根号化简被积函数，令 $\sqrt{x+1}=t$，则 $x=t^2-1, dx=2t\,dt$，于是

$$\int e^{\sqrt{x+1}} dx = 2\int e^t t\,dt = 2\int t\, d(e^t) = 2te^t - 2\int e^t dt = 2te^t - 2e^t + C$$
$$= 2(t-1)e^t + C = 2(\sqrt{x+1}-1)e^{\sqrt{x+1}} + C.$$

例 10 已知 $f(x)$ 的一个原函数是 $(1+\sin x)\ln x$，求 $\int xf'(x)dx$.

解 $\int xf'(x)dx = \int x d[f(x)] = xf(x) - \int f(x)dx$，由已知 $\int f(x)dx = (1+\sin x)\ln x + C$ 得

$$f(x) = [(1+\sin x)\ln x]' = \cos x\ln x + \frac{1+\sin x}{x},$$
$$xf(x) = x\cos x\ln x + 1 + \sin x,$$

则

$$\int xf'(x)dx = x\cos x\ln x + (1+\sin x)(1-\ln x) + C.$$

注 (1) 一般而言，分部积分法和换元法同时使用会有更好的效果.
(2) 分部积分法常用于下列形式的积分：

$$\int x^m \ln^n x\,dx, \int x^m e^{ax} dx, \int x^m \sin ax\,dx, \int x^m \cos ax\,dx, \int e^{ax}\sin bx\,dx,$$
$$\int e^{ax}\cos bx\,dx, \int x^m \arcsin x\,dx, \int x^m \arctan x\,dx, \cdots.$$

习题 4-3

1. 求下列不定积分：

(1) $\int x\sin 2x\,\mathrm{d}x$；

(2) $\int x\ln x\,\mathrm{d}x$；

(3) $\int x\mathrm{e}^{-x}\,\mathrm{d}x$；

(4) $\int \ln(1-x)\,\mathrm{d}x$；

(5) $\int x\cos\dfrac{x}{2}\,\mathrm{d}x$；

(6) $\int \dfrac{x}{1+\cos x}\,\mathrm{d}x$；

(7) $\int x^3\arctan x\,\mathrm{d}x$；

(8) $\int x\tan^2 x\,\mathrm{d}x$；

(9) $\int x\cos^2 x\,\mathrm{d}x$；

(10) $\int \dfrac{\ln^2 x}{x^2}\,\mathrm{d}x$；

(11) $\int \mathrm{e}^{5x}\cos 4x\,\mathrm{d}x$；

(12) $\int \sec^3 x\,\mathrm{d}x$；

(13) $\int \dfrac{x\arcsin x}{\sqrt{1-x^2}}\,\mathrm{d}x$；

(14) $\int \dfrac{x\cos x}{\sin^3 x}\,\mathrm{d}x$；

(15) $\int \dfrac{\ln(\cos x)}{\cos^2 x}\,\mathrm{d}x$；

(16) $\int \arctan\sqrt{x}\,\mathrm{d}x$；

(17) $\int \dfrac{\ln(x+1)}{\sqrt{x+1}}\,\mathrm{d}x$；

(18) $\int \dfrac{\arcsin x}{\sqrt{(1-x^2)^3}}\,\mathrm{d}x$.

2. 设函数 $f(x)$ 的一个原函数是 $\dfrac{\sin x}{x}$，求积分 $\int xf'(x)\,\mathrm{d}x$ 和 $\int x^2 f(x)\,\mathrm{d}x$.

第四节 几类特殊函数的积分

一、有理分式函数的积分

由多项式的商所构成的函数称为有理分式函数，如

$$\frac{P(x)}{Q(x)}=\frac{a_0 x^n+a_1 x^{n-1}+\cdots+a_{n-1}x+a_n}{b_0 x^m+b_1 x^{m-1}+\cdots+b_{m-1}x+b_m}, \tag{4.4}$$

其中 $a_0,a_1,a_2,\cdots,a_n$ 及 $b_0,b_1,b_2,\cdots,b_m$ 为常数，且 $a_0\neq0,b_0\neq0$.

如果分子多项式 $P(x)$ 的次数 n 小于分母多项式 $Q(x)$ 的次数 m，则称上式为真分式；如果分子多项式 $P(x)$ 的次数 n 大于或等于分母多项式 $Q(x)$ 的次数 m，则称上式为假分式. 利用多项式的除法，可以将假分式化为多项式与真分式的和. 例如：

$$\frac{x^3+x+1}{x^2+1}=x+\frac{1}{x^2+1}.$$

因此，我们仅讨论真分式的积分.

根据代数学理论，任意真分式总可以分解为若干个部分分式之和，所谓部分分式是指如下四种"最简真分式"：

(1) $\dfrac{A}{x-a}$；

(2) $\dfrac{A}{(x-a)^n},n=2,3,\cdots$；

(3) $\dfrac{Ax+B}{x^2+px+q},p^2-4q<0$；

(4) $\dfrac{Ax+B}{(x^2+px+q)^n},p^2-4q<0,n=2,3,\cdots$.

根据多项式理论，任意多项式 $Q(x)$ 在实数范围内能分解为一次因式与二次质因式的乘积，即

$$Q(x) = b_0(x-a)^\alpha \cdots (x-b)^\beta (x^2+px+q)^\lambda \cdots (x^2+rx+s)^\mu, \qquad (4.5)$$

其中 $p^2-4q<0,\cdots,r^2-4s<0$. 如果式(4.4)的分母多项式分解为式(4.5),则式(4.4)可分解为

$$\frac{P(x)}{Q(x)} = \frac{A_1}{x-a} + \frac{A_2}{(x-a)^2} + \cdots + \frac{A_\alpha}{(x-a)^\alpha} + \cdots + \frac{B_1}{x-b} + \frac{B_2}{(x-b)^2} + \cdots + \frac{B_\beta}{(x-b)^\beta} +$$

$$\frac{M_1 x + N_1}{x^2+px+q} + \frac{M_2 x + N_2}{(x^2+px+q)^2} + \cdots + \frac{M_\lambda x + N_\lambda}{(x^2+px+q)^\lambda} + \cdots + \frac{R_1 x + S_1}{x^2+rx+s} +$$

$$\frac{R_2 x + S_2}{(x^2+rx+s)^2} + \cdots + \frac{R_\mu x + S_\mu}{(x^2+rx+s)^\mu},$$

其中 $A_i,\cdots,B_i,M_i,N_i,\cdots,R_i$ 及 S_i 等都是常数,求常数的方法叫待定系数法,通分即得

$$\frac{P(x)}{Q(x)} = \frac{R(x)}{Q(x)},$$

其中 $R(x)$ 是含有待定系数的多项式,且其系数与 $P(x)$ 的同次幂的系数相等.

下面举几个有理真分式分解以及积分的例子.

例 1 计算积分 $\displaystyle\int \frac{3x+7}{x^2+6x+5} dx$.

解 因为 $x^2+6x+5=(x+5)(x+1)$,故利用待定系数法,得

$$\frac{3x+7}{x^2+6x+5} = \frac{A}{x+5} + \frac{B}{x+1}.$$

通分后比较两端的分子,有 $3x+7 \equiv A(x+1)+B(x+5)$,即应有 $A+B=3, A+5B=7$;解得 $A=2, B=1$,即

$$\frac{3x+7}{x^2+6x+5} = \frac{2}{x+5} + \frac{1}{x+1},$$

则

$$\int \frac{3x+7}{x^2+6x+5} dx = \int \left(\frac{2}{x+5} + \frac{1}{x+1}\right) dx = 2\ln(x+5) + \ln(x+1) + C.$$

例 2 计算积分 $\displaystyle\int \frac{3x+7}{x^2+6x+25} dx$.

解 分母 $x^2+6x+25$ 的判别式 $\Delta=36-4\times25=-64<0$,故不能进行因式分解. 其求解方法如下:

(1) 因为分母是二次的,其导数则是一次的,而分子恰好是一次函数,故首先在分子上凑出分母的导数 $(x^2+6x+25)'=2x+6$,即分子部分可以写为

$$3x+7 = \frac{3}{2}(2x) + 7 = \frac{3}{2}(2x+6-6) + 7 = \frac{3}{2}(2x+6) - 2,$$

则得

$$\int \frac{3x+7}{x^2+6x+25} dx = \frac{3}{2}\int \frac{2x+6}{x^2+6x+25} dx - 2\int \frac{1}{x^2+6x+25} dx$$

$$= \frac{3}{2}\ln(x^2+6x+25) - 2\int \frac{1}{x^2+6x+25} dx.$$

（2）对于积分 $\int \dfrac{1}{x^2+6x+25}dx$，分母是二次的，而分子则是常数. 解法是：将分母的一部分配成完全平方，即 $x^2+6x+25=(x+3)^2+16$，然后积分得

$$\int \frac{1}{x^2+6x+25}dx=\int \frac{1}{(x+3)^2+16}d(x+3)=\frac{1}{4}\arctan\frac{x+3}{4}+C_1.$$

（3）综合以上两步，得

$$\int \frac{3x+7}{x^2+6x+25}dx=\frac{3}{2}\ln(x^2+6x+25)-2\int \frac{1}{x^2+6x+25}dx$$

$$=\frac{3}{2}\ln(x^2+6x+25)-\frac{1}{2}\arctan\frac{x+3}{4}-2C_1$$

$$=\frac{3}{2}\ln(x^2+6x+25)-\frac{1}{2}\arctan\frac{x+3}{4}+C.$$

注 对于积分 $\int \dfrac{Ax+B}{ax^2+bx+c}dx$，考虑分母是否可以分解因式，然后按照上例的方法求解.

例 3 求不定积分 $\int \dfrac{1}{x^3+1}dx$.

解 因为 $x^3+1=(x+1)(x^2-x+1)$，故 $\dfrac{1}{x^3+1}=\dfrac{A}{x+1}+\dfrac{Bx+C}{x^2-x+1}$，通分后得到恒等式

$$A(x^2-x+1)+(Bx+C)(x+1)\equiv 1,$$

比较等式两端 x 的同次幂的系数：$\begin{cases} A+B=0, \\ -A+B+C=0, \\ A+C=1, \end{cases}$ 解得

$$A=\frac{1}{3},\quad B=-\frac{1}{3},\quad C=\frac{2}{3},$$

从而

$$\int \frac{1}{x^3+1}dx=\frac{1}{3}\int\left(\frac{1}{x+1}-\frac{x-2}{x^2-x+1}\right)dx=\frac{1}{3}\ln(x+1)-\frac{1}{6}\int \frac{2x-1-3}{x^2-x+1}dx$$

$$=\frac{1}{3}\ln(x+1)-\frac{1}{6}\int \frac{2x-1}{x^2-x+1}dx+\frac{1}{2}\int \frac{1}{x^2-x+1}dx$$

$$=\frac{1}{3}\ln(x+1)-\frac{1}{6}\int \frac{d(x^2-x+1)}{x^2-x+1}dx+\frac{1}{2}\int \frac{1}{\left(x-\frac{1}{2}\right)^2+\frac{3}{4}}d\left(x-\frac{1}{2}\right)$$

$$=\frac{1}{3}\ln(x+1)-\frac{1}{6}\ln(x^2-x+1)+\frac{1}{2}\cdot\frac{2}{\sqrt{3}}\arctan\frac{x-\frac{1}{2}}{\frac{\sqrt{3}}{2}}+C$$

$$=\frac{1}{3}\ln(x+1)-\frac{1}{6}\ln(x^2-x+1)+\frac{1}{\sqrt{3}}\arctan\frac{2x-1}{\sqrt{3}}+C\ (C\ 为任意常数).$$

例 4 计算不定积分 $\displaystyle\int\frac{2x^3+x-1}{(x^2+1)^2}\mathrm{d}x$.

解 $\dfrac{2x^3+x-1}{(x^2+1)^2}=\dfrac{Ax+B}{x^2+1}+\dfrac{Cx+D}{(x^2+1)^2}$，通分后比较两端的分子，得恒等式

$$(Ax+B)(x^2+1)+Cx+D\equiv 2x^3+x-1,$$

即 $A=2,B=0,A+C=1,B+D=-1.$ 解得 $A=2,B=0,C=-1,D=-1$，则

$$\begin{aligned}
\int\frac{2x^3+x-1}{(x^2+1)^2}\mathrm{d}x &= \int\left[\frac{2x}{x^2+1}-\frac{x+1}{(x^2+1)^2}\right]\mathrm{d}x\\
&= \ln(x^2+1)-\frac{1}{2}\int\frac{2x}{(x^2+1)^2}\mathrm{d}x-\int\frac{1}{(x^2+1)^2}\mathrm{d}x\\
&= \ln(x^2+1)+\frac{1}{2}\cdot\frac{1}{x^2+1}-\int\frac{1}{(x^2+1)^2}\mathrm{d}x.
\end{aligned}$$

而

$$\int\frac{1}{(x^2+1)^2}\mathrm{d}x\xupdownarrow{\text{令}\,x=\tan t}\int\cos^2 t\,\mathrm{d}t=\int\frac{1+\cos 2t}{2}\mathrm{d}t=\frac{1}{2}t+\frac{1}{4}\sin 2t+C$$

$$=\frac{1}{2}\arctan x+\frac{x}{2(x^2+1)}+C(C\text{ 为任意常数}),$$

因此

$$\int\frac{2x^3+x-1}{(x^2+1)^2}\mathrm{d}x=\ln(x^2+1)+\frac{1}{2}\left(\frac{1-x}{x^2+1}-\arctan x\right)+C.$$

综上所述，求有理分式函数不定积分的一般步骤为：

（1）将有理分式函数分解为多项式与真分式之和；

（2）将真分式分解为最简单的部分分式之和；

（3）逐个积分.

上面对四种类型的部分分式的积分举例，说明它们一定是能积出来的. 事实上，所有有理函数的原函数均可以被求出，换言之，有理函数的原函数一定是初等函数.

二、三角函数有理式的积分

如果 $R(u,v)$ 为关于 u,v 的有理式，则 $R(\sin x,\cos x)$ 称为三角函数有理式. 三角函数的有理式是指三角函数经过有限次四则运算所构成的函数，求这类函数的积分可以通过如下变换进行：令 $u=\tan\dfrac{x}{2}$，则

$$\sin x=\frac{2u}{1+u^2},\quad \cos x=\frac{1-u^2}{1+u^2},\quad \mathrm{d}x=\frac{2}{1+u^2}\mathrm{d}u,$$

从而

$$\int R(\sin x,\cos x)\mathrm{d}x=\int R\left(\frac{2u}{1+u^2},\frac{1-u^2}{1+u^2}\right)\frac{2}{1+u^2}\mathrm{d}u.$$

上述代换称为**万能代换**. 经过万能代换后，三角函数有理式的积分变为有理函数的积分. 下面利用几个例子说明这类函数的积分方法.

例 5 计算不定积分 $\displaystyle\int \frac{1}{\sin x + \cos x}\mathrm{d}x$.

解 令 $u = \tan\dfrac{x}{2}$，可得

$$\sin x = \frac{2u}{1+u^2}, \quad \cos x = \frac{1-u^2}{1+u^2}, \quad \mathrm{d}x = \frac{2}{1+u^2}\mathrm{d}u,$$

因此

$$\int \frac{1}{\sin x + \cos x}\mathrm{d}x = \int \frac{1}{\dfrac{2u}{1+u^2} + \dfrac{1-u^2}{1+u^2}} \cdot \frac{2}{1+u^2}\mathrm{d}u = -2\int \frac{1}{u^2 - 2u - 1}\mathrm{d}u$$

$$= -2\int \frac{1}{(u-1)^2 - (\sqrt{2})^2}\mathrm{d}u = -\frac{2}{2\sqrt{2}}\ln\left|\frac{u-1-\sqrt{2}}{u-1+\sqrt{2}}\right| + C$$

$$= -\frac{\sqrt{2}}{2}\ln\left|\frac{\tan\dfrac{x}{2}-1-\sqrt{2}}{\tan\dfrac{x}{2}-1+\sqrt{2}}\right| + C.$$

注 并非所有的三角函数有理式的积分都要通过万能代换化为有理函数的积分.

例如，$\displaystyle\int \frac{\cos x}{1+\sin x}\mathrm{d}x = \int \frac{1}{1+\sin x}\mathrm{d}(1+\sin x) = \ln(1+\sin x) + C.$

例 6 计算不定积分 $\displaystyle\int \frac{1}{2+\sin x}\mathrm{d}x$.

解 令 $u = \tan\dfrac{x}{2}$，则原式 $= \displaystyle\int \frac{1}{2+\dfrac{2u}{1+u^2}} \cdot \frac{2\mathrm{d}u}{1+u^2} = \int \frac{1}{u^2+u+1}\mathrm{d}u$

$$= \int \frac{1}{\left(u+\dfrac{1}{2}\right)^2 + \left(\dfrac{\sqrt{3}}{2}\right)^2}\mathrm{d}\left(u+\frac{1}{2}\right) = \frac{2}{\sqrt{3}}\arctan\frac{u+\dfrac{1}{2}}{\dfrac{\sqrt{3}}{2}} + C$$

$$= \frac{2}{\sqrt{3}}\arctan\frac{2\tan\dfrac{x}{2}+1}{\sqrt{3}} + C.$$

上例所用的变量代换 $u = \tan\dfrac{x}{2}$，对三角函数有理式的积分都可以应用. 需注意的是，万能公式具有通用性，但不一定是最简单的，在实际计算中要注意选择不同的变换. 当三角函数的幂次较高时，采用万能代换计算量非常大，一般应首先考虑是否可以用其他的积分方法.

例 7 计算不定积分 $\displaystyle\int \frac{\mathrm{d}x}{3+\cos^2 x}$.

解 $\displaystyle\int \frac{\mathrm{d}x}{3+\cos^2 x} = \int \frac{\sec^2 x}{3\sec^2 x + 1}\mathrm{d}x = \frac{1}{\sqrt{3}}\int \frac{1}{3\tan^2 x + 4}\mathrm{d}(\sqrt{3}\tan x)$

$$=\frac{1}{\sqrt{3}}\cdot\frac{1}{2}\arctan\frac{\sqrt{3}\tan x}{2}+C=\frac{1}{2\sqrt{3}}\arctan\frac{\sqrt{3}\tan x}{2}+C.$$

通过前面的讨论，我们可以发现不定积分虽是求导（微分）的逆运算，但与求导相比要困难些. 对于给定的一个初等函数，总可以利用求导法则求得它的导数. 而求一个函数的不定积分并无统一规律可循，一方面需要具体问题具体分析，灵活运用各种积分方法和技巧；另一方面，有些函数的不定积分虽然存在，但却不能用初等函数表示（通常称之为"积不出"），常见的有

$$\int e^{-x^2}dx,\quad \int\frac{e^x}{x}dx,\quad \int\sin x^2 dx,\quad \int\frac{\sin x}{x}dx,\quad \int\frac{1}{\ln x}dx,\quad \int\sqrt{1+x^3}dx,\quad \int\frac{1}{\sqrt{1+x^4}}dx,$$

$$\int\frac{e^x}{1+\cos x}dx,\quad \int\frac{e^x\sin x}{1+\cos x}dx.$$

习题 4-4

求下列有理函数的积分：

(1) $\int\frac{x^3}{x+3}dx$;

(2) $\int\frac{3x^3+1}{x^2-1}dx$;

(3) $\int\frac{1}{4x^2-x^4}dx$;

(4) $\int\frac{2x+3}{x^2+3x-10}dx$;

(5) $\int\frac{x-2}{x^2+2x+3}dx$;

(6) $\int\frac{x}{x^4-16}dx$;

(7) $\int\frac{x^7}{x^{16}+1}dx$;

(8) $\int\frac{x^{2n-1}}{x^n+1}dx$;

(9) $\int\frac{1}{x(1+x^{10})^2}dx$;

(10) $\int\frac{1}{x^4+x^2+1}dx$;

(11) $\int\frac{dx}{3+\cos x}dx$;

(12) $\int\frac{\sin x}{\sin x+\cos x}dx$.

总习题 四

1. 选择题

(1) 如果 $f(x)$ 的原函数存在，则它的原函数有（　　）.

　A. 1个　　　　　　B. 有限个　　　　　C. 无穷个　　　　　D. 以上都不对

(2) 下列关系式中，正确的是（　　）.

　A. $d\left(\int 3\cos x\, dx\right)=3\cos x$　　　　B. $\int d(3\cos x)=3\cos x$

　C. $\int\frac{d}{dx}(3\cos x)dx=3\cos x+C$　　　D. $\frac{d}{dx}\int 3\cos x\, dx=3\cos x\, dx$

(3) 设函数 $F(x)$ 和 $\Phi(x)$ 都为 $f(x)$ 的原函数，则（　　）.

　A. $F(x)=\Phi(x)$　　　　　　　　　B. $F(x)-\Phi(x)=C$（常数）

　C. $F(x)$ 和 $\Phi(x)$ 无关　　　　　D. 以上都不对

(4) 设函数 $f(x)=a^x,g(x)=\frac{a^x}{\ln a}+C$，则（　　）成立.

　A. $f(x)$ 是 $g(x)$ 的不定积分　　　　B. $g(x)$ 是 $f(x)$ 的不定积分

　C. $g(x)$ 是 $f(x)$ 的导数　　　　　　D. $f(x)$ 是 $g(x)$ 的微分

(5) 设 $f'(e^x)=1+x$，则 $f(x)=($).

A. $1+\ln x+C$ B. $x\ln x+C$

C. $x+\dfrac{x^2}{2}+C$ D. $x\ln x-x+C$

(6) $\displaystyle\int xf(x^2)f'(x^2)\mathrm{d}x=($).

A. $\dfrac{1}{2}f(x^2)+C$ B. $\dfrac{1}{2}f^2(x^2)+C$

C. $\dfrac{1}{4}f^2(x^2)+C$ D. $\dfrac{1}{4}x^2f^2(x^2)+C$

2. 填空题

(1) 在积分曲线族 $y=\displaystyle\int 2\sin x\,\mathrm{d}x$ 中，过点 $\left(\dfrac{\pi}{3},0\right)$ 的曲线为_____.

(2) $\ln x,\ln ax,\ln(ax+b)$ 是函数_____的原函数.

3. 求下列不定积分：

(1) $\displaystyle\int\dfrac{x^2-2\sqrt{2}x+2}{x-\sqrt{2}}\mathrm{d}x$；

(2) $\displaystyle\int\dfrac{\sqrt{x^3}-\sqrt{x}}{6\sqrt[4]{x}}\mathrm{d}x$；

(3) $\displaystyle\int\dfrac{x^3+x-1}{x^2(1+x^2)}\mathrm{d}x$；

(4) $\displaystyle\int\dfrac{2^{x+1}-3^{x-1}}{6^x}\mathrm{d}x$；

(5) $\displaystyle\int e^{2x}2^x\,\mathrm{d}x$；

(6) $\displaystyle\int\dfrac{\mathrm{d}x}{e^x+4e^{-x}+3}$；

(7) $\displaystyle\int\dfrac{e^x(1+e^x)}{\sqrt{1-e^{2x}}}\mathrm{d}x$；

(8) $\displaystyle\int\dfrac{e^{2x}}{\sqrt[4]{e^x+1}}\mathrm{d}x$；

(9) $\displaystyle\int\dfrac{x(1-x^2)}{1+x^4}\mathrm{d}x$；

(10) $\displaystyle\int\dfrac{6x-5}{2\sqrt{3x^2-5x+6}}\mathrm{d}x$；

(11) $\displaystyle\int\dfrac{\sqrt{x}}{\sqrt{a^3-x^3}}\mathrm{d}x$；

(12) $\displaystyle\int\dfrac{\mathrm{d}x}{x\sqrt{x^2-1}}$；

(13) $\displaystyle\int\dfrac{\mathrm{d}x}{x-\sqrt{x^2-1}}$；

(14) $\displaystyle\int\left(\sqrt{\dfrac{a+x}{a-x}}-\sqrt{\dfrac{a-x}{a+x}}\right)\mathrm{d}x$；

(15) $\displaystyle\int\dfrac{2x-1}{\sqrt{9x^2-4}}\mathrm{d}x$；

(16) $\displaystyle\int\dfrac{\mathrm{d}x}{\sqrt{36-16x-x^2}}$；

(17) $\displaystyle\int\dfrac{\mathrm{d}x}{(x-1)\sqrt{x^2-2}}$；

(18) $\displaystyle\int\dfrac{\mathrm{d}x}{x^2\sqrt{x^2+a^2}}$；

(19) $\displaystyle\int\dfrac{\mathrm{d}x}{3x^2+4x-7}$；

(20) $\displaystyle\int\dfrac{5x+6}{x^2+x+1}\mathrm{d}x$；

(21) $\displaystyle\int\dfrac{x^3+x+2}{x^4+2x^2+1}\mathrm{d}x$；

(22) $\displaystyle\int\dfrac{\mathrm{d}x}{\sqrt{x(3x+5)}}$；

(23) $\displaystyle\int\dfrac{\mathrm{d}x}{x+2\sqrt{x}+5}$；

(24) $\displaystyle\int\dfrac{x^3}{(x-1)^{100}}\mathrm{d}x$；

(25) $\displaystyle\int \frac{x\,\mathrm{e}^x}{(1+x)^2}\mathrm{d}x$;

(26) $\displaystyle\int \frac{\mathrm{d}x}{2\sin x-\cos x+5}$;

(27) $\displaystyle\int \frac{x\ln(x+\sqrt{1+x^2})}{(1-x^2)^2}\mathrm{d}x$;

(28) $\displaystyle\int \frac{\ln(1+x)}{(1+x)^2}\mathrm{d}x$;

(29) $\displaystyle\int \frac{\ln x-1}{\ln^2 x}\mathrm{d}x$;

(30) $\displaystyle\int \frac{\ln\tan x}{\sin x\cos x}\mathrm{d}x$;

(31) $\displaystyle\int \frac{\arcsin x}{\sqrt{(1-x^2)^3}}\mathrm{d}x$;

(32) $\displaystyle\int \frac{\ln\arcsin x}{\sqrt{1-x^2}\,\arcsin x}\mathrm{d}x$;

(33) $\displaystyle\int \sin x\ln\tan x\,\mathrm{d}x$;

(34) $\displaystyle\int \frac{\sin^2 x}{\cos^3 x}\mathrm{d}x$.

4. 求解下列问题:

(1) 已知边际收益为 $R'(Q)=100-0.02Q$,其中 Q 为产量,求收益函数;

(2) 已知某产品产量的变化率为 $f(t)=50t+200$,其中 t 为时间,求此产品在 t 时刻的产量 $Q(t)$(已知 $Q(0)=0$);

(3) 设生产某产品 Q 单位的总成本 C 是 Q 的函数 $C(Q)$,固定成本(即 $C(0)$)为 20 元,边际成本函数 $C'(Q)=2Q+10$(元/单位),求总成本函数 $C(Q)$;

(4) 某商品的需求量 Q 为价格 P 的函数,该商品的最大需求量为 1000(即 $P=0$ 时, $Q=1000$),已知需求量的变化率(边际需求)为 $Q'(P)=-1000\ln3\times\left(\dfrac{1}{3}\right)^P$,求需求量关于价格的弹性.

第 五 章　定积分及其应用

　　本章我们将讨论微积分学中的另一个基本内容——定积分. 我们先从几何学、物理学问题入手,阐述定积分的由来、定义和性质,然后讨论它的计算方法和应用. 本章将介绍一个重要公式——**微积分基本公式**,也称**牛顿-莱布尼茨公式**,它建立了积分和微分之间的联系,为微积分的发展奠定了坚实的基础.

第一节　定积分的概念与性质

一、定积分问题举例

1. 曲边梯形的面积

　　设 $y=f(x)$ 在区间 $[a,b]$ 上非负、连续. 由曲线 $y=f(x)$ 及直线 $x=a,x=b$,以及 x 轴所围成的图形称为**曲边梯形**(图 5-1),其中曲线弧称为**曲边**,x 轴上对应于区间 $[a,b]$ 的线段称为**底边**.

　　曲边梯形的面积没有现成的计算公式. 我们采用"**分割-近似-求和-取极限**"的方法来计算,详细过程如下(图 5-2):

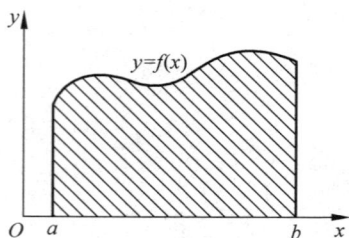

图 5-1

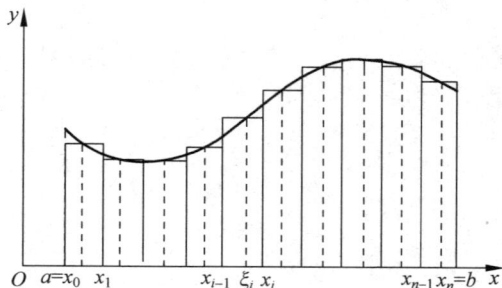

图 5-2

　　在区间 $[a,b]$ 中任意插入 $n-1$ 个分点:

$$a=x_0<x_1<\cdots<x_{n-1}<x_n=b,$$

把 $[a,b]$ 分成 n 个小区间:

$$[x_0, x_1], [x_1, x_2], \cdots, [x_{n-1}, x_n],$$

过每一个分点作垂直于 x 轴的直线段,把曲边梯形分成 n 个窄**曲边梯形**,底边长度分别为

$$\Delta x_1 = x_1 - x_0, \Delta x_2 = x_2 - x_1, \cdots, \Delta x_n = x_n - x_{n-1}.$$

在第 $i(i=1,2,\cdots,n)$ 个小区间 $[x_{i-1}, x_i]$ 上任取一点 ξ_i,作以 $[x_{i-1}, x_i]$ 为底、$f(\xi_i)$ 为高的窄**矩形**,面积为 $f(\xi_i)\Delta x_i$,近似替代第 i 个窄曲边梯形的面积,则所求曲边梯形面积

$$A \approx f(\xi_1)\Delta x_1 + f(\xi_2)\Delta x_2 + \cdots + f(\xi_n)\Delta x_n = \sum_{i=1}^{n} f(\xi_i)\Delta x_i.$$

一般而言,区间分得越小,曲边梯形与窄曲边梯形的误差也越小. 记小区间长度中的最大值 $\lambda = \max\{\Delta x_1, \Delta x_2, \cdots, \Delta x_n\}$,当把区间分得无限小,即令 $\lambda \to 0$ 时,取上述和式的极限,可得曲边梯形的面积

$$A = \lim_{\lambda \to 0} \sum_{i=1}^{n} f(\xi_i)\Delta x_i.$$

2. 变速直线运动的路程

设某物体作变速直线运动,已知速度 $v = v(t)$ 是时间间隔 $[T_1, T_2]$ 上的连续函数,且 $v(t) \geqslant 0$,计算这段时间内物体所经过的路程.

变速直线运动的路程也没有现成的计算公式,采用"**分割-近似-求和-取极限**"的方法计算如下:

在时间间隔 $[T_1, T_2]$ 内任意插入 $n-1$ 个分点:

$$T_1 = t_0 < t_1 < t_2 < \cdots < t_{n-1} < t_n = T_2,$$

把 $[T_1, T_2]$ 分成 n 小段:

$$[t_0, t_1], [t_1, t_2], \cdots, [t_{n-1}, t_n],$$

各小段时间长依次为

$$\Delta t_1 = t_1 - t_0, \Delta t_2 = t_2 - t_1, \cdots, \Delta t_n = t_n - t_{n-1}.$$

相应地,在各段时间内物体经过的路程依次为

$$\Delta s_1, \Delta s_2, \cdots, \Delta s_n.$$

在时间间隔 $[t_{i-1}, t_i]$ 上任取一个时刻 $\tau_i (t_{i-1} \leqslant \tau_i \leqslant t_i)$,将速度 $v(\tau_i)$ 看作这段时间上的平均速度,可得 Δs_i 的近似值,即

$$\Delta s_i \approx v(\tau_i)\Delta t_i \quad (i=1,2,\cdots,n).$$

于是这 n 段小区间上的路程的近似值之和就是所求变速直线运动路程 s 的近似值,即

$$s \approx \sum_{i=1}^{n} v(\tau_i)\Delta t_i.$$

记 $\lambda = \max\{\Delta t_1, \Delta t_2, \cdots, \Delta t_n\}$,当 $\lambda \to 0$ 时,取上式右端和式的极限,即得变速直线运动的路程

$$s = \lim_{\lambda \to 0} \sum_{i=1}^{n} v(\tau_i)\Delta t_i.$$

二、定积分的定义

抛开具体意义,上述两个问题的解决过程和结果非常类似:

面积
$$A = \lim_{\lambda \to 0} \sum_{i=1}^{n} f(\xi_i) \Delta x_i;$$

路程
$$s = \lim_{\lambda \to 0} \sum_{i=1}^{n} v(\tau_i) \Delta t_i.$$

我们将这种结构抽象为一个数学概念——定积分.

定义 5.1 设函数 $f(x)$ 在区间 $[a,b]$ 上有界,在 $[a,b]$ 中任意插入 $n-1$ 个分点:
$$a = x_0 < x_1 < \cdots < x_{n-1} < x_n = b,$$
把区间 $[a,b]$ 分成 n 个小区间:
$$[x_0, x_1], [x_1, x_2], \cdots, [x_{n-1}, x_n],$$
各个小区间的长度依次为
$$\Delta x_1 = x_1 - x_0, \Delta x_2 = x_2 - x_1, \cdots, \Delta x_n = x_n - x_{n-1}.$$
在每个小区间 $[x_{i-1}, x_i]$ 上任取一点 ξ_i $(x_{i-1} \leqslant \xi_i \leqslant x_i)$,作乘积 $f(\xi_i)\Delta x_i$ $(i=1,2,\cdots,n)$ 的和
$$S = \sum_{i=1}^{n} f(\xi_i) \Delta x_i,$$
记 $\lambda = \max\{\Delta x_1, \Delta x_2, \cdots, \Delta x_n\}$,如果无论对 $[a,b]$ 怎样分法,也无论在小区间 $[x_{i-1}, x_i]$ 上点 ξ_i 怎样取法,只要 $\lambda \to 0$ 时,和 S 总趋于确定的极限 I,就称这个极限 I 为函数 $f(x)$ 在区间 $[a,b]$ 上的**定积分**(简称积分),记作 $\int_a^b f(x)\mathrm{d}x$,即
$$\int_a^b f(x)\mathrm{d}x = \lim_{\lambda \to 0} \sum_{i=1}^{n} f(\xi_i) \Delta x_i = I.$$
其中 $f(x)$ 叫作**被积函数**,$f(x)\mathrm{d}x$ 叫作**被积表达式**,x 叫作**积分变量**,a 叫作**积分下限**,b 叫作**积分上限**,$[a,b]$ 叫作**积分区间**.

和 $\sum_{i=1}^{n} f(\xi_i) \Delta x_i$ 通常称为 $f(x)$ 的**积分和**. 如果 $f(x)$ 在 $[a,b]$ 上的定积分存在,我们就说 $f(x)$ 在 $[a,b]$ 上**可积**.

根据定义可知,函数 $f(x)$ 在 $[a,b]$ 上有界是可积的必要条件. 但到底什么样的函数才可积呢? 下面给出可积的两个充分条件:

定理 5.1 设 $f(x)$ 在 $[a,b]$ 上连续,则 $f(x)$ 在 $[a,b]$ 上可积.

定理 5.2 设 $f(x)$ 在 $[a,b]$ 上有界,且只有有限个间断点,则 $f(x)$ 在 $[a,b]$ 上可积.

注意:(1) 定积分 $\int_a^b f(x)\mathrm{d}x$ 是个确定的数,仅与被积函数 $f(x)$ 和积分区间 $[a,b]$ 有关,而与积分变量用什么字母无关,即
$$\int_a^b f(x)\mathrm{d}x = \int_a^b f(t)\mathrm{d}t = \int_a^b f(u)\mathrm{d}u.$$

(2) **定积分的几何意义**:若 $f(x)$ 在 $[a,b]$ 上非负,则 $\int_a^b f(x)\mathrm{d}x$ 表示由曲线 $y=f(x)$,直线 $x=a$,$x=b$ 与 x 轴所围成的曲边梯形的面积;若 $f(x)<0$,则 $f(\xi_i)\Delta x_i < 0$,故 $\int_a^b f(x)\mathrm{d}x$ 表示曲边梯形面积的负值;若 $f(x)$ 的值有正有负(图 5-3),则 $\int_a^b f(x)\mathrm{d}x$ 表示在 x 轴上、下方的图形面积之差.

例 1 应用定义计算定积分 $\int_0^1 x \, \mathrm{d}x$.

解 因为被积函数 $f(x)=x$ 在区间 $[0,1]$ 上连续, 所以定积分 $\int_0^1 x \, \mathrm{d}x$ 存在. 由于定积分的值与区间 $[0,1]$ 的划分方法及点 ξ_i 的取法无关, 不妨把区间 $[0,1]$ 分成 n 等份(图 5-4).

令 $\xi_i = \dfrac{i}{n}(i=1,2,\cdots,n)$, $\Delta x_i = \dfrac{1}{n}$, 则有

$$\int_0^1 x \, \mathrm{d}x = \lim_{n \to \infty} \sum_{i=1}^{n} \left(\frac{i}{n} \cdot \frac{1}{n} \right) = \lim_{n \to \infty} \frac{1}{n^2} \sum_{i=1}^{n} i$$

$$= \lim_{n \to \infty} \frac{1}{n^2} (1 + 2 + \cdots + n)$$

$$= \lim_{n \to \infty} \frac{1}{n^2} \frac{n(n+1)}{2} = \frac{1}{2}.$$

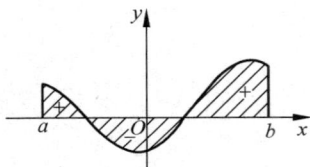

图 5-3

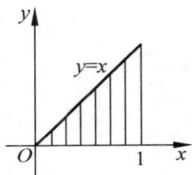

图 5-4

三、定积分的性质

为方便定积分的计算和应用, 先作两点补充规定:

(1) 当 $a=b$ 时, $\int_a^b f(x) \, \mathrm{d}x = 0$;

(2) 当 $a>b$ 时, $\int_b^a f(x) \, \mathrm{d}x = -\int_a^b f(x) \, \mathrm{d}x$.

在下面的讨论中, 我们总假定函数在所讨论的区间上可积.

性质 1 函数的和(差)的定积分等于它们的定积分的和(差), 即

$$\int_a^b [f(x) \pm g(x)] \mathrm{d}x = \int_a^b f(x) \, \mathrm{d}x \pm \int_a^b g(x) \, \mathrm{d}x.$$

证 $\displaystyle \int_a^b [f(x) \pm g(x)] \mathrm{d}x = \lim_{\lambda \to 0} \sum_{i=1}^{n} [f(\xi_i) \pm g(\xi_i)] \Delta x_i$

$$= \lim_{\lambda \to 0} \sum_{i=1}^{n} f(\xi_i) \Delta x_i \pm \lim_{\lambda \to 0} \sum_{i=1}^{n} g(\xi_i) \Delta x_i$$

$$= \int_a^b f(x) \, \mathrm{d}x \pm \int_a^b g(x) \, \mathrm{d}x.$$

类似地, 可以证明:

性质 2 设 k 是与积分变量 x 无关的常数, 则 $\int_a^b k f(x) \, \mathrm{d}x = k \int_a^b f(x) \, \mathrm{d}x$.

性质 1 和性质 2 称为积分运算的线性性质.

性质 3(积分区间可加性) $\int_a^b f(x) \, \mathrm{d}x = \int_a^c f(x) \, \mathrm{d}x + \int_c^b f(x) \, \mathrm{d}x.$

注 无论点 c 位于区间 $[a,b]$ 内部或者外部,性质 3 都成立.

性质 4 $\int_a^b 1\mathrm{d}x = \int_a^b \mathrm{d}x = b-a.$

性质 5（保号性） 如果在区间 $[a,b]$ 上 $f(x) \geqslant 0$,则 $\int_a^b f(x)\mathrm{d}x \geqslant 0(a<b).$

推论 1 如果在区间 $[a,b]$ 上 $f(x) \geqslant g(x)$,则 $\int_a^b f(x)\mathrm{d}x \geqslant \int_a^b g(x)\mathrm{d}x(a<b).$

证 因为 $g(x)-f(x) \geqslant 0$,因此由性质 5 得

$$\int_a^b [g(x)-f(x)]\mathrm{d}x \geqslant 0.$$

再利用性质 1,便得要证的不等式.

推论 2 $\left| \int_a^b f(x)\mathrm{d}x \right| \leqslant \int_a^b |f(x)|\mathrm{d}x(a<b).$

证 因为

$$-|f(x)| \leqslant f(x) \leqslant |f(x)|,$$

所以由推论 1 及性质 2 可得

$$-\int_a^b |f(x)|\mathrm{d}x \leqslant \int_a^b f(x)\mathrm{d}x \leqslant \int_a^b |f(x)|\mathrm{d}x,$$

即

$$\left| \int_a^b f(x)\mathrm{d}x \right| \leqslant \int_a^b |f(x)|\mathrm{d}x.$$

性质 6 设 m 及 M 分别是函数 $f(x)$ 在区间 $[a,b]$ 上的最小值和最大值,则

$$m(b-a) \leqslant \int_a^b f(x)\mathrm{d}x \leqslant M(b-a) \quad (a<b).$$

证 因为 $m \leqslant f(x) \leqslant M$,所以由性质 5 可得

$$\int_a^b m\mathrm{d}x \leqslant \int_a^b f(x)\mathrm{d}x \leqslant \int_a^b M\mathrm{d}x,$$

再由性质 2 及性质 4,即得所要证的不等式.

例 2 估计定积分 $\int_0^2 \mathrm{e}^{x^2}\mathrm{d}x$ 的大小.

解 被积函数 $f(x)=\mathrm{e}^{x^2}$ 在 $[0,2]$ 上单调增加,故最小值 $m=\mathrm{e}^0=1$,最大值 $M=\mathrm{e}^4$. 由性质 6 得

$$\mathrm{e}^0(2-0) \leqslant \int_0^2 \mathrm{e}^{x^2}\mathrm{d}x \leqslant \mathrm{e}^4(2-0),$$

即

$$2 \leqslant \int_0^2 \mathrm{e}^{x^2}\mathrm{d}x \leqslant 2\mathrm{e}^4.$$

性质 7（积分中值定理） 如果函数 $f(x)$ 在积分区间 $[a,b]$ 上连续,则在 $[a,b]$ 上至少存在一点 ξ,使下式成立:

$$\int_a^b f(x)\mathrm{d}x = f(\xi)(b-a) \quad (a \leqslant \xi \leqslant b).$$

这个公式叫作**积分中值公式**.

证 性质 6 中的不等式各端均除以 $b-a$,得

$$m \leqslant \frac{1}{(b-a)} \int_a^b f(x) \mathrm{d}x \leqslant M.$$

根据介值定理,$[a,b]$ 上至少存在一点 ξ,使得

$$f(\xi) = \frac{1}{(b-a)} \int_a^b f(x) \mathrm{d}x \quad (a \leqslant \xi \leqslant b),$$

即

$$\int_a^b f(x) \mathrm{d}x = f(\xi)(b-a).$$

积分中值定理的几何解释是:对于 $[a,b]$ 上的连续曲线 $f(x)$,我们总能适当地选择 ξ $(a \leqslant \xi \leqslant b)$,使得以 $[a,b]$ 为底、以 $f(\xi)$ 为高的矩形面积恰好等于以 $[a,b]$ 为底、以 $y=f(x)$ 为曲边的曲边梯形的面积(图 5-5).

显然,当 $b < a$ 时,积分中值公式仍然成立. 通常称 $\frac{1}{b-a} \int_a^b f(x) \mathrm{d}x$ 为函数 $f(x)$ 在区间 $[a,b]$ 上的**平均值**.

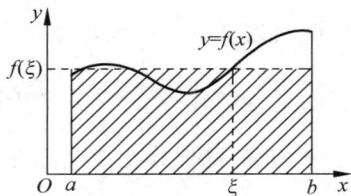

图 5-5

习题 5-1

1. 利用定积分的几何意义,说明下列等式成立:

(1) $\displaystyle\int_{-1}^0 x^2 \mathrm{d}x = \int_0^1 x^2 \mathrm{d}x$;

(2) $\displaystyle\int_{-1}^1 \sqrt{1-x^2} \mathrm{d}x = \frac{\pi}{2}$;

(3) $\displaystyle\int_0^{\frac{\pi}{2}} \sin x \mathrm{d}x = \int_0^{\frac{\pi}{2}} \cos x \mathrm{d}x$;

(4) $\displaystyle\int_0^{2\pi} |\sin x| \mathrm{d}x = 4\int_0^{\frac{\pi}{2}} \sin x \mathrm{d}x$.

2. 用定积分的定义计算下列积分:

(1) $\displaystyle\int_0^1 x^2 \mathrm{d}x$;

(2) $\displaystyle\int_0^1 \mathrm{e}^x \mathrm{d}x$;

(3) $\displaystyle\int_0^{\pi} \sin x \mathrm{d}x$.

3. 比较下列积分的大小:

(1) $\displaystyle\int_0^1 \mathrm{e}^x \mathrm{d}x$ 和 $\displaystyle\int_0^1 \mathrm{e}^{x^2} \mathrm{d}x$;

(2) $\displaystyle\int_1^2 \ln x \mathrm{d}x$ 和 $\displaystyle\int_1^2 \ln^2 x \mathrm{d}x$.

4. 利用估值定理估计下列积分的值:

(1) $\displaystyle\int_{-1}^0 \sqrt[3]{1+x} \mathrm{d}x$;

(2) $\displaystyle\int_{\frac{\pi}{4}}^{\frac{3\pi}{4}} (1+\sin^2 x) \mathrm{d}x$.

5. 证明:若函数 $f(x)$ 在 $[a,b]$ 上连续,$f(x) \geqslant 0$,且 $f(x)$ 不恒为零,则 $\displaystyle\int_a^b f(x) \mathrm{d}x > 0$.

6. 设函数 $f(x)$ 在 $[0,1]$ 上连续,在 $(0,1)$ 内可导,且 $2\displaystyle\int_0^{\frac{1}{2}} f(x) \mathrm{d}x = f(1)$,证明:在 $(0,1)$ 内至少存在一点 ξ,使得 $f'(\xi) = 0$.

第二节 微积分基本公式

在第一节中,我们介绍了如何按定义计算定积分. 但被积函数较为复杂时,使用这种方法有一定难度. 本节我们从实际问题出发,引入变上限积分函数的概念,通过研究它的性质

推导出微积分基本公式，从而为定积分的计算提供一种简便而有效的方法.

一、积分上限函数

第一节中介绍过，以变速 $v(t)$ 作直线运动的物体，在时间间隔 $[0,T]$ 上经过的路程

$$s = \int_0^T v(t)\mathrm{d}t.$$

若把终止时刻 T 当作变量，则 s 随 T 变化，即 $\int_0^T v(t)\mathrm{d}t$ 可看作随积分上限 T 变化的函数.

设函数 $f(x)$ 在区间 $[a,b]$ 上连续，x 为 $[a,b]$ 上的一点，考察定积分 $\int_a^x f(x)\mathrm{d}x$. 值得注意的是，虽然 $\int_a^x f(x)\mathrm{d}x$ 的上限和积分变量都用 x 表示，但两者的含义截然不同. 为了明确起见，通常把积分变量改记为其他符号，例如 t，于是这个定积分也可以写作

$$\int_a^x f(t)\mathrm{d}t.$$

对于每一个取定的 x，$\int_a^x f(t)\mathrm{d}t$ 都有一个确定的值与之相对应，所以它可看作 x 的函数，记作

$$\Phi(x) = \int_a^x f(t)\mathrm{d}t \quad (a \leqslant x \leqslant b),$$

称它为**积分上限的函数**，也称**变上限积分函数**. 这个函数具有下述重要性质.

定理 5.3   如果函数 $f(x)$ 在区间 $[a,b]$ 上连续，则积分上限的函数

$$\Phi(x) = \int_a^x f(t)\mathrm{d}t$$

在 $[a,b]$ 上可导，并且导函数

$$\Phi'(x) = \frac{\mathrm{d}}{\mathrm{d}x}\int_a^x f(t)\mathrm{d}t = f(x) \quad (a \leqslant x \leqslant b).$$

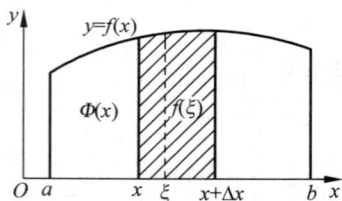

图 5-6

证   函数增量（图 5-6）

$$\begin{aligned}
\Delta\Phi &= \Phi(x+\Delta x) - \Phi(x) \\
&= \int_a^{x+\Delta x} f(t)\mathrm{d}t - \int_a^x f(t)\mathrm{d}t \\
&= \int_x^{x+\Delta x} f(t)\mathrm{d}t.
\end{aligned}$$

由积分中值定理知，存在 ξ，使得

$$\int_x^{x+\Delta x} f(t)\mathrm{d}t = f(\xi)\Delta x,$$

其中，ξ 介于 x 和 $x+\Delta x$ 之间，于是

$$\frac{\Delta\Phi}{\Delta x} = f(\xi).$$

令 $\Delta x \to 0$，则 $\xi \to x$，又因为 $f(x)$ 连续，故 $f(\xi) \to f(x)$，于是

$$\Phi'(x) = \lim_{\Delta x \to 0} \frac{\Delta\Phi}{\Delta x} = \lim_{\Delta x \to 0} f(\xi) = f(x).$$

定理得证.

例 1 求 $d\left(\int_0^x \cos t\, dt\right)$.

解 $d\left(\int_0^x \cos t\, dt\right) = \left(\int_0^x \cos t\, dt\right)' dx = \cos x\, dx$.

由定理 5.3 可得出一个重要结论：变上限积分函数是连续函数 $f(x)$ 的一个原函数. 因此，定理 5.3 也可叙述成如下的原函数存在定理.

定理 5.4 如果函数 $f(x)$ 在区间 $[a,b]$ 上连续，则函数

$$\Phi(x) = \int_a^x f(t)\, dt$$

是 $f(x)$ 在区间 $[a,b]$ 上的一个原函数，即连续函数必有原函数.

这个定理的重要意义在于：一方面肯定了连续函数必定存在原函数，另一方面揭示了定积分与原函数之间的联系，从而有可能利用原函数计算定积分.

例 2 求变限积分 $\int_x^1 \ln(1+t^2)\, dt$ 的导数.

解 $\left(\int_x^1 \ln(1+t^2)\, dt\right)' = \left(-\int_1^x \ln(1+t^2)\, dt\right)' = -\ln(1+x^2)$.

例 3 求 $\dfrac{d}{dx}\left(\int_{-1}^{x^2} e^{-2t}\, dt\right)$.

解 令 $u = x^2$，则 $\dfrac{d}{dx}\left(\int_{-1}^{x^2} e^{-2t}\, dt\right) = \dfrac{d}{du}\left(\int_{-1}^{u} e^{-2t}\, dt\right) \cdot \dfrac{du}{dx} = 2x\, e^{-2x^2}$.

注 例 3 中的函数可看作变上限积分的复合函数，求导遵循链式法则. 一般地，设 $f(x)$ 连续，$u(x), v(x)$ 都是可微函数，则有

$$\frac{d}{dx}\left(\int_{u(x)}^{v(x)} f(t)\, dt\right) = v'(x)f(v(x)) - u'(x)f(u(x)).$$

例 4 求极限 $\lim\limits_{x\to 0} \dfrac{\int_0^x (1-\cos t)\, dt}{x - \sin x}$.

解 这是 $\dfrac{0}{0}$ 型未定式，由洛必达法则知

$$\lim_{x\to 0} \frac{\int_0^x (1-\cos t)\, dt}{x - \sin x} = \lim_{x\to 0} \frac{1-\cos x}{1-\cos x} = 1.$$

二、牛顿-莱布尼茨公式

现在我们利用定理 5.4 证明一个重要定理，它给出了用原函数计算定积分的公式.

定理 5.5 设 $f(x)$ 是区间 $[a,b]$ 上的连续函数，$F(x)$ 是 $f(x)$ 的一个原函数，则

$$\int_a^b f(x)\, dx = F(b) - F(a). \tag{5.1}$$

证 已知函数 $F(x)$ 是 $f(x)$ 的一个原函数，由定理 5.4 知，$\Phi(x) = \int_a^x f(t)\, dt$ 也是 $f(x)$ 的一个原函数. 因此，这两个原函数相差一个常数，即

$$\Phi(x) = F(x) + C \quad (a \leqslant x \leqslant b). \tag{5.2}$$

当 $x=a$ 时，

$$\Phi(a)=F(a)+C.$$

而 $\Phi(a)=0$，所以

$$C=-F(a).$$

代入式 (5.2)，得

$$\Phi(x)=F(x)-F(a),$$

即

$$\int_a^x f(x)\mathrm{d}x=F(x)-F(a).$$

令 $x=b$，再把积分变量 t 改写成 x，就得到所要证明的公式 (5.1).

为方便起见，以后把 $F(b)-F(a)$ 写成 $F(x)\big|_a^b$，于是式 (5.1) 又可写成

$$\int_a^b f(x)\mathrm{d}x=F(x)\ \big|_a^b.$$

式 (5.1) 称为**牛顿（Newton）-莱布尼茨（Leibniz）公式**，也叫作**微积分基本公式**. 这个公式巧妙地将定积分和不定积分联系起来，即把定积分的计算转化为被积函数的任意一个原函数在区间 $[a,b]$ 上的**增量**，这就为定积分的计算提供了一种有效而简便的方法.

例 5　计算 $\int_1^2 x^2\mathrm{d}x$.

解　由于 x^2 有一个原函数 $\dfrac{x^3}{3}$，因此由牛顿-莱布尼茨公式，有

$$\int_1^2 x^2\mathrm{d}x=\frac{x^3}{3}\bigg|_1^2=\frac{2^3}{3}-\frac{1^3}{3}=\frac{7}{3}.$$

例 6　计算 $\int_0^1 \dfrac{1}{1+x^2}\mathrm{d}x$.

解　由于 $\dfrac{1}{1+x^2}$ 的一个原函数是 $\arctan x$，故

$$\int_0^1 \frac{1}{1+x^2}\mathrm{d}x=\arctan x\ \big|_0^1=\arctan 1-\arctan 0=\frac{\pi}{4}.$$

习题 5-2

1. 设函数 $y=\displaystyle\int_0^x (1+t)\mathrm{d}t$，求 $y'(0)$，$y'(2)$.

2. 计算下列导数：

(1) $\dfrac{\mathrm{d}}{\mathrm{d}x}\displaystyle\int_1^{x^3} \dfrac{\mathrm{e}^t}{t}\mathrm{d}t$；

(2) $\dfrac{\mathrm{d}}{\mathrm{d}x}\displaystyle\int_{x^2}^1 \sin\sqrt{t}\ \mathrm{d}t$；

(3) $\dfrac{\mathrm{d}}{\mathrm{d}x}\displaystyle\int_{-x}^{\sqrt{x}} \mathrm{e}^{-t^2}\mathrm{d}t$；

(4) $\dfrac{\mathrm{d}}{\mathrm{d}x}\displaystyle\int_x^{x^2} x\cos^2 t\,\mathrm{d}t$.

3. 设 $f(x)$ 是连续函数，且 $\displaystyle\int_0^{2x} f(t)\mathrm{d}t=x^2$，求 $f(4)$.

4. 已知参数表达式 $x=\displaystyle\int_0^t \sin u\,\mathrm{d}u$，$y=\displaystyle\int_0^t \cos u\,\mathrm{d}u$，求 x，y 对参变量 t 的微分 $\mathrm{d}x$，$\mathrm{d}y$，以

及 y 对 x 的导数 $\dfrac{\mathrm{d}y}{\mathrm{d}x}$.

5. 求下列极限:

(1) $\lim\limits_{x \to 0} \dfrac{\displaystyle\int_0^x \ln(1+t^2)\mathrm{d}t}{x^3}$;

(2) $\lim\limits_{x \to 0} \dfrac{\left(\displaystyle\int_0^x \mathrm{e}^{t^2}\mathrm{d}t\right)^2}{\displaystyle\int_x^0 t\mathrm{e}^{2t^2}\mathrm{d}t}$.

6. 设 $f(x) = x + 2\displaystyle\int_0^1 f(t)\mathrm{d}t$,求 $f(x)$.

7. 设 $g(x)$ 处处连续,$f(x) = \displaystyle\int_0^x (x-t)g(t)\mathrm{d}t$,求 $f'(x)$,$f''(x)$.

8. 设 $f(x) = \begin{cases} x+1, & -1 \leqslant x \leqslant 0, \\ x, & 0 < x \leqslant 1, \end{cases}$ $F(x) = \displaystyle\int_{-1}^x f(t)\mathrm{d}t$,求 $F(x)$ 在区间 $[-1,1]$ 上的表达式.

9. 计算下列定积分:

(1) $\displaystyle\int_{-1}^1 (x^3 + 3x^2 + 1)\mathrm{d}x$;

(2) $\displaystyle\int_1^2 \left(1 + \dfrac{1}{x}\right)^2 \mathrm{d}x$;

(3) $\displaystyle\int_1^4 \sqrt{x}\left(3 + \dfrac{1}{2x}\right)\mathrm{d}x$;

(4) $\displaystyle\int_0^{\frac{\sqrt{3}}{2}} \dfrac{1}{\sqrt{1-x^2}}\mathrm{d}x$;

(5) $\displaystyle\int_0^a \dfrac{1}{x^2 + a^2}\mathrm{d}x$;

(6) $\displaystyle\int_0^{\frac{1}{2}} \dfrac{1}{x^2 - 1}\mathrm{d}x$;

(7) $\displaystyle\int_0^\pi \cos^2 \dfrac{x}{2}\mathrm{d}x$;

(8) $\displaystyle\int_0^{2\pi} |\sin x|\mathrm{d}x$;

(9) $\displaystyle\int_0^{\frac{\pi}{4}} \tan^2 \theta \mathrm{d}\theta$;

(10) $\displaystyle\int_{-2}^2 f(x)\mathrm{d}x$,其中 $f(x) = \begin{cases} x+1, & x \leqslant 0, \\ \mathrm{e}^x, & x > 0. \end{cases}$

10. 设函数 $f(x)$ 在 $[a,b]$ 上连续,且 $f(x) > 0$,有

$$F(x) = \int_a^x f(t)\mathrm{d}t + \int_b^x \dfrac{1}{f(t)}\mathrm{d}t, \quad x \in [a,b].$$

证明:(1)函数 $F(x)$ 在 $[a,b]$ 上单调增加;(2)方程 $F(x) = 0$ 在 $[a,b]$ 上有且仅有一个根.

第三节　定积分的换元积分法和分部积分法

微积分基本公式表明,连续函数 $f(x)$ 的定积分可转化为求 $f(x)$ 的一个原函数在积分区间上的增量,这说明连续函数的定积分与不定积分有着密切的联系. 在一定条件下,不定积分计算中的换元法和分部积分法也可以用于定积分的计算.

一、定积分的换元积分法

定理 5.6　设函数 $f(x)$ 在区间 $[a,b]$ 上连续,若 $x = \varphi(t)$,且满足:

(1) $\varphi(t)$ 在区间 $[\alpha,\beta]$ 上可导,且导函数 $\varphi'(t)$ 连续;

(2) $\varphi(\alpha) = a$,$\varphi(\beta) = b$,且 $\varphi(t) \in [a,b]$($t \in [\alpha,\beta]$),

则

$$\int_a^b f(x)\mathrm{d}x = \int_\alpha^\beta f[\varphi(t)]\varphi'(t)\mathrm{d}t. \tag{5.3}$$

注意,在应用式(5.3)作换元 $x=\varphi(t)$ 时,不仅要变换被积表达式,还要变换积分上、下限,即把对 x 积分的积分限 a,b 相应地换成对 t 积分的积分限 α,β,也就是"换元换限".其次,在把对 x 积分换成对 t 积分后,不必在计算结束时将 $x=\varphi(t)$ 的反函数 $t=\varphi^{-1}(x)$ 回代到结果中,只需直接按对 t 积分的积分限 α,β 计算出定积分结果即可.这是定积分与不定积分的换元法的不同之处.

式(5.3)称为定积分的**换元公式**.应用式(5.3)时,可以把等式左边化成等式右边,也可以把等式右边化成等式左边,即"凑微分法".

例1 计算 $\int_0^{\frac{\pi}{2}} 2\sin x\cos x\,\mathrm{d}x$.

解一 作代换 $t=\sin x$,则 $\mathrm{d}t=\cos x\mathrm{d}x$,当 $x=0$ 时,$t=0$;当 $x=\frac{\pi}{2}$ 时,$t=1$. 于是

$$\int_0^{\frac{\pi}{2}} 2\sin x\cos x\,\mathrm{d}x = \int_0^{\frac{\pi}{2}} 2\sin x\,\mathrm{d}(\sin x)\xrightarrow{t=\sin x}\int_0^1 2t\,\mathrm{d}t = t^2\,|_0^1 = 1.$$

解二 作代换 $t=\cos x$,则 $\mathrm{d}t=-\sin x\mathrm{d}x$,当 $x=0$ 时,$t=1$;当 $x=\frac{\pi}{2}$ 时,$t=0$. 于是

$$\int_0^{\frac{\pi}{2}} 2\sin x\cos x\,\mathrm{d}x = -\int_0^{\frac{\pi}{2}} 2\cos x\,\mathrm{d}(\cos x)\xrightarrow{t=\cos x}-\int_1^0 2t\,\mathrm{d}t = -t^2\,|_1^0 = 1.$$

解三 $\int_0^{\frac{\pi}{2}} 2\sin x\cos x\,\mathrm{d}x = \int_0^{\frac{\pi}{2}} \sin 2x\,\mathrm{d}x = \frac{1}{2}\int_0^{\frac{\pi}{2}} \sin 2x\,\mathrm{d}(2x) = -\frac{1}{2}\cos 2x\,\Big|_0^{\frac{\pi}{2}} = 1.$

在这里,因为没有令 $t=2x$ 进行换元,所以也就无须换限.

例2 计算 $\int_{-1}^1 x\sqrt{4-x^2}\,\mathrm{d}x$.

解 因为 $x\mathrm{d}x=\frac{1}{2}\mathrm{d}(x^2)=-\frac{1}{2}\mathrm{d}(4-x^2)$,所以

$$\int_{-1}^1 x\sqrt{4-x^2}\,\mathrm{d}x = -\frac{1}{2}\int_{-1}^1 \sqrt{4-x^2}\,\mathrm{d}(4-x^2) = -\frac{1}{2}\cdot\frac{2}{3}(4-x^2)^{\frac{3}{2}}\Big|_{-1}^1 = 0.$$

例3 计算定积分 $\int_1^e \frac{1+\ln x}{x}\mathrm{d}x$.

解 $\int_1^e \frac{1+\ln x}{x}\mathrm{d}x = \int_1^e (1+\ln x)\mathrm{d}(1+\ln x) = \frac{1}{2}(1+\ln x)^2\,|_1^e = \frac{1}{2}(4-1) = \frac{3}{2}.$

例4 计算定积分 $\int_0^4 \frac{\sqrt{x}}{1+\sqrt{x}}\mathrm{d}x$.

解 设 $t=\sqrt{x}$,则 $x=t^2$,$\mathrm{d}x=2t\mathrm{d}t$,且当 $x=0$ 时,$t=0$;当 $x=4$ 时,$t=2$. 于是

$$\int_0^4 \frac{\sqrt{x}}{1+\sqrt{x}}\mathrm{d}x \xrightarrow{t=\sqrt{x}} \int_0^2 \frac{t}{1+t}\cdot 2t\,\mathrm{d}t = 2\int_0^2\left(t-1+\frac{1}{1+t}\right)\mathrm{d}t$$

$$= 2\left[\frac{t^2}{2}-t+\ln(1+t)\right]\Big|_0^2 = 2\ln 3.$$

例 5 计算 $\int_0^a \sqrt{a^2-x^2}\,\mathrm{d}x$（$a$ 为常数，且 $a>0$）.

解 设 $x=a\sin t$，则 $\mathrm{d}x=a\cos t\,\mathrm{d}t$. 当 $x=0$ 时，$t=0$；当 $x=a$ 时，$t=\dfrac{\pi}{2}$. 于是

$$\int_0^a \sqrt{a^2-x^2}\,\mathrm{d}x \xlongequal{x=a\sin t} \int_0^{\frac{\pi}{2}} a\cos t \cdot a\cos t\,\mathrm{d}t$$

$$=\frac{a^2}{2}\int_0^{\frac{\pi}{2}}(1+\cos 2t)\,\mathrm{d}t = \frac{a^2}{2}\left(t+\frac{1}{2}\sin 2t\right)\Big|_0^{\frac{\pi}{2}} = \frac{\pi a^2}{4}.$$

注 本题也可利用定积分的几何意义，作图知 $\int_0^a \sqrt{a^2-x^2}\,\mathrm{d}x$ 表

示求四分之一圆（图 5-7）的面积，故 $\int_0^a \sqrt{a^2-x^2}\,\mathrm{d}x = \dfrac{\pi a^2}{4}$.

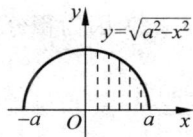

图 5-7

例 6 证明：$\int_0^{\frac{\pi}{2}}\sin^n x\,\mathrm{d}x = \int_0^{\frac{\pi}{2}}\cos^n x\,\mathrm{d}x$.

证 设 $x=\dfrac{\pi}{2}-t$，则 $\mathrm{d}x=-\mathrm{d}t$. 当 $x=0$ 时，$t=\dfrac{\pi}{2}$；当 $x=\dfrac{\pi}{2}$ 时，$t=0$. 于是

$$\int_0^{\frac{\pi}{2}}\sin^n x\,\mathrm{d}x \xlongequal{x=\frac{\pi}{2}-t} -\int_{\frac{\pi}{2}}^0 \sin^n\left(\frac{\pi}{2}-t\right)\mathrm{d}t = \int_0^{\frac{\pi}{2}}\cos^n t\,\mathrm{d}t = \int_0^{\frac{\pi}{2}}\cos^n x\,\mathrm{d}x.$$

例 7 设 $f(x)$ 是 $[-a,a]$ 上的连续函数，证明：

(1) 若 $f(x)$ 是偶函数，则 $\int_{-a}^a f(x)\,\mathrm{d}x = 2\int_0^a f(x)\,\mathrm{d}x$；

(2) 若 $f(x)$ 是奇函数，则 $\int_{-a}^a f(x)\,\mathrm{d}x = 0$.

证 对积分 $\int_{-a}^0 f(x)\,\mathrm{d}x$ 作变量替换 $x=-t$，则 $\mathrm{d}x=-\mathrm{d}t$. 当 $x=-a$ 时，$t=a$；当 $x=0$ 时，$t=0$. 于是

$$\int_{-a}^0 f(x)\,\mathrm{d}x \xlongequal{x=-t} -\int_a^0 f(-t)\,\mathrm{d}t = \int_0^a f(-t)\,\mathrm{d}t = \int_0^a f(-x)\,\mathrm{d}x.$$

即

$$\int_{-a}^a f(x)\,\mathrm{d}x = \int_{-a}^0 f(x)\,\mathrm{d}x + \int_0^a f(x)\,\mathrm{d}x = \int_0^a [f(-x)+f(x)]\,\mathrm{d}x.$$

(1) 若 $f(x)$ 是偶函数，则 $f(-x)=f(x)$，于是 $\int_{-a}^a f(x)\,\mathrm{d}x = 2\int_0^a f(x)\,\mathrm{d}x$；

(2) 若 $f(x)$ 是奇函数，则 $f(x)+f(-x)=0$，于是 $\int_{-a}^a f(x)\,\mathrm{d}x = 0$.

例 7 的结论也称定积分的**"偶倍奇零"**性质，常用于简化奇、偶函数在关于原点对称的区间上的定积分的计算.

例 8 计算下列积分：

(1) $\int_{-1}^1 (x\sqrt{1+x^2}+\sqrt{1-x^2})\,\mathrm{d}x$；

(2) $\int_{-2}^2 \left(\dfrac{\arctan^6 x}{1+x^2}+\dfrac{\arcsin x^5}{\sqrt{9-x^2}}\right)\mathrm{d}x$.

解 (1) 因为积分区间 $[-1,1]$ 关于原点对称，且被积函数中，$x\sqrt{1+x^2}$ 关于 x 是奇函数，$\sqrt{1-x^2}$ 关于 x 是偶函数，由偶倍奇零的性质知

$$\int_{-1}^{1} x\sqrt{1+x^2}\,\mathrm{d}x = 0, \quad 且 \quad \int_{-1}^{1}\sqrt{1-x^2}\,\mathrm{d}x = 2\int_{0}^{1}\sqrt{1-x^2}\,\mathrm{d}x,$$

故

$$\int_{-1}^{1}(x\sqrt{1+x^2}+\sqrt{1-x^2})\,\mathrm{d}x = 2\int_{0}^{1}\sqrt{1-x^2}\,\mathrm{d}x = \frac{\pi}{2}.$$

(2) 因为积分区间 $[-2,2]$ 关于原点对称，且被积函数中，$\dfrac{\arctan^6 x}{1+x^2}$ 关于 x 是偶函数，$\dfrac{\arcsin x^5}{\sqrt{9-x^2}}$ 关于 x 是奇函数，由偶倍奇零性质知

$$\int_{-2}^{2}\frac{\arctan^6 x}{1+x^2}\,\mathrm{d}x = 2\int_{0}^{2}\frac{\arctan^6 x}{1+x^2}\,\mathrm{d}x, \quad 且 \quad \int_{-2}^{2}\frac{\arcsin x^5}{\sqrt{9-x^2}}\,\mathrm{d}x = 0.$$

则

$$原式 = 2\int_{0}^{2}\frac{\arctan^6 x}{1+x^2}\,\mathrm{d}x = 2\int_{0}^{2}\arctan^6 x\,\mathrm{d}(\arctan x) = \frac{2}{7}\arctan^7 x \Big|_{0}^{2} = \frac{2}{7}\arctan^7 2.$$

二、定积分的分部积分法

定理 5.7 设函数 $u(x),v(x)$ 在区间 $[a,b]$ 上具有连续导数，则

$$\int_{a}^{b} u(x)v'(x)\,\mathrm{d}x = u(x)v(x)\Big|_{a}^{b} - \int_{a}^{b} u'(x)v(x)\,\mathrm{d}x,$$

简记为

$$\int_{a}^{b} uv'\,\mathrm{d}x = uv\Big|_{a}^{b} - \int_{a}^{b} u'v\,\mathrm{d}x, \quad 或 \quad \int_{a}^{b} u\,\mathrm{d}v = uv\Big|_{a}^{b} - \int_{a}^{b} v\,\mathrm{d}u.$$

这就是定积分的**分部积分公式**. 应用定积分的分部积分法时，被积函数的适用范围以及 u 和 $\mathrm{d}v$ 的选择原则与不定积分的分部积分法相同.

例 9 计算 $\displaystyle\int_{0}^{1} x\mathrm{e}^x\,\mathrm{d}x$.

解 $\displaystyle\int_{0}^{1} x\mathrm{e}^x\,\mathrm{d}x = \int_{0}^{1} x\,\mathrm{d}\mathrm{e}^x = x\mathrm{e}^x\Big|_{0}^{1} - \int_{0}^{1}\mathrm{e}^x\,\mathrm{d}x = (\mathrm{e}-0) - \mathrm{e}^x\Big|_{0}^{1} = \mathrm{e} - (\mathrm{e}-1) = 1.$

例 10 计算 $\displaystyle\int_{1}^{4}\frac{\ln x}{2\sqrt{x}}\,\mathrm{d}x$.

解 $\displaystyle\int_{1}^{4}\frac{\ln x}{2\sqrt{x}}\,\mathrm{d}x = \int_{1}^{4}\ln x\,\mathrm{d}\sqrt{x} = \sqrt{x}\ln x\Big|_{1}^{4} - \int_{1}^{4}\sqrt{x}\,\mathrm{d}(\ln x)$

$$= 2\ln 4 - \int_{1}^{4}\frac{1}{\sqrt{x}}\,\mathrm{d}x = 4\ln 2 - (2\sqrt{x}\Big|_{1}^{4}) = 4\ln 2 - 2.$$

例 11 计算 $\displaystyle\int_{0}^{\pi}\mathrm{e}^x\sin x\,\mathrm{d}x$.

解 $\displaystyle\int_{0}^{\pi}\mathrm{e}^x\sin x\,\mathrm{d}x = \int_{0}^{\pi}\sin x\,\mathrm{d}\mathrm{e}^x = \mathrm{e}^x\sin x\Big|_{0}^{\pi} - \int_{0}^{\pi}\mathrm{e}^x\,\mathrm{d}(\sin x)$

$$=-\int_0^\pi e^x \cos x \, dx = -\int_0^\pi \cos x \, de^x$$

$$=-\left[e^x \cos x \mid_0^\pi - \int_0^\pi e^x \, d(\cos x) \right]$$

$$=e^\pi + 1 - \int_0^\pi e^x \sin x \, dx.$$

移项后可得

$$\int_0^\pi e^x \sin x \, dx = \frac{e^\pi + 1}{2}.$$

例 12 计算 $I_n = \int_0^{\frac{\pi}{2}} \sin^n x \, dx$，$n$ 为自然数.

解 $I_0 = \int_0^{\frac{\pi}{2}} \sin^0 x \, dx = \frac{\pi}{2}, I_1 = \int_0^{\frac{\pi}{2}} \sin x \, dx = 1.$

当 $n \geqslant 2$ 时，$I_n = -\int_0^{\frac{\pi}{2}} \sin^{n-1} x \, d(\cos x)$

$$=-(\sin^{n-1} x \cos x) \mid_0^{\frac{\pi}{2}} + (n-1)\int_0^{\frac{\pi}{2}} \cos x \cdot (\sin^{n-2} x \cos x) \, dx$$

$$=(n-1)\int_0^{\frac{\pi}{2}} \sin^{n-2} x (1 - \sin^2 x) \, dx$$

$$=(n-1)\int_0^{\frac{\pi}{2}} (\sin^{n-2} x - \sin^n x) \, dx$$

$$=(n-1)(I_{n-2} - I_n).$$

移项整理得

$$I_n = \frac{n-1}{n} I_{n-2}.$$

这是一个计算 I_n 的递推公式. 由此公式得

$$I_{n-2} = \frac{n-3}{n-1} I_{n-4}, \quad I_{n-4} = \frac{n-5}{n-3} I_{n-6}, \cdots,$$一直到 I_1 或 I_0.

所以，当 n 为自然数时，

$$I_n = \begin{cases} \dfrac{(n-1)!!}{n!!} \cdot \dfrac{\pi}{2}, & n \text{ 为偶数}; \\ \dfrac{(n-1)!!}{n!!}, & n \text{ 为奇数}. \end{cases}$$

并且由例 6 知，$I_n = \int_0^{\frac{\pi}{2}} \sin^n x \, dx = \int_0^{\frac{\pi}{2}} \cos^n x \, dx$，此结果可作为重要结论直接使用，如

$$\int_0^{\frac{\pi}{2}} \sin^3 x \, dx = \frac{2}{3}, \quad \int_0^{\frac{\pi}{2}} \cos^6 x \, dx = \frac{5}{6} \cdot \frac{3}{4} \cdot \frac{1}{2} \cdot \frac{\pi}{2} = \frac{5\pi}{32}.$$

习题 5-3

1. 计算下列定积分：

(1) $\int_0^1 t e^{-\frac{t^2}{2}} \, dt$；

(2) $\int_1^e \frac{2 + 3\ln x}{x} \, dx$；

(3) $\int_0^{\frac{\pi}{2}} \sin x \sqrt{\cos x} \, dx$；

(4) $\displaystyle\int_0^{\frac{\pi}{2}} \frac{\sin x}{\sin x + \cos x} \mathrm{d}x$； (5) $\displaystyle\int_0^{\pi} \sqrt{\sin x - \sin^3 x}\, \mathrm{d}x$； (6) $\displaystyle\int_{-\frac{\pi}{2}}^{\frac{\pi}{2}} \cos x \cos 2x\, \mathrm{d}x$；

(7) $\displaystyle\int_{-2}^{0} \frac{\mathrm{d}x}{x^2 + 2x + 2}$； (8) $\displaystyle\int_{\frac{\sqrt{2}}{2}}^{1} \frac{\sqrt{1 - x^2}}{x^2} \mathrm{d}x$； (9) $\displaystyle\int_1^2 \frac{\sqrt{x^2 - 1}}{x^2} \mathrm{d}x$；

(10) $\displaystyle\int_1^{\sqrt{3}} \frac{\mathrm{d}x}{x^2 \sqrt{1 + x^2}}$； (11) $\displaystyle\int_0^4 \frac{\mathrm{d}x}{1 + \sqrt{x}}$； (12) $\displaystyle\int_0^1 \frac{\mathrm{d}x}{\mathrm{e}^x + \mathrm{e}^{-x}}$.

2. 计算下列定积分：

(1) $\displaystyle\int_{-\frac{\pi}{2}}^{\frac{\pi}{2}} \cos^4 \theta\, \mathrm{d}\theta$； (2) $\displaystyle\int_{-1}^{1} (x + \sqrt{1 - x^2})^2 \mathrm{d}x$； (3) $\displaystyle\int_{-1}^{1} \frac{x^2 \sin^3 x + 1}{1 + x^2} \mathrm{d}x$.

3. 计算下列定积分：

(1) $\displaystyle\int_1^{\mathrm{e}} (x - 1)\ln x\, \mathrm{d}x$； (2) $\displaystyle\int_0^{\frac{1}{2}} (\arcsin x)^2 \mathrm{d}x$； (3) $\displaystyle\int_0^1 x^2 \mathrm{e}^{-x}\, \mathrm{d}x$；

(4) $\displaystyle\int_0^{\pi} x \sin x\, \mathrm{d}x$； (5) $\displaystyle\int_0^{\frac{\pi}{2}} \mathrm{e}^{2x} \cos x\, \mathrm{d}x$； (6) $\displaystyle\int_1^{\mathrm{e}} \sin(\ln x)\, \mathrm{d}x$；

(7) $\displaystyle\int_0^{\pi^2} \cos(\sqrt{x})\, \mathrm{d}x$； (8) $\displaystyle\int_{\frac{1}{\mathrm{e}}}^{\mathrm{e}} |\ln x|\, \mathrm{d}x$； (9) $\displaystyle\int_0^{\frac{\pi}{4}} \cos^8 2x\, \mathrm{d}x$.

4. 计算定积分 $\displaystyle\int_0^2 f(x-1)\mathrm{d}x$，其中 $f(x) = \begin{cases} \dfrac{1}{1+x}, & x \geqslant 0; \\[2mm] \dfrac{1}{1+\mathrm{e}^x}, & x < 0. \end{cases}$

5. 求函数 $y = \displaystyle\int_0^x \frac{3x+1}{x^2 - x + 1} \mathrm{d}x$ 在 $[0,1]$ 上的最大、最小值.

6. 设函数 $f(x)$ 在区间 $[0,1]$ 上连续，求证：

(1) $\displaystyle\int_0^{\frac{\pi}{2}} f(\sin x)\mathrm{d}x = \int_0^{\frac{\pi}{2}} f(\cos x)\mathrm{d}x$；

(2) $\displaystyle\int_0^{\pi} f(\sin^2 x)\mathrm{d}x = \int_0^{\pi} f(\cos^2 x)\mathrm{d}x$；

(3) $\displaystyle\int_0^{\pi} x f(\sin x)\mathrm{d}x = \frac{\pi}{2} \int_0^{\pi} f(\sin x)\mathrm{d}x$.

7. 设 $f(x)$ 为连续函数，证明：

(1) 当 $f(x)$ 为偶函数时，$\displaystyle\int_0^x f(t)\mathrm{d}t$ 为奇函数；

(2) 当 $f(x)$ 为奇函数时，$\displaystyle\int_0^x f(t)\mathrm{d}t$ 为偶函数.

8. 设函数 $f(x)$ 可导，且满足 $\displaystyle\int_0^1 f(xt)\mathrm{d}t = f(x) + x\mathrm{e}^x$，求 $f(x)$.

9. 设函数 $f(x)$ 是以 l 为周期的连续函数，证明：$\displaystyle\int_a^{a+l} f(x)\mathrm{d}x$ 与 a 无关.

10. 计算积分 $\displaystyle\int_0^{\pi} f(x)\mathrm{d}x$，其中 $f(x) = \displaystyle\int_{\pi}^x \frac{\sin t}{t} \mathrm{d}t$.

11. 建立 $I_{2n} = \displaystyle\int_0^{\frac{\pi}{4}} \tan^{2n} x\, \mathrm{d}x$ 的递推公式，并计算 $\displaystyle\int_0^{\frac{\pi}{4}} \tan^6 x\, \mathrm{d}x$ 的值.

第四节 广义积分与 Γ 函数

前面介绍的定积分都是积分区间有限,且被积函数有界的积分. 但在一些实际问题中,经常遇到积分区间无限,或者被积函数无界的积分,它们已经不属于前面所讲的定积分,因此需要对定积分概念加以推广. 推广后的这两类积分叫作**广义积分**或**反常积分**.

一、无穷限的广义积分

定义 5.2 设函数 $f(x)$ 在区间 $[a, +\infty)$ 上连续,取 $b > a$,如果极限

$$\lim_{b \to +\infty} \int_a^b f(x) \mathrm{d}x$$

存在,则称此极限为函数 $f(x)$ 在无穷区间 $[a, +\infty)$ 上的**广义积分**,记作 $\int_a^{+\infty} f(x) \mathrm{d}x$,即

$$\int_a^{+\infty} f(x) \mathrm{d}x = \lim_{b \to +\infty} \int_a^b f(x) \mathrm{d}x. \tag{5.4}$$

这种情况下也称广义积分 $\int_a^{+\infty} f(x) \mathrm{d}x$ **收敛**;如果上述极限不存在,就称广义积分 $\int_a^{+\infty} f(x) \mathrm{d}x$ **发散**,这种情况下记号 $\int_a^{+\infty} f(x) \mathrm{d}x$ 不再表示数值.

类似地,设函数 $f(x)$ 在区间 $(-\infty, b]$ 上连续,取 $a < b$,如果极限

$$\lim_{a \to -\infty} \int_a^b f(x) \mathrm{d}x$$

存在,则称此极限为函数 $f(x)$ 在**无穷区间** $(-\infty, b]$ **上的广义积分**,记作 $\int_{-\infty}^b f(x) \mathrm{d}x$,即

$$\int_{-\infty}^b f(x) \mathrm{d}x = \lim_{a \to -\infty} \int_a^b f(x) \mathrm{d}x, \tag{5.5}$$

这种情况下也称**广义积分** $\int_{-\infty}^b f(x) \mathrm{d}x$ **收敛**;如果上述极限不存在,就称**广义积分** $\int_{-\infty}^b f(x) \mathrm{d}x$ **发散**.

设函数 $f(x)$ 在 $(-\infty, +\infty)$ 上连续,如果广义积分 $\int_{-\infty}^0 f(x) \mathrm{d}x$ 和 $\int_0^{+\infty} f(x) \mathrm{d}x$ 都收敛,则称上述两广义积分的和为函数 $f(x)$ 在无穷区间 $(-\infty, +\infty)$ 上的广义积分,记作 $\int_{-\infty}^{+\infty} f(x) \mathrm{d}x$,即

$$\int_{-\infty}^{+\infty} f(x) \mathrm{d}x = \int_{-\infty}^0 f(x) \mathrm{d}x + \int_0^{+\infty} f(x) \mathrm{d}x.$$

这种情况下也称广义积分 $\int_{-\infty}^{+\infty} f(x) \mathrm{d}x$ **收敛**;否则就称广义积分 $\int_{-\infty}^{+\infty} f(x) \mathrm{d}x$ **发散**.

上述广义积分统称为**无穷限的广义积分**.

例 1 计算广义积分 $\int_{-\infty}^{+\infty} \dfrac{\mathrm{d}x}{1 + x^2}$.

解 因为

$$\int_{-\infty}^{0} \frac{\mathrm{d}x}{1+x^2} = \lim_{a \to -\infty} \int_{a}^{0} \frac{\mathrm{d}x}{1+x^2} = \lim_{a \to -\infty} \arctan x \Big|_{a}^{0} = 0 - \lim_{a \to -\infty} \arctan a = 0 - \left(-\frac{\pi}{2}\right) = \frac{\pi}{2},$$

并且

$$\int_{0}^{+\infty} \frac{\mathrm{d}x}{1+x^2} = \lim_{b \to +\infty} \int_{0}^{b} \frac{\mathrm{d}x}{1+x^2} = \lim_{b \to +\infty} \arctan x \Big|_{0}^{b} = \lim_{b \to +\infty} \arctan b - 0 = \frac{\pi}{2} - 0 = \frac{\pi}{2},$$

所以

$$\int_{-\infty}^{+\infty} \frac{\mathrm{d}x}{1+x^2} = \int_{-\infty}^{0} \frac{\mathrm{d}x}{1+x^2} + \int_{0}^{+\infty} \frac{\mathrm{d}x}{1+x^2} = \pi.$$

例 2 计算广义积分 $\int_{e}^{+\infty} \frac{\mathrm{d}x}{x(\ln x)^2}$.

解 $\int_{e}^{+\infty} \frac{\mathrm{d}x}{x(\ln x)^2} = \lim_{b \to +\infty} \int_{e}^{b} \frac{\mathrm{d}x}{x(\ln x)^2} = \lim_{b \to +\infty} \int_{e}^{b} \frac{\mathrm{d}(\ln x)}{(\ln x)^2} = \lim_{b \to +\infty} -\frac{1}{\ln x} \Big|_{e}^{b} = 1.$

例 3 证明广义积分 $\int_{a}^{+\infty} \frac{\mathrm{d}x}{x^p} (a > 0)$ 当 $p > 1$ 时收敛, 当 $p \leqslant 1$ 时发散.

证 当 $p = 1$ 时,

$$\int_{a}^{+\infty} \frac{\mathrm{d}x}{x^p} = \ln x \Big|_{a}^{+\infty} = +\infty;$$

当 $p \neq 1$ 时, 有

$$\int_{a}^{+\infty} \frac{\mathrm{d}x}{x^p} = \frac{x^{1-p}}{1-p} \Big|_{a}^{+\infty} = \begin{cases} +\infty, & p < 1, \\ \dfrac{a^{1-p}}{p-1}, & p > 1. \end{cases}$$

所以 $\int_{a}^{+\infty} \frac{\mathrm{d}x}{x^p}$ 当 $p > 1$ 时收敛, 当 $p \leqslant 1$ 时发散.

二、无界函数的广义积分

现在我们把定积分推广到被积函数为无界函数的情形.

定义 5.3 设函数 $f(x)$ 在区间 $(a, b]$ 上连续, 且 $\lim\limits_{x \to a+} f(x) = \infty$. 若极限 $\lim\limits_{t \to a+} \int_{t}^{b} f(x)\mathrm{d}x$ 存在, 则称此极限为无界函数 $f(x)$ **在区间 $(a, b]$ 上的广义积分**, 记作 $\int_{a}^{b} f(x)\mathrm{d}x$, 即

$$\int_{a}^{b} f(x)\mathrm{d}x = \lim_{t \to a+} \int_{t}^{b} f(x)\mathrm{d}x.$$

这种情况下也称**广义积分** $\int_{a}^{b} f(x)\mathrm{d}x$ **收敛**. 如果上述极限不存在, 则称**广义积分** $\int_{a}^{b} f(x)\mathrm{d}x$ **发散**. 点 a 称为这个积分的**瑕点**, 无界函数的广义积分也称为**瑕积分**.

类似地, 若 $f(x)$ 在区间 $[a, b)$ 上连续, 且 $\lim\limits_{x \to b-} f(x) = \infty$, 即端点 b 为瑕点, 则定义

$$\int_{a}^{b} f(x)\mathrm{d}x = \lim_{t \to b-} \int_{a}^{t} f(x)\mathrm{d}x.$$

若函数 $f(x)$ 在区间 $[a, b]$ 上除点 $c (a < c < b)$ 外皆连续, 且 $\lim\limits_{x \to c} f(x) = \infty$, 即内点 c 为瑕点, 则定义

$$\int_a^b f(x)\mathrm{d}x = \int_a^c f(x)\mathrm{d}x + \int_c^b f(x)\mathrm{d}x.$$

这里以内点 c 为瑕点的瑕积分 $\int_a^b f(x)\mathrm{d}x$ 收敛的充要条件是瑕积分 $\int_a^c f(x)\mathrm{d}x$ 与 $\int_c^b f(x)\mathrm{d}x$ 都收敛.

例 4 计算广义积分 $\int_0^a \dfrac{\mathrm{d}x}{\sqrt{a^2-x^2}}(a>0)$.

解 因为 $\lim\limits_{x\to a^-}\dfrac{1}{\sqrt{a^2-x^2}}=+\infty$,所以该积分是以 $x=a$ 为瑕点的瑕积分,于是有

$$\int_0^a \frac{\mathrm{d}x}{\sqrt{a^2-x^2}} = \lim_{t\to a^-}\int_0^t \frac{\mathrm{d}x}{\sqrt{a^2-x^2}} = \lim_{t\to a^-}\arcsin\frac{x}{a}\Big|_0^t = \lim_{t\to a^-}\arcsin\frac{t}{a} = \arcsin 1 = \frac{\pi}{2}.$$

例 5 证明:当常数 $q<1$ 时,广义积分 $\int_0^1 \dfrac{\mathrm{d}x}{x^q}$ 收敛;否则,发散.

证 当 $q<0$ 时,$\int_0^1 \dfrac{\mathrm{d}x}{x^q}$ 为一般定积分,显然收敛. 当 $q>0$ 时,$x=0$ 为瑕点,$\int_0^1 \dfrac{\mathrm{d}x}{x^q}$ 是瑕积分,分如下情况:

(1) $q=1$ 时,$\int_0^1 \dfrac{\mathrm{d}x}{x} = \lim\limits_{t\to 0^+}\int_t^1 \dfrac{\mathrm{d}x}{x} = \lim\limits_{t\to 0^+}\ln x\big|_t^1 = -\lim\limits_{t\to 0^+}\ln t = +\infty$;

(2) $q\ne 1$ 时,$\int_0^1 \dfrac{\mathrm{d}x}{x^q} = \lim\limits_{t\to 0^+}\int_t^1 \dfrac{\mathrm{d}x}{x^q} = \dfrac{1}{1-q}\lim\limits_{t\to 0^+}x^{1-q}\big|_t^1 = \dfrac{1}{1-q}(1-\lim\limits_{t\to 0^+}t^{1-q})$.

当 $q<1$ 时,$\lim\limits_{t\to 0^+}t^{1-q}=0$,故 $\int_0^1 \dfrac{\mathrm{d}x}{x^q} = \dfrac{1}{1-q}$;

当 $q>1$ 时,$\lim\limits_{t\to 0^+}t^{1-q}=+\infty$,故 $\int_0^1 \dfrac{\mathrm{d}x}{x^q} = +\infty$.

综上所述,积分 $\int_0^1 \dfrac{\mathrm{d}x}{x^q}$ 当 $q<1$ 时收敛,当 $q\geqslant 1$ 时发散.

例 6 讨论广义积分 $\int_{-2}^2 \dfrac{\mathrm{d}x}{x^2}$ 的敛散性.

解 函数 $f(x)=\dfrac{1}{x^2}$ 在 $[-2,2]$ 内有一个瑕点 $x=0$,由例 5 知,$\int_0^2 \dfrac{\mathrm{d}x}{x^2}$ 发散,故积分 $\int_{-2}^2 \dfrac{\mathrm{d}x}{x^2}$ 发散.

注意 本题若遗漏了内部瑕点 $x=0$,将原式当成一般定积分,直接采用牛顿-莱布尼茨公式,将得到错误的推导过程.

例 7 讨论积分 $\int_0^{+\infty} \dfrac{1}{\sqrt{x}(1+x)}\mathrm{d}x$ 的敛散性.

解 此积分既是无穷区间上的广义积分,也是瑕积分,$x=0$ 是瑕点. 瑕积分

$$\int_0^1 \frac{1}{\sqrt{x}(1+x)}\mathrm{d}x \xlongequal{t=\sqrt{x}} \int_0^1 \frac{1}{t(1+t^2)}2t\,\mathrm{d}t = 2\arctan t\big|_0^1 = \frac{\pi}{2}, \text{收敛};$$

且无穷限广义积分

$$\int_1^{+\infty}\frac{1}{\sqrt{x}(1+x)}\mathrm{d}x=2\arctan t\ \big|_1^{+\infty}=\frac{\pi}{2},\text{也收敛;}$$

故原积分收敛，且

$$\int_0^{+\infty}\frac{1}{\sqrt{x}(1+x)}\mathrm{d}x=\int_0^1\frac{1}{\sqrt{x}(1+x)}\mathrm{d}x+\int_1^{+\infty}\frac{1}{\sqrt{x}(1+x)}\mathrm{d}x=\pi.$$

三、Γ 函数

定义 5.4　含参变量 $s(s>0)$ 的广义积分

$$\Gamma(s)=\int_0^{+\infty}x^{s-1}\mathrm{e}^{-x}\mathrm{d}x$$

称为 **Γ 函数**.

Γ 函数在理论和应用上都有重要意义，可以证明它是收敛的. Γ 函数具有以下重要性质：

(1) 递推公式：$\Gamma(s+1)=s\Gamma(s),s>0$.

证　$\Gamma(s+1)=\int_0^{+\infty}x^s\mathrm{e}^{-x}\mathrm{d}x=-\int_0^{+\infty}x^s\mathrm{d}\mathrm{e}^{-x}$

$$=-x^s\mathrm{e}^{-x}\ \big|_0^{+\infty}+\int_0^{+\infty}\mathrm{e}^{-x}\mathrm{d}x^s=s\int_0^{+\infty}x^{s-1}\mathrm{e}^{-x}\mathrm{d}x=s\Gamma(s).$$

考虑到 $\Gamma(1)=\int_0^{+\infty}\mathrm{e}^{-x}\mathrm{d}x=1$，反复运用递推公式，可得

$$\Gamma(n+1)=n!,\quad n\text{ 为正整数.}$$

(2) 余元公式：$\Gamma(s)\Gamma(1-s)=\dfrac{\pi}{\sin\pi s}(0<s<1)$（证明从略）.

令 $s=\dfrac{1}{2}$，由余元公式可得

$$\Gamma\left(\frac{1}{2}\right)=\sqrt{\pi}.$$

在 $\Gamma(s)=\int_0^{+\infty}x^{s-1}\mathrm{e}^{-x}\mathrm{d}x$ 中，作代换 $x=u^2$，可得 Γ 函数的另一种形式：

$$\Gamma(s)=2\int_0^{+\infty}u^{2s-1}\mathrm{e}^{-u^2}\mathrm{d}u.$$

在上式中令 $s=\dfrac{1}{2}$，可得重要的概率积分：

$$\int_0^{+\infty}\mathrm{e}^{-u^2}\mathrm{d}u=\frac{1}{2}\Gamma\left(\frac{1}{2}\right)=\frac{\sqrt{\pi}}{2}.$$

例 8　求积分 $\int_0^{+\infty}x^5\mathrm{e}^{-x}\mathrm{d}x$ 的值.

解　$\int_0^{+\infty}x^5\mathrm{e}^{-x}\mathrm{d}x=\Gamma(6)=5!=120.$

例 9　求 $\Gamma\left(\dfrac{3}{2}\right)$ 的值.

解 $\Gamma\left(\dfrac{3}{2}\right)=\dfrac{1}{2}\Gamma\left(\dfrac{1}{2}\right)=\dfrac{\sqrt{\pi}}{2}.$

习题 5-4

1. 判别下列广义积分的敛散性,如果收敛求其值:

(1) $\displaystyle\int_1^{+\infty}\dfrac{1}{x\sqrt{x}}\mathrm{d}x$;

(2) $\displaystyle\int_1^{+\infty}\dfrac{1}{\sqrt{x}}\mathrm{d}x$;

(3) $\displaystyle\int_{\frac{4}{\pi}}^{+\infty}\dfrac{1}{x^2}\sin\dfrac{1}{x}\mathrm{d}x$;

(4) $\displaystyle\int_0^{+\infty}x\mathrm{e}^{-x}\mathrm{d}x$;

(5) $\displaystyle\int_{-\infty}^{+\infty}\dfrac{\mathrm{d}x}{x^2+2x+2}$;

(6) $\displaystyle\int_0^1\ln x\,\mathrm{d}x$;

(7) $\displaystyle\int_0^2\dfrac{\mathrm{d}x}{(1-x)^2}$;

(8) $\displaystyle\int_2^4\dfrac{1}{x(1-\ln x)}\mathrm{d}x$;

(9) $\displaystyle\int_0^1\dfrac{\arcsin\sqrt{x}}{\sqrt{x-x^2}}\mathrm{d}x$.

2. 利用递推公式计算广义积分 $I_n=\displaystyle\int_0^{+\infty}x^n\mathrm{e}^{-x}\mathrm{d}x$ 的值.

3. 已知积分 $\displaystyle\int_0^{+\infty}\dfrac{\sin x}{x}\mathrm{d}x=\dfrac{\pi}{2}$,求 $\displaystyle\int_0^{+\infty}\dfrac{\sin x\cos x}{x}\mathrm{d}x$ 以及 $\displaystyle\int_0^{+\infty}\dfrac{\sin^2 x}{x^2}\mathrm{d}x$ 的值.

4. 已知 $f(x)=\begin{cases}0, & -\infty<x\leqslant 0,\\ \dfrac{1}{2}x, & 0<x\leqslant 2,\\ 1, & 2<x<+\infty,\end{cases}$ 试用分段函数表示 $\displaystyle\int_{-\infty}^x f(t)\mathrm{d}t$.

5. 用 Γ 函数表示下列积分,并计算积分值(已知 $\Gamma\left(\dfrac{1}{2}\right)=\sqrt{\pi}$):

(1) $\displaystyle\int_0^{+\infty}\sqrt{x}\,\mathrm{e}^{-x}\mathrm{d}x$;

(2) $\displaystyle\int_0^{+\infty}x^5\mathrm{e}^{-x^2}\mathrm{d}x$.

第五节 定积分的几何应用

本节中我们将用前面学过的定积分理论来分析和解决一些实际问题.本章不仅针对一些几何量导出计算公式,更重要的是介绍运用元素法将所求量归结为计算某个定积分的分析方法.

一、定积分的元素法

在第一节中,我们已经利用元素法讨论了求曲边梯形面积,和求变速直线运动物体在一定时间间隔内经过的路程这两类问题.下面以求曲边梯形面积为例,给出元素法分析问题的主要步骤.

设 $f(x)$ 是闭区间 $[a,b]$ 上的连续函数,且 $f(x)\geqslant 0$,求以曲线 $y=f(x)$ 为顶边、以 $[a,b]$ 为底的曲边梯形的面积 A.

第一步,分割.用任意一组分点
$$a=x_0<x_1<x_2<\cdots<x_{n-1}<x_n=b$$
将区间 $[a,b]$ 分割成 n 个子区间 $\Delta x_i(i=1,2,\cdots,n)$,相应得到 n 个小曲边梯形,记面积分别

为 ΔA_i，则 $A = \sum_{i=1}^{n} \Delta A_i$.

第二步，近似. 取 $\xi_i \in [x_{i-1}, x_i]$，将小曲边梯形近似为以 Δx_i 为底边、以 $f(\xi_i)$ 为高的小矩形，即 $\Delta A_i \approx f(\xi_i)\Delta x_i$.

第三步，求和. 由前两步，所求面积可近似表示为 $A \approx \sum_{i=1}^{n} f(\xi_i)\Delta x_i$.

第四步，取极限. 令分割无限加密，即取极限得

$$A = \lim_{\lambda \to 0} \sum_{i=1}^{n} f(\xi_i)\Delta x_i = \int_a^b f(x)\mathrm{d}x.$$

上述四个步骤中，第一步要求选准自变量进行分割，使得所求量也对应细分成部分量之和. 第二步要求部分量用近似公式计算. 这步非常关键，若公式选取得当，由此求出的定积分才可能是所求量. 为方便讨论，省略下标 i，用 ΔA 表示任一子区间 $[x, x+\mathrm{d}x]$ 上的小曲边梯形的面积. 取区间左端点处的函数值 $f(x)$ 为近似矩形的高，即

$$\Delta A \approx f(x)\mathrm{d}x.$$

上式右端的 $f(x)\mathrm{d}x$ 也叫作面积元素，记为 $\mathrm{d}A = f(x)\mathrm{d}x$.

可以证明，ΔA 与近似值 $f(x)\mathrm{d}x$ 之差是关于 $\mathrm{d}x$ 的高阶无穷小时，积分 $\int_a^b f(x)\mathrm{d}x$ 就是所求量. 一般地，若某个实际问题满足：

（1）所求量 A 可对应于自变量分割成部分量 ΔA；

（2）部分量 ΔA 可近似表示为 $f(\xi)\Delta x$，就可考虑用定积分来解决.

把所求量 A 表示为定积分的步骤如下：

（1）根据实际问题，选取积分变量 x，并确定积分区间 $[a, b]$；

（2）设想分割区间 $[a, b]$，取任一子区间，记为 $[x, x+\mathrm{d}x]$，若能找到 $[a, b]$ 上的一个连续函数 $f(x)$，且相应于该区间的部分量 ΔA 能够近似表示为 $f(x)$ 与区间长度 $\mathrm{d}x$ 的乘积，就把 $f(x)\mathrm{d}x$ 称为所求量 A 的元素，记作 $\mathrm{d}A$，即

$$\mathrm{d}A = f(x)\mathrm{d}x;$$

（3）以 $f(x)\mathrm{d}x$ 为被积表达式，在区间 $[a, b]$ 上作定积分，即

$$A = \int_a^b f(x)\mathrm{d}x,$$

这就是所求量 A 的积分表达式.

这种方法通常叫作元素法. 下面，我们将应用元素法解决几何和物理上的一些实际问题.

二、定积分在几何上的应用

1. 平面图形的面积

下面以直角坐标情形为例进行分析。

由第一节可知，由曲线 $y = f(x)(f(x) \geqslant 0)$，直线 $x = a$，$x = b$ 与 x 轴所围成的曲边梯形面积是定积分 $\int_a^b f(x)\mathrm{d}x$.

对于更复杂一些的图形的面积，可以利用元素法来分析，给出定积分表达.

设曲边梯形由两条曲线 $y = f_1(x)$，$y = f_2(x)$ 及直线 $x = a$，$x = b$ 围成，其中 $f_1(x)$，$f_2(x)$ 在 $[a, b]$ 上连续，且 $f_2(x) \geqslant f_1(x)$（图 5-8），求此图形的面积.

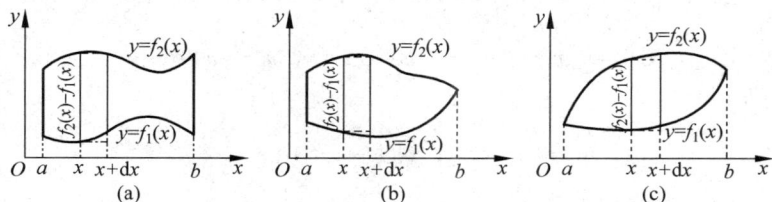

图 5-8

选取积分变量为 x，分割区间 $[a, b]$ 为若干子区间，相应地，图形也分割成若干窄曲边梯形. 设任一子区间为 $[x, x + dx]$，对应的窄曲边梯形的面积 ΔA 可近似看作以 $[x, x + dx]$ 为底边、以 $f_2(x) - f_1(x)$ 为高的矩形的面积 $[f_2(x) - f_1(x)] dx$，因此，我们可设面积元素 $dA = [f_2(x) - f_1(x)] dx$，于是

$$A = \int_a^b [f_2(x) - f_1(x)] dx.$$

例 1　求抛物线 $x = \dfrac{1}{2} y^2$ 和 $y = \dfrac{1}{2} x^2$ 所围成的图形的面积.

解　如图 5-9 所示，两曲线交于两点.

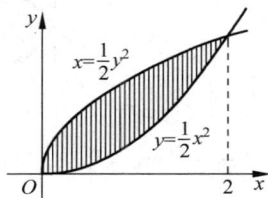

图 5-9

两方程联立得 $\begin{cases} x = \dfrac{1}{2} y^2, \\ y = \dfrac{1}{2} x^2, \end{cases}$ 得交点坐标：$(0, 0)$，$(2, 2)$.

图形可看作由曲线 $x = \dfrac{1}{2} y^2$，$y = \dfrac{1}{2} x^2$ 围成，因此，面积

$$A = \int_0^2 \left(\sqrt{2x} - \frac{1}{2} x^2 \right) dx = \left(\frac{2\sqrt{2}}{3} x^{\frac{3}{2}} - \frac{1}{6} x^3 \right) \Bigg|_0^2 = \frac{4}{3}.$$

注　本题还可换一种解法如下：

解　选取 y 为积分变量，则 x 为因变量. 两曲线方程改写为 $x = \dfrac{1}{2} y^2$ 和 $x = \sqrt{2y}$，y 的变化区间为 $[0, 2]$.

在区间 $[0, 2]$ 上，任一子区间 $[y, y + dy]$ 的窄条（图 5-10）的面积近似于以 dy 为高、以 $\sqrt{2y} - \dfrac{1}{2} y^2$ 为底边的矩形的面积. 从而得到面积元素为

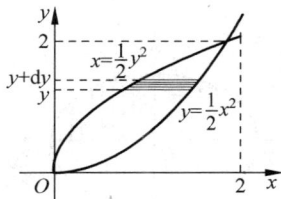

图 5-10

$$dA = \left(\sqrt{2y} - \frac{1}{2} y^2 \right) dy,$$

所求面积为

$$A = \int_0^2 \left(\sqrt{2y} - \frac{1}{2} y^2 \right) dy = \frac{4}{3}.$$

例 2 求曲线 $x-y=0, y=x^2-2x$ 所围成图形的面积（图 5-11）.

解一 两方程联立得 $\begin{cases} x-y=0, \\ y=x^2-2x, \end{cases}$ 解得交点：$(0,0),(3,3)$. 有

$$\mathrm{d}A=[x-(x^2-2x)]\mathrm{d}x=(3x-x^2)\mathrm{d}x,$$

且 $x\in[0,3]$，则

$$A=\int_a^b \mathrm{d}A=\int_0^3(3x-x^2)\mathrm{d}x=\frac{9}{2}.$$

或者直接利用推出的公式，有 $f_1(x)=x^2-2x$，$f_2(x)=x, x\in[0,3]$，则

$$A=\int_a^b \mathrm{d}A=\int_a^b[f_2(x)-f_1(x)]\mathrm{d}x=\int_0^3(3x-x^2)\mathrm{d}x=\frac{9}{2}.$$

注 若选取 y 为积分变量，则面积为变量 y 的函数（图 5-12）.

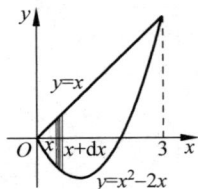

图 5-11

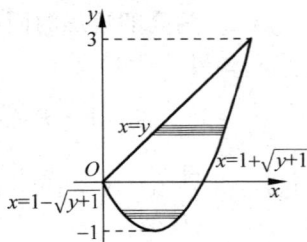

图 5-12

解二 分别考虑：$\forall[y,y+\mathrm{d}y]\subset[-1,0]$，$\forall[y,y+\mathrm{d}y]\subset[0,3]$ 对应的面积微元

$$\Delta A_1\approx\mathrm{d}A_1=(1+\sqrt{y+1}-y)\mathrm{d}y, \quad y\in[0,3];$$

$$\Delta A_2\approx\mathrm{d}A_2=[(1+\sqrt{y+1})-(1-\sqrt{y+1})]\mathrm{d}y, \quad y\in[-1,0].$$

则

$$A_1=\int_0^3 \mathrm{d}A_1=\int_0^3(1+\sqrt{y+1}-y)\mathrm{d}y=\frac{19}{6},$$

$$A_2=\int_{-1}^0 \mathrm{d}A_2=\int_{-1}^0 2\sqrt{y+1}\,\mathrm{d}y=\frac{4}{3},$$

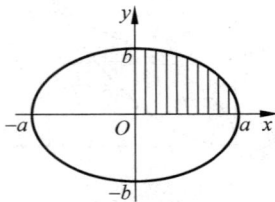

图 5-13

所求图形的面积为

$$A=A_1+A_2=\frac{9}{2}.$$

由例 2 可见，积分变量的选取有时会影响到计算的复杂度.

例 3 求椭圆 $\dfrac{x^2}{a^2}+\dfrac{y^2}{b^2}=1$ 所围成的图形的面积（图 5-13）.

解一 由于椭圆 $\dfrac{x^2}{a^2}+\dfrac{y^2}{b^2}=1$ 的图形关于 x 轴和 y 轴对称，设 A_1 为第一象限上的面积（如阴影部分所示），则总面积 $A=4A_1$，即

$$A=\frac{4b}{a}\int_0^a \sqrt{a^2-x^2}\,\mathrm{d}x=\frac{4b}{a}\cdot\frac{\pi a^2}{4}=\pi ab.$$

解二　利用椭圆的参数方程 $\begin{cases} x=a\cos t, \\ y=b\sin t, \end{cases}$ 应用定积分的换元法.

作代换 $\begin{cases} x=a\cos t, \\ y=b\sin t, \end{cases}$ 则 $\begin{cases} dx=-a\sin t, \\ dy=b\cos t, \end{cases}$ 且积分区间 $x:0\to a$ 换为 $t:\dfrac{\pi}{2}\to 0$,所以

$$A=4\int_0^a y\,dx=4\int_{\frac{\pi}{2}}^0 b\sin t\cdot(-a\sin t)dt=4ab\int_0^{\frac{\pi}{2}}b\sin^2 t\,dt=4ab\cdot\frac{1}{2}\cdot\frac{\pi}{2}=\pi ab.$$

从上例中可以看到,如果曲线是由参数方程

$$\begin{cases} x=\varphi(t), \\ y=\psi(t), \end{cases} \quad \alpha\leqslant t\leqslant\beta$$

确定的,且 $\varphi(\alpha)=a,\psi(\beta)=b$,则由曲线 $y=f(x)$,直线 $x=a,x=b$ 以及 x 轴所围成的曲边梯形面积为

$$A=\int_a^b y\,dx=\int_\alpha^\beta \psi(t)\cdot\varphi'(t)dt.$$

例 4　求星形线 $\begin{cases} x=a\cos^3 t, \\ y=a\sin^3 t \end{cases}$ $(a>0,0\leqslant t\leqslant 2\pi)$ 所围成图形的面积 A,如图 5-14 所示.

解　由对称性可知,只需求出第一象限上的面积,再乘以 4,就是所求的面积 A.

在第一象限,对 x 的积分限为 $0,a$,由变换 $x=a\cos^3 t$,相应 t 的积分限为 $\dfrac{\pi}{2},0$,则

图 5-14

$$\begin{aligned}
A&=4\int_0^a y\,dx=4\int_{\frac{\pi}{2}}^0 a\sin^3 t\cdot(a\cos^3 t)'dt \\
&=-12a^2\int_{\frac{\pi}{2}}^0 \sin^4 t\cdot\cos^2 t\,dt \\
&=12a^2\int_0^{\frac{\pi}{2}}\sin^4 t\cdot(1-\sin^2 t)dt \\
&=12a^2\int_0^{\frac{\pi}{2}}(\sin^4 t-\sin^6 t)dt \\
&=12a^2\left(\frac{3}{4}\cdot\frac{1}{2}\cdot\frac{\pi}{2}-\frac{5}{6}\cdot\frac{3}{4}\cdot\frac{1}{2}\cdot\frac{\pi}{2}\right)=\frac{3\pi a^2}{8}.
\end{aligned}$$

例 5　求由 $y=x+\dfrac{1}{x}$,直线 $x=2$ 及 $y=2$ 所围图形的面积 A.

解　$y=x+\dfrac{1}{x}$ 的图形不易画出,但由 $y=x+\dfrac{1}{x}\geqslant 2$,可得 $dA=\left(x+\dfrac{1}{x}-2\right)dx$.联立 $\begin{cases} y=x+\dfrac{1}{x}, \\ y=2, \end{cases}$ 得交点为 $(1,2)$,则

$$A=\int_1^2\left(x+\frac{1}{x}-2\right)dx=\left(\frac{1}{2}x^2+\ln|x|-2x\right)\Big|_1^2=\ln 2-\frac{1}{2}.$$

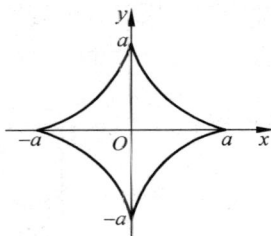

2. 立体的体积

1）旋转体的体积

平面图形绕平面上的一条直线旋转一周而成的立体叫**旋转体**，这条直线称为**旋转轴**. 接下来，我们考虑用定积分来计算 xOy 平面上的连续曲线 $y=f(x)$ 与直线 $x=a,x=b$ 及 x 轴围成的曲边梯形绕 x 轴旋转一周所得旋转体的体积 V.

如图 5-15 所示，取横坐标 x 为积分变量，变化区间为 $[a,b]$. 在任一小区间 $[x,x+\mathrm{d}x]$ 上，对应的窄曲边梯形绕 x 轴旋转所得薄片体积可近似看作以 $f(x)$ 为底圆半径、$\mathrm{d}x$ 为高的扁圆柱体的体积，即体积元素

$$\mathrm{d}V=\pi f^2(x)\mathrm{d}x.$$

对上式在区间 $[a,b]$ 上作定积分，从而得所求旋转体体积为

$$V=\pi\int_a^b f^2(x)\mathrm{d}x.$$

类似地，可以推出：由曲线 $x=\varphi(y)$，直线 $y=c,y=d(c<d)$ 与 y 轴所围成的曲边梯形，绕 y 轴旋转一周而成的旋转体（图 5-16）的体积为

$$V=\pi\int_c^d \varphi^2(y)\mathrm{d}y.$$

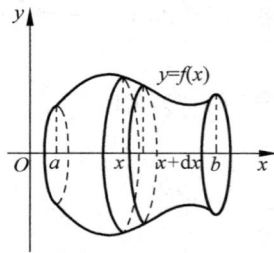

图 5-15

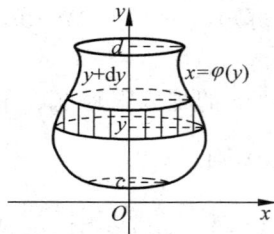

图 5-16

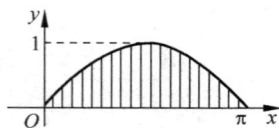

图 5-17

例 6 求曲线 $y=\sin x(0\leqslant x\leqslant\pi)$ 与 x 轴围成的图形（图 5-17）分别绕 x 轴和 y 轴旋转一周所得旋转体的体积 V_x 及 V_y.

解 $f(x)=\sin x,0\leqslant x\leqslant\pi$，则

$$V_x=\pi\int_0^\pi \sin^2 x\mathrm{d}x=2\pi\int_0^{\frac{\pi}{2}} \sin^2 x\mathrm{d}x=2\pi\cdot\frac{1}{2}\cdot\frac{\pi}{2}=\frac{\pi^2}{2}.$$

$y=f(x)=\sin x$，则

$$x=\begin{cases}\arcsin y, & 0\leqslant x\leqslant\dfrac{\pi}{2},\\[2mm] \pi-\arcsin y, & \dfrac{\pi}{2}\leqslant x\leqslant\pi.\end{cases}$$

$$V_y=\pi\int_0^1 (\pi-\arcsin y)^2\mathrm{d}y-\pi\int_0^1 (\arcsin y)^2\mathrm{d}y$$

$$=\pi\int_0^1 \pi(\pi-2\arcsin y)\mathrm{d}y=\pi^3-2\pi^2\int_0^1 \arcsin y\mathrm{d}y$$

$$= \pi^3 - 2\pi^2 \left(y \arcsin y \Big|_0^1 - \int_0^1 \frac{y}{\sqrt{1-y^2}} dy \right)$$

$$= \pi^3 - 2\pi^2 \left(\frac{\pi}{2} + \sqrt{1-y^2} \Big|_0^1 \right) = 2\pi^2.$$

例 7 计算圆 $x^2 + (y-5)^2 = 1$ 绕 x 轴旋转一周所生成旋转体的体积(图 5-18).

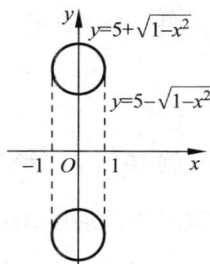

图 5-18

解 此旋转体的体积可以看成上、下两半圆分别与 $x=-1, x=1$ 及 x 轴所围曲边梯形绕 x 轴旋转所得两旋转体的体积之差. 上半圆周方程为 $y = 5 + \sqrt{1-x^2}$, 下半圆周方程为 $y = 5 - \sqrt{1-x^2}$. 所以, 所求旋转体的体积为

$$V = \pi \int_{-1}^{1} (5 + \sqrt{1-x^2})^2 dx - \pi \int_{-1}^{1} (5 - \sqrt{1-x^2})^2 dx$$

$$= 20\pi \int_{-1}^{1} \sqrt{1-x^2} \, dx = 20\pi \cdot \frac{\pi}{2} = 10\pi^2.$$

注 若有连续曲线 $y = f(x)$, 且 $x \in [a, b]$, 将 $y = f(x), x = a, x = b$ 与直线 $y = y_0$ 所围成的曲边梯形绕直线 $y = y_0$ 旋转一周, 所得旋转体的体积应为

$$V = \pi \int_a^b [f(x) - y_0]^2 dy.$$

例 8 求摆线 $\begin{cases} x = a(t - \sin t), \\ y = a(1 - \cos t) \end{cases}$ $(0 \leqslant t \leqslant 2\pi)$ (图 5-19) 与 x 轴所围成的平面图形绕直线 x 轴旋转所得的旋转体体积.

解 体积微元 $dV = \pi y^2 dx$, 所求旋转体体积为

$$V = \pi \int_0^{2\pi a} y^2 dx = \pi a^3 \int_0^{2\pi} (1 - \cos t)^2 (1 - \cos t) dt$$

$$= \pi a^3 \int_0^{2\pi} 8 \sin^6 \frac{t}{2} dt \xrightarrow{u = \frac{t}{2}} \pi a^3 \int_0^{\pi} 16 \sin^6 u \, du$$

$$= 32\pi a^3 \int_0^{\frac{\pi}{2}} \sin^6 u \, du = 32\pi a^3 \frac{5}{6} \cdot \frac{3}{4} \cdot \frac{1}{2} \cdot \frac{\pi}{2} = 5\pi^2 a^3.$$

2) 平行截面为已知的立体体积

设物体被垂直于某直线的平面所截得的面积已知, 则可用定积分求该物体的体积(图 5-20). 不妨设上述直线为 x 轴(图 5-20), 则在 x 处的截面面积 $A(x)$ 是 x 的连续函数, 介于小区间 $[x, x + \Delta x]$ 上的体积微元 $dV = A(x) dx$, 则所求立体的体积为

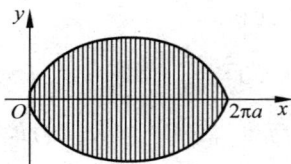

图 5-19

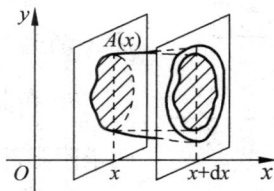

图 5-20

$$V = \int_a^b A(x)\,\mathrm{d}x.$$

例 9 设有一个以 a 为边长的正方体，过 O,A,C 三点的平面从该正方体中截下一个以 A,B,C,O 为顶点的四面体，用定积分计算该四面体的体积.

解 建立坐标系如图 5-21 所示，在点 x 处的截面面积为 $\frac{1}{2}x^2$，该四面体的体积

$$V = \int_0^a \frac{1}{2}x^2\,\mathrm{d}x = \frac{a^3}{6}.$$

例 10 求半径为 a 的圆柱体被底面以及与底面成 $\alpha\left(0<\alpha<\frac{\pi}{2}\right)$ 角且过底圆圆心的平面所截出的楔形体（图 5-22）的体积 V.

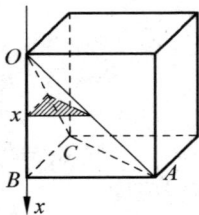
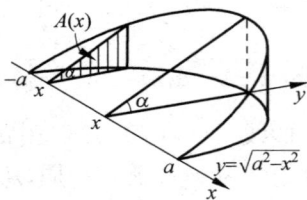

图 5-21　　　　　　　　　　图 5-22

解 建立坐标系如图 5-22 所示，过点 $x\in[-a,a]$ 且垂直于 x 轴的平面截楔形体的截面为一直角三角形，其面积为

$$A(x) = \frac{1}{2}\sqrt{a^2 - x^2} \cdot \sqrt{a^2 - x^2}\tan\alpha,$$

体积

$$V = \frac{1}{2}\tan\alpha \int_{-a}^{a}(a^2 - x^2)\,\mathrm{d}x = \frac{1}{2}\tan\alpha\left(a^2 x - \frac{x^3}{3}\right)\bigg|_{-a}^{a} = \frac{2}{3}a^3\tan\alpha.$$

习题 5-5

1. 求抛物线 $y^2 = x + 2$ 和直线 $x - y = 0$ 所围图形的面积.

2. 求曲线 $y = \frac{1}{x}$，$y = \frac{1}{x^2}$ 和直线 $x = \frac{1}{2}$，$x = 2$ 所围图形的面积.

3. 求曲线 $y = \mathrm{e}^x$，$y = \mathrm{e}^{-x}$ 与直线 $x = 1$ 所围图形的面积.

4. 求曲线 $y = -x^2 + 4x - 3$ 及其在点 $(0,-3)$ 和 $(3,0)$ 处的切线所围图形的面积.

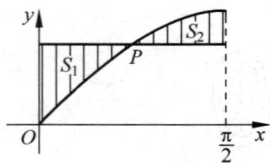

图 5-23

5. 求位于曲线 $y = \mathrm{e}^x$ 下方，该曲线过原点的切线的左方以及 x 轴上方之间的图形的面积.

6. 在曲线 $y = \sin x\left(0\leqslant x\leqslant\frac{\pi}{2}\right)$ 上求一点 P，使得图 5-23 中两个阴影部分的面积 S_1 与 S_2 之和 $S_1 + S_2$ 为最小.

7. 求由摆线（旋轮线）$x = a(t - \sin t)$，$y = a(1 - \cos t)$ 的一拱（$0\leqslant t\leqslant 2\pi$）与横轴围成图形的面积.

8. 求抛物线 $y=1-x^2$ 和 x 轴、y 轴及直线 $x=2$ 所围图形绕 x 轴旋转一周所得旋转体的体积.

9. 求曲线 $xy=4$ 及直线 $y=1$，$y=4$ 和 y 轴所围成的图形分别绕 x 轴和 y 轴旋转一周所得旋转体的体积.

10. 求星形线 $\begin{cases} x=a\cos^3 t, \\ y=a\sin^3 t \end{cases}$ $(a>0,0\leqslant t\leqslant 2\pi)$ 所围成的图形绕 x 轴旋转一周所成的旋转体的体积.

11. 设有一截锥体,其高为 h,上、下底均为椭圆,两椭圆的长短轴分别为 $2a$,$2b$ 和 $2A$,$2B$,求这个截锥体的体积.

第六节 定积分在经济中的应用

定积分通常用于解决连续函数的积分问题,在经济学中它也有着广泛的应用,本节将通过例子介绍定积分在经济学中的应用. 定积分是微积分中的重要内容,它是解决许多实际问题的重要工具,在经济学中有着广泛的应用,而且内容十分丰富. 本节通过具体事例研究定积分在经济学中的应用,如求总量生产函数、进行投资决策、求消费者剩余和生产者剩余等.

一、由边际函数求原经济函数

在经济管理中,由边际函数求总函数(即原函数),可以求一个变上限的定积分. 可以求总需求函数、总成本函数、总收入函数以及总利润函数.

设经济应用函数 $u(x)$ 的边际函数为 $u'(x)$,则有 $u(x)=u(0)+\int_0^x u'(x)\mathrm{d}x$.

例1 已知生产 x 个产品时,边际成本函数为 $C'(x)=3x^2-14x+1000$,设固定成本 $C(0)=1000$,求生产 x 个产品的总成本函数.

解 总成本函数
$$C(x)=C(0)+\int_0^x C'(y)\mathrm{d}y=C(0)+\int_0^x (3y^2-14y-1000)\mathrm{d}y$$
$$=1000+x^3+7x^2-1000x.$$

例2 已知某产品的边际收益为 $R'(x)=78-2x$,设 $R(0)=0$,求收益函数 $R(x)$.

解 收益函数
$$R(x)=R(0)+\int_0^x R'(y)\mathrm{d}y=R(0)+\int_0^x (78-2y)\mathrm{d}y=78x-x^2.$$

二、利用定积分求总量函数的改变量

如果求总函数在某个范围的改变量,则直接采用定积分来解决.

例3 已知某产品总产量的变化率为 $Q'(t)=40+12t$(件/天),求从第 3 天到第 10 天产品的总产量.

解 所求的总产量为
$$Q(t)=\int_3^{10}(40+12t)\mathrm{d}t=(40t+6t^2)\Big|_3^{10}=826 \text{ 件}.$$

155

三、由边际函数求最优的问题

例 4 已知某产品的边际成本函数为 $C'(x)=4x-3$（万元/百台），x 为产量（百台），固定成本为 18 万元，求最低平均成本.

解 设总成本函数为 C，

$$C=18+\int_0^x(4y-3)\mathrm{d}y=18+2x^2-3x,$$

平均成本 $\bar{C}=\dfrac{18}{x}+2x-3$. 令 $\bar{C}'=-\dfrac{18}{x^2}+2=0$ 得唯一驻点 $x=3$. 此时最低平均成本 $\bar{C}_{\min}=9$.

例 5 已知某产品的边际成本函数为 $C'(x)=400+\dfrac{3}{2}x$（元/台），边际收入函数为 $R'(x)=900+x$（元/台），其中 x 为产量（单位：台）. 问：

（1）生产多少台时总利润最大？

（2）总利润最大时总收入为多少？

解 （1）边际利润

$$L'(x)=R'(x)-C'(x)=900+x-\left(400+\dfrac{3}{2}x\right)=500-\dfrac{x}{2}.$$

令 $L'(x)=0$ 得唯一驻点 $x=1000$ 台，根据问题的实际意义知 $L(x)$ 存在最大值，故 $x=1000$ 是 $L(x)$ 的最大值点，即当产量为 1000 台时，利润最大.

（2）总利润最大时总收入

$$R(x)=\int_0^{1000}(900+x)\mathrm{d}x=\left(900x+\dfrac{x^2}{2}\right)\Big|_0^{1000}=1.4\times10^6 \text{ 元}=140 \text{ 万元}.$$

四、利用定积分求消费者剩余与生产者剩余

在经济管理中，需求函数 $Q=f(P)$ 是价格 P 的单调递减函数，供给函数 $Q=g(P)$ 是价格 P 的单调递增函数，它们分别存在反函数 $P=f^{-1}(Q)$ 和 $P=g^{-1}(Q)$，其中 $P=f^{-1}(Q)$ 也称为需求函数，$P=g^{-1}(Q)$ 也称为供给函数. 需求函数与供给函数的交点也称为均衡点 (P^*,Q^*)，均衡点的价格 P^* 即对某商品而言，顾客愿意买、生产者愿意卖的价格. 如果消费者以比他们原来预期价格低的价格购得某种产品，则由此而节省下来的钱的总数称为消费者剩余.

假设消费者以较高价格 $P=f^{-1}(Q)$ 购买某商品并情愿支付，Q^* 为均衡商品量，则消费者总消费量为 $\int_0^{Q^*}f^{-1}(Q)\mathrm{d}Q$；如果商品是以均衡价格 P^* 出售，那么消费者实际消费量为 P^*Q^*. 因此消费者剩余为 $\int_0^{Q^*}f^{-1}(Q)\mathrm{d}Q-P^*Q^*$.

如果生产者以均衡价格 P^* 出售某产品，而没有以他们原来计划的比较低的价格 $P=f^{-1}(Q)$ 出售该产品，由此获得的额外收入称为生产者剩余. 同理可知，生产者剩余为 $P^*Q^*-\int_0^{Q^*}g^{-1}(Q)\mathrm{d}Q$.

例 6 设某产品的需求函数是 $P=20-0.1\sqrt{Q}$，如果价格固定在每件 10 元，计算消费

者剩余.

解 需求函数是 $P = f^{-1}(Q) = 20 - 0.1\sqrt{Q}$. 对应于 $P^* = 10$ 的 Q^*，令 $20 - 0.1\sqrt{Q} = 10$ 得 $Q^* = 10\,000$. 消费者剩余为

$$\int_0^{Q^*} f^{-1}(Q)\mathrm{d}Q - P^*Q^* = \int_0^{10\,000}(20 - 0.1\sqrt{Q})\mathrm{d}Q - 10 \times 10\,000$$

$$= \left(20Q - \frac{1}{10} \times \frac{2}{3}Q^{\frac{3}{2}}\right)\Big|_0^{10\,000} - 100\,000 = 33\,333.33 \ \text{元}.$$

例 7 设某商品的供给函数为 $P = g^{-1}(Q) = 0.01Q - 2Q + 100$，如果产品单价为 400 元，计算生产者剩余.

解 首先求出对应 $P^* = 400$ 的 Q^*，令 $0.01Q - 2Q + 100 = 400$，得一正解 $Q^* = 300$. 生产者剩余为

$$P^*Q^* - \int_0^{Q^*} g^{-1}(Q)\mathrm{d}Q = 400 \times 300 - \int_0^{300}(0.01Q^2 - 2Q + 100)\mathrm{d}Q$$

$$= 120\,000 - \left(\frac{1}{300}Q^3 - Q^2 + 100Q\right)\Big|_0^{300} = 90\,000 \ \text{元}.$$

定积分在数学中占主导地位. 同时，它和经济学也有很大的联系，以上几个方面的应用只是定积分在经济学中应用的一部分，定积分在经济学中还有很多应用. 比如，它可以用来计算消费函数，可以用来展示消费者在不同收入水平下的消费水平，这有助于经济学家和政策制定者更好地理解消费者的消费行为，推动经济发展；定积分也可以用来计算税收函数，可以用税收函数计算税收对投资的影响，以判断税收的调节幅度，有助于政府制定出合理的税收政策，推动经济发展；此外，定积分还可以用来计算产出函数. 可以用产出函数计算不同生产要素投入水平下生产总量的大小，有助于计算出不同生产要素对总产出的贡献度，以及它们投入和产出间的关系. 只要读者勤于学习，善于思考，勇于探索，就一定能从中感受到定积分的无穷魅力，同时也能提高应用数学知识解决实际问题的能力.

习题 5-6

1. 某工厂投资 40 万元建成一条新的生产线，生产某产品，在时刻 x 的边际成本和边际收入分别为 $C'(x) = x^2 - 6x + 6$（百万元/年），$R'(x) = 54 - 4x$（百万元/年），试确定该产品的最大利润.

2. 设生产某产品在时刻 t 的总产量的变化率 $f(t) = 100 + 10t - 0.3t^2$（kg/h），求从 $t = 1$ 到 $t = 3$ 这两个小时的总产量.

3. 设某产品从时刻 0 到时刻 t 的销售量为 $y = kt$，$k > 0$，$t \in [0, T]$，欲在 T 时刻将数量为 A 的该商品卖出，求：(1)t 时刻的商品剩余量，并确定常数 k；(2)在时间段 $[0, T]$ 上的平均剩余量.

总习题 五

1. 利用定积分的几何意义，说明下列等式成立：

(1) $\int_0^1 (1-x)\mathrm{d}x = \frac{1}{2}$；   (2) $\int_0^1 \sqrt{1-x^2}\,\mathrm{d}x = \frac{\pi}{4}$；   (3) $\int_0^{2\pi} \sin x\,\mathrm{d}x = 0$.

2. 利用估值定理估计下列积分的值：

(1) $\int_0^3 \sqrt{1+x^3}\,dx$ ；　　　　　　(2) $\int_{\frac{\pi}{4}}^{\frac{3\pi}{4}} (1+\sin^2 x)\,dx$.

3. 比较下列积分的大小：

(1) $\int_1^e \ln x\,dx$ 和 $\int_1^e \ln^2 x\,dx$ ；　　　(2) $\int_{-\frac{\pi}{2}}^{\frac{\pi}{2}} \frac{1+x}{e^x}\,dx$ 和 $\int_{-\frac{\pi}{2}}^{\frac{\pi}{2}} (1+\sqrt{\cos x})\,dx$.

4. 设函数 $f(x)$ 在 $[0,1]$ 上连续，在 $(0,1)$ 内可导，且 $3\int_{\frac{2}{3}}^1 f(x)\,dx = f(0)$ ，证明：在 $(0,1)$ 内至少存在一点 ξ ，使得 $f'(\xi)=0$.

5. 设 $f(x)$ 在 $\left[0,\frac{\pi}{2}\right]$ 上连续，且满足 $f(x)=x\cos x+\int_0^{\frac{\pi}{2}} f(t)\,dt$ ，求 $f(x)$.

6. 设函数 $f(x)$ 在 $[a,b]$ 上连续，$g(x)$ 也在 $[a,b]$ 上连续且不变号. 证明：至少存在一点 $\xi\in[a,b]$ ，使得

$$\int_a^b f(x)g(x)\,dx = f(\xi)\int_a^b g(x)\,dx.$$

7. 设 $f(x)$ 是连续函数，且 $\int_0^{x^3-1} f(t)\,dt = x$ ，求 $f(7)$.

8. 求定积分 $\int_{-1}^2 f(x)\,dx$ ，其中 $f(x)=\begin{cases} e^{-x}, & x\leqslant 0; \\ \cos x, & x>0. \end{cases}$

9. 求定积分 $\int_0^{\frac{3\pi}{4}} \sqrt{1+\cos 2x}\,dx$.

10. 设函数 $y(x)=\int_0^x \sqrt{1+t^2}\,dt$ ，求 $y'(0)$ ，$y'(4)$.

11. 求函数 $f(x)=\int_0^x \frac{t+2}{t^2+2t+2}\,dt$ 在区间 $[0,1]$ 上的最大值与最小值.

12. 计算下列导数：

(1) $\dfrac{d}{dt}\int_{-1}^t x e^{2x}\,dx$ ；　　(2) $\dfrac{d}{dx}\int_{-x}^{x^2+1} \sqrt{1+t^4}\,dt$ ；　　(3) $\dfrac{d}{dx}\int_x^{x^2} (x+t)\sin t^2\,dt$.

13. 求下列极限：

(1) $\displaystyle\lim_{x\to 0} \frac{\int_0^x \cos t^2\,dt}{x}$ ；　　　(2) $\displaystyle\lim_{x\to 0} \frac{x-\int_0^x e^{t^2}\,dt}{x^2\sin 2x}$.

14. 设分段函数 $f(x)=\begin{cases} \sin x, & 0\leqslant x\leqslant \pi, \\ 0, & x<0 \text{ 或 } x>\pi, \end{cases}$ 求积分上限函数 $\Phi(x)=\int_0^x f(t)\,dt$ 在 $(-\infty,+\infty)$ 内的表达式.

15. 求由参数表达式 $x=\int_t^0 e^{2u}\,du$ ，$y=\int_0^t \ln(u+1)\,du$ 所给定的函数 y 对 x 的导数 $\dfrac{dy}{dx}$.

16. 计算下列定积分：

(1) $\int_0^{\frac{\pi}{2}} \sin\varphi\cos^3\varphi\,d\varphi$ ；　　(2) $\int_1^2 \frac{dx}{x(1+\sqrt{x})}$ ；　　　　(3) $\int_{-3}^3 x^2\sqrt{9-x^2}\,dx$ ；

(4) $\displaystyle\int_0^{\frac{\pi}{4}}\ln(1+\tan x)\mathrm{d}x$;　　(5) $\displaystyle\int_1^{\sqrt{2}}\frac{x^2+1}{x^4+1}\mathrm{d}x$;　　　　　(6) $\displaystyle\int_{\frac{1}{2}}^{1}\mathrm{e}^{\sqrt{2x-1}}\mathrm{d}x$.

17. 设 $f(x)=\displaystyle\int_0^x\frac{\sin t}{\pi-t}\mathrm{d}t$,计算 $\displaystyle\int_0^\pi f(x)\mathrm{d}x$.

18. 设函数 $f(x)=\begin{cases}\mathrm{e}^{x+1},&x\geqslant 0,\\x^2,&x<0,\end{cases}$ 求 $I=\displaystyle\int_{\frac{1}{2}}^{2}f(x-1)\mathrm{d}x$.

19. 设 $f(x)$ 在 $[0,+\infty)$ 上连续,且 $f(x)>0(x\geqslant 0)$,证明:函数 $\varphi(x)=\dfrac{\displaystyle\int_0^x tf(t)\mathrm{d}t}{\displaystyle\int_0^x f(t)\mathrm{d}t}$

在 $(0,+\infty)$ 内是单调增加的.

20. 设函数 $f(x)$ 在 $[a,b]$ 上可导,且 $f'(x)\leqslant M,f(a)=0$,证明:

$$\int_a^b f(x)\mathrm{d}x\leqslant\frac{M}{2}(b-a)^2.$$

21. 判别下列广义积分的敛散性,如果收敛求其值:

(1) $\displaystyle\int_0^{+\infty}x\mathrm{e}^{-x^2}\mathrm{d}x$;　　　(2) $\displaystyle\int_{-\infty}^{+\infty}\frac{x}{1+x^2}\mathrm{d}x$;　　　(3) $\displaystyle\int_1^{+\infty}\frac{\mathrm{d}x}{x\sqrt{x-1}}$.

22. 设函数 $f(x)$ 具有二阶连续导数,若曲线 $y=f(x)$ 过点 $(0,0)$ 且与曲线 $y=2^x$ 在点 $(1,2)$ 处相切,求定积分 $\displaystyle\int_0^1 xf''(x)\mathrm{d}x$.

23. 求抛物线 $y=2-x^2$ 与直线 $y=x$ 围成的图形面积.

24. 在抛物线 $y=x^2(0\leqslant x\leqslant 1)$ 上找一点 P ,使经过 P 的水平直线与该抛物线和直线 $x=0,x=1$ 围成的区域 D 的面积最小.

25. 设抛物线 $y=ax^2+bx+c$ 通过原点 $O(0,0)$,且当 $x\in[0,1]$ 时, $y\geqslant 0$. 试确定常数 a,b,c 的值,使得抛物线 $y=ax^2+bx+c$ 与直线 $x=1,y=0$ 所围图形的面积为 $\dfrac{7}{12}$,并使该平面图形绕 x 轴旋转而成的旋转体的体积最小.

26. 求曲线 $y=\sqrt{x}$ 与直线 $x=1,x=4,y=0$ 所围成的图形分别绕 x 轴、y 轴旋转构成的旋转体体积.

27. 求由摆线(旋轮线) $x=a(t-\sin t),y=a(1-\cos t)$ 的一拱 $(0\leqslant t\leqslant 2\pi)$ 与 $y=0$ 围成的图形绕 y 轴旋转构成的旋转体体积.

28. 利用平行截面面积已知的立体体积的计算思想,求半径为 R 的球体中高为 $H(H<R)$ 的球缺的体积.

第六章 向量与空间解析几何

在平面解析几何中,点与一对有序实数具有一一对应关系,使得平面上的图形和方程有了对应关系,从而可以用代数方法研究几何问题.空间解析几何也是按照类似的方法建立空间中的点与一组有序实数之间的一一对应关系,运用代数方法来研究几何问题.

高等数学的主要研究对象是函数,更确切地讲,是因变量与自变量之间的依赖关系.平面解析几何是学习一元函数微积分的基础,同样,空间解析几何也是学习多元函数微积分的重要基础.因此我们需要将平面解析几何延伸到空间,得到空间解析几何的知识.本章首先介绍向量的概念,在此基础上建立空间直角坐标系,然后讨论向量的运算和空间解析几何.

第一节 向量及其加减法 向量与数的乘法

一、向量的概念

客观世界的量一般分为两类:一类只有大小,例如某群体的数量,物体的长度、体积、质量和温度,商品的价格、成本、利润等,这类只有大小的量叫作数量(或者标量);另一类既有大小又有方向,例如力、位移、速度和加速度等,这类既有大小又有方向的量叫作**向量**(或**矢量**).

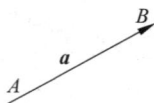

图 6-1

以点 A 为起点、以点 B 为终点的向量可以用有向线段 $\overrightarrow{AB}$ 表示(图 6-1).有时也用粗体字母或书写体上面加箭头的字母来表示向量,如 a、F、i 或 $\vec{a}$、$\vec{F}$、$\vec{i}$ 等.

向量的大小叫作向量的模,记作 $|a|$ 或 $|\overrightarrow{AB}|$.模为 0 的向量叫作零向量,记为 $\vec{0}$ 或 **0**.零向量的起点和终点重合,其方向可认为是任意的.模为 1 的向量叫作单位向量,与向量 a 同向的单位向量记作 $a°$.

如果向量 a 与 b 的方向相同或相反,则称这两个向量平行,记作 $a/\!/b$.由于零向量的方向可以是任意的,因此可认为零向量与任何向量都平行.

在实际问题研究中,有些向量与起点有关,有些与起点无关,它们的共性是既有大小也有方向.这种只考虑大小与方向的向量称为自由向量.在本章中,除非特别说明,我们讨论的均为自由向量.因此,我们给出向量相等的概念.

定义 6.1 如果向量 a 与 b 的模相等且方向相同,则称这两个向量相等,记作 $a=b$.

二、向量的线性运算

1. 向量的加法

定义 6.2 设有两个不平行的向量 a 与 b,将它们的起点放在一起,并以向量 a 和 b 为邻边作平行四边形,则从公共起点到对角顶点的向量称为向量 a 与 b 的和,记为 $a+b$,如图 6-2(a)所示,这就是向量加法的平行四边形法则.

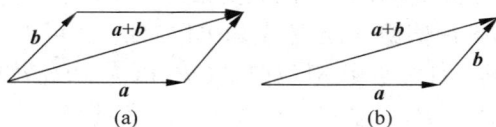

图 6-2

以向量 a 的终点为起点,作向量 b,则由向量 a 的起点到向量 b 的终点的向量就是向量 a 与 b 的和,如图 6-2(b)所示,这是向量加法的三角形法则.

向量的加法可以推广到有限个向量. 按照三角形法则可得 n 个向量 $a_1,a_2,\cdots,a_n$ 的和,其法则如下:先作向量 a_1,然后用前一向量的终点为后一向量的起点,依次作向量 $a_2,a_3,\cdots,a_n$,则以向量 a_1 的起点为起点,以向量 a_n 的终点为终点的向量就是 $a_1+a_2+\cdots+a_n$,以三个向量的和为例,如图 6-3 所示.

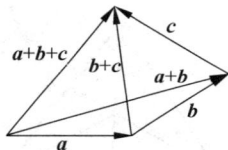

图 6-3

根据向量加法的定义,向量的加法满足:

(1)交换律 $a+b=b+a$;

(2)结合律 $(a+b)+c=a+(b+c)$.

2. 向量的减法

定义 6.3 给定向量 a,与 a 的模相等而方向相反的向量为 a 的负向量,记作 $-a$. 在此基础上,我们规定两个向量 b 与 a 的差为

$$b-a=b+(-a).$$

即减去一个向量等于加上这个向量的负向量. 特别地,

$$a-a=a+(-a)=0.$$

同样,对于任意向量 $\overrightarrow{AB}$ 和空间中一点 O,都有 $\overrightarrow{AB}=\overrightarrow{OB}-\overrightarrow{OA}$(图 6-4).

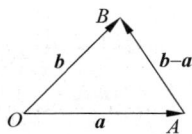

图 6-4

由三角形的两边之和大于第三边的原理得

$$|a\pm b|\leqslant|a|+|b|.$$

3. 向量的数乘(数与向量的乘法)

定义 6.4 实数 λ 与向量 a 的乘积记作 λa,规定 λa 是一个向量,它的模为

$$|\lambda a|=|\lambda||a|,$$

它的方向当 $\lambda>0$ 时与 a 相同;当 $\lambda<0$ 时与 a 相反(图 6-5);当 $\lambda=0$ 时,λa 为零向量.

向量的数乘满足下列运算律:

(1)结合律 $\lambda(\mu a)=\mu(\lambda a)=(\lambda\mu)a.$

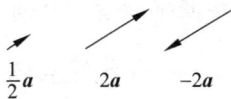

图 6-5

（2）数乘对实数的分配律 $(\lambda+\mu)\boldsymbol{a}=\lambda\boldsymbol{a}+\mu\boldsymbol{a}$.

（3）数乘对向量的分配律 $\lambda(\boldsymbol{a}+\boldsymbol{b})=\lambda\boldsymbol{a}+\lambda\boldsymbol{b}$.

设 $\boldsymbol{a}°$ 表示非零向量 $\boldsymbol{a}$ 的单位向量，那么 $|\boldsymbol{a}|\boldsymbol{a}°$ 与 $\boldsymbol{a}$ 方向相同，且

$$|\,|\boldsymbol{a}|\boldsymbol{a}°\,|=|\boldsymbol{a}|\cdot 1=|\boldsymbol{a}|.$$

所以 $\boldsymbol{a}°=\dfrac{\boldsymbol{a}}{|\boldsymbol{a}|}$. 根据向量的数乘可得下面的重要结论：

定理 6.1 设 $\boldsymbol{a}$ 为非零向量，则 $\boldsymbol{a}/\!/\boldsymbol{b}$ 的充要条件是存在唯一实数 λ，使得 $\boldsymbol{b}=\lambda\boldsymbol{a}$.

本定理是建立数轴的理论依据. 给定原点和单位向量，就可以确定一个数轴. 原点 O 及单位向量 $\boldsymbol{i}$ 确定了 x 轴，轴上任一点 P 对应向量 $\overrightarrow{OP}$. 因为 $\overrightarrow{OP}/\!/\boldsymbol{i}$，由定理 6.1 得，存在唯一实数 x，使得 $\overrightarrow{OP}=x\boldsymbol{i}$. 因此点 P、向量 $\overrightarrow{OP}$ 和实数 x 三者具有一一对应关系.

例 1 设 $\triangle ABC$ 的三条边 BC，CA 和 AB 的中点分别为 D，E 和 F，证明：

$$\overrightarrow{AD}+\overrightarrow{BE}+\overrightarrow{CF}=\boldsymbol{0}.$$

证 如图 6-6 所示，延长线段 AD 到点 G，使 $DG=AD$，连接 BG，CG，则四边形 $ABGC$ 为平行四边形. 所以

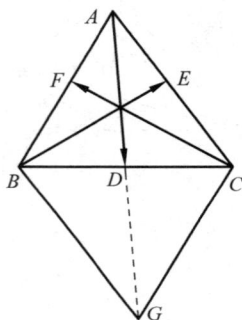

$$\overrightarrow{AD}=\frac{1}{2}(\overrightarrow{AB}+\overrightarrow{AC}).$$

同理

$$\overrightarrow{BE}=\frac{1}{2}(\overrightarrow{BA}+\overrightarrow{BC}),\quad \overrightarrow{CF}=\frac{1}{2}(\overrightarrow{CA}+\overrightarrow{CB}).$$

所以

$$\overrightarrow{AD}+\overrightarrow{BE}+\overrightarrow{CF}$$
$$=\frac{1}{2}(\overrightarrow{AB}+\overrightarrow{AC}+\overrightarrow{BA}+\overrightarrow{BC}+\overrightarrow{CA}+\overrightarrow{CB})$$
$$=\boldsymbol{0}.$$

图 6-6

习题 6-1

1. 设 $\boldsymbol{m}=\boldsymbol{a}+2\boldsymbol{b}$，$\boldsymbol{n}=2\boldsymbol{a}-\boldsymbol{b}$，试用向量 $\boldsymbol{m}$，$\boldsymbol{n}$ 表示 $\boldsymbol{a}$，$\boldsymbol{b}$，$3\boldsymbol{a}+2\boldsymbol{b}$.

2. 设平行四边形 $ABCD$ 的两条对角线的交点为 O，试用 $\overrightarrow{AB}$ 和 $\overrightarrow{AD}$ 表示向量 $\overrightarrow{OA}$ 和 $\overrightarrow{OB}$.

3. 试用向量的方法证明：三角形两边中点的连线平行于第三边，且长度为第三边的一半.

第二节　空间直角坐标系　向量的坐标

解析几何是运用代数方法来研究几何图形的，首先要建立图形中的点与数之间的联系. 向量作为研究解析几何的工具，不仅可以在几何上表达，也可以在代数上给予表达. 因此，我们按照平面解析几何的方法建立空间直角坐标系.

一、空间直角坐标系

在空间中过点 O 作三条相互垂直的数轴，它们都以点 O 为坐标原点且具有相同的长度单位. 这三条数轴分别称为 x 轴（横轴）、y 轴（纵轴）、z 轴（竖轴），统称为坐标轴，点 O 称为

坐标系的原点.

通常把 x 轴和 y 轴置于水平面内,z 轴在铅垂线上,且它们的正向符合右手法则,即用右手握着 z 轴,当右手四指从 x 轴正向转过 $\frac{\pi}{2}$ 的角度到 y 轴正向时,大拇指的指向为 z 轴的正向(图 6-7),这样便建立了一个空间直角坐标系.

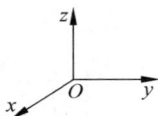
图 6-7

在空间直角坐标系中,任意两条坐标轴都可以确定一个平面,其中 x 轴和 y 轴确定的平面称为 xOy 平面,类似地,y 轴和 z 轴确定的平面称为 yOz 平面,z 轴和 x 轴确定的平面称为 zOx 平面,这三个平面统称为坐标面(图 6-8).三个坐标面把整个空间分成八个部分,每个部分称为一个卦限,其中以 x 轴、y 轴和 z 轴的正半轴为边界的部分称为第 I 卦限,在 xOy 平面上方的其余三个部分,从 z 轴的正向看,按逆时针方向依次称为第 II,III,IV 卦限;同理,对于 xOy 平面下方的四个部分,在第 I 卦限正下方的部分叫第 V 卦限,并按逆时针方向依次称为第 VI,VII,VIII 卦限.

设 M 是空间中一点,过点 M 作平面分别垂直于 x 轴、y 轴和 z 轴(图 6-9),并与 x 轴、y 轴和 z 轴交于点 P,Q 和 R,设这三个点在 x 轴、y 轴和 z 轴上的坐标分别为 x,y,z,则点 M 唯一确定了一个有序数组 x,y,z;反之,一个有序数组 x,y,z 可以在 x 轴、y 轴和 z 轴上确定点 P、点 Q 和点 R,过该三点分别作垂直于 x 轴、y 轴和 z 轴的平面,也唯一确定了空间中的点 M.总之,空间点 M 与一组有序数 x,y,z 之间具有一一对应关系,于是这个有序数组称为点 M 的坐标,记为 (x,y,z).由立体几何知识得

$$OM^2 = ON^2 + NM^2$$
$$= OP^2 + OQ^2 + OR^2,$$

所以点 M 到原点的距离为 $|OM| = \sqrt{x^2 + y^2 + z^2}$.

一般地,空间中点 $M(x_1, y_1, z_1)$ 与点 $N(x_2, y_2, z_2)$ 间的距离为

$$|MN| = \sqrt{(x_2 - x_1)^2 + (y_2 - y_1)^2 + (z_2 - z_1)^2}.$$

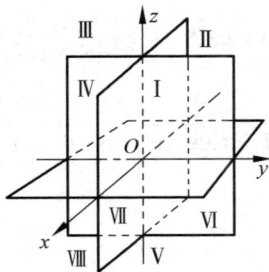
图 6-8

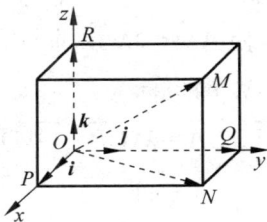
图 6-9

二、向量的坐标

现在,我们把向量放到空间直角坐标系中,并以坐标原点 O 作为向量的起点,终点不妨记为 $M(x,y,z)$,则向量也可写成 $\overrightarrow{OM}$,以 OM 为对角线、三条坐标轴为棱作长方体(图 6-9).设 i,j,k 分别表示 x 轴、y 轴和 z 轴正向的单位向量,由向量的加法和线性运算定律得

$$\overrightarrow{OM} = \overrightarrow{OP} + \overrightarrow{OQ} + \overrightarrow{OR}$$
$$= x\boldsymbol{i} + y\boldsymbol{j} + z\boldsymbol{k}.$$

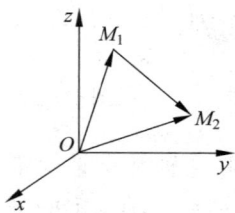

图 6-10

可见，向量 $\overrightarrow{OM}$ 也与有序数组 x,y,z 之间具有一一对应关系，我们把这个有序数组称为向量 $\overrightarrow{OM}$ 的坐标，区别于空间点的坐标，记作 $\{x,y,z\}$，其中 x,y,z 称为该向量的分量.

坐标系建立了点与有序数组的一一对应关系，为数形结合奠定了基础. 同样，向量研究需要给出向量与有序数组之间的对应关系. 如图 6-10 所示，设 $M_1(x_1,y_1,z_1)$，$M_2(x_2,y_2,z_2)$，由于

$$\overrightarrow{OM_1} = x_1\boldsymbol{i} + y_1\boldsymbol{j} + z_1\boldsymbol{k},$$
$$\overrightarrow{OM_2} = x_2\boldsymbol{i} + y_2\boldsymbol{j} + z_2\boldsymbol{k},$$

所以

$$\overrightarrow{M_1M_2} = (x_2-x_1)\boldsymbol{i} + (y_2-y_1)\boldsymbol{j} + (z_2-z_1)\boldsymbol{k},$$

即

$$\overrightarrow{M_1M_2} = \{x_2-x_1, y_2-y_1, z_2-z_1\}.$$

三、向量的坐标运算

设 $\boldsymbol{a} = \{a_x, a_y, a_z\}$，$\boldsymbol{b} = \{b_x, b_y, b_z\}$，利用向量的加法、减法以及数乘的坐标运算得

$$\boldsymbol{a} \pm \boldsymbol{b} = \{a_x \pm b_x, a_y \pm b_y, a_z \pm b_z\},$$
$$\lambda\boldsymbol{a} = \{\lambda a_x, \lambda a_y, \lambda a_z\}.$$

由上节定理 6.1 知，当 $\boldsymbol{a} \neq \boldsymbol{0}$ 时，$\boldsymbol{a} \parallel \boldsymbol{b}$ 等价于 $\boldsymbol{b} = \lambda\boldsymbol{a}$，即

$$\frac{b_x}{a_x} = \frac{b_y}{a_y} = \frac{b_z}{a_z} = \lambda.$$

如果 $a_x = 0$，则应理解为 $\begin{cases} b_x = 0, \\ \dfrac{b_y}{a_y} = \dfrac{b_z}{a_z}; \end{cases}$ 同理，如果 $a_x = a_y = 0$，则应理解为 $\begin{cases} b_x = 0, \\ b_y = 0. \end{cases}$

例 1 已知点 $A(x_1,y_1,z_1)$ 和 $B(x_2,y_2,z_2)$，点 M 把有向线段 $\overrightarrow{AB}$ 分为两个有向线段 $\overrightarrow{AM}$ 和 $\overrightarrow{MB}$，使 $\overrightarrow{AM} = \lambda\overrightarrow{MB}$，求点 M 的坐标.

解 设点 M 的坐标为 (x,y,z)，因为 $\overrightarrow{AM} = \overrightarrow{OM} - \overrightarrow{OA}$，$\overrightarrow{MB} = \overrightarrow{OB} - \overrightarrow{OM}$，又 $\overrightarrow{AM} = \lambda\overrightarrow{MB}$，所以 $\overrightarrow{OM} - \overrightarrow{OA} = \lambda(\overrightarrow{OB} - \overrightarrow{OM})$，

即

$$\overrightarrow{OM} = \frac{1}{1+\lambda}(\overrightarrow{OA} + \lambda\overrightarrow{OB}).$$

因此

$$\{x,y,z\} = \frac{1}{1+\lambda}(\{x_1,y_1,z_1\} + \lambda\{x_2,y_2,z_2\})$$
$$= \frac{1}{1+\lambda}\{x_1 + \lambda x_2, y_1 + \lambda y_2, z_1 + \lambda z_2\}.$$

所以点 M 的坐标为

$$\left(\frac{x_1+\lambda x_2}{1+\lambda}, \frac{y_1+\lambda y_2}{1+\lambda}, \frac{z_1+\lambda z_2}{1+\lambda}\right),$$

我们称点 M 为有向线段 $\overrightarrow{AB}$ 的定比分点.

特殊地,线段 AB 的中点坐标公式为 $\left(\dfrac{x_1+x_2}{2}, \dfrac{y_1+y_2}{2}, \dfrac{z_1+z_2}{2}\right)$.

四、向量的模与方向余弦

向量可以由它的模和方向确定,也可以由它的空间坐标确定,因此需要讨论向量的坐标与向量的模、方向的数量关系.

设有两个非零向量 $\boldsymbol{a},\boldsymbol{b}$,任取空间一点 O,作 $\overrightarrow{OA}=\boldsymbol{a},\overrightarrow{OB}=\boldsymbol{b}$,规定不超过 π 的非负角 $\angle AOB$ 称为向量的夹角,记作 $(\widehat{\boldsymbol{a},\boldsymbol{b}})$ 或 $(\widehat{\boldsymbol{b},\boldsymbol{a}})$. 如果两个向量中有一个是零向量,则它们的夹角可以取 0 到 π 之间的任意值.

如图 6-11 所示,记 $\overrightarrow{OA}=\boldsymbol{a}$,它与 x 轴、y 轴和 z 轴三个坐标轴的夹角分别为 α,β 和 $\gamma(0\leqslant\alpha,\beta,\gamma\leqslant\pi)$,它们可以确定一个向量的方向,因此称为向量的方向角,它们的余弦 $\cos\alpha,\cos\beta$ 和 $\cos\gamma$ 称为向量的方向余弦.

在几何上,向量用有向线段来表示,向量的模用有向线段的长度表示,向量的方向用有向线段的方向表示. 在代数上,向量可以用有序数组 $\{a_x,a_y,a_z\}$ 表示,向量的模用 $|\boldsymbol{a}|=\sqrt{a_x^2+a_y^2+a_z^2}$ 表示,向量的方向由方向角 α,β 和 γ 确定,其中

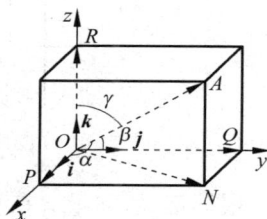

图 6-11

$$\cos\alpha=\frac{1}{|\boldsymbol{a}|}a_x, \quad \cos\beta=\frac{1}{|\boldsymbol{a}|}a_y, \quad \cos\gamma=\frac{1}{|\boldsymbol{a}|}a_z.$$

上面三个余弦的平方和为

$$\cos^2\alpha+\cos^2\beta+\cos^2\gamma=1,$$

这表明任一非零向量的方向余弦的平方和等于 1,因此与向量 $\boldsymbol{a}$ 同向的单位向量为

$$\boldsymbol{a}^{\circ}=\frac{\boldsymbol{a}}{|\boldsymbol{a}|}=\frac{1}{|\boldsymbol{a}|}\{a_x,a_y,a_z\}=\{\cos\alpha,\cos\beta,\cos\gamma\}.$$

例 2 已知点 $A(1,0,3)$ 与点 $B(2,\sqrt{2},2)$,求向量 $\overrightarrow{AB}$ 的模与方向角.

解 因为 $\overrightarrow{AB}=\boldsymbol{i}+\sqrt{2}\boldsymbol{j}-\boldsymbol{k}$,所以

$$|\overrightarrow{AB}|=\sqrt{1^2+(\sqrt{2})^2+(-1)^2}=2,$$

从而

$$\cos\alpha=\frac{1}{2}, \quad \cos\beta=\frac{\sqrt{2}}{2}, \quad \cos\gamma=-\frac{1}{2},$$

所以

$$\alpha=\frac{\pi}{3}, \quad \beta=\frac{\pi}{4}, \quad \gamma=\frac{2}{3}\pi.$$

例 3 已知点 $M(1,1,3)$ 与点 $N(2,-1,5)$,求与向量 $\overrightarrow{MN}$ 平行的单位向量.

解 因为 $\overrightarrow{MN}=\{1,-2,2\}$,所以

$$|\overrightarrow{MN}| = \sqrt{1^2 + (-2)^2 + 2^2} = 3,$$

故所求的单位向量为

$$e = \pm \frac{1}{3}\{1, -2, 2\} = \pm \left\{\frac{1}{3}, -\frac{2}{3}, \frac{2}{3}\right\}.$$

五、向量在轴上的投影

设轴 u 由空间内点 O 及单位向量 e 确定,对于任一点 M,在点 M 和 u 轴所确定的平面内作 $\overrightarrow{MM'} \perp u$ 于点 M',则点 M' 称为点 M 在 u 轴上的投影,如图 6-12 所示.

设点 M 与 N 在 u 轴上的投影分别为点 M' 和 N',存在 λ,使 $\overrightarrow{M'N'} = \lambda e$,则数 λ 称为向量在 u 轴上的投影,记作 $\mathrm{Prj}_u \overrightarrow{MN}$,如图 6-13 所示.

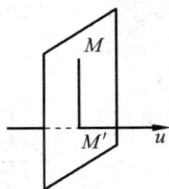

图 6-12

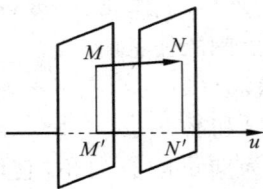

图 6-13

根据定义,向量 r 在直角坐标系 $Oxyz$ 中的坐标 r_x, r_y, r_z 就是向量 r 在三条坐标轴上的投影. 由此可知,向量的投影具有以下性质:

性质 1(投影定理) 向量 $\overrightarrow{AB}$ 在轴 u 上的投影等于向量 $\overrightarrow{AB}$ 的模乘以轴与向量的夹角的余弦,即

$$\mathrm{Prj}_u \overrightarrow{AB} = |\overrightarrow{AB}| \cos\varphi,$$

其中 φ 为向量 $\overrightarrow{AB}$ 与轴 u 的夹角.

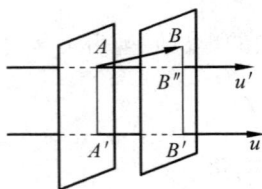

图 6-14

证明 如图 6-14 所示,通过向量 $\overrightarrow{AB}$ 的起点引轴 u',使轴 u' 与轴 u 平行且有相同的正方向,那么向量 $\overrightarrow{AB}$ 与轴 u' 的夹角等于向量 $\overrightarrow{AB}$ 与轴 u 的夹角,且

$$\mathrm{Prj}_u \overrightarrow{AB} = \mathrm{Prj}_{u'} \overrightarrow{AB}.$$

设点 B 在轴 u' 上的投影点为 B'',则

$$\mathrm{Prj}_{u'} \overrightarrow{AB} = AB'' = |\overrightarrow{AB}| \cos\varphi,$$

所以

$$\mathrm{Prj}_u \overrightarrow{AB} = |\overrightarrow{AB}| \cos\varphi.$$

性质 2 两个向量的和在轴 u 上的投影等于两个向量在轴 u 上的投影的和,即
$$\mathrm{Prj}_u (\boldsymbol{a} + \boldsymbol{b}) = \mathrm{Prj}_u \boldsymbol{a} + \mathrm{Prj}_u \boldsymbol{b}.$$

性质 3 向量的数乘在轴 u 上的投影等于向量在轴 u 上的投影与该数的乘积,即
$$\mathrm{Prj}_u (\lambda \boldsymbol{a}) = \lambda \mathrm{Prj}_u \boldsymbol{a}.$$

例 4 已知某向量的终点为 $N(2, -1, 4)$,它在 x, y, z 三个坐标轴上的投影依次为 $1,$
$-2, 6$,求该向量的起点 M 的坐标.

解 设起点 M 的坐标为 (x, y, z),则 $\overrightarrow{MN} = \{2-x, -1-y, 4-z\}$. 由题设得
$$\{2-x, -1-y, 4-z\} = \{1, -2, 6\},$$

解得
$$x=1, \quad y=1, \quad z=-2,$$
所以起点 M 的坐标为 $(1,1,-2)$.

习题 6-2

1. 指出下列各点所在的卦限：

(1) $(1,2,3)$;　　(2) $(-1,-2,3)$;　　(3) $(-1,2,-3)$;　　(4) $(1,-2,-3)$.

2. 在空间直角坐标系中，作点 $P(2,3,5)$ 并写出它关于原点、各坐标轴以及各坐标平面对称的点的坐标.

3. 试证以点 $(4,1,9),(10,-1,6),(2,4,3)$ 为顶点的三角形是等腰直角三角形.

4. 求 z 轴上与点 $A(5,1,7)$ 和点 $B(3,5,3)$ 等距离的点.

5. 求下列向量的单位向量：

(1) $a=2i+j-2k$;　　　　(2) $b=2i+6j-3k$.

6. 求平行于向量 $a=\{1,1,1\}$ 的单位向量.

7. 已知点 $A(3,2,1)$ 与点 $B(8,5,-1)$，求向量 $\overrightarrow{AB}$ 的坐标与 $|\overrightarrow{AB}|$.

8. 已知向量 $a=3i+4j+3k, b=4i-5j-k, c=5i+3j+2k$，求向量 $a+2b+c$ 在 y 轴上的投影以及在 z 轴上的分向量.

第三节　向量的数量积与向量积

一、向量的数量积

引例 1　设物体在常力 F 的作用下沿直线产生位移 s. 设 F 与 s 的夹角为 θ，如图 6-15 所示，则力 F 对该物体所做的功为

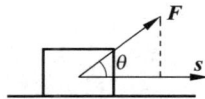

图 6-15

$$W=|F||s|\cos\theta.$$

当 $0\leqslant\theta<\dfrac{\pi}{2}$ 时，F 对该物体做正功；当 $\dfrac{\pi}{2}<\theta\leqslant\pi$ 时，F 做负功；当 $\theta=\dfrac{\pi}{2}$ 时，F 不做功.

除了做功，还有流量、数据的相似等许多问题需要对两个向量作这样的运算，因此我们给出以下定义：

定义 6.5　设有两个向量 a,b，其夹角为 θ，称 $|a||b|\cos\theta$ 为向量 a 与 b 的**数量积**，也称为 a 与 b 的**内积**或**点积**，记作 $a\cdot b$，即

$$a\cdot b=|a||b|\cos\theta.$$

由此定义，引例中的功可以表示为 $W=F\cdot s$.

根据数量积的定义可得：

(1) $a\cdot a=|a|^2$.

(2) $\cos\theta=\dfrac{a\cdot b}{|a||b|}$.

(3) $a\cdot b=0\Leftrightarrow a\perp b$.

(4) 运算定律

交换律　$a\cdot b=b\cdot a$;

分配律 $(a+b) \cdot c = a \cdot c + b \cdot c$；

结合律 $(\lambda a) \cdot b = a \cdot (\lambda b) = \lambda(a \cdot b)$.

(5) 设 $a = \{a_x, a_y, a_z\}$，$b = \{b_x, b_y, b_z\}$，则
$$a \cdot b = a_x b_x + a_y b_y + a_z b_z.$$

例 1 已知空间中三点 $A(1, -3, 4)$，$B(-2, 1, -1)$，$C(2, -1, 2)$，求 $\angle BAC$.

解 如图 6-16 所示，因为 $\overrightarrow{AB} = \{-3, 4, -5\}$，$\overrightarrow{AC} = \{1, 2, -2\}$，所以
$$|\overrightarrow{AB}| = \sqrt{9 + 16 + 25} = \sqrt{50},$$
$$|\overrightarrow{AC}| = \sqrt{1 + 4 + 4} = 3.$$

又 $\overrightarrow{AB} \cdot \overrightarrow{AC} = -3 + 8 + 10 = 15$，所以

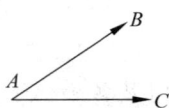

图 6-16

$$\cos \angle BAC = \frac{15}{\sqrt{50} \cdot 3} = \frac{\sqrt{2}}{2}.$$

因此
$$\angle BAC = \frac{\pi}{4}.$$

二、向量的向量积

引例 2 设 O 为杠杆的支点，力 F 作用在杠杆上 P 点处（图 6-17），根据力学知识，力 F 对于支点 O 的力矩为向量 M，其方向垂直于力 F 与向量 $\overrightarrow{OP}$ 所确定的平面，且从 $\overrightarrow{OP}$ 到 F 按照右手规则（图 6-18）确定，其模为
$$|M| = |\overrightarrow{OP}| |F| \cdot \sin\theta.$$

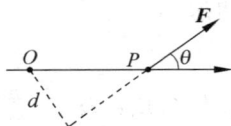

图 6-17

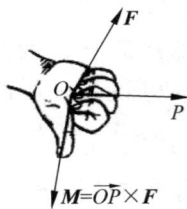

图 6-18

引例 2 中由两个向量确定第三个向量的方法是一种运算，于是我们给出以下定义：

定义 6.6 设 a, b 为非零向量，它们的夹角为 $\theta (0 \leqslant \theta \leqslant \pi)$，如果向量 c 满足：

(1) $|c| = |a| |b| \sin\theta$；

(2) $c \perp a, c \perp b$，

且 c 的方向按右手法则从 a 转向 b 确定，则称向量 c 为向量 a 与 b 的向量积，也称为向量的**外积**或**叉积**，记作 $c = a \times b$.

根据向量积的定义可得：

(1) $a \times a = 0$.

(2) 反交换律 $a \times b = -b \times a$；

分配律 $a \times (b + c) = a \times b + a \times c$；

结合律 $(\lambda a) \times b = a \times (\lambda b) = \lambda(a \times b)$.

(3) 设 $\boldsymbol{a} = \{a_x, a_y, a_z\}, \boldsymbol{b} = \{b_x, b_y, b_z\}$，则

$$\boldsymbol{a} \times \boldsymbol{b} = \begin{vmatrix} \boldsymbol{i} & \boldsymbol{j} & \boldsymbol{k} \\ a_x & a_y & a_z \\ b_x & b_y & b_z \end{vmatrix}.$$

(4) $\boldsymbol{a} \times \boldsymbol{b} = \boldsymbol{0} \Leftrightarrow \boldsymbol{a} /\!/ \boldsymbol{b}$.

例 2 已知三角形的顶点分别为 $A(2,2,2), B(3,4,5)$ 和 $C(4,5,6)$，求 $\triangle ABC$ 的面积.

解 如图 6-19 所示，根据向量积的定义可得三角形的面积为

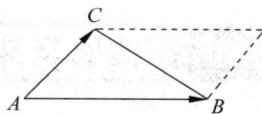

$$S = \frac{1}{2} |\overrightarrow{AB}| |\overrightarrow{AC}| \sin A = \frac{1}{2} |\overrightarrow{AB} \times \overrightarrow{AC}|.$$

图 6-19

又 $\overrightarrow{AB} = \{1,2,3\}, \overrightarrow{AC} = \{2,3,4\}$，所以

$$\overrightarrow{AB} \times \overrightarrow{AC} = \begin{vmatrix} \boldsymbol{i} & \boldsymbol{j} & \boldsymbol{k} \\ 1 & 2 & 3 \\ 2 & 3 & 4 \end{vmatrix} = \{-1, 2, -1\},$$

故所求三角形的面积为

$$S = \frac{1}{2} |\overrightarrow{AB} \times \overrightarrow{AC}| = \frac{\sqrt{6}}{2}.$$

可见，两个向量的向量积的模等于以这两个向量为邻边的平行四边形的面积，这就是向量积的几何意义.

例 3 已知向量 $\boldsymbol{a} = \{1, 2, -2\}$ 与 $\boldsymbol{b} = \{3, -4, 5\}$，求与 $\boldsymbol{a}$ 和 $\boldsymbol{b}$ 都垂直的单位向量.

解 根据向量积的定义，$\boldsymbol{c} = \boldsymbol{a} \times \boldsymbol{b}$ 既垂直于 $\boldsymbol{a}$ 又垂直于 $\boldsymbol{b}$. 可取

$$\boldsymbol{c} = \boldsymbol{a} \times \boldsymbol{b} = \begin{vmatrix} \boldsymbol{i} & \boldsymbol{j} & \boldsymbol{k} \\ 1 & 2 & -2 \\ 3 & -4 & 5 \end{vmatrix} = 2\boldsymbol{i} - 11\boldsymbol{j} - 10\boldsymbol{k},$$

$$|\boldsymbol{c}| = \sqrt{4 + 121 + 100} = 15.$$

故所求的单位向量为

$$\boldsymbol{e} = \pm \frac{1}{|\boldsymbol{c}|} \boldsymbol{c} = \pm \left\{ \frac{2}{15}, -\frac{11}{15}, -\frac{2}{3} \right\}.$$

习题 6-3

1. 求与 $\boldsymbol{a} = \boldsymbol{i} + \boldsymbol{j} + \boldsymbol{k}$ 平行且满足 $\boldsymbol{a} \cdot \boldsymbol{b} = 1$ 的向量 $\boldsymbol{b}$.

2. 设向量 $\boldsymbol{a} = \{3, 5, -2\}, \boldsymbol{b} = \{2, 1, 4\}$，问：$\lambda$ 与 μ 具有怎样的关系，使 $\lambda \boldsymbol{a} + \mu \boldsymbol{b}$ 与 z 轴垂直？

3. 已知 $|\boldsymbol{a}| = 1, |\boldsymbol{b}| = 4, |\boldsymbol{c}| = 5$，且 $\boldsymbol{a} + \boldsymbol{b} + \boldsymbol{c} = \boldsymbol{0}$，计算 $\boldsymbol{a} \cdot \boldsymbol{b} + \boldsymbol{b} \cdot \boldsymbol{c} + \boldsymbol{c} \cdot \boldsymbol{a}$.

4. 已知向量 $\boldsymbol{a}$ 和 $\boldsymbol{b}$ 满足 $|\boldsymbol{a} \cdot \boldsymbol{b}| = 3$，且 $|\boldsymbol{a} \times \boldsymbol{b}| = 4$，求 $|\boldsymbol{a}| \cdot |\boldsymbol{b}|$.

5. 已知 $|\boldsymbol{a}| = 3, |\boldsymbol{b}| = 5$，且两向量的夹角 $\theta = \frac{\pi}{3}$，求 $(\boldsymbol{a} - 2\boldsymbol{b}) \cdot (3\boldsymbol{a} - 4\boldsymbol{b})$.

6. 设 $\boldsymbol{a}=\{2,-3,1\}$，$\boldsymbol{b}=\{1,-1,3\}$，$\boldsymbol{c}=\{1,-2,0\}$，求：

(1) $(\boldsymbol{a}\cdot\boldsymbol{b})\boldsymbol{c}-(\boldsymbol{a}\cdot\boldsymbol{c})\boldsymbol{b}$；(2) $(\boldsymbol{a}+\boldsymbol{b})\times(\boldsymbol{b}+\boldsymbol{c})$；(3) $(\boldsymbol{a}\times\boldsymbol{b})\cdot\boldsymbol{c}$.

7. 求与向量 $\boldsymbol{a}=\{2,1,-1\}$ 和 $\boldsymbol{b}=\{1,1,0\}$ 都垂直的单位向量.

8. 试用向量证明不等式：

$$|a_1b_1+a_2b_2+a_3b_3|\leqslant\sqrt{a_1^2+a_2^2+a_3^2}\sqrt{b_1^2+b_2^2+b_3^2}.$$

第四节　曲面及其方程

在日常生活中，我们经常会遇到各种曲面，例如水桶的表面、橄榄球的表面、足球的表面、圆锥的表面以及汽车反光镜的镜面等，空间几何体的表面也是曲面. 研究曲面，需要知道曲面的代数表示，即建立曲面的方程，还需知道曲面及其方程之间的对应关系.

一、曲面及其方程的概念

1. 球面及其推广

首先我们介绍以点 $M_0(x_0,y_0,z_0)$ 为球心、以 R 为半径的球面的方程. 在球面上任取一点 $M(x,y,z)$，则 $|M_0M|=R$，根据两点间的距离公式得

$$(x-x_0)^2+(y-y_0)^2+(z-z_0)^2=R^2,\tag{6.1}$$

反之，不是球面上的点的坐标均不满足上述方程，因此方程(6.1)表示以点 $M_0(x_0,y_0,z_0)$ 为球心、以 R 为半径的球面.

2. 空间曲面及其方程

正如平面内的曲线可视为动点的轨迹，空间曲面也可看作点的轨迹. 在这样的意义下，我们给出曲面方程的概念.

定义 6.7　若曲面 S 上任意一点的坐标都满足某方程 $F(x,y,z)=0$，而不在曲面 S 上点的坐标都不满足该方程，则称方程 $F(x,y,z)=0$ 为曲面 S 的方程，而曲面 S 称为方程 $F(x,y,z)=0$ 的图形.

空间曲面及其方程的问题分为两类：①建立已知曲面的方程；②由方程讨论曲面的形状与特点.

例1　设有两点 $A(2,3,4)$ 与 $B(4,5,6)$，求线段 AB 的垂直平分面的方程.

解　设 $M(x,y,z)$ 为所求平面上任一点，则

$$|MA|=|MB|,$$

所以

$$\sqrt{(x-2)^2+(y-3)^2+(z-4)^2}=\sqrt{(x-4)^2+(y-5)^2+(z-6)^2}.$$

即所求垂直平分面的方程为

$$x+y+z-12=0.$$

例2　方程 $x^2+y^2+z^2-2x-6y+6z-6=0$ 表示怎样的曲面？

解　原方程可表示为

$$(x-1)^2+(y-3)^2+(z+3)^2=25,$$

所以原方程表示以点 $(1,3,-3)$ 为球心、以 5 为半径的球面.

一般地,如果三元二次方程

$$Ax^2 + Ay^2 + Az^2 + Dx + Ey + Fz + G = 0,$$

缺少 xy, yz, zx,平方项系数相等,且能够配方成方程(6.1)的形式,则它表示一个球面.

二、旋转曲面

平面内一条曲线绕其所在平面上的一条定直线旋转一周所成的曲面称为旋转曲面,这条曲线和定直线分别叫作旋转曲面的母线和旋转轴,如圆锥面、圆台面和球面都是旋转曲面.

给定 yOz 面内一条曲线 C,其方程为 $f(y,z)=0$,将该曲线绕 z 轴旋转一周形成一个以 z 轴为旋转轴的旋转曲面,如图 6-20 所示.其方程推导如下:

在旋转曲面上任取一点 $M(x,y,z)$,不妨设它是由曲线 C 上的点 $M_0(0,y_0,z_0)$ 绕 z 轴旋转而得.则点 M 与 M_0 到 z 轴的距离相等,即

$$z_0 = z,$$

$$|y_0| = \sqrt{x^2 + y^2}.$$

由于 $M_0(0,y_0,z_0)$ 是曲线 C 上的点,满足 $f(y_0,z_0)=0$,将上述关系代入曲线方程得

$$f(\pm\sqrt{x^2+y^2}, z) = 0,$$

这就是 yOz 面内的曲线 $f(y,z)=0$ 绕 z 轴旋转而形成的旋转曲面的方程.同理,yOz 面内的曲线 $f(y,z)=0$ 绕 y 轴旋转而形成的旋转曲面的方程为

$$f(y, \pm\sqrt{x^2+z^2}) = 0.$$

其他坐标平面内的曲线绕坐标轴旋转而成的旋转曲面的方程类似可得.下面介绍几个常见的旋转曲面.

1. 圆锥面

yOz 面内经过坐标原点且与 z 轴的夹角为 α 的直线为 $z = y\cot\alpha$,它绕 z 轴旋转一周而成的旋转曲面称为圆锥面(图 6-21),其中 α 称为半顶角,其方程为

$$z = \pm\cot\alpha\sqrt{x^2+y^2},$$

也就是

$$z^2 = k^2(x^2+y^2) \quad (其中 k = \cot\alpha).$$

圆锥面用得比较多的是开口向上的半圆锥面

$$z = \sqrt{x^2+y^2}.$$

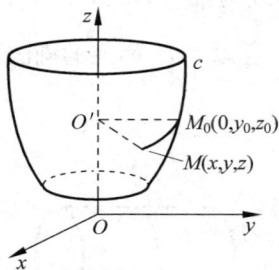

图 6-20

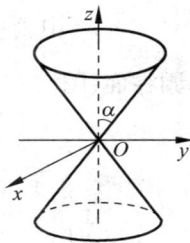

图 6-21

2. 旋转抛物面

yOz 面内的抛物线 $z = ay^2$ 绕 z 轴旋转一周而成的旋转曲面称为旋转抛物面

（图 6-22），其方程为

$$z = a(x^2 + y^2).$$

曲面也可由 zOx 面内的抛物线 $z = ax^2$ 绕 z 轴旋转一周而成.

3. 旋转双曲面

yOz 面内的双曲线 $\dfrac{y^2}{b^2} - \dfrac{z^2}{c^2} = 1$ 绕 z 轴旋转一周而成的旋转曲面称为单叶双曲面（形如一个收紧了腰的圆柱面，图 6-23），其方程为

$$\frac{x^2 + y^2}{b^2} - \frac{z^2}{c^2} = 1.$$

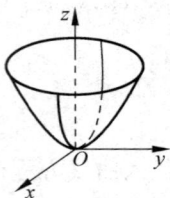
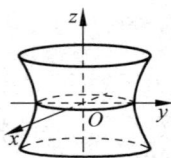
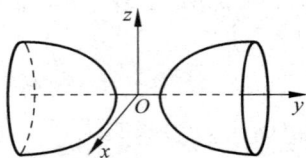

图 6-22   图 6-23   图 6-24

yOz 面内的双曲线 $\dfrac{y^2}{b^2} - \dfrac{z^2}{c^2} = 1$ 绕 y 轴旋转而成的旋转曲面称为双叶双曲面（形如两个开口向左右的帽子，图 6-24），其方程为

$$\frac{y^2}{b^2} - \frac{x^2 + z^2}{c^2} = 1.$$

这两种由双曲线旋转而成的旋转曲面合称为旋转双曲面.

三、柱面

一般地，平行于定直线并沿曲线 C 移动的直线 L 形成的轨迹叫作柱面. 动直线 L 称为柱面的母线，曲线称为柱面的准线（图 6-25）.

一般地，不含 z 的方程 $F(x, y) = 0$ 表示以 xOy 面内的曲线 $f(x, y) = 0$ 为准线，母线平行于 z 轴的柱面；同理，方程 $F(y, z) = 0$ 表示以 yOz 面内的曲线为准线，母线平行于 x 轴的柱面；方程 $F(x, z) = 0$ 表示以 xOz 面内的曲线为准线，母线平行于 y 轴的柱面. 例如，方程 $x^2 + \dfrac{z^2}{4} = 1$ 在空间中表示母线平行于 y 轴，且以 zOx 面上的椭圆 $x^2 + \dfrac{z^2}{4} = 1$ 为准线的柱面，称为**椭圆柱面**（图 6-26）.

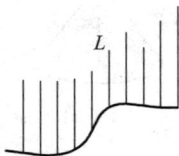
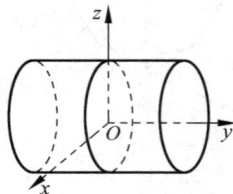

图 6-25   图 6-26

方程 $y=x^2$ 在空间中表示以 xOy 面上的抛物线为准线,母线平行于 z 轴的柱面,称为**抛物柱面**(图 6-27).

方程 $\dfrac{x^2}{4}-\dfrac{y^2}{9}=1$ 表示以 xOy 面内双曲线为准线,母线平行于 z 轴的**双曲柱面**.

方程 $x+z=1$ 表示以 zOx 平面内的直线 $x+z=1$ 为准线,母线平行于 y 轴的柱面,实际上它是一个平面(图 6-28).

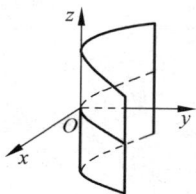

图 6-27

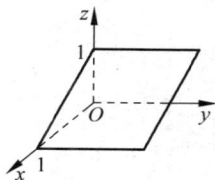

图 6-28

习题 6-4

1. 求以点 $A(3,4,-5)$ 为球心且过坐标原点的球面方程.

2. 求与两点 $M_1(4,0,1)$ 与 $M_2(-4,2,-3)$ 距离相等的点的轨迹方程.

3. 求 yOz 平面内的圆 $y^2+z^2=16$ 绕 z 轴旋转一周所形成曲面的方程.

4. 指出下列方程在平面和空间内分别表示什么图形:

(1) $x^2+y^2=1$;   (2) $x^2-y^2=1$;   (3) $y=x^2+1$.

5. 画出下列方程所表示的曲面:

(1) $x^2+y^2+z^2-4z=0$;   (2) $z=\sqrt{1-x^2-y^2}$;

(3) $z=x^2+y^2$;   (4) $z=\sqrt{x^2+y^2}$.

6. 指出下列旋转曲面是如何由曲线旋转形成的:

(1) $x^2-y^2+z^2=1$;   (2) $\dfrac{x^2}{4}-y^2-z^2=1$.

第五节　二次曲面

与平面解析几何中的二次曲线类似,我们称三元二次方程所表示的曲面为二次曲面. 其一般方程为

$$ax^2+by^2+cz^2+fxy+gyz+hzx+px+qy+rz+d=0.$$

本节讨论几个常用的二次曲面的标准方程及其对应的图形.

一、椭球面

标准方程为

$$\frac{x^2}{a^2}+\frac{y^2}{b^2}+\frac{z^2}{c^2}=1 \tag{6.2}$$

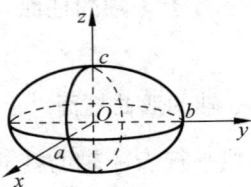

图 6-29

的曲面称为椭球面,如图 6-29 所示.

特殊地,当 $a=b$ 时,方程(6.2)表示的曲面可由 yOz 面上的椭圆 $\dfrac{y^2}{a^2}+\dfrac{z^2}{c^2}=1$ 绕 z 轴旋转一周而成,称为旋转椭球面.用平面 $z=z_0$ 去截椭球面,**截痕**是平面 $z=z_0$ 上的一个圆.当 $a=b=c$ 时,方程(6.2)表示一个球面.

二、抛物面

1. 椭圆抛物面

标准方程为

$$\frac{x^2}{a^2}+\frac{y^2}{b^2}=kz \qquad (6.3)$$

的曲面称为椭圆抛物面,如图 6-30 所示.下面讨论它的形态.

当 $k>0$ 时,该方程表示顶点在原点、开口向上的椭圆抛物面;当 $k<0$ 时,该方程表示顶点在原点、开口向下的椭圆抛物面.

用平面 $z=z_0(z_0\neq0)$ 去截这个曲面所得的交线为椭圆 $\dfrac{x^2}{a^2}+\dfrac{y^2}{b^2}=kz_0$.

用平面 $x=x_0$ 或 $y=y_0$ 去截曲面所得的交线均为抛物线,可分别表示为

$$kz=\frac{y^2}{b^2}+\frac{x_0^2}{a^2} \quad \text{与} \quad kz=\frac{x^2}{a^2}+\frac{y_0^2}{b^2}.$$

特殊地,当 $a=b$ 时,$\dfrac{x^2+y^2}{a^2}=kz$ 表示旋转抛物面.

2. 双曲抛物面

标准方程为

$$-\frac{x^2}{a^2}+\frac{y^2}{b^2}=z$$

的曲面称为双曲抛物面,因其形状与马鞍相似,又称马鞍面,如图 6-31 所示.

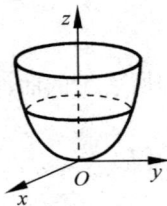

图 6-30

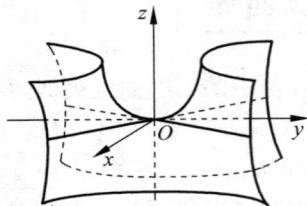

图 6-31

特殊地,当 $a=b=\sqrt{2}$ 时,$2z=y^2-x^2$.经过坐标变换或将图形旋转 $\dfrac{\pi}{4}$,可得曲面方程为 $z=xy$.

三、双曲面

1. 单叶双曲面

标准方程为

$$\frac{x^2}{a^2}+\frac{y^2}{b^2}-\frac{z^2}{c^2}=1 \tag{6.4}$$

的曲面叫作单叶双曲面,如图 6-32 所示.

这个曲面可由 yOz 平面内的曲线 $\frac{y^2}{b^2}-\frac{z^2}{c^2}=1$ 绕 z 轴旋转一周,然后沿 x 轴方向伸长

(或缩短)为原来的 $\frac{a}{b}$ 倍形成.

2. 双叶双曲面

标准方程为

$$\frac{x^2}{a^2}-\frac{y^2}{b^2}+\frac{z^2}{c^2}=-1 \tag{6.5}$$

的曲面叫作双叶双曲面,如图 6-33 所示.它可视为 yOz 平面内的曲线 $\frac{y^2}{b^2}-\frac{z^2}{c^2}=1$ 绕 y 轴旋

转一周,然后沿 x 轴方向伸缩为原来的 $\frac{a}{c}$ 倍而形成的曲面.

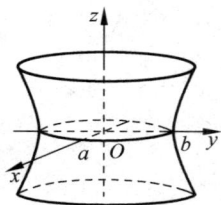

图 6-32

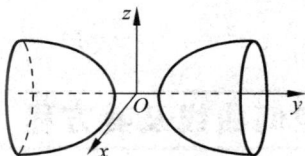

图 6-33

例 说出下列二次曲面是如何形成的,并指出它们的名称.

(1) $\frac{x^2}{4}+\frac{y^2}{4}-z^2=1$; (2) $z=\frac{x^2}{4}+\frac{y^2}{9}$.

解 (1) 该曲面可看成由 yOz 平面内的双曲线 $\frac{y^2}{4}-z^2=1$ 绕 z 轴旋转一周而得的单叶双

曲面,也可看成是由 zOx 平面内的双曲线 $\frac{x^2}{4}-z^2=1$ 绕 z 轴旋转一周而得的单叶双曲面.

(2) 该曲面可看成由 yOz 平面内的抛物线 $z=\frac{y^2}{9}$ 绕 z 轴旋转而成的旋

转抛物面,再沿 x 轴方向缩小为原来的 $\frac{2}{3}$ 而得;也可看成由 zOx 平面内的

抛物线 $z=\frac{x^2}{4}$ 绕 z 轴旋转而成的旋转抛物面,再沿 y 轴方向伸长为原来的

$\frac{3}{2}$ 倍而得(图 6-34).

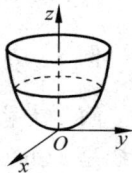

图 6-34

四、二次锥面

标准方程为

$$\frac{x^2}{a^2} + \frac{y^2}{b^2} - \frac{z^2}{c^2} = 0 \tag{6.6}$$

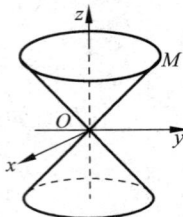

图 6-35

的曲面叫作二次锥面,如图 6-35 所示.

以平面 $z = h$ 去截曲面,截痕为 $\begin{cases} \dfrac{x^2}{a^2} + \dfrac{y^2}{b^2} = \dfrac{h^2}{c^2}, \\ z = h. \end{cases}$

当 $h \neq 0$ 时,截痕为一个椭圆,在此椭圆上任取一点 M,作直线 OM,当 M 沿着椭圆移动一周时,直线 OM 的轨迹就是二次锥面.

特殊地,当 $a = b$ 时,方程(6.6)表示的曲面为圆锥面.

习题 6-5

1. 画出下列方程所表示的曲面:

(1) $y^2 + z^2 = 4$;　　　　(2) $x^2 + y^2 + \dfrac{z^2}{4} = 16$;　　　　(3) $x^2 + y^2 - 4z^2 = 1$;

(4) $x^2 + y^2 - 4z^2 = 0$;　　(5) $z = \dfrac{x^2}{4} + \dfrac{y^2}{9}$.

2. 画出下列曲面所围成的图形:

(1) $x^2 + y^2 + z^2 = 4$ 与 $(x-1)^2 + y^2 = 1$;　　(2) $z = x^2 + y^2$ 与 $z = 2 - \sqrt{x^2 + y^2}$.

第六节　空间曲线及其方程

一、空间曲线的一般方程

一般地,空间曲线可看成两个曲面的交线. 设两个曲面 $F(x,y,z)=0$ 与 $G(x,y,z)=0$ 的交线为 C. 曲线 C 上任一点的坐标都满足这两个方程,即满足方程组

$$\begin{cases} F(x,y,z) = 0, \\ G(x,y,z) = 0. \end{cases} \tag{6.7}$$

反之,不在曲线 C 上的点不可能同时在两个曲面上,它的坐标也就不会满足方程组 $\begin{cases} F(x,y,z)=0, \\ G(x,y,z)=0, \end{cases}$ 所以方程组(6.7)叫作曲线 C 的一般方程.

例 1　方程组 $\begin{cases} x^2 + y^2 = 4, \\ 3y + 4z = 12 \end{cases}$ 表示怎样的曲线?

解　方程组中第一个方程表示圆柱面,其母线平行于 z 轴,其准线是 xOy 平面内的圆 $x^2 + y^2 = 4$. 第二个方程表示一个倾斜的平面(图 6-36). 故此方程组表示圆柱面与一个不与它垂直的平面

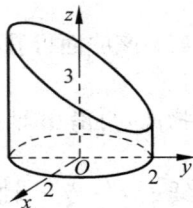

图 6-36

的交线,且该曲线是一个椭圆.

二、参数方程

空间曲线的表示方法除一般方程之外,还有参数方程的形式,也就是把曲线上动点的坐标 x,y,z 均表示为参数 t 的函数,即

$$\begin{cases} x = \varphi(t), \\ y = \psi(t), \\ z = \omega(t). \end{cases} \tag{6.8}$$

它称为空间曲线的参数方程.当 $t = t_0$ 时,得到曲线上的一个点 (x_0,y_0,z_0),随着 t 的变化,动点的轨迹就是曲线 C.

例 2 如果圆柱面 $x^2 + y^2 = R^2$ 上一点 M 以角速度 ω 绕 z 旋转,同时又以线速度 v 沿平行于 z 轴的正方向上升(其中 ω,v 都是常数),则点 M 的轨迹叫作螺旋线.求螺旋线的参数方程.

解 如图 6-37 所示,取 t 为参数,设 $t = 0$ 时刻点 M 位于点 $A(R,0,0)$ 处,在 t 时刻运动到点 $M(x,y,z)$ 处,则在 xOy 平面上的投影点为 $M_0(x,y,0)$.由于点 M_0 以角速度 ω 绕 z 旋转,经过时间 t,所经过的角度为 ωt,因此

$$\begin{cases} x = R\cos\omega t, \\ y = R\sin\omega t. \end{cases}$$

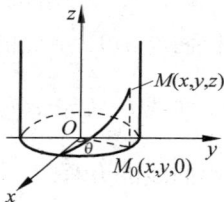

图 6-37

又点 M 以线速度 v 沿平行于 z 轴的正方向上升,则 $z = vt$.故螺旋线的参数方程为

$$\begin{cases} x = a\cos\omega t, \\ y = a\sin\omega t, \\ z = vt. \end{cases}$$

取 $\theta = \omega t$ 为参数,则螺旋线的参数方程为

$$\begin{cases} x = a\cos\theta, \\ y = a\sin\theta, \\ z = b\theta. \end{cases}$$

其中 $b = \dfrac{v}{\omega}$ 为常数.可见,θ 每增加相同的角度,z 的增加即螺旋线上的动点上升的高度是相同的.这表明动点上升的高度与其转过的角度成正比;反之,动点下降的高度与其反向旋转的角度成正比.特别地,动点每转一周,它沿 z 轴方向都移动相同的距离 $h = 2\pi b$,这个距离在工程上称为螺旋线的螺距.

例 3 将曲线的一般方程 $\begin{cases} x^2 + y^2 = 4 \\ x + y + z = 2 \end{cases}$ 化为参数方程.

解 由 $x^2 + y^2 = 4$,可设 $x = 2\cos t, y = 2\sin t$,代入式 $x + y + z = 2$ 得

$$z = 2 - 2\cos t - 2\sin t.$$

因此曲线的参数方程为

$$\begin{cases} x = 2\cos t, \\ y = 2\sin t, \\ z = 2 - 2\cos t - 2\sin t, \end{cases} \qquad t \in [0, 2\pi].$$

三、曲线在坐标面上的投影

设空间曲线 C 的方程为

$$\begin{cases} F(x, y, z) = 0, \\ G(x, y, z) = 0. \end{cases} \tag{6.9}$$

如果能由方程组(6.9)消去 z 得到方程

$$H(x, y) = 0, \tag{6.10}$$

它表示一个母线平行于 z 轴的柱面，则曲线 C 上任一点的坐标满足方程组(6.9)，也一定满足方程(6.10)．可见，曲线 C 包含在这个柱面中．

以曲线 C 为准线、母线平行于 z 轴的柱面称为曲线 C 关于 xOy 平面的**投影柱面**，该投影柱面与 xOy 平面的交线称为曲线 C 在 xOy 平面上的**投影**（曲线）．从而方程 $H(x, y) = 0$ 就是曲线 C 关于 xOy 平面的投影柱面的方程，$\begin{cases} H(x, y) = 0, \\ z = 0 \end{cases}$ 就是曲线 C 在 xOy 平面上的投影曲线的方程．

类似地，由方程组(6.9)消去 x 或 y，再分别和 $x = 0$ 或 $y = 0$ 联立，可得曲线 C 在 yOz 平面和 zOx 平面上的投影曲线．

例 4 求曲面 $z = 2 - \sqrt{x^2 + y^2}$ 与 $z = x^2 + y^2$ 所围区域在 xOy 平面上的投影．

解 由 $\begin{cases} z = 2 - \sqrt{x^2 + y^2}, \\ z = x^2 + y^2 \end{cases}$，消去 z 得投影柱面方程

$$x^2 + y^2 = 1.$$

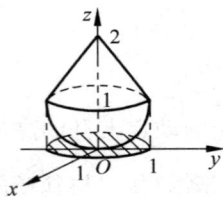

图 6-38

因此两曲面的交线在 xOy 平面上的投影曲线的方程为

$$\begin{cases} x^2 + y^2 = 1, \\ z = 0. \end{cases}$$

故所围立体在 xOy 平面上的投影区域为投影曲线的内部（图 6-38），即

$$\begin{cases} x^2 + y^2 \leqslant 1, \\ z = 0. \end{cases}$$

习题 6-6

1. 指出下列方程在平面解析几何和空间解析几何中分别表示什么图形：

(1) $\begin{cases} x - 2y = 3, \\ 2x - 3y = 5; \end{cases}$
(2) $\begin{cases} \dfrac{x^2}{9} + \dfrac{y^2}{16} = 1, \\ y = 4. \end{cases}$

2. 画出下列曲线:

(1) $\begin{cases} x^2+y^2=1, \\ x+y+z=1; \end{cases}$

(2) $\begin{cases} x^2+y^2+z^2=4, \\ x^2+y^2=2x; \end{cases}$

(3) $\begin{cases} z=\sqrt{x^2+y^2}, \\ x^2+y^2+z^2=2. \end{cases}$

3. 将曲线方程 $\begin{cases} (x-1)^2+y^2+z^2=10, \\ z=1 \end{cases}$ 化为参数方程.

4. 求抛物面 $z=x^2+y^2(0\leqslant z\leqslant 1)$ 在三个坐标平面上的投影.

5. 求旋转抛物面 $z=x^2+y^2$ 与上半球面 $z=\sqrt{6-x^2-y^2}$ 所围立体区域在 xOy 平面上的投影.

第七节 平面及其方程

在本节和下一节中,我们将以向量为工具,在空间直角坐标系中讨论空间中最简单又最重要的曲面和曲线——平面和直线.

一、平面方程

1. 平面的点法式方程

如果一非零向量垂直于一平面,则此向量称为该平面的法向量. 易知,平面的法向量有无穷多个,且垂直于该平面内的任一向量(图 6-39).

由空间几何知识可知,过一点且垂直于已知直线的平面有且只有一个. 从而过点 $M_0(x_0, y_0, z_0)$ 且以 $\boldsymbol{n}=\{A,B,C\}$ 为法向量的平面就是唯一确定的. 下面我们建立平面的方程.

在平面 Π 上任取一点 $M(x,y,z)$,如图 6-40 所示,则 $\overrightarrow{M_0M}\perp\boldsymbol{n}$,即

$$\overrightarrow{M_0M} \cdot \boldsymbol{n}=0.$$

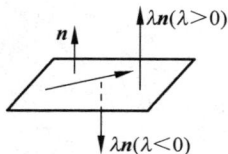

图 6-39

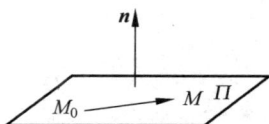

图 6-40

而 $\boldsymbol{n}=\{A,B,C\}$,$\overrightarrow{M_0M}=\{x-x_0,y-y_0,z-z_0\}$,所以

$$A(x-x_0)+B(y-y_0)+C(z-z_0)=0. \tag{6.11}$$

这表明平面 Π 上任意一点 M 的坐标满足方程(6.11).

反之,若点 $M(x,y,z)$ 不在平面 Π 上,则 $\overrightarrow{M_0M}\perp\boldsymbol{n}$ 一定不成立,因此 $\boldsymbol{n}\cdot\overrightarrow{M_0M}\neq 0$,从而点 M 的坐标不满足方程(6.11).

综上,过点 $M_0(x_0,y_0,z_0)$,以 $\boldsymbol{n}=\{A,B,C\}$ 为法向量的平面 Π 的方程为

$$A(x-x_0)+B(y-y_0)+C(z-z_0)=0.$$

由于方程(6.11)由平面上一点和一个法向量确定,故称为平面的**点法式方程**.

例1 已知点 $M_1(1,3,2)$ 与 $M_2(3,0,4)$，求过点 M_1 且与过两点的直线垂直的平面的方程.

解 因为向量 $\overrightarrow{M_1M_2}$ 与平面垂直，故所求平面的法向量可取为

$$n = \overrightarrow{M_1M_2} = \{2, -3, 2\},$$

因此所求平面方程为

$$2(x-1) - 3(y-3) + 2(z-2) = 0,$$

即

$$2x - 3y + 2z + 3 = 0.$$

例2 已知某平面过空间中三点 $M_1(1,1,2)$，$M_2(3,4,5)$ 与 $M_3(4,5,5)$，试写出该平面的方程.

解 $\overrightarrow{M_1M_2} = \{2,3,3\}$，$\overrightarrow{M_1M_3} = \{3,4,3\}$，则法向量

$$n \perp \overrightarrow{M_1M_2}, \quad n \perp \overrightarrow{M_1M_3}.$$

故取

$$
\begin{aligned}
n &= \overrightarrow{M_1M_2} \times \overrightarrow{M_1M_3} \\
&= \begin{vmatrix} i & j & k \\ 2 & 3 & 3 \\ 3 & 4 & 3 \end{vmatrix} \\
&= \{-3, 3, -1\}.
\end{aligned}
$$

定点取点 M_1，则平面方程为

$$3(x-1) - 3(y-1) + (z-2) = 0,$$

即

$$3x - 3y + z - 2 = 0.$$

2. 平面的一般方程

对于过点 $M_0(x_0, y_0, z_0)$，以 $n = \{A, B, C\}$ 为法向量的平面的一般方程

$$A(x-x_0) + B(y-y_0) + C(z-z_0) = 0,$$

整理得

$$Ax + By + Cz - (Ax_0 + By_0 + Cz_0) = 0.$$

记 $D = -(Ax_0 + By_0 + Cz_0)$，则

$$Ax + By + Cz + D = 0. \tag{6.12}$$

这是一个三元一次方程.

反之，任取满足方程(6.12)的一组数 (x_0, y_0, z_0)，也就是

$$Ax_0 + By_0 + Cz_0 + D = 0,$$

所以

$$A(x-x_0) + B(y-y_0) + C(z-z_0) = 0,$$

这是过点 $M_0(x_0, y_0, z_0)$，且以 $n = \{A, B, C\}$ 为法向量的平面方程.

可见方程(6.12)与方程(6.11)同解，因此任何一个三元一次方程的图形都是一个平面，而且任一平面也可由三元一次方程表示.方程(6.12)称为平面的一般方程.

例 3 求通过点 $A(1,1,1)$ 与点 $B(2,3,4)$ 且垂直于平面 $x+y+z=0$ 的平面的方程.

解 设所求平面方程为 $Ax+By+Cz+D=0$,则

$$\begin{cases} A+B+C+D=0, \\ 2A+3B+4C+D=0. \end{cases} \tag{6.13}$$

又已知平面的法向量为 $\boldsymbol{n}_0=\{1,1,1\}$,由题意得

$$\{A,B,C\} \perp \boldsymbol{n}_0,$$

所以

$$A+B+C=0.$$

上式与式(6.13)联立、解得

$$D=0, \quad A=C, \quad B=-2C.$$

代入方程消去 C 得所求平面的方程为

$$x-2y+z=0.$$

对于几类特殊的三元一次方程,我们应该熟悉它们所对应的平面的特点.

(1) 当 $D=0$ 时,$Ax+By+Cz=0$ 表示过原点的平面.

(2) 当 $A=0$ 时,法向量 $\boldsymbol{n}=\{0,B,C\}$ 与 x 轴垂直,$By+Cz+D=0$ 表示过 x 轴或平行于 x 轴的平面.

同理,$Ax+Cz+D=0$ 表示过 y 轴或平行于 y 轴的平面,$Ax+By+D=0$ 表示过 z 轴或平行于 z 轴的平面.

(3) 当 $A=D=0$ 时,方程 $By+Cz=0$ 表示过 x 轴的平面.

同理,$Ax+Cz=0$ 表示过 y 轴的平面,$Ax+By=0$ 表示过 z 轴的平面.

(4) 当 $A=B=0$ 时,显然 $C\neq0$,这时方程可化为 $z=c$,它表示既平行于 x 轴,又平行于 y 轴,也就是平行于 xOy 面的平面.

同理,当 $B=C=0$ 时,方程可化为 $x=a$,表示平行于 yOz 面的平面;当 $A=C=0$ 时,方程可化为 $y=b$,表示平行于 xOz 面的平面.

例 4 求通过 z 轴和点 $(2,-4,7)$ 的平面的方程.

解 由于平面过 z 轴,故所求平面的方程可设为

$$Ax+By=0. \tag{6.14}$$

又平面过点 $(2,-4,7)$,代入上式得

$$A=2B.$$

将上式代入式(6.14),两边同除以 $B(B\neq0)$ 得所求平面方程为

$$2x+y=0.$$

3. 平面的截距式方程

一般地,过空间中三点 $(a,0,0)$,$(0,b,0)$ 与 $(0,0,c)$ 的平面方程为

$$\frac{x}{a}+\frac{y}{b}+\frac{z}{c}=1. \tag{6.15}$$

方程(6.15)称为平面的**截距式方程**,其中 a,b,c 依次称为平面在 x,y,z 轴上的截距(图 6-41).

例 5 设一平面在 x,y,z 轴上的截距之比为 $3:4:8$,且该平面与三个坐标平面所围立体的体积为 128,求该平面的方程.

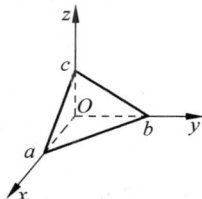

图 6-41

解 利用平面的截距式方程(6.15)可设所求平面的方程为

$$\frac{x}{3k} + \frac{y}{4k} + \frac{z}{8k} = 1.$$

从而所围立体的体积为

$$V = \frac{1}{3} \times \frac{1}{2} \times |\ 3k \times 4k \times 8k\ | = 128,$$

解得

$$k = \pm 2.$$

故所求平面的方程为

$$\frac{x}{6} + \frac{y}{8} + \frac{z}{16} = \pm 1.$$

二、两平面的夹角

两个平面的法向量的夹角（通常指锐角）称为该两个平面的夹角(图 6-42).

设平面 Π_1 和 Π_2 的法向量分别为 $\boldsymbol{n}_1 = \{A_1, B_1, C_1\}$，$\boldsymbol{n}_2 = \{A_2, B_2, C_2\}$，则两个平面的夹角 θ 应是 $(\widehat{\boldsymbol{n}_1, \boldsymbol{n}_2})$ 或 $\pi - (\widehat{\boldsymbol{n}_1, \boldsymbol{n}_2})$ 中的锐角，从而 $\cos\theta = |\cos(\widehat{\boldsymbol{n}_1, \boldsymbol{n}_2})|$，所以平面 Π_1 与 Π_2 的夹角满足

$$\cos\theta = \frac{|\ \boldsymbol{n}_1 \cdot \boldsymbol{n}_2\ |}{|\ \boldsymbol{n}_1\ | \cdot |\ \boldsymbol{n}_2\ |} = \frac{|\ A_1 A_2 + B_1 B_2 + C_1 C_2\ |}{\sqrt{A_1^2 + B_1^2 + C_1^2} \cdot \sqrt{A_2^2 + B_2^2 + C_2^2}}.$$

由向量平行与垂直的性质得

$$\Pi_1 \text{ 与 } \Pi_2 \text{ 互相平行或重合} \Leftrightarrow \boldsymbol{n}_1 /\!/ \boldsymbol{n}_2 \Leftrightarrow \boldsymbol{n}_1 \times \boldsymbol{n}_2 = \boldsymbol{0} \Leftrightarrow \frac{A_1}{A_2} = \frac{B_1}{B_2} = \frac{C_1}{C_2};$$

$$\Pi_1 \perp \Pi_2 \Leftrightarrow \boldsymbol{n}_1 \perp \boldsymbol{n}_2 \Leftrightarrow \boldsymbol{n}_1 \cdot \boldsymbol{n}_2 = 0 \Leftrightarrow A_1 A_2 + B_1 B_2 + C_1 C_2 = 0.$$

例 6 已知平面 Π 经过点 $M_1(2, -1, 4)$ 和 $M_2(3, 0, 5)$，并与平面 $x + y - z = 0$ 垂直，求平面 Π 的方程.

解 设所求平面的法向量为 $\boldsymbol{n}$，$\overrightarrow{M_1 M_2} = \{1, 1, 1\}$，$\boldsymbol{n}_0 = \{1, 1, -1\}$，如图 6-43 所示. 由题意可得 $\boldsymbol{n} \perp \boldsymbol{n}_0$，且 $\boldsymbol{n} \perp \overrightarrow{M_1 M_2}$，所以

$$\boldsymbol{n}_0 \times \overrightarrow{M_1 M_2} = \begin{vmatrix} \boldsymbol{i} & \boldsymbol{j} & \boldsymbol{k} \\ 1 & 1 & -1 \\ 1 & 1 & 1 \end{vmatrix} = 2\{1, -1, 0\}.$$

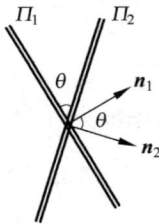

图 6-42

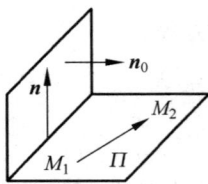

图 6-43

故取 $\boldsymbol{n} = \{1, -1, 0\}$，所以平面的点法式方程可表示为

$$(x - 2) - (y + 1) = 0,$$

即
$$x - y - 3 = 0.$$

三、点到平面的距离公式

设平面为 Π：$Ax + By + Cz + D = 0$，$P_0(x_0, y_0, z_0)$ 是平面外一点，如图 6-44 所示，设 $P(x_1, y_1, z_1)$ 是平面内任一点，P_0' 为 P_0 在平面 Π 上的投影，则

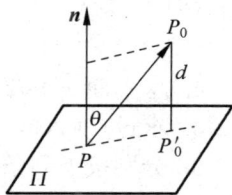

图 6-44

$$d = |P_0P_0'| = |\text{Prj}_n \overrightarrow{PP_0}|.$$

根据投影的性质得

$$d = \overrightarrow{PP_0} \cdot \boldsymbol{n}^0.$$

又

$$\boldsymbol{n}^0 = \frac{1}{\sqrt{A^2 + B^2 + C^2}} \{A, B, C\}, \quad \overrightarrow{PP_0} = \{x_0 - x_1, y_0 - y_1, z_0 - z_1\},$$

所以

$$d = \frac{|A(x_0 - x_1) + B(y_0 - y_1) + C(z_0 + z_1)|}{\sqrt{A^2 + B^2 + C^2}}. \tag{6.16}$$

又 $P(x_1, y_1, z_1)$ 是平面上的点，所以

$$Ax_1 + By_1 + Cz_1 + D = 0,$$

即

$$Ax_1 + By_1 + Cz_1 = -D.$$

代入式(6.16)得

$$d = \frac{|(Ax_0 + By_0 + Cz_0) - (Ax_1 + By_1 + Cz_1)|}{\sqrt{A^2 + B^2 + C^2}} = \frac{|Ax_0 + By_0 + Cz_0 + D|}{\sqrt{A^2 + B^2 + C^2}}.$$

所以点 $P_0(x_0, y_0, z_0)$ 到平面的距离为

$$d = \frac{|Ax_0 + By_0 + Cz_0 + D|}{\sqrt{A^2 + B^2 + C^2}}.$$

例 7 确定 k 的值，使平面 $x + ky - 2z - 9 = 0$ 与坐标原点的距离为 3.

解 由点到平面的距离公式得

$$d = \frac{|-9|}{\sqrt{5 + k^2}} = 3.$$

解得

$$k = \pm 2,$$

故原点到平面 $x \pm 2y - 2z - 9 = 0$ 的距离为 3.

习题 6-7

1. 求过点 $(1, 2, 3)$ 且与平面 $3x - y + 2z - 4 = 0$ 平行的平面方程.

2. 求过空间中三点 $A(1, 1, 2)$，$B(2, 0, 3)$ 和 $C(3, -4, 5)$ 的平面方程.

3. 指出下列各平面的特殊位置,并画出各平面的图形:

(1) $3z-2=0$；   (2) $y+2=0$；

(3) $y=x$；   (4) $x+y+z=1$；

(5) $z=y+1$；   (6) $3x+2y+z-6=0$.

4. 求平面 $x+\sqrt{2}y-z-2=0$ 与各坐标平面的夹角.

5. 求过点 $(1,0,1)$,且与平面 $2x+y+z-2=0$ 和 $x-y+3=0$ 都垂直的平面方程.

6. 分别按下列条件求平面方程:

(1) 通过 z 轴和点 $(3,1,2)$；

(2) 平行于 z 轴,且经过两点 $(1,0,2)$ 和 $(3,1,7)$；

(3) 通过两点 $(1,1,1)$ 和 $(0,1,-1)$,且垂直于平面 $2x+3y+5z=1$.

7. 已知原点到平面 α 的距离为 2,且 α 在 x,y,z 三个坐标轴上的截距之比为 $3:1:2$,求平面 α 的方程.

8. 若点 $A(-2,5,1)$ 在平面 α 上的投影为 $B(6,-5,-3)$,求平面 α 的方程.

9. 设一平面过 z 轴,且与平面 $2x+y-2z=1$ 的夹角为 $45°$,求该平面的方程.

10. 求过平面 $\alpha:x+2y-2z=4$ 与 $\beta:2x-2y-z=5$ 的交线,且与这两个平面的夹角相等的平面的方程.

11. 设平面 Π 过不共线的三点 $P(x_1,y_1,z_1)$,$Q(x_2,y_2,z_2)$ 和 $R(x_3,y_3,z_3)$,求证:平面 Π 的方程可表示为

$$\begin{vmatrix} x-x_1 & y-y_1 & z-z_1 \\ x_2-x_1 & y_2-y_1 & z_2-z_1 \\ x_3-x_1 & y_3-y_1 & z_3-z_1 \end{vmatrix}=0.$$

第八节 空间直线及其方程

一、空间直线的方程

1. 直线的点向式方程和参数方程

如果一个非零向量平行于一条直线,则这个向量称为该直线的方向向量,记为 s. 可见,

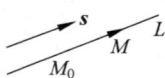
图 6-45

直线的方向向量有无穷多个,且相互平行(图 6-45). 由空间几何知识知,过一点且与已知直线平行的直线有且只有一条. 因此过点 $M_0(x_0,y_0,z_0)$,且平行于向量 $s=\{m,n,p\}$ 的直线 L 是唯一确定的. 其方程推导如下:

设 $M(x,y,z)$ 为直线上任一点,则 $\overrightarrow{M_0M}//s$. 又 $\overrightarrow{M_0M}=\{x-x_0,y-y_0,z-z_0\}$,所以

$$\frac{x-x_0}{m}=\frac{y-y_0}{n}=\frac{z-z_0}{p}. \tag{6.17}$$

反之,若点 M 不在直线上,则 $\overrightarrow{M_0M}//s$ 不成立,从而其点的坐标不满足方程(6.17),故称方程(6.17)为直线 L 的方程,也称为直线 L 的点向式方程或对称式方程.

由于 s 是非零向量,所以 m,n,p 不会同时为 0,可能会出现其中一个或两个为 0 的情形. 例如,$p=0$ 时,方程(6.17)可理解为

$$L: \begin{cases} \dfrac{x-x_0}{m} = \dfrac{y-y_0}{n}, \\ z = z_0; \end{cases}$$

再如, $n=0$, $p=0$ 时, 方程(6.17)可理解为

$$L: \begin{cases} y-y_0 = 0, \\ z-z_0 = 0. \end{cases}$$

令 $\dfrac{x-x_0}{m} = \dfrac{y-y_0}{n} = \dfrac{z-z_0}{p} = t$, 则

$$\begin{cases} x = x_0 + mt, \\ y = y_0 + nt, \\ z = z_0 + pt. \end{cases}$$

这种形式的方程称为直线的参数方程, 其中 t 为参数.

例 1 求经过两点 $M_1(x_1, y_1, z_1)$, $M_2(x_2, y_2, z_2)$ 的直线 L 的方程.

解 点 M_1 与 M_2 在所求直线上, 故取

$$\boldsymbol{s} = \overrightarrow{M_1 M_2} = \{x_2 - x_1, y_2 - y_1, z_2 - z_1\}.$$

取 $M_0 = M_1(x_1, y_1, z_1)$, 则直线的方程为

$$L: \frac{x-x_1}{x_2-x_1} = \frac{y-y_1}{y_2-y_1} = \frac{z-z_1}{z_2-z_1}.$$

这种形式的方程称为直线的两点式方程.

2. 直线的一般方程

直线可视为两个平面的交线, 如果两个平面 Π_1 和 Π_2 的方程分别为 $A_1 x + B_1 y + C_1 z + D_1 = 0$ 与 $A_2 x + B_2 y + C_2 z + D_2 = 0$, 则交线上任一点的坐标满足这两个方程, 即满足方程组

$$\begin{cases} A_1 x + B_1 y + C_1 z + D_1 = 0, \\ A_2 x + B_2 y + C_2 z + D_2 = 0. \end{cases} \tag{6.18}$$

反之, 不在直线 L 上的点, 不可能同时在平面 Π_1 和 Π_2 上, 所以它不可能同时满足方程组 (6.18). 因此直线 L 可以由方程组(6.18)表示, 我们称之为直线的一般方程.

例 2 用点向式与参数方程表示直线 $L: \begin{cases} 3x - 2y + z + 1 = 0, \\ 2x + y - z - 2 = 0. \end{cases}$

解 取 $x = 0$, 代入方程得

$$\begin{cases} -2y + z + 1 = 0, \\ y - z - 2 = 0. \end{cases}$$

解得 $y = -1$, $z = -3$, 即 $M_0(0, -1, -3)$ 为直线 L 上一点. 取

$$\boldsymbol{s} = \boldsymbol{n}_1 \times \boldsymbol{n}_2 = \begin{vmatrix} \boldsymbol{i} & \boldsymbol{j} & \boldsymbol{k} \\ 3 & -2 & 1 \\ 2 & 1 & -1 \end{vmatrix} = \{1, 5, 7\},$$

则直线 L 的方程为

$$\frac{x}{1} = \frac{y+1}{5} = \frac{z+3}{7}.$$

令 $\dfrac{x}{1} = \dfrac{y+1}{5} = \dfrac{z+3}{7} = t$，则直线的参数式方程为

$$\begin{cases} x = t, \\ y = -1 + 5t, \\ z = -3 + 7t. \end{cases}$$

二、两直线的夹角

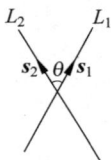

两直线的方向向量的夹角（通常指锐角）叫作两直线的夹角，如图 6-46 所示．设直线 L_1 与 L_2 的方向向量分别为 $\boldsymbol{s}_1 = \{m_1, n_1, p_1\}$，$\boldsymbol{s}_2 = \{m_1, n_2, p_2\}$，那么两直线的夹角 θ 满足

$$\cos\theta = |\cos(\widehat{\boldsymbol{s}_1, \boldsymbol{s}_2})| = \dfrac{|m_1 m_2 + n_1 n_2 + p_1 p_2|}{\sqrt{m_1^2 + n_1^2 + p_1^2}\sqrt{m_2^2 + n_2^2 + p_2^2}}.$$

图 6-46

由此不难得出以下结论：

$$L_1 \text{ 与 } L_2 \text{ 互相平行或重合} \Leftrightarrow \boldsymbol{s}_1 /\!/ \boldsymbol{s}_2 \Leftrightarrow \dfrac{m_1}{m_2} = \dfrac{n_1}{n_2} = \dfrac{p_1}{p_2};$$

$$L_1 \perp L_2 \Leftrightarrow \boldsymbol{s}_1 \perp \boldsymbol{s}_2 \Leftrightarrow m_1 m_2 + n_1 n_2 + p_1 p_2 = 0.$$

例 3 已知直线 $L_1: \dfrac{x-1}{1} = \dfrac{y+1}{-1} = \dfrac{z+5}{0}$ 与 $L_2: \begin{cases} x+2y-1=0, \\ y-z-4=0, \end{cases}$ 求这两条直线的夹角．

解 已知直线的方向向量分别为

$$\boldsymbol{s}_1 = \{1, -1, 0\}, \quad \boldsymbol{s}_2 = \begin{vmatrix} \boldsymbol{i} & \boldsymbol{j} & \boldsymbol{k} \\ 1 & 2 & 0 \\ 0 & 1 & -1 \end{vmatrix} = \{-2, 1, 1\},$$

则直线 L_1 与 L_2 的夹角满足

$$\cos\theta = \dfrac{|\boldsymbol{s}_1 \cdot \boldsymbol{s}_2|}{|\boldsymbol{s}_1| \cdot |\boldsymbol{s}_2|} = \dfrac{|-2-1+0|}{\sqrt{1+1+0}\sqrt{4+1+1}} = \dfrac{\sqrt{3}}{2},$$

从而直线 L_1 与 L_2 的夹角 $\theta = \dfrac{\pi}{6}$．

三、直线与平面的夹角

直线与它在平面上的投影直线的夹角称为直线与平面的夹角，记作 $\varphi\left(0 \leqslant \varphi \leqslant \dfrac{\pi}{2}\right)$，如图 6-47 所示．有

$$\sin\varphi = |\cos(\widehat{\boldsymbol{n}, \boldsymbol{s}})| = \dfrac{|\boldsymbol{n} \cdot \boldsymbol{s}|}{|\boldsymbol{n}| \cdot |\boldsymbol{s}|}$$

$$= \dfrac{|Am + Bn + Cp|}{\sqrt{A^2 + B^2 + C^2}\sqrt{m^2 + n^2 + p^2}}.$$

由向量的垂直、平行性质得

图 6-47

$$L \perp \Pi \Leftrightarrow \boldsymbol{s} /\!/ \boldsymbol{n} \Leftrightarrow \dfrac{A}{m} = \dfrac{B}{m} = \dfrac{C}{p};$$

$$L /\!/ \Pi \text{ 或 } L \text{ 在 } \Pi \text{ 内} \Leftrightarrow \boldsymbol{s} \perp \boldsymbol{n} \Leftrightarrow Am + Bn + Cp = 0.$$

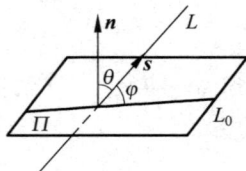

例 4 试判断直线 $L: \dfrac{x-1}{3}=\dfrac{y+2}{1}=\dfrac{z-4}{-4}$ 与平面 $\varPi: x+y+z=3$ 的位置关系.

解 已知直线 L 的方向向量和平面 $\varPi$ 的法向量分别为

$$s=\{3,1,-4\}, \quad n=\{1,1,1\},$$

因为 $s \cdot n=0$，所以

$$s \perp n.$$

点 $M_0(1,-2,4)$ 在直线 L 上又在平面 $\varPi$ 内，因此直线 L 在平面 $\varPi$ 内.

例 5 求点 $P(3,-1,-1)$ 在平面 $\varPi: x+2y+3z-40=0$ 上的投影.

解 由题设知，过点 P 且与平面 $\varPi$ 垂直的直线 L 的方向向量可取为 $s=\{1,2,3\}$，故直线 L 的方程为

$$\frac{x-3}{1}=\frac{y+1}{2}=\frac{z+1}{3}.$$

与已知平面的方程联立得

$$\begin{cases} x+2y+3z-40=0, \\ \dfrac{x-3}{1}=\dfrac{y+1}{2}=\dfrac{z+1}{3}. \end{cases}$$

解得

$$x=6, \quad y=5, \quad z=8.$$

故点 P 在平面 $\varPi$ 上的投影为点 $(6,5,8)$.

四、平面束方程

过同一直线的所有平面构成一个**平面束**，解决平面或直线问题，有时用平面束方程比较方便. 设直线 L 为

$$\begin{cases} A_1x+B_1y+C_1z+D_1=0, \\ A_2x+B_2y+C_2z+D_2=0. \end{cases} \text{（其中系数不成比例）}$$

过直线 L 的平面束方程为

$$A_1x+B_1y+C_1z+D_1+\lambda(A_2x+B_2y+C_2z+D_2)=0,$$

它表示除平面 $\varPi_2: A_2x+B_2y+C_2z+D_2=0$ 以外的所有过直线 L 的平面.

例 6 求直线 $L: \begin{cases} x+y-z+1=0, \\ x-y+z-2=0 \end{cases}$ 在平面 $\varPi: x+y+z=3$ 上的投影直线方程.

解 如图 6-48 所示，过直线 L 的平面束方程为

$$x+y-z+1+\lambda(x-y+z-2)=0,$$

即

$$(1+\lambda)x+(1-\lambda)y+(\lambda-1)z+1-2\lambda=0.$$

因为过直线 L 的投影平面 $\varPi_0$ 与 $\varPi$ 垂直，所以

$$n_0 \cdot n=0.$$

其中 $n_0=\{1+\lambda,1-\lambda,\lambda-1\}, n=\{1,1,1\}$，所以

$$(1+\lambda)\times1+(1-\lambda)\times1+(\lambda-1)\times1=0,$$

解得

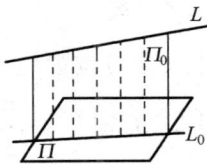

图 6-48

$$\lambda = -1.$$

所以平面 Π_0 的方程为

$$2y - 2z + 3 = 0,$$

因此投影直线方程为

$$\begin{cases} 2y - 2z + 3 = 0, \\ x + y + z = 3. \end{cases}$$

习题 6-8

1. 求过点 $A(1,-1,2)$ 且与直线 $\dfrac{x-2}{2} = \dfrac{y-3}{5} = \dfrac{z-4}{3}$ 平行的直线方程.

2. 求过点 $A(1,3,1)$ 与点 $B(3,2,5)$ 的直线方程.

3. 写出直线 $\begin{cases} x-y+z=2, \\ 2x+y+z=6 \end{cases}$ 的对称式方程与参数式方程.

4. 求通过点 $A(2,1,1)$ 且与直线 $\begin{cases} 2x+y-z=1, \\ x-y+2z=2 \end{cases}$ 垂直的平面方程.

5. 求直线 $\dfrac{x-1}{1} = \dfrac{y}{-4} = \dfrac{z+2}{1}$ 与 $\begin{cases} x+2y-2z=2, \\ x+y-3=0 \end{cases}$ 的夹角.

6. 求过点 $(1,2,1)$ 且与两直线 $\begin{cases} 2x-y+z=1, \\ x-y+z=2 \end{cases}$ 和 $3-x=\dfrac{y}{2}=\dfrac{z}{3}$ 都平行的平面方程.

7. 求过点 $(1,2,0)$ 且与两平面 $x+2z=3$ 和 $y-3z+1=0$ 都平行的直线方程.

8. 求过点 $(3,1,-2)$ 与直线 $\dfrac{x-4}{5} = \dfrac{y+1}{2} = \dfrac{z}{1}$ 的平面方程.

9. 求直线 $\begin{cases} x+3y+7z=2, \\ x-y-z+1=0 \end{cases}$ 与平面 $x+y-3=0$ 的夹角.

10. 试确定下列各组中直线与平面的关系：

(1) $\dfrac{x+2}{2} = \dfrac{y-1}{1} = \dfrac{z+1}{3}$ 与 $2x+y+3z=6$；

(2) $\dfrac{x-4}{3} = \dfrac{y+3}{2} = \dfrac{z}{1}$ 与 $x-y-z=1$；

(3) $\dfrac{x-1}{2} = \dfrac{y-1}{5} = \dfrac{z-3}{3}$ 与 $6x-3y+z=6$.

11. 求过点 $P(2,2,1)$，且与直线 $L: \dfrac{x}{1} = \dfrac{y}{1} = \dfrac{z+2}{-3}$ 垂直相交的直线方程.

12. 求点 $(1,-2,3)$ 关于平面 $x+4y+z=14$ 的对称点的坐标.

13. 求点 $P(1,-1,1)$ 到直线 $\dfrac{x-1}{1} = \dfrac{y}{-1} = \dfrac{z-4}{1}$ 的距离.

14. 求直线 $\begin{cases} 3x-y-2z-5=0, \\ 2x+3y+z+2=0 \end{cases}$ 在平面 $3x-y+z=1$ 上的投影直线方程.

*15. 设异面直线 L_1 与 L_2 分别过点 P_1 和点 P_2，且方向向量分别为 $s_1 = \{m_1, n_1, p_1\}$ 和 $s_2 = \{m_2, n_2, p_2\}$，证明这对异面直线间的距离为

$$d = \frac{|\,\boldsymbol{s}_1 \times \boldsymbol{s}_2 \cdot \overrightarrow{P_1P_2}\,|}{|\,\boldsymbol{s}_1 \times \boldsymbol{s}_2\,|}.$$

总习题 六

1. 设 $\boldsymbol{m} = \boldsymbol{a} - \boldsymbol{b} + 2\boldsymbol{c}, \boldsymbol{n} = -\boldsymbol{a} + 3\boldsymbol{b} - \boldsymbol{c}$,试用 $\boldsymbol{a}, \boldsymbol{b}, \boldsymbol{c}$,表示 $2\boldsymbol{m} - 3\boldsymbol{n}$.

2. 设平行四边形 $ABCD$ 中 BC 和 CD 边的中点分别为 E, F. 且 $\overrightarrow{AE} = \boldsymbol{a}, \overrightarrow{AF} = \boldsymbol{b}$,试用 $\boldsymbol{a}, \boldsymbol{b}$ 表示 $\overrightarrow{BC}$ 和 $\overrightarrow{CD}$.

3. 设 M 是 AB 的中点,O 是空间任意一点,试证:$\overrightarrow{OM} = \dfrac{1}{2}(\overrightarrow{OA} + \overrightarrow{OB})$.

4. 若三角形三条边用向量表示为 $\overrightarrow{BC} = \boldsymbol{a}, \overrightarrow{CA} = \boldsymbol{b}, \overrightarrow{AB} = \boldsymbol{c}$,重心为 O,证明:$\overrightarrow{OA} + \overrightarrow{OB} + \overrightarrow{OC} = \boldsymbol{0}$.

5. 一边长为 a 的立方体置于第一卦限,其中一顶点在坐标原点,三条棱分别在 x 轴、y 轴和 z 轴上,求该立方体各顶点的坐标.

6. 求点 $(2, -3, -1)$ 关于各坐标面、各坐标轴及坐标原点的对称点.

7. 求点 $(2, -6, 3)$ 到坐标原点和各坐标轴间的距离.

8. 求 z 轴上与点 $A(2, -1, 1)$ 和点 $B(0, 5, -1)$ 距离相等的点.

9. 将点 $(1, -1, 1)$ 和点 $(4, 5, 10)$ 间的线段分成两部分,其比为 $2:1$,求分点的坐标.

10. 已知两点 $M_1(2, 2, \sqrt{2})$ 和 $M_2(1, 3, 0)$,计算向量 $\overrightarrow{M_1M_2}$ 的模、方向余弦和方向角.

11. 从点 $A(-8, 1, 8)$ 沿向量 $\boldsymbol{b} = 9\boldsymbol{i} + 12\boldsymbol{j} - 8\boldsymbol{k}$ 的方向取线段 AB,使 $|\overrightarrow{AB}| = 34$,求:
(1) 点 B 的坐标;(2) 与 $\overrightarrow{AB}$ 平行的单位向量.

12. 已知三个非零向量 $\boldsymbol{a}, \boldsymbol{b}, \boldsymbol{c}$,满足 $\boldsymbol{a} \perp \boldsymbol{b}, (\widehat{\boldsymbol{a}, \boldsymbol{c}}) = \dfrac{\pi}{3}, (\widehat{\boldsymbol{b}, \boldsymbol{c}}) = \dfrac{\pi}{6}$,且 $|\boldsymbol{a}| = 1, |\boldsymbol{b}| = 2, |\boldsymbol{c}| = 3$.求 $|\boldsymbol{a} + \boldsymbol{b} + \boldsymbol{c}|$.

13. 已知 $|\boldsymbol{a}| = \sqrt{3}, |\boldsymbol{b}| = 1, (\widehat{\boldsymbol{a}, \boldsymbol{b}}) = 30°$,求向量 $\boldsymbol{a} + \boldsymbol{b}$ 与 $\boldsymbol{a} - \boldsymbol{b}$ 的夹角.

14. 设 $\boldsymbol{m} = \{-3, 1, 2\}, \boldsymbol{n} = k\{x, 3, 6\}$,且 $k \neq 0$. 分别求 k, x 使得:(1) $\boldsymbol{n}$ 为垂直于 $\boldsymbol{m}$ 的单位向量;(2) $\boldsymbol{n}$ 为与 $\boldsymbol{m}$ 平行的单位向量.

15. 已知向量 $\boldsymbol{a} = \{1, -1, -2\}, \boldsymbol{b} = (\boldsymbol{i} - 2\boldsymbol{k}) \times (\boldsymbol{i} + 3\boldsymbol{j} - 4\boldsymbol{k})$,求 $(\boldsymbol{a} - 3\boldsymbol{b}) \times \boldsymbol{b}$.

16. 已知点 $M_1(1, 1, 1), M_2(3, 5, 0)$ 和 $M_3(2, 3, 2)$,求与向量 $\overrightarrow{M_1M_2}$ 和 $\overrightarrow{M_2M_3}$ 都垂直的单位向量.

17. 已知 $|\boldsymbol{a}| = 2, |\boldsymbol{b}| = 1, (\widehat{\boldsymbol{a}, \boldsymbol{b}}) = \dfrac{\pi}{6}$,求以 $\boldsymbol{a} + 2\boldsymbol{b}$ 和 $\boldsymbol{a} - 3\boldsymbol{b}$ 为邻边的平行四边形的面积.

18. 设 $\boldsymbol{a} = 2\boldsymbol{i} - 3\boldsymbol{j} + \boldsymbol{k}, \boldsymbol{b} = \boldsymbol{i} - \boldsymbol{j} + 3\boldsymbol{k}, \boldsymbol{c} = \boldsymbol{i} - 2\boldsymbol{j}$,求:
(1) $(\boldsymbol{a} \cdot \boldsymbol{b})\boldsymbol{c} - (\boldsymbol{a} \cdot \boldsymbol{c})\boldsymbol{b}$;(2) $(\boldsymbol{a} \times \boldsymbol{b}) \cdot \boldsymbol{c}$;(3) $(\boldsymbol{b} \times \boldsymbol{c}) \cdot \boldsymbol{a}$.

19. (1) 建立以点 $(1, 1, -2)$ 为球心,且通过原点的球面方程;(2) 方程 $x^2 + y^2 + z^2 - 2x - 4y + 4z = 0$ 表示什么曲面?

20. 求到两定点 $(c, 0, 0)$ 和 $(-c, 0, 0)$ 的距离之和等于定长 $2a$ 的点的轨迹.

21. 求平面曲线 $\begin{cases} x^2+4y^2=1, \\ z=0 \end{cases}$ 分别绕 x 轴与 y 轴旋转所得的旋转面方程.

22. 指出下列各方程在平面解析几何中和在空间解析几何中分别表示什么图形,并分别画出相应的图形.

(1) $x^2+4y^2=4$; (2) $y=1-x^2$.

23. 说明下列旋转曲面是怎样形成的.

(1) $\dfrac{x^2}{4}+\dfrac{y^2}{9}+\dfrac{z^2}{9}=1$; (2) $x^2-\dfrac{y^2}{4}+z^2=1$.

24. 指出下列方程所表示的曲面的形状.

(1) $(x-a)^2+y^2=a^2$; (2) $\dfrac{x^2}{9}+\dfrac{z^2}{4}=1$;

(3) $x^2+y^2+z^2-2z=0$; (4) $z^2=4(x^2+y^2)$.

25. 画出下列曲面的图形.

(1) $z=\sqrt{x^2+y^2}$; (2) $z=x^2+y^2$;

(3) $z=6-x^2-y^2$; (4) $z=\sqrt{1-x^2-y^2}$.

26. 求与平面 $6x+y+6z=2$ 平行,且与三个坐标平面所围成的四面体的体积为 1 的平面方程.

27. 设直线 L 过点 $(1,-1,2)$,且与平面 $x-y+z=2$ 和 $x+y-2z=1$ 都平行,求直线 L 的方程.

28. 求过点 $P(-3,5,-9)$,且与两直线 $l_1: \begin{cases} y=3x+5, \\ z=2x-3 \end{cases}$ 与 $l_2: \begin{cases} y=4x-7, \\ z=5x+10 \end{cases}$ 相交的直线的方程.

29. 求点 $P(3,1,-1)$ 在平面 $\Pi: 3x+y+z+2=0$ 的投影点 Q 的坐标.

30. 求过点 $M(1,-1,-2)$ 和直线 $L: \dfrac{x-2}{2}=\dfrac{y}{1}=\dfrac{z+1}{4}$ 的平面 Π 的方程.

31. 求过直线 $l: \begin{cases} x+5y+z=0, \\ x-z+4=0 \end{cases}$ 且与平面 $\Pi: x-4y-8z=1$ 成 $45°$ 角的平面的方程.

32. 设平面方程为 $\dfrac{x}{a}+\dfrac{y}{b}+\dfrac{z}{c}=1$,证明:

(1) $\dfrac{1}{d^2}=\dfrac{1}{a^2}+\dfrac{1}{b^2}+\dfrac{1}{c^2}$,其中 d 为原点到平面的距离;

(2) 平面被三个坐标平面所截的三角形的面积为
$$A=\frac{1}{2}\sqrt{a^2c^2+c^2a^2+a^2b^2}.$$

第七章　多元函数微分学

　　函数是数学中用来表示客观世界中不同变量之间依赖关系的符号. 简单来说，只有一个自变量的函数被称为一元函数，而具有多个自变量的函数被称为多元函数. 与一元函数类似，多元函数既有微分问题，也有积分问题，多元函数的微积分与一元函数的微积分密切相关. 因此，在学习多元函数微积分时，我们通常会以一元函数微积分为基础，通过类比的方法来研究多元函数的概念、理论和计算. 二元函数是我们主要关注的对象，因为二元函数的相关概念和方法通常更容易理解，并且可以自然地推广到二元以上的多元函数.

　　本章主要内容为：多元函数的基本概念、极限与连续，多元函数的偏导数，多元函数的全微分，多元复合函数的求导法则，隐函数的求导法则，多元函数的极值，多元函数微分学在经济中的应用.

第一节　多元函数、极限与连续

　　多元函数是指具有多个自变量的函数，从一元函数过渡到二元函数，在定义方式和处理问题的角度等方面都发生了较大的变化. 然而，从二元函数过渡到三元及三元以上的多元函数则相对自然. 因此，多元函数的研究主要以二元函数为主，并且相关的概念和结论可以很容易地推广到一般的多元函数.

　　本节主要内容：预备知识，多元函数的基本概念、极限和连续性.

一、预备知识

1. 邻域

　　类似于数轴上的邻域概念，我们首先引入平面上的点的邻域的概念.

　　假设 $P_0(x_0, y_0)$ 是 xOy 平面上的一个点，并且给定 $\delta > 0$. 在 xOy 平面上，到点 P_0 的距离小于 δ 的点 $P(x, y)$ 的集合称为点 P_0 的 δ **邻域**，记为 $U(P_0, \delta)$，即

$$U(P_0, \delta) = \{P \mid |PP_0| < \delta\}, \text{ 或 } U(P_0, \delta) = \{(x, y) \mid \sqrt{(x-x_0)^2 + (y-y_0)^2} < \delta\}.$$

　　对比数轴上的邻域(图 7-1(a))和平面上的邻域(图 7-1(b))，$U(P_0, \delta)$ 在几何上表示 xOy 平面上以点 P_0 为中心、$\delta > 0$ 为半径的开圆盘，其实它是数轴上点 x_0 的 δ 邻域的推广.

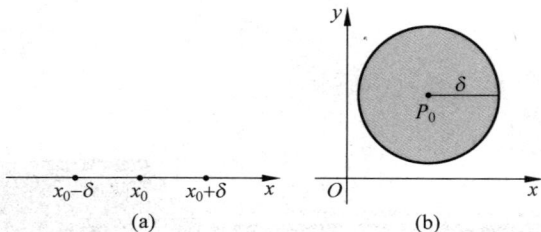

图 7-1

注 (1) $U(P_0,\delta)$ 中去除点 P_0 后的余下部分区域称为点 P_0 的去心 δ 邻域,记为 $\mathring{U}(P_0,\delta)$.

(2) 如果不需要特别强调邻域的半径 δ,则用 $U(P_0)$ 来表示点 P_0 的某个邻域,用 $\mathring{U}(P_0)$ 来表示点 P_0 的某个去心邻域.

2. 区域

正如直线上的区间一样,平面上的点集 D 也可能有内点和边界点. 对于闭区间 $[a,b]$,它包含其边界点 a 和 b;而对于开区间 (a,b),它不包含其边界点;至于半开半闭区间如 $[a,b)$ 或 $(a,b]$,它们既非开区间,也非闭区间. 接下来,我们将利用邻域的概念来描述平面点集的内点和边界点.

给定平面上的一个点集 D 和平面上的一个点 P,如果存在点 P 的某个邻域 $U(P)$,使得 $U(P) \subset D$,则称点 P 为集合 D 的内点,如图 7-2(a)所示;如果点 P 的任意一个邻域内既有属于 D 的点也有不属于 D 的点,则称点 P 为 D 的边界点,如图 7-2(b)所示.

注 点集 D 的内点必属于 D,而 D 的边界点则可能属于 D 也可能不属于 D.

点集 D 的全部内点构成 D 的内部,而点集 D 的全部边界点则构成 D 的边界. 如果点集 D 完全由内点组成,则称 D 为**开集**;如果点集 D 包含其全部边界点,则称 D 为**闭集**.

若点集 D 内的任意两点都可以通过一条折线连接,且折线上的所有点都属于 D,则称 D 为**连通集**,如图 7-3 所示;连通的开集被称为**开区域**;开区域与其边界一起构成的点集被称为**闭区域**. 开区域和闭区域统称为**区域**.

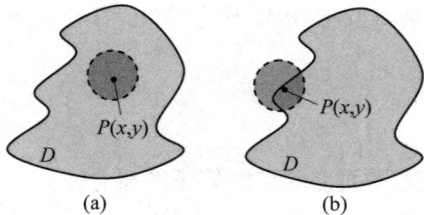

图 7-2

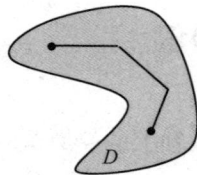

图 7-3

若一个平面点集可以被完全包含在某个圆盘内,则称它为**有界点集**;否则,称它为**无界点集**.

平面内的线段、三角形、矩形、圆盘都是有界集的例子. 平面内的无界集例子包括直线、半平面、四分之一象限和整个平面等.

二、多元函数的基本概念

在经济管理领域,经常面临多因素、多变量的问题.例如,公司的销售收入受到市场需求、产品价格、成本、促销活动等多种因素的影响.找出这些变量之间的依赖关系,是制定有效的经营策略和进行有效的管理决策的基本前提.下面给出一些具体的例子.

例 1 某水果超市需要计算某天香蕉的销售额 Q,假设当天香蕉的销售价格为 x 元/千克,当天卖出的香蕉数量为 y 千克,则 Q 与 x,y 之间有下面的关系:

$$Q = x \cdot y.$$

当 x 和 y 每取定一组值时,根据上述的关系,就有一确定的销售额 Q 与之相对应.

例 2 假设有两种商品 X 和 Y,它们的需求量取决于两种商品的价格 P_X 和 P_Y,则两种商品的需求量可以分别表示为

$$Q_X = 1000 - 4P_X - 10P_Y,$$
$$Q_Y = 2000 - 20P_X - 11P_Y.$$

当 P_X 和 P_Y 在一定范围内取定一组值时,就有一组确定的需求量 Q_X 和 Q_Y,即 Q_X 和 Q_Y 随 P_X 和 P_Y 的变化而变化.

例 3 假设长方体的长度为 x,宽度为 y,高度为 z,则长方体的体积 V 可以用以下公式表示:

$$V = xyz.$$

这意味着,当变量 x,y,z 在其变化范围 $\{(x,y,z) \mid x > 0, y > 0, z > 0\}$ 内取定一组数值时,根据给定的关系,变量 V 就有一个确定的值与之对应.

以上各例的具体背景不同,但仅从数量关系来研究,它们有共同的属性,抽出这些共性就可得出以下二元函数的定义.

定义 7.1 设 x,y,z 是三个变量,D 是平面上的一个非空点集,如果对于 D 中的每一个点 (x,y),按照确定的法则 f,变量 z 总有确定的数值与之对应,那么我们称 z 为定义在 D 上的**二元函数**,记作

$$z = f(x,y), \quad (x,y) \in D.$$

其中 x,y 称为**自变量**,z 称为**因变量**,D 称为函数的**定义域**.习惯上将 $f(x,y)$ 称为 x,y 的函数.

对每个 $(x_0,y_0) \in D$,由对应法则 f,变量 z 有确定的对应值 z_0,也记作 $f(x_0,y_0)$ 或 $z|_{(x_0,y_0)}$,称 $z_0 = f(x_0,y_0)$ 为函数 $z = f(x,y)$ 在点 (x_0,y_0) 的**函数值**.平面点集 D 上函数值的集合

$$W = R_f = \{z \mid z = f(x,y), (x,y) \in D\}$$

称为函数的**值域**.

类似地,我们可以定义三元函数以及三元以上的函数,对于两个及以上自变量的函数统称为**多元函数**.例如,在例 1 和例 2 中,我们得到的函数是二元函数;而在例 3 中,我们得到的函数是三元函数.

与一元函数相似,二元函数也有其特定的性质和要素.以下是关于二元函数的结论:

(1) **二元函数有两个核心要素**:定义域和对应法则.对于一个特定的函数,虽然自变量和因变量的表示字母可能不同,但这不影响函数的本质特性.重要的是,即使两个函数的定

义域和值域相同,它们也不一定是同一个函数. 但是,如果两个函数的定义域和对应法则完全相同,那么它们一定是同一个函数.

（2）**如何确定函数的定义域?** 我们需要考虑实际问题的背景. 例如,在例 3 中,长方体的长、宽、高必须大于零,因此定义域是根据这些实际条件来确定的. 对于用算式表示的二元函数 $z=f(x,y)$,其定义域是使算式 $z=f(x,y)$ 有意义的所有自变量的集合.

（3）**二元函数的定义域可能非常复杂**,它可以是整个坐标平面,也可以是坐标平面上的一条曲线,甚至是由多条曲线围成的部分平面等.

例 4 求下列函数的定义域 D,并画出 D 的图形.

(1) $z=\sqrt{1-y^2}+\arccos\dfrac{x}{2}$; (2) $z=\ln(x^2+y^2-1)+\sqrt{4-x^2-y^2}$.

解 （1）要使得函数表达式有意义,x,y 应满足 $\begin{cases}1-y^2\geqslant 0, \\ -1\leqslant x/2\leqslant 1,\end{cases}$ 所以函数的定义域为 $\{(x,y)\mid -2\leqslant x\leqslant 2,-1\leqslant y\leqslant 1\}$,如图 7-4 所示阴影部分的矩形.

（2）x,y 应满足 $\begin{cases}x^2+y^2-1>0, \\ 4-x^2-y^2\geqslant 0,\end{cases}$ 定义域为 $\{(x,y)\mid 1<x^2+y^2\leqslant 4\}$,如图 7-5 所示阴影部分的圆环.

一元函数 $y=f(x)$ 通常表示平面上的一条曲线,类似地,二元函数 $z=f(x,y)$ 在空间中表示一个曲面. 如图 7-6 所示,对于给定的二元函数 $z=f(x,y)$,我们设 x 和 y 在定义域 D 内变化,并得到对应的函数值 $z=f(x,y)$,这个有序数组 (x,y,z) 确定了空间的一点 $M(x,y,z)$. 当点 $P(x,y)$ 在 D 内变动时,对应的点 M 在空间形成的图形被称为二元函数 $z=f(x,y),(x,y)\in D$ 的图像. 一般来说,二元函数 $z=f(x,y)$ 表示空间中的一个曲面,而其定义域 D 就是该曲面在 xOy 面上的投影区域. 因此,二元函数的图像是该曲面在三维空间中的形状和位置的直观表示.

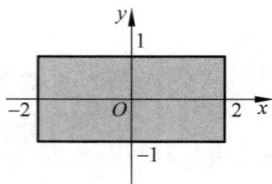

图 7-4

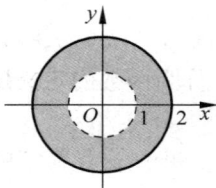

图 7-5

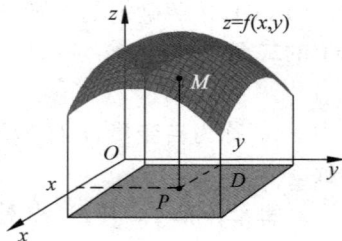

图 7-6

三、多元函数的极限

在数学中,一元函数的连续性、导数和积分都以极限为基础. 同样,为了研究多元函数的微积分,我们也需要利用极限这个强大的工具. 类似于一元函数的情况,我们主要关注当自变量 x 和 y 趋近于某个有限的值 x_0 和 y_0 时,相应的函数值是如何变化的.

通过极限,我们可以深入了解函数在这些点附近的性质,以及函数值的变化趋势. 这对于理解多元函数的微积分性质至关重要. 因此,极限是研究多元函数微积分的基础,就像在一元函数中一样.

定义 7.2 设二元函数 $z=f(x,y)$ 在点 $P_0(x_0,y_0)$ 的某个去心邻域内有定义. 如果当点 $P(x,y)$ 无限地逼近于点 $P_0(x_0,y_0)$ 时,函数值 $f(x,y)$ 总逼近于一个确定的常数 A,则称 A 为函数 $z=f(x,y)$ 当 $(x,y)\to(x_0,y_0)$ 时的极限,记为

$$\lim_{\substack{x\to x_0 \\ y\to y_0}} f(x,y)=A \quad 或 \quad \lim_{(x,y)\to(x_0,y_0)} f(x,y)=A \quad 或 \quad \lim_{P\to P_0} f(P)=A.$$

这个定义也可以用 ε-δ 语言精确地表示,即:

定义 7.3 设 A 为常数,$P_0(x_0,y_0)$ 是平面上一个点. 如果对任意给定 $\varepsilon>0$,总存在一个数 $\delta>0$,使得对于 $f(x,y)$ 定义域内的所有点 (x,y),每当 $0<\sqrt{(x-x_0)^2+(y-y_0)^2}<\delta$ 时总有

$$|f(x,y)-A|<\varepsilon,$$

则称 A 为函数 $z=f(x,y)$ 当 $(x,y)\to(x_0,y_0)$ 时的极限.

二元函数的极限比一元函数的极限复杂,这主要体现在自变量的变化趋势上. 在一元函数 $y=f(x)$ 中,点 x 是沿着 x 轴方向趋向于某一点 x_0,如图 7-7 所示. 然而,在二元函数 $z=f(x,y)$ 中,要求 xOy 平面上的点 $P(x,y)$ 可以以任意方式趋近于某一点 $P_0(x_0,y_0)$,这意味着可以在任意方向上趋近,而不仅仅是沿着某一直线,这使得二元函数的极限定义更加丰富和复杂,如图 7-8 所示.

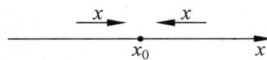

图 7-7

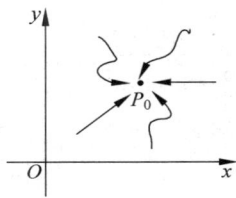

图 7-8

正因为二元函数的极限具有这样的复杂性,所以在判断二元函数的极限时,我们需要特别注意. 如果点 $P(x,y)$ 以某种**特殊方式**,例如沿着一条固定的直线或曲线趋近于 $P_0(x_0,y_0)$ 时,即使函数值无限逼近于一确定值,我们也不能断定函数的极限一定存在. 相反,如果当点 $P(x,y)$ 以不同方式趋近于 $P_0(x_0,y_0)$ 时,函数值趋于不同的值,那么我们可以确定函数在 $P_0(x_0,y_0)$ 的极限不存在.

基于以上分析,我们可以得出以下结论:

(1) 极限不存在的双路径检验法.

如果在 $f(x,y)$ 的定义域内,当动点 $P(x,y)$ 沿着两条不同路径趋近于点 $P_0(x_0,y_0)$ 时,函数 $f(x,y)$ 具有不同的极限,那么 $\lim\limits_{(x,y)\to(x_0,y_0)} f(x,y)$ 不存在.

(2) 如果函数在某一点的极限存在,那么沿着每条趋近路径的极限必然相同.

对于一元函数求极限的方法,有很多可以应用到二元函数的极限计算中. 例如,在求二元函数极限的过程中,我们可以运用极限的四则运算法则、等价无穷小的代换、有界函数与无穷小的乘积仍是无穷小等结论.

例 5 证明 $\lim\limits_{\substack{x\to 0 \\ y\to 0}} \dfrac{2xy}{x^2+y^2}$ 不存在.

证　取直线 $y=kx$,则

$$\lim_{\substack{(x,y)\to(0,0)\\ y=kx}}\frac{2xy}{x^2+y^2}=\lim_{x\to0}\frac{2kx^2}{x^2+k^2x^2}=\frac{2k}{1+k^2},$$

其值随 k 的不同而变化,所以, $\lim_{\substack{x\to0\\ y\to0}}\dfrac{2xy}{x^2+y^2}$ 不存在.

例 6　求 $\lim_{(x,y)\to(0,2)}\dfrac{1-\cos(xy)}{x^2y}$.

解　利用极限的四则运算法则,得

$$\lim_{\substack{x\to0\\ y\to2}}\frac{1-\cos(xy)}{x^2y}=\lim_{\substack{x\to0\\ y\to2}}\frac{1-\cos(xy)}{x^2y^2}\cdot y=\lim_{\substack{x\to0\\ y\to2}}\frac{1-\cos(xy)}{x^2y^2}\cdot\lim_{y\to2}y=\frac{1}{2}\times2=1.$$

例 7　求 $\lim_{\substack{x\to0\\ y\to0}}(x^2+y^2)\cos\dfrac{1}{x^2+y^2}$.

解　因为 $\left|\cos\dfrac{1}{x^2+y^2}\right|\leqslant1$,且 $\lim_{\substack{x\to0\\ y\to0}}(x^2+y^2)=0$,根据有界函数与无穷小的乘积仍是无

穷小,得 $\lim_{\substack{x\to0\\ y\to0}}(x^2+y^2)\cos\dfrac{1}{x^2+y^2}=0$.

例 8　求 $\lim_{\substack{x\to0\\ y\to0}}\dfrac{\sin(xy)}{\sqrt{x^2+y^2}}$.

解

$$\lim_{\substack{x\to0\\ y\to0}}\frac{\sin(xy)}{\sqrt{x^2+y^2}}=\lim_{\substack{x\to0\\ y\to0}}\frac{xy}{\sqrt{x^2+y^2}},$$

因为 $2xy\leqslant x^2+y^2$,所以 $0\leqslant\left|\dfrac{xy}{\sqrt{x^2+y^2}}\right|\leqslant\dfrac{\sqrt{x^2+y^2}}{2}$,且 $\lim_{\substack{x\to0\\ y\to0}}\dfrac{\sqrt{x^2+y^2}}{2}=0$,由夹逼准则得

$$\lim_{\substack{x\to0\\ y\to0}}\frac{xy}{\sqrt{x^2+y^2}}=0,即\quad\lim_{\substack{x\to0\\ y\to0}}\frac{\sin(xy)}{\sqrt{x^2+y^2}}=0.$$

四、多元函数的连续性

同一元函数一样,多元函数的连续性也是通过极限来定义的.

1. 函数连续的定义

定义 7.4　如果 $\lim_{(x,y)\to(x_0,y_0)}f(x,y)=f(x_0,y_0)$,则称函数 $z=f(x,y)$ 在点 $P_0(x_0,y_0)$

处连续.

例 9　讨论函数 $f(x,y)=\begin{cases}\dfrac{xy}{x^2+y^2}, & x^2+y^2\neq0,\\ 0, & x^2+y^2=0\end{cases}$ 在 $(0,0)$ 的连续性.

解　取直线 $y=kx$,则有

$$\lim_{\substack{(x,y)\to(0,0)\\ y=kx}}\frac{xy}{x^2+y^2}=\lim_{x\to0}\frac{kx^2}{x^2+k^2x^2}=\frac{k}{1+k^2},$$

其值随 k 的不同而变化,所以,$\lim\limits_{\substack{x \to 0 \\ y \to 0}} \dfrac{xy}{x^2+y^2}$ 不存在,故 $f(x,y)$ 在 $(0,0)$ 处不连续.

如果函数 $f(x,y)$ 在区域 D 内每一点都连续,则称函数 $f(x,y)$ 在 **D 上连续**,又称 $f(x,y)$ 是 **D 上的连续函数**.

令 $x=x_0+\Delta x$,$y=y_0+\Delta y$,有

$$\Delta z = f(x,y)-f(x_0,y_0),$$

称 Δz 为函数的**全增量**. 于是极限 $\lim\limits_{\substack{x \to x_0 \\ y \to y_0}} f(x,y)=f(x_0,y_0)$ 又可以改写成 $\lim\limits_{\substack{\Delta x \to 0 \\ \Delta y \to 0}} \Delta z=0$. 因此,

二元函数连续的定义又可表述为:

定义 7.5 设 $z=f(x,y)$ 在点 $P_0(x_0,y_0)$ 的某个邻域内有定义,且 $\lim\limits_{\substack{\Delta x \to 0 \\ \Delta y \to 0}} \Delta z=0$,则称函

数 $z=f(x,y)$ **在点 $P_0(x_0,y_0)$ 处连续**.

二元函数的连续性概念可以相应地推广到 n 元函数 $f(x_1,x_2,\cdots,x_n)$.

二元函数的连续概念与一元函数的连续概念都反映了函数的一个共同特征:当自变量改变很小时,函数值的改变量也很小,这是由连续性现象的本质所决定的. 在后续的学习中,特别是在引入各种积分概念时,都充分利用了连续函数的这一特征. 即在自变量的一个很小的变化范围内,通常认为连续函数的函数值的改变量也很小,因此在局部范围内将复杂的问题简单化.

2. 函数的间断点

如果函数 $f(x,y)$ 在点 $P_0(x_0,y_0)$ 上不连续,那么该点 $P_0(x_0,y_0)$ 就被称为函数 $f(x,y)$ 的**间断点**. 由函数的连续定义可知,函数 $z=f(x,y)$ 在点 $P_0(x_0,y_0)$ 连续有三个必要条件:

(1) $z=f(x,y)$ 在点 $P_0(x_0,y_0)$ 及其附近有定义;

(2) $\lim\limits_{(x,y)\to(x_0,y_0)} f(x,y)$ 存在;

(3) $\lim\limits_{(x,y)\to(x_0,y_0)} f(x,y)=f(x_0,y_0)$.

因此,如果上述三个必要条件中有一个不满足,那么该点 $P_0(x_0,y_0)$ 必为函数 $f(x,y)$ 的间

断点. 例如,二元函数 $f(x,y)=\begin{cases} \dfrac{xy}{x^2+y^2}, & x^2+y^2\neq 0, \\ 0, & x^2+y^2=0, \end{cases}$ 其定义域为 $D=\mathbf{R}^2$,由例 9 知,

$\lim\limits_{(x,y)\to(0,0)} f(x,y)$ 不存在,所以点 $O(0,0)$ 是该函数的一个间断点. 又如,函数 $f(x,y)=\dfrac{\sin(x^2+y^2-1)}{x^2+y^2-1}$ 在其定义域 $D=\{(x,y)\,|\,x^2+y^2\neq 1\}$ 内,其在圆周 $C=\{(x,y)\,|\,x^2+y^2=1\}$ 上任一点的极限均存在,但 $f(x,y)$ 在 C 上没有定义,因此 $f(x,y)$ 在 C 上各点都不连续,所以圆周 C 上各点都是该函数的间断点.

定理 7.1 多元连续函数的和、差、积仍为连续函数,连续函数的商在分母不为零处仍连续,多元连续函数的复合函数也是连续函数.

定理 7.2 一切多元初等函数在其定义区间内是连续的.

注 所谓**定义区间**是指包含在定义域内的区间.

如果要求多元连续函数 $f(P)$ 在点 P_0 处的极限,而该点又在此函数的定义区域内,则

$$\lim_{P \to P_0} f(P) = f(P_0).$$

例 10 求 $\lim\limits_{(x,y) \to (0,0)} \dfrac{\sqrt{xy+1}-1}{xy}$.

解
$$\lim_{(x,y) \to (0,0)} \frac{\sqrt{xy+1}-1}{xy} = \lim_{(x,y) \to (0,0)} \frac{(\sqrt{xy+1}-1)(\sqrt{xy+1}+1)}{xy(\sqrt{xy+1}+1)}$$
$$= \lim_{(x,y) \to (0,0)} \frac{1}{\sqrt{xy+1}+1} = \frac{1}{2}.$$

与闭区间上一元函数的性质类似,在闭区域上二元函数也有类似的性质.

性质 1（最大值、最小值定理） 在有界闭区域上连续的二元函数,在该区域上一定有最大值和最小值.

性质 2（介值定理） 在有界闭区域上连续的二元函数,必能取得介于最大值和最小值之间的任何值.

以上关于二元函数极限与连续的讨论完全可以推广到三元及三元以上的函数.

习题 7-1

1. 求下列函数的表达式:

(1) 已知 $f(x,y) = \dfrac{x^2+y^2}{2xy}$,求 $f\left(1, \dfrac{y}{x}\right)$;

(2) 已知 $f\left(x+y, \dfrac{y}{x}\right) = x^2+y^2$,求 $f(x,y)$.

2. 求下列函数的定义域,并作出定义域图形.

(1) $z = \ln(y^2-2x+3)$; (2) $z = \sqrt{y-\sqrt{x}}$;

(3) $z = \dfrac{\sqrt{x-4y^2}}{\ln(4-x^2-y^2)}$; (4) $z = \arcsin \dfrac{y}{x}$.

3. 求下列函数的极限:

(1) $\lim\limits_{(x,y) \to (0,0)} \dfrac{\sin(xy)}{x}$; (2) $\lim\limits_{(x,y) \to (0,0)} \dfrac{2-\sqrt{xy+4}}{xy}$;

(3) $\lim\limits_{(x,y) \to (\pi/2,0)} \dfrac{\cos y+1}{y-\sin x}$; (4) $\lim\limits_{(x,y) \to (0,0)} \dfrac{xy}{\sqrt{x^2+y^2}}$;

(5) $\lim\limits_{\substack{x \to 0 \\ y \to 1}} \dfrac{\sqrt{x^2+y^2}-1}{\ln(x+e^y)}$; (6) $\lim\limits_{\substack{x \to 0 \\ y \to 4}} \dfrac{x\sin xy}{1-\cos xy}$.

4. 证明下列极限不存在:

(1) $\lim\limits_{(x,y) \to (0,0)} \dfrac{\sqrt{xy}}{x+y}$; (2) $\lim\limits_{(x,y) \to (0,0)} \dfrac{x+y}{x-y}$;

(3) $\lim\limits_{(x,y) \to (0,0)} \dfrac{x^2 y^2}{x^4-y^4}$; (4) $\lim\limits_{(x,y) \to (0,0)} \dfrac{3x+y^2}{2x}$.

5. 研究下列函数的连续性：

(1) $f(x,y)=\cos(x+y)$；

(2) $f(x,y)=\dfrac{2x-3y}{3x+2y}$；

(3) $f(x,y)=\sqrt{x^2+y^2-1}$；

(4) $f(x,y)=\dfrac{x+y}{2-\sin x}$.

第二节 偏导数

一元函数的导数表示函数关于自变量的变化率,由于多元函数的自变量至少是两个,函数关系变得复杂,但仍然需要考虑函数关于某个自变量的变化率. 例如,某商品的销售量与该商品的定价以及广告费用有关,有时需要知道销售量关于定价的变化率或者关于广告费用的变化率,研究这种变化率需要用到本节介绍的偏导数的概念.

本节主要内容：偏导数的定义,偏导数的几何意义,高阶偏导数.

一、偏导数的定义

给定二元函数,如果固定 y 的值,则它是 x 的一元函数,此时关于 x 的导数就被称为二元函数 $z=f(x,y)$ 关于 x 的偏导数. 下面是精确的数学定义.

定义 7.6 假设函数 $z=f(x,y)$ 在点 (x_0,y_0) 的某一邻域内有意义,当 $y=y_0$ 且 x 在 x_0 处有增量 Δx 时,相应地,函数 $z=f(x,y)$ 有增量 $f(x_0+\Delta x,y_0)-f(x_0,y_0)$,若极限

$$\lim_{\Delta x\to 0}\frac{f(x_0+\Delta x,y_0)-f(x_0,y_0)}{\Delta x}$$

存在,则称此极限为二元函数 $z=f(x,y)$ 在点 (x_0,y_0) 处**对 x 的偏导数**,记作

$$\frac{\partial z}{\partial x}\bigg|_{\substack{x=x_0\\y=y_0}},\quad \frac{\partial f}{\partial x}\bigg|_{\substack{x=x_0\\y=y_0}},\quad z_x\big|_{\substack{x=x_0\\y=y_0}},\quad \text{或}\quad f_x(x_0,y_0).$$

即

$$f_x(x_0,y_0)=\lim_{\Delta x\to 0}\frac{f(x_0+\Delta x,y_0)-f(x_0,y_0)}{\Delta x}.$$

同理,函数 $z=f(x,y)$ 在点 (x_0,y_0) 处**对 y 的偏导数**定义为

$$\lim_{\Delta y\to 0}\frac{f(x_0,y_0+\Delta y)-f(x_0,y_0)}{\Delta y}.$$

并记作 $\dfrac{\partial z}{\partial y}\bigg|_{\substack{x=x_0\\y=y_0}},\dfrac{\partial f}{\partial y}\bigg|_{\substack{x=x_0\\y=y_0}},z_y\big|_{\substack{x=x_0\\y=y_0}}$,或 $f_y(x_0,y_0)$.

若函数 $z=f(x,y)$ 在一个平面区域 D 内每点处对 x 的偏导数都存在,那么这个偏导数就是关于 x,y 的函数,被称为函数 $z=f(x,y)$ 对自变量 x 的**偏导函数**,简称对 x 的偏导数,记作

$$\frac{\partial z}{\partial x},\quad \frac{\partial f}{\partial x},\quad z_x,\quad \text{或}\quad f_x(x,y).$$

同理,可定义函数 $z=f(x,y)$ 对 y 的偏导函数,记作

$$\frac{\partial z}{\partial y},\quad \frac{\partial f}{\partial y},\quad z_y,\quad \text{或}\quad f_y(x,y).$$

此外，偏导数的概念还可推广到二元以上的函数.

注 由偏导函数的定义知：

(1) $f_x(x_0,y_0)=f_x(x,y)\Big|_{\substack{x=x_0\\y=y_0}}$，$f_y(x_0,y_0)=f_y(x,y)\Big|_{\substack{x=x_0\\y=y_0}}$；

(2) $f_x(x_0,y_0)=\left[\dfrac{\mathrm{d}}{\mathrm{d}x}f(x,y_0)\right]\Big|_{x=x_0}$，$f_y(x_0,y_0)=\left[\dfrac{\mathrm{d}}{\mathrm{d}y}f(x_0,y)\right]\Big|_{y=y_0}$.

对于函数 $z=f(x,y)$，求 $\dfrac{\partial f}{\partial x}$ 时可以把 y 看作常量而只求 x 的导数；同理，求 $\dfrac{\partial f}{\partial y}$ 时，把 x 看作常量而只求 y 的导数. 从这个意义上来说，偏导数的计算转化为一元函数导数的计算.

例 1 求 $z=3x^2+2xy+y^3$ 在点 $(2,1)$ 处的偏导数.

解 $\dfrac{\partial z}{\partial x}=6x+2y$，$\dfrac{\partial z}{\partial y}=2x+3y^2$. $\dfrac{\partial z}{\partial x}\Big|_{\substack{x=2\\y=1}}=6\times2+2\times1=14$，$\dfrac{\partial z}{\partial y}\Big|_{\substack{x=2\\y=1}}=2\times2+3\times1=7$.

例 2 求 $z=\mathrm{e}^{2x}\sin2y$ 的偏导数.

解 $\dfrac{\partial z}{\partial x}=2\mathrm{e}^{2x}\sin2y$，$\dfrac{\partial z}{\partial y}=2\mathrm{e}^{2x}\cos2y$.

例 3 已知理想气体的状态方程为 $pV=RT$（R 为常数），求证：$\dfrac{\partial p}{\partial V}\cdot\dfrac{\partial V}{\partial T}\cdot\dfrac{\partial T}{\partial p}=-1$.

证 因为

$$p=\frac{RT}{V}，\quad \frac{\partial p}{\partial V}=-\frac{RT}{V^2}；\quad V=\frac{RT}{p}，\quad \frac{\partial V}{\partial T}=\frac{R}{p}；\quad T=\frac{pV}{R}，\quad \frac{\partial T}{\partial p}=\frac{V}{R}；$$

所以

$$\frac{\partial p}{\partial V}\cdot\frac{\partial V}{\partial T}\cdot\frac{\partial T}{\partial p}=-\frac{RT}{V^2}\cdot\frac{R}{p}\cdot\frac{V}{R}=-\frac{RT}{pV}=-1.$$

注 对于一元函数，导数 $\dfrac{\mathrm{d}y}{\mathrm{d}x}$ 可以看作函数的微分 $\mathrm{d}y$ 与自变量的微分 $\mathrm{d}x$ 的商，但是由例 3 的结论我们可以看出，偏导数 $\dfrac{\partial z}{\partial x}$ 不能看作分子分母的商，其记号 $\dfrac{\partial z}{\partial x}$ 是一个整体.

二、偏导数的几何意义及函数偏导数存在与函数连续的关系

一元函数的导数 $f'(x_0)$ 表示平面曲线 $y=f(x)$ 在点 (x_0,y_0) 处切线的斜率，那么二元函数偏导数的几何意义是什么呢？由解析几何可知，$z=f(x,y)$ 表示空间上的一个曲面，

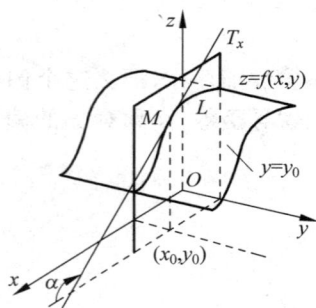

图 7-9

$y=y_0$ 表示空间上的一个平面，如图 7-9 所示，曲面 $z=f(x,y)$ 和平面 $y=y_0$ 的交线就是曲线 $\begin{cases}z=f(x,y),\\y=y_0,\end{cases}$ 该曲线在点 (x_0,y_0) 处切线 T_x 对 x 轴的斜率就是 $f_x(x_0,y_0)$. 不难看出，$f_x(x_0,y_0)$ 实际上就是一元函数 $z=f(x,y_0)$ 在 $x=x_0$ 处的导数，因此 $f_x(x_0,y_0)$ 就表示交线 $L\begin{cases}z=f(x,y),\\y=y_0\end{cases}$ 在点 (x_0,y_0) 处切线 T_x 对 x 轴的斜率. 同理，$f_y(x_0,y_0)$ 是交线 $\begin{cases}z=f(x,y),\\x=x_0\end{cases}$ 在点 (x_0,y_0) 处切线 T_y 对 y 轴的斜率.

对于一元函数,如果一个函数在某一点可导,那么该函数在该点必然是连续的. 然而,当涉及多元函数时,情况就有所不同了. 即使在某一点上,一个多元函数的所有偏导数都存在,这并不能保证函数在该点上是连续的.下面我们将通过具体的例子来阐述这一点.

例 4 已知函数 $f(x,y)=\begin{cases}\dfrac{2xy}{x^2+y^2}, & x^2+y^2\neq 0,\\ 0, & x^2+y^2=0,\end{cases}$ 试说明 $f_x(0,0)=0, f_y(0,0)=0$,但函数在点 $(0,0)$ 并不连续.

解
$$f_x(0,0)=\lim_{\Delta x\to 0}\frac{f(0+\Delta x,0)-f(0,0)}{\Delta x}=\lim_{\Delta x\to 0}\frac{0}{\Delta x}=0,$$
$$f_y(0,0)=\lim_{\Delta y\to 0}\frac{f(0,0+\Delta y)-f(0,0)}{\Delta y}=\lim_{\Delta y\to 0}\frac{0}{\Delta y}=0.$$

当点 $P(x,y)$ 沿直线 $y=kx$ 趋于点 $(0,0)$ 时,有
$$\lim_{\substack{(x,y)\to(0,0)\\y=kx}}\frac{2xy}{x^2+y^2}=\lim_{x\to 0}\frac{2kx^2}{x^2+k^2x^2}=\frac{2k}{1+k^2}.$$

因此, $\lim\limits_{(x,y)\to(0,0)}f(x,y)$ 不存在,故函数 $f(x,y)$ 在 $(0,0)$ 处不连续.

三、高阶偏导数

设函数 $z=f(x,y)$ 在某个区域 D 内具有偏导数
$$\frac{\partial z}{\partial x}=f_x(x,y), \qquad \frac{\partial z}{\partial y}=f_y(x,y),$$

如果这两个偏导函数 $f_x(x,y), f_y(x,y)$ 的偏导数也存在,则称它们为函数 $z=f(x,y)$ 的二阶偏导数. 根据对自变量求导次序的不同,我们可以得到以下四个二阶偏导数:
$$\frac{\partial}{\partial x}\left(\frac{\partial z}{\partial x}\right), \qquad \frac{\partial}{\partial y}\left(\frac{\partial z}{\partial x}\right), \qquad \frac{\partial}{\partial x}\left(\frac{\partial z}{\partial y}\right), \qquad \frac{\partial}{\partial y}\left(\frac{\partial z}{\partial y}\right).$$

为了书写方便,将这四个二阶偏导数分别记作 $\dfrac{\partial^2 z}{\partial x^2}, \dfrac{\partial^2 z}{\partial x\partial y}, \dfrac{\partial^2 z}{\partial y\partial x}, \dfrac{\partial^2 z}{\partial y^2}$,或者分别记作 $f_{xx}(x,y), f_{xy}(x,y), f_{yx}(x,y), f_{yy}(x,y)$,即
$$\frac{\partial}{\partial x}\left(\frac{\partial z}{\partial x}\right)=\frac{\partial^2 z}{\partial x^2}=f_{xx}(x,y), \qquad \frac{\partial}{\partial y}\left(\frac{\partial z}{\partial x}\right)=\frac{\partial^2 z}{\partial x\partial y}=f_{xy}(x,y),$$
$$\frac{\partial}{\partial x}\left(\frac{\partial z}{\partial y}\right)=\frac{\partial^2 z}{\partial y\partial x}=f_{yx}(x,y), \qquad \frac{\partial}{\partial y}\left(\frac{\partial z}{\partial y}\right)=\frac{\partial^2 z}{\partial y^2}=f_{yy}(x,y).$$

其中 $\dfrac{\partial}{\partial y}\left(\dfrac{\partial z}{\partial x}\right)=\dfrac{\partial^2 z}{\partial x\partial y}=f_{xy}(x,y)$ 和 $\dfrac{\partial}{\partial x}\left(\dfrac{\partial z}{\partial y}\right)=\dfrac{\partial^2 z}{\partial y\partial x}=f_{yx}(x,y)$ 称为**混合偏导数**.

类似地可定义三阶、四阶以及 n 阶偏导数. 二阶及二阶以上的偏导数统称为**高阶偏导数**.

例 5 设 $z=x^2y^3-2xy^4-x^3y+\sin 1$,求 $\dfrac{\partial^2 z}{\partial x^2}, \dfrac{\partial^2 z}{\partial y^2}, \dfrac{\partial^3 z}{\partial x^3}, \dfrac{\partial^2 z}{\partial x\partial y}$ 和 $\dfrac{\partial^2 z}{\partial y\partial x}$.

解 $\dfrac{\partial z}{\partial x}=2xy^3-2y^4-3x^2y, \dfrac{\partial z}{\partial y}=3x^2y^2-8xy^3-x^3$;

$\dfrac{\partial^2 z}{\partial x^2}=2y^3-6xy, \dfrac{\partial^2 z}{\partial y^2}=6x^2y-24xy^2, \dfrac{\partial^3 z}{\partial x^3}=-6y$;

$$\frac{\partial^2 z}{\partial x \partial y} = 6xy^2 - 8y^3 - 3x^2, \quad \frac{\partial^2 z}{\partial y \partial x} = 6xy^2 - 8y^3 - 3x^2.$$

例 5 中，虽然两个混合偏导数相等，即 $\dfrac{\partial^2 z}{\partial y \partial x} = \dfrac{\partial^2 z}{\partial x \partial y}$，但这并不意味着所有二元函数的混合偏导数都相等. 请看下面的定理 7.3.

定理 7.3　如果函数 $z = f(x,y)$ 在区域 D 内的两个二阶混合偏导数 $\dfrac{\partial^2 z}{\partial y \partial x}$ 和 $\dfrac{\partial^2 z}{\partial x \partial y}$ 都是连续的，那么在这个区域内，这两个二阶混合偏导数必然相等.

这个定理告诉我们，在连续的条件下，二阶混合偏导数的计算与求偏导的先后次序无关，这给我们在实际应用中计算混合偏导数带来了便利.

对于二元以上的多元函数，我们也可以类似地定义高阶偏导数. 同样，如果高阶混合偏导数在某一区域内是连续的，那么它们的值也与求偏导的先后次序无关.

例 6　验证函数 $u(x,y) = \ln \sqrt{x^2 + y^2}$ 满足拉普拉斯方程 $\dfrac{\partial^2 u}{\partial x^2} + \dfrac{\partial^2 u}{\partial y^2} = 0$.

证　因为 $u = \ln \sqrt{x^2 + y^2} = \dfrac{1}{2} \ln(x^2 + y^2)$，所以

$$\frac{\partial u}{\partial x} = \frac{x}{x^2 + y^2}, \quad \frac{\partial u}{\partial y} = \frac{y}{x^2 + y^2},$$

$$\frac{\partial^2 u}{\partial x^2} = \frac{(x^2 + y^2) - x \cdot 2x}{(x^2 + y^2)^2} = \frac{y^2 - x^2}{(x^2 + y^2)^2},$$

$$\frac{\partial^2 u}{\partial y^2} = \frac{(x^2 + y^2) - y \cdot 2y}{(x^2 + y^2)^2} = \frac{x^2 - y^2}{(x^2 + y^2)^2}.$$

因此

$$\frac{\partial^2 u}{\partial x^2} + \frac{\partial^2 u}{\partial y^2} = \frac{y^2 - x^2}{(x^2 + y^2)^2} + \frac{x^2 - y^2}{(x^2 + y^2)^2} = 0.$$

习题 7-2

1. 求下列函数的偏导数：

(1) $z = \cos 1 - 3xy^3 + 2x^2 y^2$；　　　　(2) $z = \dfrac{x}{x^2 + y^2}$；　　　　(3) $z = \sqrt{2x + y^2}$；

(4) $z = \ln \tan \dfrac{x}{y}$；　　　　　　　(5) $z = e^{xy}(x - y)$；　　(6) $z = (1 + xy)^x$.

2. 设 $f(x,y) = \dfrac{x^2 + y^2}{4} + (x - 1)\arctan \dfrac{y}{x}$，求 $f_y(1, y)$.

3. 求下列函数的所有二阶偏导数：

(1) $z = x^2 e^{2y} + xy + y + 2$；　　　　(2) $z = (2y - 1)^x$；　　(3) $z = \ln(2x - 3y)$.

4. 证明函数 $r = 2\sqrt{x^2 + y^2 + z^2}$ 满足方程 $\dfrac{\partial^2 r}{\partial x^2} + \dfrac{\partial^2 r}{\partial y^2} + \dfrac{\partial^2 r}{\partial z^2} = \dfrac{4}{r}$.

5. 设 $z = 2x \ln(xy)$，求 $\dfrac{\partial^3 z}{\partial x^2 \partial y}, \dfrac{\partial^3 z}{\partial x \partial y^2}$.

第三节 全微分及其应用

在第二节中,我们主要探讨了二元函数的其中一个自变量变化时,函数值如何变化的问题,也就是偏导数的概念. 但在许多理论研究和实际应用中,我们经常需要关注当所有自变量同时发生微小变动时,函数值的变化情况. 例如,对于二元函数 $z=f(x,y)$,当自变量 x 和 y 同时发生微小的变化 Δx 和 Δy 时,我们想知道函数值 $f(x+\Delta x,y+\Delta y)$ 相对于原函数值 $f(x,y)$ 的微小改变量 $\Delta z=f(x+\Delta x,y+\Delta y)-f(x,y)$ 是多少.

这个问题初看起来似乎只是一个计算上的挑战,但实际上,对于复杂的函数 $z=f(x,y)$,Δz 的表达式可能会非常复杂,难以直接求解. 因此,我们希望能够找到一种方法,将 Δz 近似地表示为 Δx 和 Δy 的线性函数,从而简化计算过程. 这就是全微分(total differential) 的概念和所要解决的问题.

通过全微分,我们可以将 Δz 表示为 Δx 和 Δy 的线性组合,从而更容易地计算和分析函数在多个自变量同时变化时的行为. 这在许多领域,如物理学、工程学、经济学等,都有着广泛的应用.

本节主要内容:全微分,全微分在近似计算中的应用.

一、全微分

先分析一个实际问题. 在经济管理中,经常需要分析生产函数、成本函数、利润函数等多元函数的变化. 比如一个企业的生产函数为 $Q=KL$,其中 K 代表资本投入,L 代表劳动力投入,Q 代表产出量. 这个函数描述了企业在给定资本和劳动力投入下的最大产出. 当企业同时增加资本和劳动力的投入时,资本从 K 增加到 $K+\Delta K$,劳动力的投入从 L 增加到 $L+\Delta L$,问此企业的产出改变了多少?

通过计算,可以得出企业产出的改变量为

$$\Delta Q=(K+\Delta K)(L+\Delta L)-KL=L\Delta K+K\Delta L+\Delta K\Delta L.$$

上式可看成两部分,第一部分 $L\Delta K+K\Delta L$ 是 ΔK 和 ΔL 的线性函数,第二部分是 $\Delta K\Delta L$. 当 $\Delta K\to 0,\Delta L\to 0$ 时,$\Delta K\Delta L$ 是比 $\rho=\sqrt{\Delta K^2+\Delta L^2}$ 高阶的无穷小. 由此可见,当资本和劳动力的投入有微小的改变时(即 $|\Delta K|,|\Delta L|$ 很小时),可以将第二部分 $\Delta K\Delta L$ 这个高阶无穷小忽略,而用第一部分 $L\Delta K+K\Delta L$ 近似地表示 ΔQ,即 $\Delta Q\approx L\Delta K+K\Delta L$. 我们把 $L\Delta K+K\Delta L$ 称为 $Q=KL$ 在点 (K,L) 处的全微分. 给出全微分概念之前还需要介绍下面的几个概念.

二元函数 $z=f(x,y)$ 对某个自变量的偏导数表示当其中一个自变量保持不变时,因变量对另一个自变量的变化率. 由一元函数微分学中增量与微分的关系得

$$f(x+\Delta x,y)-f(x,y)\approx f_x(x,y)\Delta x,$$
$$f(x,y+\Delta y)-f(x,y)\approx f_y(x,y)\Delta y.$$

上面两式的左端分别称为二元函数对 x 和对 y 的**偏增量**,而当 $z=f(x,y)$ 的偏导数存在时,则称 $f_x(x,y)\Delta x$ 为函数**关于 x 的偏微分**,称 $f_y(x,y)\Delta y$ 为函数**关于 y 的偏微分**.

如果 x,y 同时取得增量 $\Delta x,\Delta y$，则称

$$\Delta z = f(x+\Delta x,y+\Delta y) - f(x,y)$$

为函数 $z=f(x,y)$ 在点 (x,y) 对应于自变量增量 $\Delta x,\Delta y$ 的**全增量**.

定义 7.7　如果函数 $z=f(x,y)$ 在点 (x,y) 的全增量

$$\Delta z = f(x+\Delta x,y+\Delta y) - f(x,y)$$

可以表示为

$$\Delta z = A\Delta x + B\Delta y + o(\rho),$$

其中 A,B 不依赖于 $\Delta x,\Delta y$ 而仅与 x,y 有关，$\rho=\sqrt{(\Delta x)^2+(\Delta y)^2}$，则称函数 $z=f(x,y)$**在点** (x,y)**可微分**，而 $A\Delta x + B\Delta y$ 称为函数 $z=f(x,y)$ 在点 (x,y) 的**全微分**，记作 $\mathrm{d}z$，即

$$\mathrm{d}z = A\Delta x + B\Delta y.$$

如果函数 $z=f(x,y)$ 在某个区域 D 内各点处处可微分，则称该函数在 D 内可微分.

同样地，我们可以将全微分的概念扩展到三元函数. 对于一个三元函数 $u=f(x,y,z)$，其全微分可以定义为 $\mathrm{d}u = A\Delta x + B\Delta y + C\Delta z$.

全微分的引入自然引发了一系列问题：

(1) 什么样的函数的全增量可以近似地表示为自变量增量的线性函数？换句话说，什么样的函数是可微的？全微分定义中的 A,B 具体代表什么？

(2) 函数的连续性与可微性之间有何关联？偏导数的存在与函数的可微性之间又有何关系？

为了解决这些问题，我们需要引入一些关键的定理，见定理 7.4～定理 7.6. 这些定理将帮助我们更好地理解全微分、函数的连续性和偏导数之间的关系.

定理 7.4（必要条件）　如果函数 $z=f(x,y)$ 在点 (x,y) 可微分，则函数在该点的偏导数 $\dfrac{\partial z}{\partial x},\dfrac{\partial z}{\partial y}$ 必存在，且函数 $z=f(x,y)$ 在点 (x,y) 的全微分为

$$\mathrm{d}z = \frac{\partial z}{\partial x}\Delta x + \frac{\partial z}{\partial y}\Delta y.$$

证　如果函数 $z=f(x,y)$ 在点 $P(x,y)$ 可微分，则对于点 P 的某个邻域内的任意一点 $Q(x+\Delta x,y+\Delta y)$，$\Delta z=A\Delta x+B\Delta y+o(\rho)$ 总成立. 特别地，当 $\Delta y=0$ 时，

$$f(x+\Delta x,y) - f(x,y) = A\Delta x + o(|\Delta x|).$$

上式两边各除以 Δx，再令 $\Delta x\to 0$ 取极限，得

$$\lim_{\Delta x\to 0}\frac{f(x+\Delta x,y)-f(x,y)}{\Delta x} = A,$$

从而偏导数 $\dfrac{\partial z}{\partial x}$ 存在，且 $\dfrac{\partial z}{\partial x}=A$. 同理可证偏导数 $\dfrac{\partial z}{\partial y}$ 存在，且 $\dfrac{\partial z}{\partial y}=B$. 所以

$$\mathrm{d}z = \frac{\partial z}{\partial x}\Delta x + \frac{\partial z}{\partial y}\Delta y.$$

定理 7.5（充分条件）　如果函数 $z=f(x,y)$ 的偏导数 $\dfrac{\partial z}{\partial x},\dfrac{\partial z}{\partial y}$ 在点 (x,y) 连续，则函数在该点可微分.

证明略.

定理 7.6 如果函数 $f(x,y)$ 在点 (x,y) 可微,则 $f(x,y)$ 在点 (x,y) 连续.

证 设 $z=f(x,y)$ 在点 (x,y) 可微,则

$$\Delta z=f(x+\Delta x,y+\Delta y)-f(x,y)=A\Delta x+B\Delta y+o(\rho),$$

其中 $\rho=\sqrt{(\Delta x)^2+(\Delta y)^2}$,显然,$\lim\limits_{\rho\to 0}\Delta z=0$,从而

$$\lim_{(\Delta x,\Delta y)\to(0,0)}f(x+\Delta x,y+\Delta y)=\lim_{\rho\to 0}[f(x,y)+\Delta z]=f(x,y).$$

因此函数 $z=f(x,y)$ 在点 (x,y) 处连续.

注 (1) 习惯上,记全微分为 $\mathrm{d}z=\dfrac{\partial z}{\partial x}\mathrm{d}x+\dfrac{\partial z}{\partial y}\mathrm{d}y$.

(2) 定理 7.4～定理 7.6 的结论可以推广到三元及三元以上函数. 如函数 $u=f(x,y,z)$ 的全微分为 $\mathrm{d}u=\dfrac{\partial u}{\partial x}\mathrm{d}x+\dfrac{\partial u}{\partial y}\mathrm{d}y+\dfrac{\partial u}{\partial z}\mathrm{d}z$.

(3) 偏导数 $\dfrac{\partial z}{\partial x},\dfrac{\partial z}{\partial y}$ 存在是可微分的必要条件,但不是充分条件. 下面的例 1 说明了这一点.

例 1 已知函数 $z=f(x,y)=\begin{cases}\dfrac{xy}{\sqrt{x^2+y^2}}, & x^2+y^2\neq 0,\\ 0, & x^2+y^2=0,\end{cases}$ 试证明函数在点 $(0,0)$ 处不可微.

证
$$f_x(0,0)=\lim_{\Delta x\to 0}\frac{f(0+\Delta x,0)-f(0,0)}{\Delta x}=\lim_{\Delta x\to 0}\frac{0}{\Delta x}=0,$$
$$f_y(0,0)=\lim_{\Delta y\to 0}\frac{f(0,0+\Delta y)-f(0,0)}{\Delta y}=\lim_{\Delta y\to 0}\frac{0}{\Delta y}=0.$$

即函数在点 $(0,0)$ 处的两个偏导数 $\dfrac{\partial z}{\partial x},\dfrac{\partial z}{\partial y}$ 存在.

下面利用反证法证明函数在点 $(0,0)$ 处不可微. 假设函数 $f(x,y)$ 在点 $(0,0)$ 处可微分,由定理 7.5 可得 $\mathrm{d}z\big|_{(0,0)}=f_x(0,0)\Delta x+f_y(0,0)\Delta y=0$,再由函数全微分的定义,有 $\Delta z-\mathrm{d}z=o(\rho)$,即

$$\lim_{\rho\to 0}\frac{\Delta z-[f_x(0,0)\cdot\Delta x+f_y(0,0)\cdot\Delta y]}{\rho}=0,$$

其中 $\rho=\sqrt{(\Delta x)^2+(\Delta y)^2}$. 但事实上,当点 $Q(\Delta x,\Delta y)$ 沿直线 $y=x$ 趋于 $(0,0)$ 时,

$$\lim_{\rho\to 0}\frac{\Delta z-[f_x(0,0)\cdot\Delta x+f_y(0,0)\cdot\Delta y]}{\rho}$$
$$=\lim_{\rho\to 0}\frac{\Delta x\cdot\Delta y}{(\Delta x)^2+(\Delta y)^2}=\lim_{\Delta x\to 0}\frac{\Delta x\cdot\Delta x}{(\Delta x)^2+(\Delta x)^2}=\frac{1}{2}\neq 0.$$

从而产生了矛盾,因此函数在点 $(0,0)$ 处不可微.

对于一元函数,可微与可导是等价的,即如果一个函数在某点可微,那么它在该点也必定可导,反之亦然. 此外,如果一元函数在某点可导(或可微),则该函数在该点必连续. 然而,对于多元函数,情况则不完全相同. 在多元函数 $f(x,y)$ 中,连续性、偏导数的存在和可微性之间的关系如图 7-10 所示.

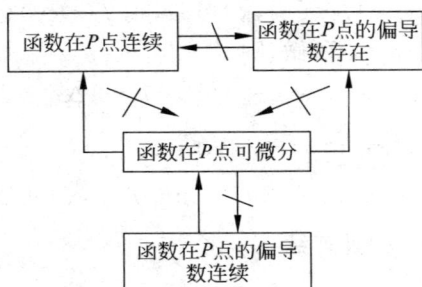

图 7-10

例 2 计算函数 $z = 2x^3 y + 3y^4$ 的全微分.

解 因为 $\dfrac{\partial z}{\partial x} = 6x^2 y, \dfrac{\partial z}{\partial y} = 2x^3 + 12y^3$，并且这两个偏导数连续，所以

$$\mathrm{d}z = 6x^2 y\,\mathrm{d}x + (2x^3 + 12y^3)\,\mathrm{d}y.$$

例 3 计算函数 $z = \mathrm{e}^{2x+y}$ 在点 $(1,2)$ 处的全微分.

解 因为

$$\frac{\partial z}{\partial x} = 2\mathrm{e}^{2x+y}, \quad \frac{\partial z}{\partial y} = \mathrm{e}^{2x+y},$$

所以

$$\frac{\partial z}{\partial x}\bigg|_{\substack{x=1\\y=2}} = 2\mathrm{e}^4, \quad \frac{\partial z}{\partial y}\bigg|_{\substack{x=1\\y=2}} = \mathrm{e}^4,$$

从而

$$\mathrm{d}z = 2\mathrm{e}^4\,\mathrm{d}x + \mathrm{e}^4\,\mathrm{d}y.$$

例 4 计算函数 $u = \sin\dfrac{x}{2} + \sqrt{y} + \mathrm{e}^{yz}$ 的全微分.

解 因为

$$\frac{\partial u}{\partial x} = \frac{1}{2}\cos\frac{x}{2}, \quad \frac{\partial u}{\partial y} = \frac{1}{2\sqrt{y}} + z\mathrm{e}^{yz}, \quad \frac{\partial u}{\partial z} = y\mathrm{e}^{yz},$$

所以

$$\mathrm{d}u = \frac{1}{2}\cos\frac{x}{2}\,\mathrm{d}x + \left(\frac{1}{2\sqrt{y}} + z\mathrm{e}^{yz}\right)\mathrm{d}y + y\mathrm{e}^{yz}\,\mathrm{d}z.$$

二、全微分在近似计算中的应用

分析二元函数时，由于其复杂性，我们经常会遇到一些棘手的问题. 为了简化这些问题，我们通常会尝试用更简单的函数来近似替代这些复杂的二元函数. 在分析这类问题时，我们采用的方法与一元函数中的线性替代方法类似.

根据全微分的定义和定理 7.4 可知，当二元函数 $z = f(x,y)$ 在点 (x_0, y_0) 处可微，并且自变量 x 和 y 的变化量 Δx 和 Δy 都较小时，我们可以利用全微分来近似表示函数值的改变量. 具体地，有以下近似等式：

$$\Delta z \approx \mathrm{d}z = f_x(x_0, y_0)\Delta x + f_y(x_0, y_0)\Delta y.$$

这个等式表明,当自变量 x 和 y 发生微小变化时,函数值 $f(x,y)$ 的改变量可以近似地用自变量变化量与对应偏导数的乘积之和来表示.这种线性替代方法大大简化了对二元函数的分析和计算.

需要注意的是,这种线性替代方法只在自变量变化量较小的情况下成立,并且要求函数在相关点处是可微的.在实际应用中,我们需要根据具体问题的条件和要求来选择合适的替代方法和近似表达式.

如果从点 (x_0,y_0) 移动到其邻近点 (x,y) 所产生的增量为 $\Delta x = x - x_0$,$\Delta y = y - y_0$,则有

$$f(x,y) - f(x_0,y_0) \approx f_x(x_0,y_0)(x-x_0) + f_y(x_0,y_0)(y-y_0),$$

即

$$f(x,y) \approx f(x_0,y_0) + f_x(x_0,y_0)(x-x_0) + f_y(x_0,y_0)(y-y_0).$$

例 5 计算 $(2.02)^{1.04}$ 的近似值.

解 设函数 $f(x,y) = x^y$.显然,要计算的就是函数在 $x=2.02, y=1.04$ 时的函数值 $f(2.02, 1.04)$.取 $x=2, y=1, \Delta x = 0.02, \Delta y = 0.04$.由于

$$f(x+\Delta x, y+\Delta y) \approx f(x,y) + f_x(x,y)\Delta x + f_y(x,y)\Delta y$$

$$= x^y + yx^{y-1}\Delta x + x^y \ln x \Delta y,$$

所以

$$(2.02)^{1.04} \approx 2^1 + 1 \times 2^{1-1} \times 0.02 + 2^1 \times \ln 2 \times 0.04 = 2.02 + 0.08\ln 2.$$

例 6 假设一个公司面临两种生产要素:资本 K 和劳动力 L,其生产函数 $Q(K,L)$ 表示在给定资本和劳动力投入下的最大产出.假设生产函数 $Q(K,L) = K^2 + 3KL + 2L^2$,开始时资本和劳动力投入分别为 $K_0 = 100$ 单位,$L_0 = 50$ 单位,现在,公司计划增加 $\Delta K = 5$ 单位和 $\Delta L = 10$ 单位,则公司的产出近似变化量有多大?

解 计算生产函数对资本 K 和劳动力 L 的偏导数:

$$\frac{\partial Q}{\partial K} = 2K + 3L, \qquad \frac{\partial Q}{\partial L} = 3K + 4L,$$

产出的近似改变量 ΔQ 可以表示为

$$\Delta Q \approx \frac{\partial Q}{\partial K}\Delta K + \frac{\partial Q}{\partial L}\Delta L$$

$$= (200 + 150) \times 5 + (300 + 200) \times 10 = 6750(单位).$$

因此,根据全微分的近似计算,当公司增加资本投入 5 单位和劳动力投入 10 单位时,预计产出将增加约 6750 单位.

习题 7-3

1.求下列函数的全微分:

(1) $z = x^y - \dfrac{x}{y}$;

(2) $z = \cos(\ln x + \mathrm{e}^y)$;

(3) $u = \dfrac{1}{\sqrt{x^2+y^2+z^2}}$;

(4) $z = \ln(1+x^2+y^3)$.

2.求下列函数在给定点的全微分：

(1) $z=\ln(x^2+y)$，求 $\mathrm{d}z\big|_{(1,2)}$；

(2) $f(x,y)=y\cos(x-y)$，求 $\mathrm{d}f\big|_{(\frac{\pi}{4},-\frac{\pi}{4})}$.

3. 计算 $\sqrt{1.01^3\times1.98^2}$ 的近似值.

4. 设有一圆柱形容器，其半径为 4cm，高度为 100cm. 受压后发生形变，它的半径变为 4.05cm，高度变为 99cm. 求此圆柱体受压前后的体积变化近似值.

5. **威尔逊批量公式**在经济学中用于确定一种商品（如数码产品、服装、食品、药品等）的最优订购量 Q，从而最小化订购和保管成本. 具体公式如下：

$$Q=\sqrt{2KM/h},$$

其中 K 为每周销售商品的数量，M 为每次提出订单的价格，h 为每件商品每周的保管费用（包括占用空间、公共设施、安全等在内的费用）. 现需要知道 Q 在点 $(K_0,M_0,h_0)=(20,4,0.03)$ 附近对哪一个变量是最敏感的，给出你的结论.

第四节 多元复合函数的求导法则

在一元函数微分学中，我们深入探讨了复合函数的求导法则，特别是链式法则，这一法则在一元微分学中占据举足轻重的地位. 本节中，我们将这一重要的链式法则推广到多元复合函数领域，以便更全面地理解和分析多元函数的微分问题. 掌握了多元复合函数的链式法则，我们可以更加精确地分析多元函数的变化率和相关性质，为实际应用提供更有效的数学工具.

本节主要内容：多元复合函数的求导法则，特殊复合函数求导.

一、一般多元复合函数的求导法则

由于多元复合函数有不同的复合情形，给出多元复合函数的求导法则前，我们需要考虑下面三个问题：

(1) 设 $z=f(u,v)$，而 $u=\varphi(t)$，$v=\psi(t)$，如何求 $\dfrac{\mathrm{d}z}{\mathrm{d}t}$？

(2) 设 $z=f(u,v)$，而 $u=\varphi(x,y)$，$v=\psi(x,y)$，如何求 $\dfrac{\partial z}{\partial x}$ 和 $\dfrac{\partial z}{\partial y}$？

(3) 在(1)，(2)中有必要将 u，v 的表达式代入 $z=f(u,v)$，然后化简求导吗？

事实上，问题(1)和(2)中涉及的函数 f 都是多元复合函数. 对于一元复合函数，链式法则是一个有效的工具，用于计算复合函数的导数. 这个法则同样可以推广到多元复合函数，尽管多元复合函数的复合关系更为复杂，导致求导公式在不同的复合情形下会有所不同. 为了更清晰地理解这个问题，我们可以从最基本的复合情形开始分析.

定理 7.7 如果 $u=\varphi(x,y)$，$v=\psi(x,y)$ 在点 (x,y) 的偏导数都存在，且函数 $z=f(u,v)$ 在对应的点 (u,v) 有连续的偏导数，则复合函数 $z=f(\varphi(x,y),\psi(x,y))$ 在点 (x,y) 有连续的一阶偏导数，且

$$\frac{\partial z}{\partial x}=\frac{\partial z}{\partial u}\cdot\frac{\partial u}{\partial x}+\frac{\partial z}{\partial v}\cdot\frac{\partial v}{\partial x},\qquad \frac{\partial z}{\partial y}=\frac{\partial z}{\partial u}\cdot\frac{\partial u}{\partial y}+\frac{\partial z}{\partial v}\cdot\frac{\partial v}{\partial y}.$$

证明略.

以上的求导规则也称为**链式求导法则**.

在求解复合函数的偏导数时,明确复合函数的层次结构是至关重要的.这意味着我们需要清晰地识别出哪些是自变量,哪些是中间变量,以及这些中间变量是哪些自变量的函数.

为了更好地理解和表示这些关系,我们可以借助复合函数的链式图.以定理 7.7 中的 $\dfrac{\partial z}{\partial x}$ 为例,我们可以绘制一个链式图(图 7-11)来表示从自变量到因变量的所有链.在这个图中,我们将看到从自变量 x 和 y 到中间变量 u,v,再到最终因变量 z 或 f 的所有链.一旦有了链式图,就可以开始计算偏导数.对于每条链,从前往后依次对每个变量求偏导数,并将这些导数相乘.然后,将所有链的导数乘积相加,得到最终的偏导数.

推论 设 $u=\varphi(x,y),v=\psi(x,y),w=w(x,y)$ 在点 (x,y) 的偏导数都存在,且函数 $z=f(u,v,w)$ 在对应的点 (u,v,w) 有连续的偏导数,则复合函数 $z=f(\varphi(x,y),\psi(x,y),w(x,y))$ 在点 (x,y) 有连续的一阶偏导数,且

$$\frac{\partial z}{\partial x}=\frac{\partial z}{\partial u}\cdot\frac{\partial u}{\partial x}+\frac{\partial z}{\partial v}\cdot\frac{\partial v}{\partial x}+\frac{\partial z}{\partial w}\cdot\frac{\partial w}{\partial x},\qquad \frac{\partial z}{\partial y}=\frac{\partial z}{\partial u}\cdot\frac{\partial u}{\partial y}+\frac{\partial z}{\partial v}\cdot\frac{\partial v}{\partial y}+\frac{\partial z}{\partial w}\cdot\frac{\partial w}{\partial y}.$$

$\dfrac{\partial z}{\partial x}$ 的链式图如图 7-12 所示.

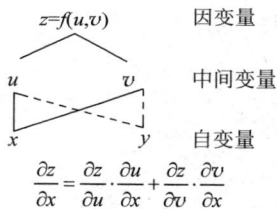

图 7-11

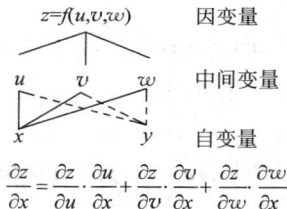

图 7-12

例 1 设 $z=2uv,u=\mathrm{e}^x\sin2y,v=\mathrm{e}^x\cos2y$,求 $\dfrac{\partial z}{\partial x},\dfrac{\partial z}{\partial y}$.

解 本例中反映变量关系的链式图如图 7-11 所示,有

$$\frac{\partial z}{\partial u}=2v,\qquad \frac{\partial z}{\partial v}=2u,\qquad \frac{\partial u}{\partial x}=\mathrm{e}^x\sin2y,$$

$$\frac{\partial u}{\partial y}=2\mathrm{e}^x\cos2y,\qquad \frac{\partial v}{\partial x}=\mathrm{e}^x\cos2y,\qquad \frac{\partial v}{\partial y}=-2\mathrm{e}^x\sin2y,$$

$$\frac{\partial z}{\partial x}=\frac{\partial z}{\partial u}\cdot\frac{\partial u}{\partial x}+\frac{\partial z}{\partial v}\cdot\frac{\partial v}{\partial x}=2v(\mathrm{e}^x\sin2y)+2u(\mathrm{e}^x\cos2y)$$

$$=2\mathrm{e}^x\cos2y(\mathrm{e}^x\sin2y)+2\mathrm{e}^x\sin2y(\mathrm{e}^x\cos2y)=2\mathrm{e}^{2x}\sin4y;$$

$$\frac{\partial z}{\partial y}=\frac{\partial z}{\partial u}\cdot\frac{\partial u}{\partial y}+\frac{\partial z}{\partial v}\cdot\frac{\partial v}{\partial y}=2v(2\mathrm{e}^x\cos2y)+2u(-2\mathrm{e}^x\sin2y)$$

$$=2\mathrm{e}^x\cos2y(2\mathrm{e}^x\cos2y)+2\mathrm{e}^x\sin2y(-2\mathrm{e}^x\sin2y)=4\mathrm{e}^{2x}\cos4y.$$

注 本例也可以将 $u=\mathrm{e}^x\sin2y,v=\mathrm{e}^x\cos2y$ 代入 $z=2uv$,写出复合函数 $z=\mathrm{e}^{2x}\sin4y$,再求偏导数.

例 2 设 $z=v^u,u=xy,v=x+y$,求 $\dfrac{\partial z}{\partial x},\dfrac{\partial z}{\partial y}$.

解　$\dfrac{\partial z}{\partial x}=\dfrac{\partial z}{\partial u}\cdot\dfrac{\partial u}{\partial x}+\dfrac{\partial z}{\partial v}\cdot\dfrac{\partial v}{\partial x}=v^u\ln v\cdot y+uv^{u-1}\cdot 1$

$\qquad=v^{u-1}(u+yv\ln v)=(x+y)^{xy-1}[xy+y(x+y)\ln(x+y)];$

$\qquad\dfrac{\partial z}{\partial y}=\dfrac{\partial z}{\partial u}\cdot\dfrac{\partial u}{\partial y}+\dfrac{\partial z}{\partial v}\cdot\dfrac{\partial v}{\partial y}=v^u\ln v\cdot x+uv^{u-1}\cdot 1$

$\qquad=v^{u-1}(xv\ln v+u)=(x+y)^{xy-1}[x(x+y)\ln(x+y)+xy].$

二、特殊多元复合函数求导

1. 情形一

定理 7.8　如果函数 $u=\varphi(t)$ 及 $v=\psi(t)$ 都在点 t 可导，函数 $z=f(u,v)$ 在对应点 (u,v) 具有连续偏导数，则复合函数 $z=f[\varphi(t),\psi(t)]$ 在对应点 t 可导，且有

$$\dfrac{\mathrm{d}z}{\mathrm{d}t}=\dfrac{\partial z}{\partial u}\cdot\dfrac{\mathrm{d}u}{\mathrm{d}t}+\dfrac{\partial z}{\partial v}\cdot\dfrac{\mathrm{d}v}{\mathrm{d}t}.$$

其链式图如图 7-13 所示.

图 7-13

注　情形一中的复合函数 z 最终是关于 t 的一元函数，应写成全导数符号 $\dfrac{\mathrm{d}z}{\mathrm{d}t}$，若复合函数最终是多元函数则应写成偏导数符号.

例 3　设 $z=uv+\sin t,u=3t,v=4t^2$，求全导数 $\dfrac{\mathrm{d}z}{\mathrm{d}t}$.

解　$\dfrac{\mathrm{d}z}{\mathrm{d}t}=\dfrac{\partial z}{\partial u}\cdot\dfrac{\mathrm{d}u}{\mathrm{d}t}+\dfrac{\partial z}{\partial v}\cdot\dfrac{\mathrm{d}v}{\mathrm{d}t}+\dfrac{\partial z}{\partial t}=3v+u\cdot 8t+\cos t$

$\qquad=12t^2+24t^2+\cos t=36t^2+\cos t.$

2. 情形二

定理 7.9　设函数 $z=f(x,u,v),u=\varphi(x,y),v=\psi(x,y)$，其中 u,v 在点 (x,y) 处的偏导数存在，$z=f(x,u,v)$ 在对应点 (x,u,v) 处有一阶连续的偏导数，则复合函数 $z=f[x,\varphi(x,y),\psi(x,y)]$ 在点 (x,y) 处的偏导数存在，且有

$$\dfrac{\partial z}{\partial x}=\dfrac{\partial f}{\partial x}\cdot\dfrac{\mathrm{d}x}{\mathrm{d}x}+\dfrac{\partial f}{\partial u}\cdot\dfrac{\partial u}{\partial x}+\dfrac{\partial f}{\partial v}\cdot\dfrac{\partial v}{\partial x}=f_x+\dfrac{\partial u}{\partial x}f_u+\dfrac{\partial v}{\partial x}f_v$$

$$\dfrac{\partial z}{\partial y}=\dfrac{\partial f}{\partial u}\cdot\dfrac{\partial u}{\partial y}+\dfrac{\partial f}{\partial v}\cdot\dfrac{\partial v}{\partial y}=\dfrac{\partial u}{\partial y}f_u+\dfrac{\partial v}{\partial y}f_v.$$

其链式图如图 7-14 所示.

注　定理 7.9 中的 x 既是中间变量也是自变量，上式中 $\dfrac{\partial z}{\partial x}$ 表示在复合函数 $z=f[x,\varphi(x,y),\psi(x,y)]$ 中将 y 看成常数而对 x 求导，而 $\dfrac{\partial f}{\partial x}$ 则表示在函数 $z=f(x,u,v)$ 中将 u,v 视作常数，对作为中间变量的 x 求导.

图 7-14

即当 x 具有"双重身份"时，$\dfrac{\partial z}{\partial x}$ 与 $\dfrac{\partial f}{\partial x}$ 的含义不同，除此之外，$\dfrac{\partial z}{\partial x}$ 与 $\dfrac{\partial f}{\partial x}$ 是通用的.

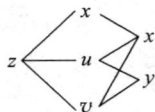

例 4　设 $z=\sqrt{x}+\ln y,y=\cos 2x$，求全导数 $\dfrac{\mathrm{d}z}{\mathrm{d}x}$.

解　$\dfrac{\mathrm{d}z}{\mathrm{d}x}=\dfrac{\partial z}{\partial x}\cdot\dfrac{\mathrm{d}x}{\mathrm{d}x}+\dfrac{\partial z}{\partial y}\cdot\dfrac{\mathrm{d}y}{\mathrm{d}x}=\dfrac{\partial z}{\partial x}+\dfrac{\partial z}{\partial y}\cdot\dfrac{\mathrm{d}y}{\mathrm{d}x}$

$$=\frac{1}{2\sqrt{x}}-\frac{2}{y}\sin 2x=\frac{1}{2\sqrt{x}}-\frac{2\sin 2x}{\cos 2x}=\frac{1}{2\sqrt{x}}-2\tan 2x.$$

3. 情形三

定理 7.10 设 $z=f(u),u=u(x,y)$，其中 $u(x,y)$ 在点 (x,y) 处的一阶偏导数均存在，$f(u)$ 在点 u 处的一阶导数连续，则复合函数 $z=f[u(x,y)]$ 在点 (x,y) 处的一阶偏导数均存在，且有

$$\frac{\partial z}{\partial x}=\frac{\mathrm{d}f}{\mathrm{d}u}\cdot\frac{\partial u}{\partial x};\qquad\frac{\partial z}{\partial y}=\frac{\mathrm{d}f}{\mathrm{d}u}\cdot\frac{\partial u}{\partial y}.$$

其链式图如图 7-15 所示.

例 5 设函数 $z=f\left(x+y,\dfrac{x}{y},\mathrm{e}^{x^2y}\right)$，其中 f 的偏导数连续，求 $\dfrac{\partial z}{\partial x},\dfrac{\partial z}{\partial y}$.

图 7-15

解 设 $u=x+y,v=\dfrac{x}{y},w=\mathrm{e}^{x^2y}$，则链式图如图 7-16 所示. 有

$$\frac{\partial z}{\partial x}=\frac{\partial z}{\partial u}\cdot\frac{\partial u}{\partial x}+\frac{\partial z}{\partial v}\cdot\frac{\partial v}{\partial x}+\frac{\partial z}{\partial w}\cdot\frac{\partial w}{\partial x}$$
$$=f_u+\frac{f_v}{y}+2xy\mathrm{e}^{x^2y}f_w,$$

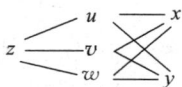

图 7-16

$$\frac{\partial z}{\partial y}=\frac{\partial z}{\partial u}\cdot\frac{\partial u}{\partial y}+\frac{\partial z}{\partial v}\cdot\frac{\partial v}{\partial y}+\frac{\partial z}{\partial w}\cdot\frac{\partial w}{\partial y}=f_u-\frac{x}{y^2}f_v+x^2\mathrm{e}^{x^2y}f_w.$$

注 为了简化对抽象函数求偏导数的过程，我们可以引入一些特定记号. 用 f_1',f_2',f_3' 分别表示函数 $f(u,v,w)$ 对其第一、第二和第三个中间变量的偏导数，即 $f_u=f_1',f_v=f_2',f_w=f_3'$. 类似地，用 f_{12}'' 表示 f 对其第一、第二个中间变量的二阶混合偏导数，用 f_{21}'' 表示 f 对其第二、第一个中间变量的二阶混合偏导数，即 $f_{12}''=f_{uv}'',f_{21}''=f_{vu}''$. 从而例 5 的最后结果可表示为

$$\frac{\partial z}{\partial x}=f_1'+\frac{1}{y}f_2'+2xy\mathrm{e}^{x^2y}f_3',\qquad\frac{\partial z}{\partial y}=f_1'-\frac{x}{y^2}f_2'+x^2\mathrm{e}^{x^2y}f_3'.$$

例 6 若可微函数 $f(x,y)$ 对任意正实数 λ 满足 $f(\lambda x,\lambda y)=\lambda^k f(x,y)$，则称 $f(x,y)$ 为 k **次齐次函数**. 试证明 k 次齐次函数满足方程

$$x\frac{\partial f}{\partial x}+y\frac{\partial f}{\partial y}=kf(x,y).$$

证 令 $u=\lambda x,v=\lambda y$，则由已知条件可得

$$f(u,v)=\lambda^k f(x,y).$$

上式左边的 $f(u,v)$ 可以看成是以 u,v 为中间变量，以 λ 为自变量的函数. 上式两端对 λ 求导数，得

$$\frac{\partial f}{\partial u}\cdot\frac{\partial u}{\partial\lambda}+\frac{\partial f}{\partial v}\cdot\frac{\partial v}{\partial\lambda}=k\lambda^{k-1}f(x,y),$$

即

$$x\frac{\partial f}{\partial u}+y\frac{\partial f}{\partial v}=k\lambda^{k-1}f(x,y),$$

上式对任意正实数 λ 都成立，特别地，取 $\lambda=1$，可得

$$x \frac{\partial f}{\partial x} + y \frac{\partial f}{\partial y} = kf(x,y).$$

例 7 设 $w = f(2x-3y, 4xy)$，f 具有二阶连续偏导数，求 $\frac{\partial^2 w}{\partial x \partial y}$.

解 令 $u = 2x-3y$，$v = 4xy$，则 $w = f(u,v)$，其链式图可参见图 7-11，根据复合函数求导的链式法则，得

$$\frac{\partial w}{\partial x} = \frac{\partial f}{\partial u} \cdot \frac{\partial u}{\partial x} + \frac{\partial f}{\partial v} \cdot \frac{\partial v}{\partial x} = 2f_1' + 4yf_2';$$

$$\frac{\partial^2 w}{\partial x \partial y} = \frac{\partial}{\partial y}(2f_1' + 4yf_2') = 2\frac{\partial f_1'}{\partial y} + 4y \frac{\partial f_2'}{\partial y} + 4f_2'$$

$$= 2\left(\frac{\partial f_1'}{\partial u} \cdot \frac{\partial u}{\partial y} + \frac{\partial f_1'}{\partial v} \cdot \frac{\partial v}{\partial y}\right) + 4y\left(\frac{\partial f_2'}{\partial u} \cdot \frac{\partial u}{\partial y} + \frac{\partial f_2'}{\partial v} \cdot \frac{\partial v}{\partial y}\right) + 4f_2'$$

$$= 2(-3f_{11}'' + 4xf_{12}'') + 4y(-3f_{21}'' + 4xf_{22}'') + 4f_2'.$$

注 在例 7 中，求抽象复合函数二阶偏导数的关键是需要弄清 $f_u(u,v), f_v(u,v)$ 的结构，即 f_1', f_2' 的结构. 由于 $f_u(u,v), f_v(u,v)$ 仍是复合函数，且复合结构与 $f(u,v)$ 完全相同，即仍是以 u, v 为中间变量，以 x, y 为自变量的复合函数，因此求它们关于 x, y 的偏导数时也必须使用链式法则.

例 8 设 $z = f(x,y,u)$，$u = e^{xy}$，其中 f 具有对各变量连续的二阶偏导数，求 $\frac{\partial^2 z}{\partial x \partial y}$.

解 $\frac{\partial z}{\partial x} = f_1' + ye^{xy}f_3'$，

$$\frac{\partial^2 z}{\partial x \partial y} = \frac{\partial}{\partial y}(f_1' + ye^{xy}f_3')$$

$$= \frac{\partial f_1'}{\partial y} + \frac{\partial f_1'}{\partial u} \cdot \frac{\partial u}{\partial y} + (1+xy)e^{xy}f_3' + ye^{xy}\left(\frac{\partial f_3'}{\partial y} + \frac{\partial f_3'}{\partial u} \cdot \frac{\partial u}{\partial y}\right)$$

$$= f_{12}'' + xe^{xy}f_{13}'' + (1+xy)e^{xy}f_3' + ye^{xy}(f_{32}'' + xe^{xy}f_{33}'').$$

三、全微分形式不变性

如果函数 $z = f(u,v)$ 具有一阶连续的偏导数，则该函数一定可微，且 $dz = \frac{\partial z}{\partial u}du + \frac{\partial z}{\partial v}dv$，注意这里是将 u, v 看成自变量；又假设函数 $u = u(x,y), v = v(x,y)$ 具有一阶连续的偏导数，则可将 u, v 看成中间变量，而将 z 看成是自变量 x, y 的函数，此时全微分为 $dz = \frac{\partial z}{\partial x}dx + \frac{\partial z}{\partial y}dy$，注意到以下的事实：

$$du = \frac{\partial u}{\partial x}dx + \frac{\partial u}{\partial y}dy, \quad dv = \frac{\partial v}{\partial x}dx + \frac{\partial v}{\partial y}dy,$$

从而

$$dz = \frac{\partial z}{\partial x}dx + \frac{\partial z}{\partial y}dy = \left(\frac{\partial z}{\partial u} \cdot \frac{\partial u}{\partial x} + \frac{\partial z}{\partial v} \cdot \frac{\partial v}{\partial x}\right)dx + \left(\frac{\partial z}{\partial u} \cdot \frac{\partial u}{\partial y} + \frac{\partial z}{\partial v} \cdot \frac{\partial v}{\partial y}\right)dy$$

$$= \frac{\partial z}{\partial u}\Big(\frac{\partial u}{\partial x}\mathrm{d}x + \frac{\partial u}{\partial y}\mathrm{d}y\Big) + \frac{\partial z}{\partial v}\Big(\frac{\partial v}{\partial x}\mathrm{d}x + \frac{\partial v}{\partial y}\mathrm{d}y\Big)$$

$$= \frac{\partial z}{\partial u}\mathrm{d}u + \frac{\partial z}{\partial v}\mathrm{d}v.$$

这表明,无论将 u,v 看成自变量还是中间变量,全微分 $\mathrm{d}z$ 的形式是一样的,此性质称为**全微分的形式不变性**. 在解题时适当应用这个性质会收到很好的效果.

例 9　设 $z = v\mathrm{e}^{\frac{u}{v}}$, $u = x^2 + y^2$, $v = xy$, 用全微分形式的不变性求 $\dfrac{\partial z}{\partial x}$, $\dfrac{\partial z}{\partial y}$.

解　$\mathrm{d}z = \mathrm{d}(v\mathrm{e}^{\frac{u}{v}}) = \mathrm{e}^{\frac{u}{v}}\mathrm{d}u + \Big(1 - \frac{u}{v}\Big)\mathrm{e}^{\frac{u}{v}}\mathrm{d}v$

$$= \mathrm{e}^{\frac{u}{v}}\mathrm{d}(x^2 + y^2) + \Big(1 - \frac{u}{v}\Big)\mathrm{e}^{\frac{u}{v}}\mathrm{d}(xy)$$

$$= \mathrm{e}^{\frac{u}{v}}(2x\,\mathrm{d}x + 2y\,\mathrm{d}y) + \Big(1 - \frac{u}{v}\Big)\mathrm{e}^{\frac{u}{v}}(y\,\mathrm{d}x + x\,\mathrm{d}y)$$

$$= \Big(2x + y\Big(1 - \frac{u}{v}\Big)\Big)\mathrm{e}^{\frac{u}{v}}\mathrm{d}x + \Big(2y + x\Big(1 - \frac{u}{v}\Big)\Big)\mathrm{e}^{\frac{u}{v}}\mathrm{d}y$$

$$= \Big[2x + y\Big(1 - \frac{x^2 + y^2}{xy}\Big)\Big]\mathrm{e}^{\frac{x^2+y^2}{xy}}\mathrm{d}x + \Big[2y + x\Big(1 - \frac{x^2 + y^2}{xy}\Big)\Big]\mathrm{e}^{\frac{x^2+y^2}{xy}}\mathrm{d}y,$$

所以

$$\frac{\partial z}{\partial x} = \Big[2x + y\Big(1 - \frac{x^2 + y^2}{xy}\Big)\Big]\mathrm{e}^{\frac{x^2+y^2}{xy}}, \quad \frac{\partial z}{\partial y} = \Big[2y + x\Big(1 - \frac{x^2 + y^2}{xy}\Big)\Big]\mathrm{e}^{\frac{x^2+y^2}{xy}}.$$

习题 7-4

1. 设 $z = u\sin\dfrac{u}{v}$, 而 $u = x + y$, $v = xy$, 求 $\dfrac{\partial z}{\partial x}$, $\dfrac{\partial z}{\partial y}$.

2. 设 $z = \arcsin(xy)$, $y = \ln x$, 求 $\dfrac{\mathrm{d}z}{\mathrm{d}x}$.

3. 设 $z = f(\mathrm{e}^{xy}, y^2 - x^2)$, 其中 f 具有一阶连续偏导数, 求 $\dfrac{\partial z}{\partial x}$, $\dfrac{\partial z}{\partial y}$.

4. 设 $u = f(z + yz + xyz)$, 其中 f 具有一阶连续偏导数, 求 $\dfrac{\partial u}{\partial x}$, $\dfrac{\partial u}{\partial y}$, $\dfrac{\partial u}{\partial z}$.

5. 设 $z = f\Big(y, \dfrac{y}{x}\Big)$, 其中 f 具有二阶连续偏导数, 求 $\dfrac{\partial^2 z}{\partial x^2}$, $\dfrac{\partial^2 z}{\partial x \partial y}$, $\dfrac{\partial^2 z}{\partial y^2}$.

6. 设 $z = \dfrac{x}{f(y^2 - x^2)}$, 其中 f 为可导函数, 证明: $\dfrac{1}{x}\dfrac{\partial z}{\partial x} + \dfrac{1}{y}\dfrac{\partial z}{\partial y} = \dfrac{z}{x^2}$.

7. 设 $z = \varphi[y + \phi(y - x), x]$, 其中 φ 具有二阶偏导数, ϕ 具有二阶导数, 求 $\dfrac{\partial^2 z}{\partial x^2}$, $\dfrac{\partial^2 z}{\partial x \partial y}$, $\dfrac{\partial^2 z}{\partial y^2}$.

第五节 隐函数的求导法则

在一元微分学中,隐函数是一个重要的概念.它指的是那些无法直接表示为 $y=f(x)$ 形式的函数,而只能通过某个方程 $F(x,y)=0$ 来定义.为了研究这样的函数,我们需要找到一种方法,能够不显式地解出 y 而直接计算其导数.

为了实现这一目标,我们首先需要明确隐函数的存在性.这意味着,在特定的区间内,是否确实存在一个函数 $y=f(x)$,使得 $F(x,f(x))=0$ 对于所有的 x 都成立? 存在性定理为我们提供了研究隐函数的基础.一旦确定了隐函数的存在性,我们就可以进一步探讨如何计算其导数.这通常是利用链式法则和偏导数来实现的.

本节主要内容:隐函数存在定理,隐函数的求导法则.

一、一个方程的情形

定理 7.11 如果函数 $F(x,y)$ 满足:

(1) 在点 (x_0,y_0) 的某一邻域内具有连续的偏导数;

(2) $F(x_0,y_0)=0$;

(3) $F_y(x_0,y_0)\neq0$,

则方程 $F(x,y)=0$ 在点 (x_0,y_0) 的某一邻域内恒能唯一确定一个单值连续且具有连续导数的函数 $y=f(x)$,它满足条件 $y_0=f(x_0)$,并有

$$\frac{\mathrm{d}y}{\mathrm{d}x}=-\frac{F_x}{F_y}.$$

注 F_x,F_y 是指二元函数 $F(x,y)$ 分别对 x 和 y 的偏导数.

证明略.

下面仅给出隐函数求导公式的推导:

将方程 $F(x,y)=0$ 所确定的函数 $y=f(x)$ 代入该方程,得恒等式

$$F(x,f(x))\equiv0,$$

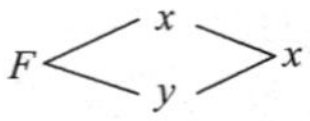

利用复合函数求导法则,变量之间的链式图如图 7-17 所示,方程两边对 x 求导,得

图 7-17

$$\frac{\partial F}{\partial x}+\frac{\partial F}{\partial y}\cdot\frac{\mathrm{d}y}{\mathrm{d}x}=0.$$

由于 F_y 连续,且 $F_y(x_0,y_0)\neq0$,所以存在点 (x_0,y_0) 的一个邻域使得 $F_y\neq0$,于是得

$$\frac{\mathrm{d}y}{\mathrm{d}x}=-\frac{F_x}{F_y}.$$

例 1 证明方程 $x^2+y^2-1=0$ 在点 $(0,1)$ 的某邻域内能唯一确定一个单值可导,且 $f(0)=1$ 的隐函数 $y=f(x)$,并求这个隐函数在 $x=0$ 时的一阶和二阶导数值.

解 令 $F(x,y)=x^2+y^2-1$,则 $F_x=2x,F_y=2y$,进而 $F(0,1)=0,F_y(0,1)=2\neq0$,由定理 7.11 可知,方程 $x^2+y^2-1=0$ 在点 $(0,1)$ 的某邻域内能唯一确定一个单值可导,且 $f(0)=1$ 的隐函数 $y=f(x)$.

隐函数在 $x=0$ 处的一阶和二阶导数为

$$\frac{\mathrm{d}y}{\mathrm{d}x} = -\frac{F_x}{F_y} = -\frac{x}{y}, \quad \frac{\mathrm{d}y}{\mathrm{d}x}\Big|_{x=0} = 0.$$

$$\frac{\mathrm{d}^2 y}{\mathrm{d}x^2} = -\frac{y - xy'}{y^2} = -\frac{y - x\left(-\dfrac{x}{y}\right)}{y^2} = -\frac{1}{y^3}, \quad \frac{\mathrm{d}^2 y}{\mathrm{d}x^2}\Big|_{x=0} = -1.$$

例 2 已知 $\ln\sqrt{x^2+y^2} = \arctan\dfrac{y}{x}$，求 $\dfrac{\mathrm{d}y}{\mathrm{d}x}$.

解 令 $F(x,y) = \ln\sqrt{x^2+y^2} - \arctan\dfrac{y}{x}$，则

$$F_x = \frac{x}{x^2+y^2} - \frac{1}{1+\left(\dfrac{y}{x}\right)^2}\left(-\frac{y}{x^2}\right) = \frac{x}{x^2+y^2} + \frac{y}{x^2+y^2} = \frac{x+y}{x^2+y^2},$$

$$F_y = \frac{y}{x^2+y^2} - \frac{1}{1+\left(\dfrac{y}{x}\right)^2} \cdot \frac{1}{x} = \frac{y}{x^2+y^2} - \frac{x}{x^2+y^2} = \frac{y-x}{x^2+y^2},$$

从而

$$\frac{\mathrm{d}y}{\mathrm{d}x} = -\frac{F_x}{F_y} = -\frac{x+y}{y-x} = \frac{x+y}{x-y}, \quad \text{或} \quad y' = \frac{x+y}{x-y}.$$

隐函数存在定理不仅限于二元函数,还可以推广到三元及三元以上的函数. 在适当的条件下,多元及以上的方程同样可以确定隐函数.

定理 7.12 设函数 $F(x,y,z)$ 满足:

(1) $F(x,y,z)$ 在点 (x_0,y_0,z_0) 的某一邻域内具有连续偏导数;

(2) $F(x_0,y_0,z_0) = 0$;

(3) $F_z(x_0,y_0,z_0) \neq 0$,

则方程 $F(x,y,z) = 0$ 在点 (x_0,y_0,z_0) 的某一邻域内恒能唯一确定一个连续且具有连续偏导数的函数 $z = f(x,y)$,它满足条件 $z_0 = f(x_0,y_0)$,并有

$$\frac{\partial z}{\partial x} = -\frac{F_x}{F_z}, \quad \frac{\partial z}{\partial y} = -\frac{F_y}{F_z}.$$

证明略.

下面仅给出隐函数求导公式的推导:

将 $z = f(x,y)$ 代入方程 $F(x,y,z) = 0$,得

$$F(x,y,f(x,y)) = 0,$$

利用复合函数求导法则在方程两端分别对 x 和 y 求导,得

$$F_x + F_z \cdot \frac{\partial z}{\partial x} = 0, \quad F_y + F_z \cdot \frac{\partial z}{\partial y} = 0.$$

因为 F_z 连续且 $F_z(x_0,y_0,z_0) \neq 0$,所以存在点 (x_0,y_0,z_0) 的一个邻域使得 $F_z \neq 0$,于是得

$$\frac{\partial z}{\partial x} = -\frac{F_x}{F_z}, \quad \frac{\partial z}{\partial y} = -\frac{F_y}{F_z}.$$

例 3 设 $x^2 - y^2 + 2z^2 - 3z = 0$,求 $\dfrac{\partial^2 z}{\partial x^2}, \dfrac{\partial^2 z}{\partial x \partial y}$.

解　$F(x,y,z)=x^2-y^2+2z^2-3z,F_x=2x,F_y=-2y,F_z=4z-3,$

$$\frac{\partial z}{\partial x}=-\frac{F_x}{F_z}=-\frac{2x}{4z-3},\quad\frac{\partial z}{\partial y}=-\frac{F_y}{F_z}=\frac{2y}{4z-3}.$$

$$\frac{\partial^2 z}{\partial x^2}=\left(-\frac{2x}{4z-3}\right)'_x=-\frac{2(4z-3)-2x(4z-3)'_x}{(4z-3)^2}=-\frac{(8z-6)-8x\cdot z_x}{(4z-3)^2}$$

$$=-\frac{(8z-6)(4z-3)+16x^2}{(4z-3)^3}=-\frac{32z^2-48z+18+16x^2}{(4z-3)^3},$$

$$\frac{\partial^2 z}{\partial x\partial y}=-\left(\frac{2x}{4z-3}\right)'_y=-\frac{0-2x(4z-3)'_y}{(4z-3)^2}=\frac{8x\cdot z_y}{(4z-3)^2}=\frac{8x}{(4z-3)^2}\cdot\frac{2y}{4z-3}=\frac{16xy}{(4z-3)^3}.$$

例4　设 $z^2-3x^2yz+xz=a^4,a$ 为常数,求 $\dfrac{\partial z}{\partial x}$.

解一（公式法）　设 $F=z^2-3x^2yz+xz-a^4$,则 $F_x=-6xyz+z,F_z=2z-3x^2y+x$,由隐函数求导公式得

$$\frac{\partial z}{\partial x}=-\frac{F_x}{F_z}=-\frac{-6xyz+z}{2z-3x^2y+x}=\frac{6xyz-z}{2z-3x^2y+x}.$$

解二（两边求导法）　给定方程两边分别对 x 求偏导.方程中有三个变量 x,y,z,在求 $\dfrac{\partial z}{\partial x}$ 时,要将 z 看作 x,y 的函数.因此

$$2z\frac{\partial z}{\partial x}-6xyz-3x^2y\frac{\partial z}{\partial x}+z+x\frac{\partial z}{\partial x}=0,$$

可得

$$\frac{\partial z}{\partial x}=\frac{6xyz-z}{2z-3x^2y+x}.$$

解三（全微分法）　方程两边求全微分得
$$2z\mathrm{d}z-6xyz\mathrm{d}x-3x^2z\mathrm{d}y-3x^2y\mathrm{d}z+z\mathrm{d}x+x\mathrm{d}z=0,$$
即
$$(2z-3x^2y+x)\mathrm{d}z=3x^2z\mathrm{d}y+(6xyz-z)\mathrm{d}x.$$
解得
$$\mathrm{d}z=\frac{6xyz-z}{2z-3x^2y+x}\mathrm{d}x+\frac{3x^2z}{2z-3x^2y+x}\mathrm{d}y,$$
从而
$$\frac{\partial z}{\partial x}=\frac{6xyz-z}{2z-3x^2y+x}.$$

注　在实际应用中,对于多元函数的偏导数求解并不总是需要严格套用公式.特别是在分析含有抽象函数的方程时,通过理解偏导数和微分的概念,我们可以更清晰地找到求解的方法.因此,灵活运用偏导数的定义和性质,结合具体问题的特点,通常能够更有效地解决实际问题.

例5　设 $z=f(xyz,x+y+z)$,求 $\dfrac{\partial z}{\partial x},\dfrac{\partial x}{\partial y},\dfrac{\partial y}{\partial z}$.

提示 解题思路为:

(1) 把 z 看成 x 和 y 的函数, 对 x 求偏导数得 $\dfrac{\partial z}{\partial x}$;

(2) 把 x 看成 y 和 z 的函数, 对 y 求偏导数得 $\dfrac{\partial x}{\partial y}$;

(3) 把 y 看成 z 和 x 的函数, 对 z 求偏导数得 $\dfrac{\partial y}{\partial z}$.

解 令 $u = xyz, v = x + y + z$, 则 $z = f(u, v)$.

(1) 把 z 看成 x 和 y 的函数, 对 x 求偏导数得

$$\frac{\partial z}{\partial x} = f_1' \cdot \frac{\partial u}{\partial x} + f_2' \cdot \frac{\partial v}{\partial x} = f_1' \cdot \left(yz + xy \frac{\partial z}{\partial x} \right) + f_2' \cdot \left(1 + \frac{\partial z}{\partial x} \right),$$

整理得

$$\frac{\partial z}{\partial x} = \frac{yz f_1' + f_2'}{1 - xy f_1' - f_2'}.$$

(2) 把 x 看成 y 和 z 的函数, 对 y 求偏导数得

$$0 = f_1' \cdot \frac{\partial u}{\partial y} + f_2' \cdot \frac{\partial v}{\partial y} = f_1' \cdot \left(yz \frac{\partial x}{\partial y} + xz \right) + f_2' \cdot \left(\frac{\partial x}{\partial y} + 1 \right),$$

整理得

$$\frac{\partial x}{\partial y} = -\frac{xz f_1' + f_2'}{yz f_1' + f_2'}.$$

(3) 把 y 看成 z 和 x 的函数, 对 z 求偏导数得

$$1 = f_1' \cdot \frac{\partial u}{\partial z} + f_2' \cdot \frac{\partial v}{\partial z} = f_1' \cdot \left(xz \frac{\partial y}{\partial z} + xy \right) + f_2' \cdot \left(\frac{\partial y}{\partial z} + 1 \right),$$

整理得

$$\frac{\partial y}{\partial z} = \frac{1 - xy f_1' - f_2'}{xz f_1' + f_2'}.$$

二、方程组的情形

在一定条件下, 方程组 $\begin{cases} F(x, y, u, v) = 0, \\ G(x, y, u, v) = 0 \end{cases}$ 可以确定两个二元函数 $u = u(x, y)$ 与 $v = v(x, y)$, 以下举例说明偏导数 $\dfrac{\partial u}{\partial x}, \dfrac{\partial u}{\partial y}, \dfrac{\partial v}{\partial x}, \dfrac{\partial v}{\partial y}$ 的求法.

例 6 设 $\begin{cases} xu + yv = 2 \\ yu - xv = 1 \end{cases}$ 确定两个二元函数 $u = u(x, y)$ 与 $v = v(x, y)$, 求 $\dfrac{\partial u}{\partial x}, \dfrac{\partial u}{\partial y}, \dfrac{\partial v}{\partial x}, \dfrac{\partial v}{\partial y}$.

解一 先求 $\dfrac{\partial u}{\partial x}, \dfrac{\partial v}{\partial x}$. 将 u, v 都看成 x, y 的二元函数, 方程两端对 x 求偏导, 得

$$\begin{cases} \left(u + x \dfrac{\partial u}{\partial x} \right) + y \dfrac{\partial v}{\partial x} = 0, \\ y \dfrac{\partial u}{\partial x} - \left(v + x \dfrac{\partial v}{\partial x} \right) = 0 \end{cases} \quad \text{或} \quad \begin{cases} x \dfrac{\partial u}{\partial x} + y \dfrac{\partial v}{\partial x} = -u, \\ y \dfrac{\partial u}{\partial x} - x \dfrac{\partial v}{\partial x} = v. \end{cases}$$

用加减消元法,有 $(x^2+y^2)\dfrac{\partial u}{\partial x}=-xu+yv$,解得 $\dfrac{\partial u}{\partial x}=\dfrac{yv-xu}{x^2+y^2}$,同理得 $\dfrac{\partial v}{\partial x}=-\dfrac{xv+yu}{x^2+y^2}$.

同样方法可以求得 $\dfrac{\partial u}{\partial y}=-\dfrac{xv+yu}{x^2+y^2}$, $\dfrac{\partial v}{\partial y}=\dfrac{xu-yv}{x^2+y^2}$.

解二 将两个方程的两边微分得

$$\begin{cases} u\,\mathrm{d}x+x\,\mathrm{d}u+v\,\mathrm{d}y+y\,\mathrm{d}v=0, \\ u\,\mathrm{d}y+y\,\mathrm{d}u-v\,\mathrm{d}x-x\,\mathrm{d}v=0, \end{cases} \quad\text{即}\quad \begin{cases} x\,\mathrm{d}u+y\,\mathrm{d}v=-v\,\mathrm{d}y-u\,\mathrm{d}x, \\ y\,\mathrm{d}u-x\,\mathrm{d}v=v\,\mathrm{d}x-u\,\mathrm{d}y. \end{cases}$$

解之得

$$\mathrm{d}u=\dfrac{yv-xu}{x^2+y^2}\mathrm{d}x-\dfrac{xv+yu}{x^2+y^2}\mathrm{d}y, \quad \mathrm{d}v=-\dfrac{yu+xv}{x^2+y^2}\mathrm{d}x+\dfrac{xu-yv}{x^2+y^2}\mathrm{d}y.$$

于是有

$$\dfrac{\partial u}{\partial x}=\dfrac{yv-xu}{x^2+y^2}, \quad \dfrac{\partial u}{\partial y}=-\dfrac{xv+yu}{x^2+y^2},$$
$$\dfrac{\partial v}{\partial x}=-\dfrac{xv+yu}{x^2+y^2}, \quad \dfrac{\partial v}{\partial y}=\dfrac{xu-yv}{x^2+y^2}.$$

习题 7-5

1. 求下列隐函数的导数:

(1) $y^2+xy-x-\dfrac{1}{2}\cos y=0$,求 $\dfrac{\mathrm{d}y}{\mathrm{d}x}$; (2) $\dfrac{z}{y}=\mathrm{e}^{\frac{y}{x}}$,求 $\dfrac{\partial z}{\partial x},\dfrac{\partial z}{\partial y}$;

(3) $\ln^{-xy}-z^2+\mathrm{e}^{2z}=0$,求 $\dfrac{\partial z}{\partial x},\dfrac{\partial z}{\partial y}$.

2. 设函数 $z=z(x,y)$ 由方程 $\mathrm{e}^{3z}-2xyz=1$ 确定,求 $\dfrac{\partial^2 z}{\partial x\partial y}$.

3. 设方程 $2\sin(x+2y-3z)=x+2y-3z$ 确定二元函数 $z=z(x,y)$,试求函数在点 $(1,1,1)$ 处的全微分 $\mathrm{d}z$.

4. 设 $z=f(2x-\sin y+z^2)$,求 $\dfrac{\partial z}{\partial x},\dfrac{\partial z}{\partial y}$.

5. 设方程 $F\left(x+\dfrac{z}{y},y+\dfrac{z}{x}\right)=0$ 确定了一个函数 $z=z(x,y)$,并且 F 的一阶偏导数连续,证明: $x\dfrac{\partial z}{\partial x}+y\dfrac{\partial z}{\partial y}=z-xy$.

6. 设 $y=f(x,t)$,其中 t 是由方程 $F(x,y,t)=0$ 确定的 x,y 的函数,f 和 F 的一阶偏导数连续,求 $\dfrac{\mathrm{d}y}{\mathrm{d}x}$.

7. 设 $\dfrac{x}{z}=\varphi\left(\dfrac{y}{z}\right)$,其中 φ 为可微函数,证明: $x\dfrac{\partial z}{\partial x}+y\dfrac{\partial z}{\partial y}=z$.

8. 求由下列方程组所确定的隐函数的偏导数或导数:

(1) $\begin{cases} z-x^2-y^2=0, \\ x^2+2y^2+3z^2=1, \end{cases}$ 求 $\dfrac{\mathrm{d}z}{\mathrm{d}x},\dfrac{\mathrm{d}y}{\mathrm{d}x}$; (2) $\begin{cases} ux-y^2+v^2=0, \\ v^2y+u-x=0, \end{cases}$ 求 $\dfrac{\partial u}{\partial x},\dfrac{\partial v}{\partial x}$.

第六节　多元函数的极值

我们已经探讨了如何在一个自变量的情况下分析诸如最小化成本、最短路径、最大化收益等问题. 然而,在现实生活中,问题往往受到多个因素的影响,这需要我们求解多元函数的最值. 与一元函数的情况类似,多元函数的最值和极值之间存在着紧密的联系. 为了简化问题的阐述,我们将首先研究二元函数(即具有两个自变量的函数)的极值问题. 对于涉及三个或更多自变量的函数,其极值问题的分析方法可以依次类推.

本节主要内容: 二元函数的极值,二元函数的最值.

一、二元函数的极值

1. 极值的定义

定义 7.8　设函数 $z=f(x,y)$ 在点 $P_0(x_0,y_0)$ 的某邻域内有定义,对于该邻域内异于点 $P_0(x_0,y_0)$ 的任一点 $P(x,y)$,如果

$$f(x_0,y_0) < f(x,y),$$

则称函数 $f(x,y)$ 在点 $P_0(x_0,y_0)$ 取得**极小值**,点 (x_0,y_0) 为函数的**极小值点**;如果

$$f(x_0,y_0) > f(x,y),$$

则称函数 $f(x,y)$ 在点 $P_0(x_0,y_0)$ 取得**极大值**,点 (x_0,y_0) 为函数的**极大值点**. 极大值、极小值统称为**极值**,使得函数取得极值的点称为函数的**极值点**.

例如,图 7-18 展示了函数 $z=f(x,y)$ 在某个区域内的极大值点和极小值点,具体来说,点 A,B 为函数的极大值点,而点 C,D 为函数的极小值点. 再比如,函数 $z=x^2+y^2$ 在点 $(0,0)$ 处具有极小值. 这意味着在点 $(0,0)$ 的某个空心邻域内,函数值总是大于在点 $(0,0)$ 处的值. 实际上,通过观察函数的几何图形,我们可以更直观地理解这一点. 例如,函数 $z=x^2+y^2$ 的图形是一个开口向上的旋转抛物面(如图 7-19 所示),点 $(0,0,0)$

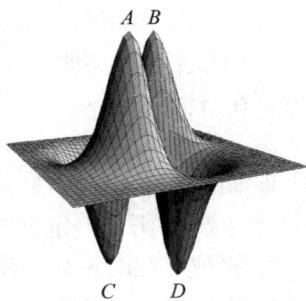

图 7-18

为顶点,并在点 $(0,0)$ 处具有极小值,且极小值为 $z=0$. 类似地,图 7-20 展示了一个过点 $(0,0,1)$ 且开口向下的旋转抛物面,其函数为 $z=1-x^2-y^2$,该抛物面在点 $(0,0)$ 处具有极大值,且极大值为 $z=1$. 然而,函数 $z=xy$ 在点 $(0,0)$ 处并不取得极值. 这是因为在点 $(0,0)$ 处的函数值为 0,但在点 $(0,0)$ 的任何邻域内,总存在使函数值为正或负的点,如图 7-21 所示.

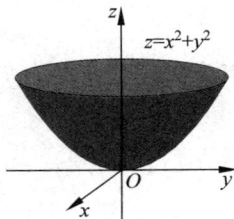

图 7-19

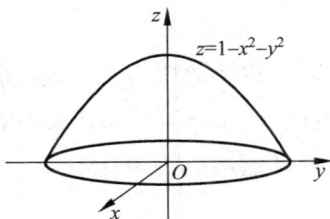

图 7-20

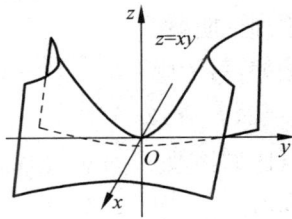

图 7-21

以下借助一元函数取得极值的条件来探讨二元函数取得极值的必要条件. 我们知道,对于一元函数 $y=f(x)$,如果其在 $x=x_0$ 处可导且取得极值,那么必有 $f'(x_0)=0$. 类似地,在二元函数中,偏导数可以看作对一元函数求导的推广. 因此,我们可以得出下面的结论.

2. 极值存在的必要条件

定理 7.13 设函数 $z=f(x,y)$ 在点 (x_0,y_0) 具有偏导数,且在点 (x_0,y_0) 处有极值,则它在该点的偏导数必为零,即

$$f_x(x_0,y_0)=0, \quad f_y(x_0,y_0)=0.$$

证 不妨设 $z=f(x,y)$ 在点 (x_0,y_0) 处有极小值,则存在 (x_0,y_0) 的一个空心邻域,使得在这个空心邻域内的任意点 (x,y),均有

$$f(x_0,y_0) < f(x,y).$$

故当 $y=y_0,x\neq x_0$ 时,有 $f(x_0,y_0)<f(x,y_0)$,说明一元函数 $z=f(x,y_0)$ 在 $x=x_0$ 处有极小值,并且可导,从而导数等于零,即 $f_x(x_0,y_0)=0$. 类似地可证 $f_y(x_0,y_0)=0$.

注 (1) 对于 $z=f(x,y)$,使得 $f_x=0,f_y=0$ 同时成立的点 (x,y) 称为函数 $z=f(x,y)$ 的**驻点**;

(2) 由必要条件,在偏导数存在时,函数的极值点产生于驻点,但驻点不一定全都是极值点,如 $z=xy$,$(0,0)$ 是其驻点,但不是极值点;

(3) 偏导数不存在的点也有可能是极值点,如 $z=\sqrt{x^2+y^2}$,$(0,0)$ 是极小值点,但是 $z_x(0,0),z_y(0,0)$ 均不存在;

(4) 此结论可以推广到三元及以上的多元函数. 如 $u=f(x,y,z)$ 在点 (x_0,y_0,z_0) 的偏导数存在,且在 (x_0,y_0,z_0) 取得极值,则

$$f_x(x_0,y_0,z_0)=0, \quad f_y(x_0,y_0,z_0)=0, \quad f_z(x_0,y_0,z_0)=0.$$

正如刚才所提到的,驻点并不总是极值点,为了确定一个驻点是否为极值点,需要进一步的判定条件. 下面的定理将为我们提供这一判断的依据.

3. 极值存在的充分条件

定理 7.14 设函数 $z=f(x,y)$ 在点 (x_0,y_0) 的某邻域内连续,以及有一阶、二阶连续偏导数,且满足 $f_x(x_0,y_0)=0,f_y(x_0,y_0)=0$(即 (x_0,y_0) 是驻点),令

$$A=f_{xx}(x_0,y_0), \quad B=f_{xy}(x_0,y_0), \quad C=f_{yy}(x_0,y_0),$$

则函数 $z=f(x,y)$ 在点 (x_0,y_0) 处是否取得极值的条件如下:

(1) 若 $AC-B^2>0$,则函数有极值,且当 $A<0$ 时取得极大值,当 $A>0$ 时取得极小值;

(2) 若 $AC-B^2<0$,则函数无极值;

(3) 若 $AC-B^2=0$,无法判定.

定理证明略.

例如,对于函数 $z=x^2+y^2$,其偏导数 $f_x=2x,f_y=2y$,得驻点为 $(0,0)$,又因为 $f_{xx}=2,f_{xy}=0,f_{yy}=2,AC-B^2=4>0$,且 $A=2>0$,所以有极小值.

再比如函数 $z=xy$,点 $(0,0)$ 是其驻点,且 $f_{xx}=0,f_{xy}=1,f_{yy}=0,AC-B^2=-1<0$,故无极值.

注 上述结论(3)指函数在该点有可能取得极值,也可能取不到极值,这说明用这种方法判断失效,必须另行讨论.

例如,函数 $z=x^2y$ 在点$(0,0)$取不到极值,$z=(x^2+y^2)^2$ 在点$(0,0)$取得极小值,$z=-(x^2+y^2)^2$ 在点$(0,0)$取得极大值,而这三个函数在点$(0,0)$都满足 $AC-B^2=0$.

根据定理 7.13 和定理 7.14 可知,对于具有二阶连续偏导数的函数 $z=f(x,y)$,求其极值的主要步骤可以归纳如下:

(1) 确定函数 $z=f(x,y)$ 的定义域;

(2) 求出定义域内的所有驻点,即使得 $f_x=0,f_y=0$ 同时成立的点;

(3) 对于每一个驻点,分别计算对应的 A,B,C,然后用定理 7.14 进行判别;

(4) 如果是极值点,求出极值.

例1 求函数 $f(x,y)=x^2+y^3-4x-3y^2-9y+4$ 的极值.

解 (1)函数的定义域为整个坐标平面.

(2) 求驻点,令

$$\begin{cases} f_x(x,y)=2x-4=0, \\ f_y(x,y)=3y^2-6y-9=0, \end{cases}$$

得驻点为$(2,-1),(2,3)$.

(3) 求 $f(x,y)$ 的二阶偏导数,并讨论驻点是否为极值点:
$$f_{xx}(x,y)=2, \quad f_{xy}(x,y)=0, \quad f_{yy}(x,y)=6y-6.$$

在$(2,-1)$处,有 $A=2,B=0,C=-12,AC-B^2=-24<0$,由极值的充分条件知,$(2,-1)$不是极值点,$f(2,-1)=5$ 不是函数的极值.

在$(2,3)$处,有 $A=2,B=0,C=12,AC-B^2=24>0$,且 $A>0$,由极值的充分条件知,$(2,3)$为极小值点,$f(2,3)=-27$ 是函数的极小值.

二、二元函数的最值

根据二元连续函数的性质可知,如果函数 $f(x,y)$ 在有界闭区域 D 上连续,则 $f(x,y)$ 在 D 上必然能够取得最大值和最小值. 这个闭区域 D 由两部分组成:区域 D 的内部与 D 的边界. 如果函数在区域 D 的内部取得最值,那么这些最值实际上就是函数的极值. 因此,我们可以通过寻找区域 D 内部所有可能的极值点,并比较这些点的函数值,来确定函数的最大值和最小值. 然而,如果函数在区域 D 的边界上取得最值,情况就变得稍微复杂一些. 此时,我们需要利用边界上的函数关系将二元函数转化为一元函数,然后再对转化后的一元函数进行最值分析. 因此,与一元函数的最值问题相比,二元函数的最值问题通常更加复杂和烦琐.

例2 已知函数 $z=f(x,y)=x^2-y^2$,区域 $D=\{(x,y)\mid x^2+4y^2\leqslant 4\}$,求 z 在 D 上的最大值和最小值.

解 令

$$\begin{cases} \dfrac{\partial z}{\partial x}=2x=0, \\ \dfrac{\partial z}{\partial y}=2y=0, \end{cases}$$

解得 $x=0,y=0$. 即在 D 内只有唯一驻点$(0,0)$,在该点处 $f(0,0)=0$,下面求函数在 D 的边界上的最值.

在边界 $x^2+4y^2=4$ 上,将 $y^2=\dfrac{1}{4}(4-x^2)$ 代入 z,则

$$z=\dfrac{5}{4}x^2-1.$$

令 $\dfrac{\mathrm{d}z}{\mathrm{d}x}=\dfrac{5}{2}x=0$,得 $x=0$.代入上式得 $z=-1$;又因为在端点 $x=\pm2$ 处的函数值 $z=4$,比较得函数 $f(x,y)$ 在点 $(\pm2,0)$ 处取得最大值,且最大值为 4,在点 $(0,\pm1)$ 处取得最小值,且最小值为 -1.

综上所述,求二元函数最值的一般方法可归纳如下:

（1）求函数 $z=f(x,y)$ 在区域 D 内的所有驻点和偏导数不存在的点,以及所对应的函数值.注意所求的点一定要在区域 D 的内部,边界上的点不应考虑在内.

（2）求函数 $z=f(x,y)$ 在 D 的边界曲线上的所有可能的最值点,并计算相应函数值.

（3）对上述函数值进行比较.其中,最大的函数值即为函数的最大值,最小的函数值则为函数的最小值.

注 对于实际问题中的最值问题,如果已知函数 $z=f(x,y)$ 在区域 D 内有最大或最小值,且在 D 内有唯一的驻点,则该驻点必定是 $z=f(x,y)$ 最大或最小值点.

例 3 某工厂需要用铁板做成一个体积为 $27\mathrm{m}^3$ 的有盖长方体水箱.求长、宽、高各为多少时,用料最省.

解 设水箱的长为 $x\mathrm{m}$,宽为 $y\mathrm{m}$,其高应为 $\dfrac{27}{xy}\mathrm{m}$.则此水箱所需材料的面积为

$$S=2\left(xy+y\cdot\dfrac{27}{xy}+x\cdot\dfrac{27}{xy}\right)=2\left(xy+\dfrac{27}{x}+\dfrac{27}{y}\right)\quad(x>0,y>0).$$

令 $S_x=2\left(y-\dfrac{27}{x^2}\right)=0$,$S_y=2\left(x-\dfrac{27}{y^2}\right)=0$,得 $x=y=3$.根据题意可知,水箱所需材料面积的最小值一定是存在的,并且会在开区域 $D=\{(x,y)\mid x>0,y>0\}$ 内取得.又因为函数 $S(x,y)$ 在 D 内只有一个驻点,所以此驻点一定是 $S(x,y)$ 的最小值点,即当水箱的长、宽、高各为 3m 时,水箱的用料最省.

思考与探索 （1）在体积一定的长方体、球体和圆柱体中,哪一种立体的表面积最小?你在生活中见到的各种饮料瓶、储存罐都是什么形状的?从数学的角度来看,它们的设计尺寸是否合理?

（2）例 3 中的有盖长方体若改为无盖长方体,则结论有什么变化吗?

习题 7-6

1. 求下列函数的极值:
（1）$f(x,y)=x^4-2y^3+4x^3+5y^2-8x$; （2）$f(x,y)=2x^3-3y^3+4(x^2-y^2)$;
（3）$f(x,y)=\mathrm{e}^{x-y}(x+2y+y^2)$; （4）$f(x,y)=(1+\mathrm{e}^x)\sin y-2y\mathrm{e}^y$.
2. 求由方程 $x^2+y^2+z^2-2x-4y-6z+10=0$ 所确定的隐函数 $z=z(x,y)$ 的极值.
3. 求函数 $f(x,y)=x^2y(4-x-y)$ 在闭区域 $D=\{(x,y)\mid x\geqslant0,y\geqslant0,x+y\leqslant6\}$ 上的最大值和最小值.

第七节 多元函数微分学在经济中的应用

由于经济中的许多实际问题往往涉及多个变量,而多元函数微分学是研究多元函数的极限、连续和可微的分支,为解决这类复杂问题提供了有力的工具,因此多元函数微分学在经济学中的应用广泛而深入.

本节主要内容:偏导数在经济中的应用,多元函数极值在经济中的应用.

一、偏导数在经济中的应用

类似于一元经济函数中的边际分析和弹性分析,我们也可以对多元函数进行边际分析和弹性分析,它们分别被称为偏边际和偏弹性.这些分析方法在经济学中具有广泛的应用,尤其在处理多元变量的问题时显得尤为重要.为了更好地理解这些概念,我们以需求函数为例进行讨论.

1. 需求函数的偏边际

多元函数的边际分析关注的是某一特定自变量变动时,因变量的变化率.在需求函数中,偏边际分析可以帮助我们了解价格变动时消费者购买数量的变化程度.

假设商品 A 和商品 B 之间存在某种相关性,那么商品 A 的需求量 Q_A 和商品 B 的需求量 Q_B 将分别受到各自价格 P_A 和 P_B 及消费者收入 y 的影响.这意味着,我们可以将商品 A 和商品 B 的需求量表示为各自价格及消费者收入的函数,即

$$\begin{cases} Q_A = f(P_A, P_B, y), \\ Q_B = g(P_A, P_B, y). \end{cases}$$

其中,f 和 g 分别代表商品 A 和商品 B 的需求函数,它们描述了在不同价格水平和消费者收入条件下,消费者愿意购买的商品数量.根据上述函数关系可以求得六个偏导数:

$$\frac{\partial Q_A}{\partial P_A}, \quad \frac{\partial Q_A}{\partial P_B}, \quad \frac{\partial Q_A}{\partial y}, \quad \frac{\partial Q_B}{\partial P_A}, \quad \frac{\partial Q_B}{\partial P_B}, \quad \frac{\partial Q_B}{\partial y}.$$

其中,$\frac{\partial Q_A}{\partial P_A}$ 表示商品 A 的需求函数关于 P_A 的偏边际需求,它描述的是当商品 B 的价格 P_B 和消费者收入 y 固定时,商品 A 的价格变化一个单位时商品 A 的需求量的近似改变量. 一般来说,P_A 上升时,需求量 Q_A 减少,即 $\frac{\partial Q_A}{\partial P_A} < 0$. $\frac{\partial Q_A}{\partial y}$ 表示商品 A 的需求函数关于 y 的偏边际需求,它描述的是当商品 A 和商品 B 的价格 P_A 和 P_B 固定时,消费者的收入变化一个单位时商品 A 的需求量的近似改变量.当 y 增加时,需求量 Q_A 增大,即 $\frac{\partial Q_A}{\partial y} > 0$. 其他四个偏导数的经济意义可以类似地得到,这里不再赘述.

$\frac{\partial Q_A}{\partial P_B} > 0, \frac{\partial Q_B}{\partial P_A} > 0$,表示两种商品中任意一个价格降低,都将使其中一个需求量增加,另一个需求量减少,这种情况下我们称商品 A 和商品 B 为**替代品**. $\frac{\partial Q_A}{\partial P_B} < 0, \frac{\partial Q_B}{\partial P_A} < 0$,表示两种商品中任意一个价格降低,都将使需求量 Q_A 和 Q_B 同时增加,这种情况下我们称商品

A 和商品 B 为**互补品**.

例 1 假设两种商品 A 和 B 彼此相关,它们的需求函数分别为

$$Q_A = \frac{60\sqrt[3]{P_A}}{\sqrt{P_B}}, \quad Q_B = \frac{50\sqrt[3]{P_B^2}}{P_A},$$

其中 P_A 和 P_B 表示商品 A 和 B 的各自价格. 试确定商品 A 和 B 的关系.

解 $\dfrac{\partial Q_A}{\partial P_B} = -\dfrac{30\sqrt[3]{P_A}}{\sqrt{P_B^3}}$, $\dfrac{\partial Q_B}{\partial P_A} = -\dfrac{50\sqrt[3]{P_B^2}}{P_A^2}$.

因为 $P_A > 0, P_B > 0$,所以

$$\frac{\partial Q_A}{\partial P_B} < 0, \quad \frac{\partial Q_B}{\partial P_A} < 0.$$

即商品 A 和 B 是互补品.

2. 需求函数的偏弹性

偏弹性分析侧重于衡量某一自变量变动百分比所引起的因变量变动百分比的值. 这在经济学中常用于衡量不同变量之间的敏感度和相关性. 在需求函数中,偏弹性分析可以揭示价格变动对消费者购买数量变动的影响程度,从而为企业定价策略提供参考.

假设有两种商品 A 和 B,它们各自的需求函数为 $Q_A(P_A, P_B, y)$ 和 $Q_B(P_A, P_B, y)$,当商品 B 的价格 P_B 和消费者收入 y 保持不变,而商品 A 的价格 P_A 发生变化时,需求量 Q_A 和 Q_B 对价格 P_A 的偏弹性分别定义为

$$E_{AA} = \lim_{\Delta P_A \to 0} = \frac{\Delta_A Q_A / Q_A}{\Delta P_A / P_A} = \frac{P_A}{Q_A} \frac{\partial Q_A}{\partial P_A},$$

$$E_{BA} = \lim_{\Delta P_A \to 0} \frac{\Delta_A Q_B / Q_B}{\Delta P_A / P_A} = \frac{P_A}{Q_B} \frac{\partial Q_B}{\partial P_A},$$

其中 $\Delta_A Q_i = Q_i(P_A + \Delta P_A, P_B, y) - Q_i(P_A, P_B, y)(i = A, B)$.

类似地,当商品 A 的价格 P_A 和消费者收入 y 保持不变,而商品 B 的价格 P_B 发生变化时,相应的偏弹性分别定义为

$$E_{AB} = \lim_{\Delta P_B \to 0} = \frac{\Delta_B Q_A / Q_A}{\Delta P_B / P_B} = \frac{P_B}{Q_A} \frac{\partial Q_A}{\partial P_B},$$

$$E_{BB} = \lim_{\Delta P_B \to 0} \frac{\Delta_B Q_B / Q_B}{\Delta P_B / P_B} = \frac{P_B}{Q_B} \frac{\partial Q_B}{\partial P_B},$$

其中 $\Delta_B Q_i = Q_i(P_A, P_B + \Delta P_B, y) - Q_i(P_A, P_B, y)(i = A, B)$.

E_{AA} 和 E_{BB} 分别表示商品 A 和商品 B 的需求量对其自身价格的偏弹性,称为**直接价格偏弹性**(或**自价格弹性**);E_{AB} 和 E_{BA} 则是商品 A, B 的需求量对商品 B, A 的价格的偏弹性,称为**交叉价格偏弹性**(或**互价格弹性**). 相应地,$\dfrac{\Delta_B Q_A / Q_A}{\Delta P_B / P_B}$ 称为 Q_A 由点 $P_B \sim P_B + \Delta P_B$ 的关于 P_B 的**区间(弧)交叉价格弹性**,$\dfrac{\Delta_A Q_B / Q_B}{\Delta P_A / P_A}$ 称为 Q_B 由点 $P_A \sim P_A + \Delta P_A$ 的关于 P_A 的**区间(弧)交叉价格弹性**.

此外,除了上述四种偏弹性,还有需求收入偏弹性:

$$E_{iy}=\frac{y}{Q_i}\frac{\partial Q_i}{\partial y}\quad(i=A,B).$$

当 $E_{Ay}>0$ 时,表明消费者收入增加时,商品 A 的需求量也随着增加,因此商品 A 为正常品;当 $E_{Ay}<0$ 时,表明商品 A 为低档品或劣质品.类似地可以得到 E_{By} 的意义.

例 2 假设两种商品 A 和 B 彼此相关,它们的需求函数分别为

$$Q_A=\frac{2P_A}{P_B},\quad Q_B=\frac{P_B^2}{3P_A},$$

其中 P_A 和 P_B 表示商品 A 和 B 的各自价格.求需求函数的直接价格偏弹性 E_{AA} 和 E_{BB},以及交叉价格偏弹性 E_{AB} 和 E_{BA}.

解 $\dfrac{\partial Q_A}{\partial P_A}=\dfrac{2}{P_B}$, $\dfrac{\partial Q_A}{\partial P_B}=-\dfrac{2P_A}{P_B^2}$, $\dfrac{\partial Q_B}{\partial P_A}=-\dfrac{P_B^2}{3P_A^2}$, $\dfrac{\partial Q_B}{\partial P_B}=\dfrac{2P_B}{3P_A}$,

$$E_{AA}=\frac{P_A}{Q_A}\frac{\partial Q_A}{\partial P_A}=\frac{P_B}{2}\cdot\frac{2}{P_B}=1,\quad E_{BB}=\frac{P_B}{Q_B}\frac{\partial Q_B}{\partial P_B}=\frac{3P_A}{P_B}\cdot\frac{2P_B}{3P_A}=2,$$

$$E_{AB}=\frac{P_B}{Q_A}\frac{\partial Q_A}{\partial P_B}=\frac{P_B^2}{2P_A}\cdot\left(-\frac{2P_A}{P_B^2}\right)=-1,\quad E_{BA}=\frac{P_A}{Q_B}\frac{\partial Q_B}{\partial P_A}=\frac{3P_A^2}{P_B^2}\cdot\left(-\frac{P_B^2}{3P_A^2}\right)=-1.$$

例 3 一家电子产品销售商出售一款手机,其销售量 Q_A 与其自身的价格 P_A 及竞争对手的价格 P_B 有关,并且满足下列等式:

$$Q_A=100-20P_A-P_A^2+\frac{220}{P_B}.$$

当 $P_A=5,P_B=44$ 时,求下列偏弹性:

(1) Q_A 对 P_A 的直接价格偏弹性;

(2) Q_A 对 P_B 的交叉价格偏弹性.

解 (1) Q_A 对 P_A 的直接价格偏弹性为

$$E_{AA}=\frac{P_A}{Q_A}\frac{\partial Q_A}{\partial P_A}=\frac{P_A}{100-20P_A-P_A^2+\dfrac{220}{P_B}}\cdot(-20-2P_A)$$

$$=\frac{5}{100-20\times5-5^2+\dfrac{220}{44}}\cdot(-20-2\times5)=\frac{15}{2};$$

(2) Q_A 对 P_B 的交叉价格偏弹性为

$$E_{AB}=\frac{P_B}{Q_A}\frac{\partial Q_A}{\partial P_B}=\frac{P_B}{100-20P_A-P_A^2+\dfrac{220}{P_B}}\cdot\left(-\frac{220}{P_B^2}\right)$$

$$=\frac{44}{100-20\times5-5^2+\dfrac{220}{44}}\cdot\left(-\frac{220}{44^2}\right)=\frac{1}{4}.$$

二、多元函数极值在经济中的应用

1. 多元函数的最值在经济中的应用

在经济领域中,经常会面临如何实现利益最大化、原材料最省等问题,这些问题在数学

上都可以归结为多元函数的最值问题.

例 4 某个制造商需要生产两种型号的产品,分别为产品 A 和 B.已知产品 A 的售价为每件 590 元,产品 B 的售价为每件 990 元,并且生产 x 件产品 A 和 y 件产品 B 的总成本为 $20\,000+150x+200y+2x^2+3xy+4y^2$ 元.问当产品 A 和 B 各生产多少时,可以使得制造商的利润最大?

解 设制造商生产 x 件产品 A 和 y 件产品 B 的总利润函数为 $L(x,y)$,则由题意可得
$$L(x,y)=590x+990y-(20\,000+150x+200y+2x^2+3xy+4y^2).$$
令
$$\begin{cases} L_x(x,y)=590-150-4x-3y=0, \\ L_y(x,y)=990-200-3x-8y=0, \end{cases}$$

解得 $x=50,y=80$.又因为 $A=L_{xx}=-4,B=L_{xy}=-3,C=L_{yy}=-8$,从而 $AC-B^2=23>0$,且 $A<0$,所以 $L(x,y)$ 在驻点 $(50,80)$ 取得极大值.由于驻点是唯一的,因而,当产品 A 和 B 分别生产 50 件和 80 件时,可以使得制造商的利润最大,且最大利润为 $L(50,80)=22\,600$ 元.

例 5 某企业生产一种产品,职工的工资福利费用及培训费用分别为 x 万元及 y 万元.产品的产量 $Q=\dfrac{3125x}{4+x}+\dfrac{500y}{9+y}$,其利润是产量 Q 的 1/5 再扣除工资福利费用及培训费用.在企业资金充足时,当 x 和 y 分别是多少时利润最大?

解 设利润函数为 $L(x,y)$,则由题意可得
$$L(x,y)=\frac{1}{5}\left(\frac{3125x}{4+x}+\frac{500y}{9+y}\right)-x-y.$$
令
$$\begin{cases} L_x(x,y)=\dfrac{2500}{(4+x)^2}-1=0, \\ L_y(x,y)=\dfrac{900}{(9+y)^2}-1=0, \end{cases}$$

解方程组得 $x=46,y=21$.又因为 $A=L_{xx}|_{(x=46,y=21)}=-\dfrac{1}{25},B=L_{xy}=0,C=L_{yy}|_{(x=46,y=21)}=-\dfrac{1}{15}$,从而 $AC-B^2>0$,且 $A<0$,所以 $L(x,y)$ 在驻点 $(46,21)$ 取得极大值.由于驻点是唯一的,因而,当该企业的工资福利费用及培训费用分别为 46 万元和 21 万元时,可以使利润最大.

2. 条件极值 拉格朗日乘数法

第六节所讨论的极值问题除了定义域的限制外,并无其他约束条件,所以这类极值问题有时候称为**无条件极值**问题.但在经济管理的许多实际问题中,遇到的更多的是对函数的自变量还有附加条件的极值问题.例如,将一定的资产用于两种不同类型的投资,我们想要知道如何分配这两种投资以获得最大的总收益.假设某个企业的总资金为 M,两种投资 A 和 B 的收益率分别为 r_1 和 r_2,对两种投资分配的资金分别为 x 和 y.那么,总收益可以表示为

$$f(x,y) = r_1 x + r_2 y,$$

并且 x 和 y 满足附加条件

$$x + y = M.$$

在这个附加条件下,我们要找到使 $f(x,y)$ 取得最大值的 x 和 y 的值. 像这样对自变量有附加条件的极值问题称为**条件极值**. 有时我们可以将附加条件显式化,比如将 $y = M - x$ 代入 $f(x,y) = r_1 x + r_2 y$,即原问题转化为求一元函数 $f(x,y) = r_1 x + r_2 (M - x)$ 的最大值问题,从而将条件极值问题转化为无条件极值问题. 并非所有的条件极值问题都可以这样转化,有些附加条件可能无法显式化. 对于这类问题,我们需要寻找其他的解决方法. 这就是下面将介绍的**拉格朗日乘数法**,它对于处理这类条件极值问题非常有效,可以帮助我们在满足附加条件的情况下找到使目标函数取得最大或最小值的自变量值.

我们寻求函数

$$z = f(x,y)$$

在条件

$$\varphi(x,y) = 0$$

下取得极值的必要条件.

如果函数 $z = f(x,y)$ 在点 (x_0, y_0) 取得所求的极值,那么有 $\varphi(x_0, y_0) = 0$. 假定 $f(x,y)$ 与 $\varphi(x,y)$ 在点 (x_0, y_0) 的某一邻域内均有连续的一阶偏导数,且 $\varphi_y(x_0, y_0) \neq 0$,根据隐函数存在定理 7.11,方程 $\varphi(x,y) = 0$ 确定一个连续且具有连续导数的函数 $y = \psi(x)$,将其代入目标函数 $z = f(x,y)$,得一元函数 $z = f[x, \psi(x)]$,易知 $x = x_0$ 是 $z = f[x, \psi(x)]$ 的极值点. 由一元函数取得极值的必要条件,得

$$\frac{\mathrm{d}z}{\mathrm{d}x}\bigg|_{x=x_0} = f_x(x_0, y_0) + f_y(x_0, y_0) \frac{\mathrm{d}y}{\mathrm{d}x}\bigg|_{x=x_0} = 0.$$

由隐函数求导公式得

$$\frac{\mathrm{d}y}{\mathrm{d}x}\bigg|_{x=x_0} = -\frac{\varphi_x(x_0, y_0)}{\varphi_y(x_0, y_0)}.$$

从而有

$$f_x(x_0, y_0) - f_y(x_0, y_0) \frac{\varphi_x(x_0, y_0)}{\varphi_y(x_0, y_0)} = 0.$$

即函数 $z = f(x,y)$ 在条件 $\varphi(x,y) = 0$ 下,在点 (x_0, y_0) 取得极值的必要条件是

$$\begin{cases} f_x(x_0, y_0) - f_y(x_0, y_0) \dfrac{\varphi_x(x_0, y_0)}{\varphi_y(x_0, y_0)} = 0, \\ \varphi(x_0, y_0) = 0. \end{cases}$$

令 $\dfrac{f_y(x_0, y_0)}{\varphi_y(x_0, y_0)} = -\lambda$,则上述必要条件可变为

$$\begin{cases} f_x(x_0, y_0) + \lambda \varphi_x(x_0, y_0) = 0, \\ f_y(x_0, y_0) + \lambda \varphi_y(x_0, y_0) = 0, \\ \varphi(x_0, y_0) = 0. \end{cases}$$

观察上述三个条件,若引进辅助函数

$$L(x,y,\lambda)=f(x,y)+\lambda\varphi(x,y),$$

则上述三个条件就是

$$\begin{cases}L_x(x_0,y_0,\lambda)=f_x(x_0,y_0)+\lambda\varphi_x(x_0,y_0)=0,\\ L_y(x_0,y_0,\lambda)=f_y(x_0,y_0)+\lambda\varphi_y(x_0,y_0)=0,\\ L_\lambda(x_0,y_0,\lambda)=\varphi(x_0,y_0)=0.\end{cases}$$

这个辅助函数 $L(x,y,\lambda)$ 称为**拉格朗日函数**,参数 λ 称为**拉格朗日乘子**.

由此,便得到求条件极值问题的方法——**拉格朗日乘数法**.要寻找函数 $z=f(x,y)$ 在条件 $\varphi(x,y)=0$ 下的可能极值点,可先作拉格朗日函数

$$L(x,y,\lambda)=f(x,y)+\lambda\varphi(x,y),$$

然后解方程组

$$\begin{cases}L_x(x,y,\lambda)=f_x(x,y)+\lambda\varphi_x(x,y)=0,\\ L_y(x,y,\lambda)=f_y(x,y)+\lambda\varphi_y(x,y)=0,\\ L_\lambda(x,y,\lambda)=\varphi(x,y)=0.\end{cases}$$

由此方程组解出 x,y 及 λ,则 (x,y) 就是所求的可能的极值点.

至于如何确定所求的点是否是极值点,在实际问题中往往可根据问题本身的性质来判定.

注 上述方法可以推广到自变量多于两个而条件多于一个的情形.

如在条件 $\varphi(x,y,z)=0$ 及 $\psi(x,y,z)=0$ 下求 $u=f(x,y,z)$ 的极值,可构造拉格朗日函数

$$L(x,y,z,\lambda_1,\lambda_2)=f(x,y,z)+\lambda_1\varphi(x,y,z)+\lambda_2\psi(x,y,z),$$

得方程组

$$\begin{cases}L_x=f_x+\lambda_1\varphi_x+\lambda_2\psi_x=0,\\ L_y=f_y+\lambda_1\varphi_y+\lambda_2\psi_y=0,\\ L_z=f_z+\lambda_1\varphi_z+\lambda_2\psi_z=0,\\ L_{\lambda_1}=\varphi(x,y,z)=0,\\ L_{\lambda_2}=\psi(x,y,z)=0,\end{cases}$$

求出该方程组的解便得可能的极值点.

例6 某公司给商品做广告的途径有自媒体及电视两种方式.根据统计资料,销售收入 R(万元)与自媒体广告费用 x_1(万元)及电视广告费用 x_2(万元)之间的关系如下:

$$R=20+43x_1+65x_2-8x_1x_2-3x_1^2-7x_2^2.$$

(1) 在广告费用不限的情况下,求最优广告策略;

(2) 若提供的广告费用为 5 万元,求此时的最优广告策略.

解 (1)利润函数

$$L(x_1,x_2)=R-(x_1+x_2)=20+43x_1+65x_2-8x_1x_2-3x_1^2-7x_2^2-(x_1+x_2),$$

由

$$\begin{cases} \dfrac{\partial L}{\partial x_1} = -8x_2 - 6x_1 + 42 = 0, \\[3mm] \dfrac{\partial L}{\partial x_2} = -8x_1 - 14x_2 + 64 = 0, \end{cases}$$

解得 $x_1 = 3.8$，$x_2 = 2.4$.

又 $A = \dfrac{\partial^2 L}{\partial x_1^2} = -6$，$B = \dfrac{\partial^2 L}{\partial x_1 \partial x_2} = -8$，$C = \dfrac{\partial^2 L}{\partial x_2^2} = -14$，则 $AC - B^2 = 20 > 0$ 且 $A < 0$，故点 $(3.8, 2.4)$ 为极大值点，由问题的实际意义可知，点 $(3.8, 2.4)$ 为最大值点. 即此时最优广告策略是用 3.8 万元作自媒体广告，用 2.4 万元作电视广告.

（2）构造拉格朗日函数

$$\begin{aligned} F(x_1, x_2, \lambda) &= L(x_1, x_2) + \lambda(x_1 + x_2 - 5) \\ &= 20 + 43x_1 + 65x_2 - 8x_1x_2 - 3x_1^2 - 7x_2^2 - (x_1 + x_2) + \lambda(x_1 + x_2 - 5). \end{aligned}$$

解方程组

$$\begin{cases} \dfrac{\partial F}{\partial x_1} = -8x_2 - 6x_1 + 42 + \lambda = 0, \\[3mm] \dfrac{\partial F}{\partial x_2} = -8x_1 - 14x_2 + 64 + \lambda = 0, \\[3mm] x_1 + x_2 - 5 = 0, \end{cases}$$

得 $x_1 = 2$，$x_2 = 3$. 这是唯一可能的极值点. 因为问题本身的最大值一定存在，所以最大值就在这个可能的极值点处取得. 即自媒体广告费用 2 万元及电视广告费用 3 万元可使此时的广告策略是最优的.

例 7　柯布-道格拉斯（Cobb-Douglas）生产函数是经济学中常用的一个生产函数模型，用于描述劳动力的数量 x 和资本数量 y 如何影响产出 $f(x, y)$. 这个函数的形式通常为

$$f(x, y) = A \cdot x^\alpha \cdot y^{1-\alpha},$$

其中，A 为技术效率参数，$\alpha(0 < \alpha < 1)$ 为劳动的产出弹性，$1 - \alpha$ 为资本的产出弹性. 现已知某企业的柯布-道格拉斯生产函数为

$$f(x, y) = 120 \cdot x^{\frac{2}{3}} \cdot y^{\frac{1}{3}},$$

其中每个劳动力与每单位资本的成本分别为 120 元及 180 元，该企业的总预算是 54 000 元，问此企业要如何分配这笔钱用于雇佣劳动力及投入资本，以使生产量最高.

解　问题转化为求目标函数

$$f(x, y) = 120 \cdot x^{\frac{2}{3}} \cdot y^{\frac{1}{3}}$$

在附加条件

$$120x + 180y = 54\,000$$

下的最大值问题.

构造拉格朗日函数

$$L(x, y) = 120 \cdot x^{\frac{2}{3}} \cdot y^{\frac{1}{3}} + \lambda(120x + 180y - 54\,000).$$

解方程组

$$\begin{cases} L_x = 80x^{-\frac{1}{3}}y^{\frac{1}{3}} + 120\lambda = 0, \\ L_y = 40x^{\frac{2}{3}}y^{-\frac{2}{3}} + 180\lambda = 0, \\ L_\lambda = 120x + 180y - 54\,000 = 0, \end{cases}$$

得 $x = 300, y = 100$，这是唯一可能的极值点，因为问题本身的最大值一定存在，所以最大值就在这个可能的极值点$(300, 100)$处取得. 即该企业雇佣 300 个劳动力及投入 100 个单位资本时，可获得最高生产量.

习题 7-7

1. 设甲、乙两种商品价格为 P_A 和 P_B，商品乙的需求函数为 $Q_B = 120 + 25P_A - 4P_B^2$，求：

(1) 商品乙的需求对商品甲价格的偏边际；

(2) 当 $P_A = 15, P_B = 8$ 时商品乙的需求对商品甲的价格弹性.

2. 某个电子产品销售商出售一种数码相机，其销售量 Q_A 除了与它自身的价格 P_A 有关外，还与彩色喷墨打印机的价格 P_B 有关，且满足下列等式：

$$Q_A = 200 - P_A^2 + \frac{20P_A}{P_B^2}.$$

当 $P_A = 25, P_B = 5$ 时，求下列偏弹性：

(1) Q_A 对 P_A 的直接价格偏弹性；

(2) Q_A 对 P_B 的交叉价格偏弹性.

3. 设生产某种产品需要投入两种原料，x_1 和 x_2 分别为两种原料的投入量，Q 为产出量. 生产函数为 $Q = 3x_1^\alpha x_2^{1-\alpha}$，其中 $\alpha(0 < \alpha < 1)$ 是常数. 假设两种原料的单价分别为 15 和 20，试问当产出量为 15 时，两种原料各投入多少可以使得投入总费用最小？

4. 某养殖场饲养两种鱼，若甲种鱼放养 x 万尾，乙种鱼放养 y 万尾，收获时两种鱼的收获量分别为 $\left(3 - \dfrac{4}{7}x - \dfrac{2}{7}y\right)x$ 和 $\left(4 - \dfrac{2}{7}x - \dfrac{8}{7}y\right)y$，求使产鱼总量最大时的放养数.

5. 设某电视机厂生产一台电视机的成本为 C，每台电视机的销售价格为 P，销售量为 Q. 假设该厂的生产处于平衡状态，即电视机的生产量等于销售量. 根据市场预测，销售量 Q 与销售价格 P 之间有下面的关系：

$$Q = Me^{-aP} \quad (M > 0, a > 0),$$

其中 M 为市场最大需求量，a 为价格系数. 同时，生产部门根据对生产环节的分析，对每台电视机的生产成本 C 有如下测算：

$$C = C_0 - k\ln Q \quad (k > 0, Q > 1),$$

其中 C_0 是只生产一台电视机的成本，k 是规模系数. 问该厂要如何确定电视机的售价才能使利润最大？

6. 假设某企业在两个相互分割的市场上出售同一种产品，两个市场的需求函数分别是 $P_1 = 18 - 2Q_1, P_2 = 12 - Q_2$，其中 P_1 和 P_2 分别表示该产品在两个市场的价格（单位：万元/吨），Q_1 和 Q_2 分别表示该产品在两个市场的销售量（即需求量，单位：万吨），并且该企业生产这种产品的总成本函数是 $C = 2Q + 5$，其中 Q 表示该产品在两个市场的销售总量，即

$Q=Q_1+Q_2$.

（1）如果该企业实行价格差别策略，试确定两个市场上该产品的销售量和价格，使该企业获得最大利润.

（2）如果该企业实行价格无差别策略，试确定两个市场上该产品的销售量及其统一的价格，使该企业的总利润最大化；并比较两种价格策略下的总利润大小.

总习题 七

1. 选择题

（1）设二元函数 $z=f(x,y)$ 的二阶偏导数存在，那么当（　　）时，$\dfrac{\partial^2 z}{\partial x \partial y}=\dfrac{\partial^2 z}{\partial y \partial x}$.

　A. $z=f(x,y)$ 可微 　　　　　　　　　B. $z=f(x,y)$ 连续

　C. $\dfrac{\partial^2 z}{\partial x \partial y}$ 和 $\dfrac{\partial^2 z}{\partial y \partial x}$ 连续 　　　　　　D. $\dfrac{\partial z}{\partial x}$ 和 $\dfrac{\partial z}{\partial y}$ 连续

（2）设函数 $z=y^x$，则 $\mathrm{d}z=$（　　）.

　A. $y^x \ln y \mathrm{d}x + x y^{x-1}\mathrm{d}y$ 　　　　　B. $y^x \mathrm{d}x + x y^{x-1}\mathrm{d}y$

　C. $y^x \ln y \mathrm{d}x + y^x \mathrm{d}y$ 　　　　　　D. $y^x \ln x \mathrm{d}x + x y^{x-1}\mathrm{d}y$

（3）以下结论正确的是（　　）.

　A. 函数 $f(x,y)$ 在点 (x_0,y_0) 取到极值，则必有 $f_x(x_0,y_0)=0, f_y(x_0,y_0)=0$

　B. 可微函数 $f(x,y)$ 在点 (x_0,y_0) 取到极值，则必有 $f_x(x_0,y_0)=0, f_y(x_0,y_0)=0$

　C. 若 $f_x(x_0,y_0)=0, f_y(x_0,y_0)=0$，则 $f(x,y)$ 在点 (x_0,y_0) 取到极值

　D. 若 $f_x(x_0,y_0)=0, f_y(x_0,y_0)$ 不存在，则 $f(x,y)$ 在点 (x_0,y_0) 取到极值

（4）函数 $z=f(x,y)$ 在点 (x_0,y_0) 可微是函数在该点处的两个一阶偏导数存在的（　　）.

　A. 必要条件 　　　　　　　　　　　B. 充分条件

　C. 充要条件 　　　　　　　　　　　D. 既非充分条件也非必要条件

（5）函数 $f(x,y)=15+13x+31y-8xy-2x^2-10y^2$ 的驻点为（　　）.

　A. $\left(\dfrac{1}{4},\dfrac{5}{4}\right)$ 　　　B. $\left(\dfrac{5}{4},\dfrac{1}{4}\right)$ 　　　C. $\left(\dfrac{5}{4},\dfrac{3}{4}\right)$ 　　　D. $\left(\dfrac{3}{4},\dfrac{5}{4}\right)$

（6）若二元函数 $f(x,y)$ 在点 (x_0,y_0) 处连续，则以下哪个选项是正确的？（　　）

　A. $f(x,y)$ 在点 (x_0,y_0) 处可微

　B. $f(x,y)$ 在点 (x_0,y_0) 处的偏导数存在

　C. $f(x,y)$ 在点 (x_0,y_0) 处的偏导数连续

　D. 以上结论都不对

2. 填空题

（1）函数 $f(x,y)=\arccos\dfrac{x}{y}+\dfrac{2}{\ln(4-x^2-y^2)}$ 的定义域为_____.

（2）若 $f(x,y)=\dfrac{2xy}{x^2+y^2}$，则 $f\left(\dfrac{y}{x},1\right)=$_____.

（3）函数 $z=f(x,y)$ 的偏导数 $\dfrac{\partial z}{\partial x}$ 和 $\dfrac{\partial z}{\partial y}$ 在点 (x,y) 存在且连续是函数 $f(x,y)$ 在该点

可微的_____条件.

(4) $\lim\limits_{\substack{x\to 0\\y\to 0}}\dfrac{\sin(x^2+y^2)}{(x^2+y^2)}=$_____.

(5) 函数 $f(x,y)=\dfrac{1}{\sin x\cos y}$ 的间断点有_____.

3. 求二重极限：

(1) $\lim\limits_{\substack{x\to 0\\y\to 0}}\dfrac{x^3}{x^2+y^2}$;　　(2) $\lim\limits_{\substack{x\to 0\\y\to 0}}\dfrac{e^{xy}-1}{\sqrt{x^2+y^2}}$;　　(3) $\lim\limits_{\substack{x\to 0\\y\to 0}}\dfrac{1-\cos(x^2+y^2)}{(x^2+y^2)\sin(x^2+y^2)}$.

4. 设 $z=\arctan(xy)+2y^2+\cos x$，求 $\mathrm{d}z$.

5. 设函数 $z=z(x,y)$ 由方程 $x+y^2+z^3-e^{yz}+4=0$ 确定，求 $\dfrac{\partial z}{\partial x},\dfrac{\partial z}{\partial y}$.

6. 设 $z=\sin\dfrac{y}{\sqrt{x^2+y^2}}$，求 $\dfrac{\partial z}{\partial x},\dfrac{\partial^2 z}{\partial x^2}$.

7. 设函数 $z=f(\ln xy^2,e^{x^2y})$，求 $\dfrac{\partial z}{\partial x},\dfrac{\partial z}{\partial y}$.

8. 设函数 $z=\sin(xy^2)+f(x^2-y^2)$，求 $\mathrm{d}z$.

9. 设 $\begin{cases}u=f(x-ut,y-ut,z-ut),\\g(x,y,z)=0,\end{cases}$ 其中 f,g 具有一阶连续偏导数，求 $\dfrac{\partial u}{\partial x},\dfrac{\partial u}{\partial y}$.

10. 设 $z=f(xy)+g\left(x,\dfrac{y}{x}\right)$，其中 f 具有二阶导数，g 具有二阶连续的偏导数，求 $\dfrac{\partial^2 z}{\partial x\partial y}$.

11. 求函数 $f(x,y)=e^{2y}(2x+x^2+2y)$ 的极值.

12. 求抛物线 $y=-x^2$ 到直线 $y-x-2=0$ 之间的最短距离.

13. 要用钢板制作一个容积为 $a^3\,\mathrm{m}^3$ 的无盖长方体容器，若不计钢板的厚度，则当长、宽、高分别为多少时，所需要的制作材料最省？

14. 某工厂生产甲与乙两种产品，出售单价分别为 12 元与 8 元，生产 x 单位的产品甲与生产 y 单位的产品乙的总费用（单位：元）满足下列关系：

$$400+2x+3y+0.01(3x^2+xy+3y^2),$$

则两种产品分别生产多少时，工厂可获得最大利润？

15. 已知某制造商的柯布-道格拉斯生产函数为 $f(x,y)=80x^{3/4}y^{1/4}$，其中 x 为劳动力的数量，y 为资本数量. 每个劳动力与每单位资本的成本分别是 150 元和 200 元，该制造商的总预算是 4.8 万元，则当劳动力和资本数量分别为多少时，生产量可以达到最高？

16. 设销售收入 R（单位：万元）与花费在甲乙两种广告宣传的费用 x,y（单位：万元）之间的关系为

$$R=\dfrac{200x}{x+5}+\dfrac{100y}{10+y},$$

利润额相当于 1/5 的销售收入，并要扣除广告费用. 已知广告费用总预算金额是 25 万元，则

当甲、乙广告费用分别为多少时,所获利润最大?

17. 证明:二重极限 $\lim\limits_{(x,y)\to(0,0)}\dfrac{x^2y}{x^4+y^2}$ 不存在.

18. 设 $f(x,y)=\begin{cases}(x^2+y^2)\sin\dfrac{1}{x^2+y^2}, & x^2+y^2\neq0,\\ 0, & x^2+y^2=0,\end{cases}$ 证明:$f(x,y)$ 在点 $(0,0)$ 可微,但是在该点的偏导数不连续.

19. 设 $2\sin(x+2y-3z)=x+2y-3z$,证明:$\dfrac{\partial z}{\partial x}+\dfrac{\partial z}{\partial y}=1$.

20. 设 $\begin{cases}xu-yv=0,\\ yu+xv=1,\end{cases}$ 证明:$\dfrac{\partial u}{\partial y}+\dfrac{\partial v}{\partial x}=\dfrac{\partial u}{\partial x}-\dfrac{\partial v}{\partial y}$.

第八章 重积分

多元函数积分学的内容主要包括重积分、曲线积分和曲面积分等. 本章讨论的是二重积分.

与定积分类似,重积分是解决对于分布在多元区域上的量求总量问题. 本章先从求曲顶柱体的体积和非均匀密度物体的质量等实际问题引入二重积分的概念,然后重点讨论二重积分的计算;基本方法是化为逐次的定积分来计算,并分别讨论直角坐标和极坐标下二重积分的计算方法. 此外,还简单介绍二重积分一般的换元法.

重积分在数学理论与实际问题中有着广泛应用,本章将介绍二重积分在几何与经济中的某些应用.

第一节 二重积分的概念与性质

一、二重积分的概念

二重积分与定积分具有类似的概念,也是利用"分划、近似求和、取极限"的思想来分析函数. 不同之处在于定积分分析定义在区间上的一元函数,二重积分分析定义在平面区域上的二元函数. 我们首先考察两个典型例子,然后从这些问题中抽象出二重积分的定义.

例 1(曲顶柱体的体积) 设 $z = f(x, y)$ 是 xOy 平面上有界闭区域 D 上的非负连续函数,其图形为曲面 S. 以区域 D 为底面、以 D 的边界为准线且每线平行于 z 轴的柱面为侧面、以曲面 S 为顶面所形成的立体称为**曲顶柱体**(图 8-1).

现在讨论该曲顶柱体体积 V 的求法.

由初等几何知道,如果柱体顶部是平行于 xOy 面的平面,则它的体积可按下列公式计算:

$$体积 V = 底面积 \times 高.$$

但对曲顶柱体,当 $(x, y) \in D$ 时,高度 $z = f(x, y)$ 是个变量,所以不能用初等几何的方法计算它的体积. 因此,我们借鉴定积分中求曲边梯形面积的做法,将曲顶柱体作如下

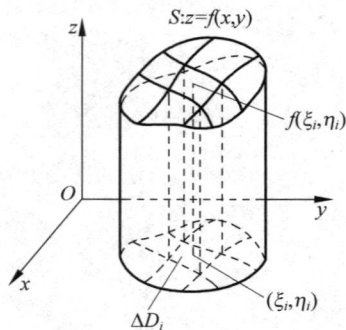

图 8-1

处理:

(1) 分划.用任意的曲线网将有界闭区域 D 分划成 n 个小闭区域 $\Delta D_1, \Delta D_2, \cdots, \Delta D_n$, 它们的面积记为 $\Delta\sigma_i (i=1,2,\cdots,n)$. 相应地得到以闭区域 ΔD_i 为底、以曲面 $z=f(x,y)((x,y)\in \Delta D_i)$ 为顶,母线平行于 z 轴的 n 个小曲顶柱体,记它们的体积为 $\Delta V_i (i=1,2,\cdots,n)$,则 $V=\sum_{i=1}^{n}\Delta V_i$.

(2) 近似求和.闭区域上任意两点间距离的最大值称为该**区域的直径**.设每个小区域 ΔD_i 的直径都很小,则由于函数 $f(x,y)$ 具有连续性,在 ΔD_i 上 $f(x,y)$ 的函数值变动不大.因此,这个小曲顶柱体可近似视为平顶柱体.在 ΔD_i 上任取一点 (ξ_i,η_i),则可用 $f(\xi_i,\eta_i)$ 近似这个小柱体的高,由此得该小曲顶柱体的近似体积

$$\Delta V_i \approx f(\xi_i,\eta_i)\Delta\sigma_i (i=1,2,\cdots,n).$$

将所有小柱体的体积加起来,得曲顶柱体体积的近似值为

$$V=\sum_{i=1}^{n}\Delta V_i \approx \sum_{i=1}^{n}f(\xi_i,\eta_i)\Delta\sigma_i.$$

(3) 取极限.设 λ 为上述 n 个小闭区域 $\Delta D_1, \Delta D_2, \cdots, \Delta D_n$ 直径的最大值,则当 $\lambda\to 0$ 时,若上述和式的极限存在,则它就是曲顶柱体的体积 V,即

$$V=\lim_{\lambda\to 0}\sum_{i=1}^{n}f(\xi_i,\eta_i)\Delta\sigma_i.$$

例 2(平面薄板的质量) 设平面薄板位于 xOy 平面的有界闭区域 D 内,不计其厚度.薄板单位面积的质量,也即面密度 $\rho=\rho(x,y)$,假定 $\rho(x,y)$ 在 D 上连续.

接下来考虑该薄板的质量 m.

显然,如果薄板的面密度 ρ 为常数,那么

$$质量\ m=\rho\times(D\ 的面积).$$

但当 ρ 是依赖 (x,y) 的变量时,我们不能这样计算,而仍采用如同定积分那样的处理方法:

(1) 分划.如图 8-2 所示,将有界闭区域 D 任意分划,得 n 个小闭区域 $\Delta D_1, \Delta D_2, \cdots, \Delta D_n$,它们的面积记为 $\Delta\sigma_i (i=1,2,\cdots,n)$.则薄板相应地分成 n 小块.

(2) 近似求和.设每个小区域 ΔD_i 的直径都很小,由于 $\rho(x,y)$ 的连续性,在 ΔD_i 上 $\rho(x,y)$ 的函数值变动不大.因此,可近似地认为 ΔD_i 上的小薄板是均质的,并任取 $(\xi_i,\eta_i)\in \Delta D_i$,则 ΔD_i 上的薄板的近似质量为

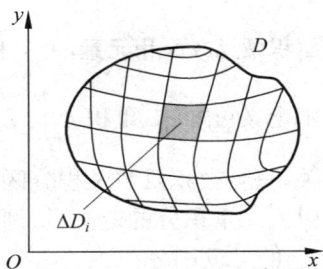

图 8-2

$$\Delta m_i \approx \rho(\xi_i,\eta_i)\Delta\sigma_i (i=1,2,\cdots,n).$$

从而,得到薄板的近似总质量

$$m=\sum_{i=1}^{n}\Delta m_i \approx \sum_{i=1}^{n}\rho(\xi_i,\eta_i)\Delta\sigma_i.$$

(3) 取极限.设 λ 为上述 n 个小闭区域 $\Delta D_1, \Delta D_2, \cdots, \Delta D_n$ 直径的最大值,则当 $\lambda\to 0$ 时,若上述和式的极限存在,就可得到 D 上的平面薄板质量,即

$$m = \lim_{\lambda \to 0} \sum_{i=1}^{n} \rho(\xi_i, \eta_i) \Delta \sigma_i.$$

从以上两个问题可以看出，虽然它们的实际意义不同，但解决问题的方法是一样的，都是通过相同的步骤把所求的量归结为同一形式的和式极限，即归结为二元函数 $f(x,y)$ 在平面区域 D 上所作成的一个特殊和式的极限. 事实上，在数学、物理和工程技术问题中，有许多物理量和几何量都可以归结为这一类型的和式极限，因此，我们可将此类问题抽象成同一数学模型来表示，从而就得到二重积分的概念.

定义 8.1　设 D 是 $\mathbb{R}^2$ 中的一个有界闭区域，有界函数 $f(x,y)$ 定义在 D 上. 若存在实数 I，使得对区域 D 作任意分划 $\Delta D_1, \Delta D_2, \cdots, \Delta D_n$（即用任意曲线网将 D 分成小区域），以及任取 ΔD_i 中一点 $(\xi_i, \eta_i)(i=1,2,\cdots,n)$，和式

$$\sum_{i=1}^{n} f(\xi_i, \eta_i) \Delta \sigma_i \text{（其中 } \Delta \sigma_i \text{ 表示 } \Delta D_i \text{ 的面积）}$$

有极限

$$\lim_{\lambda \to 0} \sum_{i=1}^{n} f(\xi_i, \eta_i) \Delta \sigma_i = I,$$

其中 $\lambda = \max_{1 \leq i \leq n}\{d_i\}$（$d_i$ 为 ΔD_i 的直径），则称函数 $f(x,y)$ 在区域 D 上**可积**；极限值 I 称为 $f(x,y)$ 在 D 上的**二重积分**，记作

$$\iint_D f(x,y)\mathrm{d}\sigma,$$

即

$$\iint_D f(x,y)\mathrm{d}\sigma = \lim_{\lambda \to 0} \sum_{i=1}^{n} f(\xi_i, \eta_i) \Delta \sigma_i.$$

其中 $\iint$ 为二重积分号，D 为积分区域，$f(x,y)$ 称为**被积函数**，$f(x,y)\mathrm{d}\sigma$ 称为**被积表达式**，$\mathrm{d}\sigma$ 称为**面积微元**或**面积元素**，x,y 称为**积分变量**，$\sum_{i=1}^{n} f(\xi_i, \eta_i)\Delta \sigma_i$ 称为二重积分的**积分和**.

由定义可知，二重积分 $\iint_D f(x,y)\mathrm{d}\sigma$ 的存在性和数值与 D 的分划方式及点 (ξ_i, η_i) 的取法无关，只与被积函数及积分区域有关.

引入二重积分的定义后，例 1 中所求曲顶柱体的体积可表示成非负连续函数 $f(x,y)$ 在 D 上的二重积分

$$V = \iint_D f(x,y)\mathrm{d}\sigma,$$

因此这个典型例子给出了二重积分的**几何意义**. 需要指出的是，当 $f(x,y)$ 变号时，二重积分则是由曲面 $z=f(x,y)((x,y)\in D)$、平面 $z=0$ 和以 D 的边界为准线且母线平行于 z 轴的柱面所围各部分曲顶或曲底柱体体积的代数和，此时在 xOy 平面下方的柱体体积的代数值规定为负，这与一元函数定积分的情形是类似的.

同样，例 2 中所求平面薄板的质量可表示成其面密度函数 $\rho(x,y)$ 在 D 上的二重积分

$$m = \iint_D \rho(x,y)\mathrm{d}\sigma,$$

从而这个典型例子给出了二重积分的**物理意义**.

例 3 下列二重积分在几何上表示什么立体的体积? 其值是多少?

(1) $\iint\limits_{D}\sqrt{1-x^2-y^2}\,\mathrm{d}\sigma$, $D: x^2+y^2\leqslant 1$;

(2) $\iint\limits_{D}(1-\sqrt{x^2+y^2})\,\mathrm{d}\sigma$, $D: x^2+y^2\leqslant 1$;

(3) $\iint\limits_{D}(1-x-y)\,\mathrm{d}\sigma$, D 是由直线 $x+y=1$ 及 x 轴、y 轴所围成的闭区域.

解 (1) 被积函数是 $z=\sqrt{1-x^2-y^2}$,它表示上半球面. 因此,所给积分表示以上半球面为顶、圆盘 $x^2+y^2\leqslant 1$ 为底、半径为 1 的上半球体的体积,值为 $\dfrac{2\pi}{3}$(图 8-3).

(2) 被积函数是 $z=1-\sqrt{x^2+y^2}$,它表示顶点位于 $(0,0,1)$,半顶角为 $\dfrac{\pi}{4}$,开口向下的圆锥面. 因此,所给积分表示以圆锥面为顶、圆盘 $x^2+y^2\leqslant 1$ 为底的圆锥体的体积,值为 $\dfrac{\pi}{3}$(图 8-4).

(3) 被积函数是 $z=1-x-y$,表示在三个坐标轴上的截距都是 1 的平面. 而积分区域恰好是该平面位于第一卦限部分在 xOy 坐标面上的投影区域,因此所给积分表示如图 8-5 所示的直三棱锥的体积,值为 $\dfrac{1}{6}$.

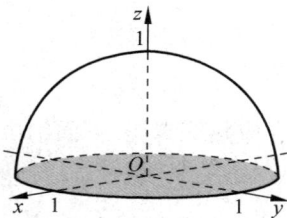

图 8-3

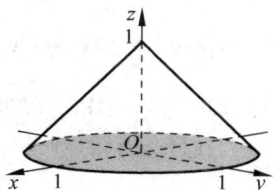

图 8-4

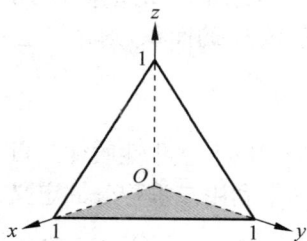

图 8-5

多元函数的可积性问题可与一元函数的可积性问题类似地进行讨论,在此我们不加证明地给出二重积分存在的一个充分条件.

定理 8.1 若函数 $f(x,y)$ 在有界闭区域 D 上连续,则 $f(x,y)$ 在 D 上可积.

函数的连续性仅仅是可积的充分条件,事实上,有界函数 $f(x,y)$ 仅在有界闭区域 D 内有限条光滑曲线上间断,而在 D 的其余部分均连续,那么仍有 $f(x,y)$ 在 D 上可积.

二、二重积分的性质

由上面的讨论可知,二重积分与定积分在形成背景和定义方式上是完全相似的,因二重积分具有一系列与定积分类似的性质,其证明方法也是类同的. 因此,下面只给出二重积分的性质,不再进行证明. 以下假设 D 是一个有界闭区域,且所涉及的二重积分都存在.

性质 1（线性性质）

$$\iint\limits_{D}[\alpha f(x,y)+\beta g(x,y)]\mathrm{d}\sigma=\alpha\iint\limits_{D}f(x,y)\mathrm{d}\sigma+\beta\iint\limits_{D}g(x,y)\mathrm{d}\sigma,$$

其中 α,β 是常数.

性质 2 $\iint\limits_{D}\mathrm{d}\sigma=A$，其中 A 是积分区域 D 的面积.

性质 3（区域可加性） 设 $D=D_{1}\bigcup D_{2}$，且闭区域 D_{1} 和 D_{2} 无公共内点，则

$$\iint\limits_{D}f(x,y)\mathrm{d}\sigma=\iint\limits_{D_{1}}f(x,y)\mathrm{d}\sigma+\iint\limits_{D_{2}}f(x,y)\mathrm{d}\sigma.$$

性质 4（保序性） 如果在 D 上，$f(x,y)\leqslant g(x,y)$，则

$$\iint\limits_{D}f(x,y)\mathrm{d}\sigma\leqslant\iint\limits_{D}g(x,y)\mathrm{d}\sigma.$$

推论 1（保号性） 如果在 D 上，$f(x,y)\geqslant 0$，则 $\iint\limits_{D}f(x,y)\mathrm{d}\sigma\geqslant 0$.

推论 2 $\left|\iint\limits_{D}f(x,y)\mathrm{d}\sigma\right|\leqslant\iint\limits_{D}|f(x,y)|\mathrm{d}\sigma$.

推论 3（估值不等式） 如果 $f(x,y)$ 在有界闭区域 D 上的最大值和最小值分别为 M 和 m，A 为积分区域 D 的面积，则

$$mA\leqslant\iint\limits_{D}f(x,y)\mathrm{d}\sigma\leqslant MA.$$

性质 5（二重积分的积分中值定理） 如果 $f(x,y)$ 在有界闭区域 D 上连续，A 是积分区域 D 的面积，则在 D 上至少存在一点 (ξ,η)，使得

$$\iint\limits_{D}f(x,y)\mathrm{d}\sigma=f(\xi,\eta)A.$$

以上这些性质在二重积分的计算和理论分析中经常被用到，读者应熟练掌握.下面给出几个利用二重积分的定义或性质讨论二重积分值的例子.

例 4 比较二重积分 $\iint\limits_{D}\ln(x+y)\mathrm{d}\sigma$ 和 $\iint\limits_{D}\cos(x+y)\mathrm{d}\sigma$ 的大小，其中积分区域 D 为由 x 轴、y 轴及直线 $x+y=\dfrac{1}{2}$，$x+y=1$ 所围成的闭区域.

解 因为在 D 上，$\dfrac{1}{2}\leqslant x+y\leqslant 1$，所以在 D 上有 $\ln(x+y)\leqslant 0<\cos(x+y)$，于是

$$\iint\limits_{D}\ln(x+y)\mathrm{d}\sigma\leqslant\iint\limits_{D}\cos(x+y)\mathrm{d}\sigma.$$

例 5 估计二重积分 $\iint\limits_{D}(x^{2}+2y^{2}+3)\mathrm{d}\sigma$ 的值所在范围，其中 $D=\{(x,y)\mid x^{2}+y^{2}\leqslant 1\}$.

解 因为在 D 上，$3\leqslant x^{2}+2y^{2}+3\leqslant y^{2}+4\leqslant 5$，且积分区域 D 的面积为 π，所以

$$3\pi\leqslant\iint\limits_{D}(x^{2}+2y^{2}+3)\mathrm{d}\sigma\leqslant 5\pi.$$

例 6 设 $f(x,y)$ 在点 $(0,0)$ 的某个邻域内连续,求极限 $\lim\limits_{r\to 0^+}\dfrac{1}{r^2}\iint\limits_{x^2+y^2\leqslant r^2}f(x,y)\mathrm{d}\sigma$.

解 当 r 充分小时,$f(x,y)$ 在 $D(r)=\{(x,y)\,|\,x^2+y^2\leqslant r^2\}$ 上连续,所以

$$\iint\limits_{x^2+y^2\leqslant r^2}f(x,y)\mathrm{d}\sigma=f(\xi,\eta)\cdot\pi r^2,$$

其中 (ξ,η) 为 $D(r)$ 中一点. 当 $r\to 0^+$ 时,$D(r)$ 向 $(0,0)$ 收敛. 从而,$(\xi,\eta)\to(0,0)$. 故

$$原式=\lim_{r\to 0^+}\frac{1}{r^2}f(\xi,\eta)\cdot\pi r^2=\pi\lim_{(\xi,\eta)\to(0,0)}f(\xi,\eta)=\pi f(0,0).$$

最后需要指出的是,定积分与二重积分作为和式极限的概念以及相关性质可以自然地推广到三重积分与多重积分,读者可以参考同济大学应用数学系主编的《高等数学》(第 7 版,下册).

习题 8-1

1. 利用二重积分的几何意义,求下列积分的值:

(1) $\iint\limits_{D}h\mathrm{d}\sigma$,其中 h 为常数,D 为圆形闭区域:$x^2+y^2\leqslant R^2(R>0)$;

(2) $\iint\limits_{D}(2-\sqrt{x^2+y^2})\mathrm{d}\sigma$,$D$ 为圆形闭区域:$x^2+y^2\leqslant 1$;

(3) $\iint\limits_{D}\sqrt{4-x^2}\mathrm{d}\sigma$,$D=\{(x,y)\,|\,0\leqslant x\leqslant 2,0\leqslant y\leqslant 3\}$.

2. 利用二重积分的性质,比较下列各组二重积分的大小:

(1) $I_1=\iint\limits_{D}(x+y)^2\mathrm{d}\sigma$ 与 $I_2=\iint\limits_{D}\sqrt{x+y}\mathrm{d}\sigma$.

(a) D 是由 x 轴、y 轴及直线 $x+y=1$ 所围成的闭区域;

(b) D 是圆周 $(x-2)^2+(y-1)^2=2$ 所围成的闭区域.

(2) $I_1=\iint\limits_{D}2^{xy}\mathrm{d}\sigma$ 与 $I_2=\iint\limits_{D}4^{xy}\mathrm{d}\sigma$.

(a) D 是矩形区域 $0\leqslant x\leqslant 1,0\leqslant y\leqslant 1$;

(b) D 是矩形区域 $0\leqslant x\leqslant 1,-1\leqslant y\leqslant 0$.

(3) $I_1=\iint\limits_{D}\ln(1+\sqrt{x^2+y^2})\mathrm{d}\sigma$ 与 $I_2=\iint\limits_{D}\sqrt{x^2+y^2}\mathrm{d}\sigma$,$D$ 是平面中任一有界闭区域.

(4) $I_1=\iint\limits_{2x^2+y^2\leqslant 3}(3-2x^2-y^2)\mathrm{d}\sigma$ 与 $I_2=\iint\limits_{2x^2+y^2\leqslant 4}(3-2x^2-y^2)\mathrm{d}\sigma$.

3. 利用二重积分的性质,估计二重积分的值:

(1) $I=\iint\limits_{D}xy(x+y)\mathrm{d}\sigma$,$D$ 是矩形区域 $0\leqslant x\leqslant 1,0\leqslant y\leqslant 2$;

(2) $I=\iint\limits_{D}\sin(x+y)\mathrm{d}\sigma$,$D$ 是矩形区域 $0\leqslant x\leqslant \dfrac{\pi}{2},0\leqslant y\leqslant \dfrac{\pi}{2}$;

(3) $I=\iint\limits_{D}\mathrm{e}^{-x^2-y^2}\mathrm{d}\sigma$,$D$ 为圆形闭区域:$x^2+y^2\leqslant 1$.

4. 计算下列极限的值：

(1) $\lim\limits_{r\to 0^+}\dfrac{1}{r^2}\iint\limits_{x^2+(y-1)^2\leqslant r^2}\sqrt{3+(x-y)^2}\,\mathrm{d}\sigma$；

(2) $\lim\limits_{a\to 0^+}\dfrac{1}{a^2}\iint\limits_{|x|+|y|\leqslant a}\dfrac{\cos(xy)}{1+x^4+y^4}\,\mathrm{d}\sigma$.

第二节　二重积分的计算

与定积分类似，直接通过定义计算二重积分一般是相当复杂和困难的.本节将借助于二重积分的几何意义，将二重积分化为累次积分来计算，即把二重积分的计算转化为具有先后顺序的两个定积分来计算.我们将分别在直角坐标系和极坐标系中进行讨论，并且研究如何通过变量代换实现在其他坐标系下对二重积分的计算.

一、直角坐标系下的计算

根据二重积分的定义可知，当二重积分 $\iint\limits_{D}f(x,y)\mathrm{d}\sigma$ 存在时，对积分区域 D 的分划方式是任意的.而在直角坐标系中通常用平行于坐标轴的直线网对 D 进行分划，此时除了包含 D 的边界点的子区域外，其余的子区域 ΔD_i 都是矩形区域.设矩形子区域 ΔD_i 的长和宽分别为 Δx_i 和 Δy_i，则它的面积 $\Delta\sigma_i=\Delta x_i\Delta y_i$.因此，面积微元 $\mathrm{d}\sigma$ 可写成 $\mathrm{d}x\mathrm{d}y$ 的形式，即 $\mathrm{d}\sigma=\mathrm{d}x\mathrm{d}y$，于是二重积分也常记为

$$\iint\limits_{D}f(x,y)\mathrm{d}x\mathrm{d}y,$$

其中 $\mathrm{d}x\mathrm{d}y$ 称为直角坐标系中的面积微元.

由二重积分的几何意义可知，若 $f(x,y)\geqslant 0$，则 $\iint\limits_{D}f(x,y)\mathrm{d}\sigma$ 表示以 $z=f(x,y)$ 为顶、以 D 为底的曲顶柱体体积.根据定积分中求平行截面面积已知的立体体积的方法，可以得到该曲顶柱体的体积，也即二重积分的值.实现上述步骤的关键是确定计算过程中定积分的上下限.这需要预先将积分区域 D 表示成 x,y 的不等式组.首先，我们讨论积分区域 D 为 x 型区域及 y 型区域的情况.

如果平面闭区域 D 可表示为

$$D=\{(x,y)\mid\varphi_1(x)\leqslant y\leqslant\varphi_2(x),a\leqslant x\leqslant b\},$$

其中 $\varphi_1(x)$ 和 $\varphi_2(x)$ 均在 $[a,b]$ 上连续，则称区域 D 是 x **型区域**.由图 8-6 可知，D 在 x 轴上的投影为区间 $[a,b]$.当 x 固定在 $[a,b]$ 上时，y 坐标的变化范围为 $[\varphi_1(x),\varphi_2(x)]$.这时 $y=\varphi_1(x)$ 是 D 的下沿曲线，$y=\varphi_2(x)$ 是上沿曲线.若让 x 固定在 (a,b) 中的一点 x_0，然后让 y 递增，则动点 (x_0,y) 沿竖直线从下沿线穿入 D，再从上沿线穿出 D.可见，x 型区域的特点是：垂直于 x 轴且穿过 D 内部的直线与 D 的边界的交点不多于两个.

现假设积分区域 D 是 x 型区域，由上式所确定.根据二重积分的几何意义可知，$\iint\limits_{D}f(x,y)\mathrm{d}\sigma$ 的值等于以 $z=f(x,y)$ 为顶、以 D 为底的曲顶柱体的体积.以下应用求平行截面面积已知的立体体积的方法来推导该曲顶柱体的体积 V.

任取 $x_0\in[a,b]$，用平面 $x=x_0$ 去截曲顶柱体所得的截面面积记为 $A(x_0)$.此时，得到

的截面是位于平面 $x=x_0$ 上以区间$[\varphi_1(x_0),\varphi_2(x_0)]$为底边、曲线 $z=f(x_0,y)$ 为曲边的曲边梯形(图 8-7). 所以有

$$A(x_0)=\int_{\varphi_1(x_0)}^{\varphi_2(x_0)}f(x_0,y)\mathrm{d}y.$$

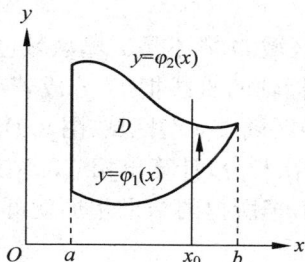

图 8-6

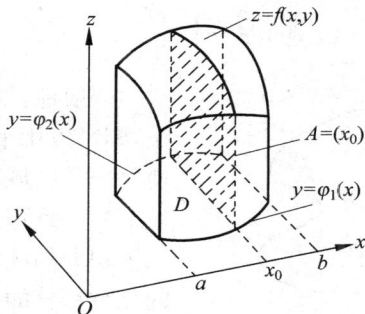

图 8-7

一般地,用过区间$[a,b]$上任一点 x 且平行于 yOz 平面的一族平行平面去截曲顶柱体,所得截面的面积为

$$A(x)=\int_{\varphi_1(x)}^{\varphi_2(x)}f(x,y)\mathrm{d}y.$$

因此,曲顶柱体的体积为

$$V=\int_a^b A(x)\mathrm{d}x=\int_a^b\left[\int_{\varphi_1(x)}^{\varphi_2(x)}f(x,y)\mathrm{d}y\right]\mathrm{d}x.$$

而 V 又表达的是二重积分$\iint\limits_D f(x,y)\mathrm{d}x\mathrm{d}y$ 的值,从而得到等式

$$\iint\limits_D f(x,y)\mathrm{d}\sigma=\int_a^b\left[\int_{\varphi_1(x)}^{\varphi_2(x)}f(x,y)\mathrm{d}y\right]\mathrm{d}x.$$

上式右端称为**先对 y 后对 x 的累次积分**或**二次积分**,即先把 x 当作常数,将 $f(x,y)$ 看成 y 的函数,对 y 计算从 $y=\varphi_1(x)$ 到 $y=\varphi_2(x)$ 的定积分;再把所得结果(是 x 的函数)在区间 $[a,b]$ 上对 x 作定积分. 为方便书写,上式右端也可写成

$$\int_a^b\mathrm{d}x\int_{\varphi_1(x)}^{\varphi_2(x)}f(x,y)\mathrm{d}y.$$

因此有

$$\iint\limits_D f(x,y)\mathrm{d}\sigma=\int_a^b\mathrm{d}x\int_{\varphi_1(x)}^{\varphi_2(x)}f(x,y)\mathrm{d}y.$$

这就是将二重积分化为先对 y 后对 x 的累次积分的公式. 实际上,当被积函数不满足 $f(x,y)\geqslant 0$ 时,该方法仍然可行,读者可自行思考原因.

类似地可以对积分区域 D 是 y **型区域**(图 8-8)的情况进行分析. 此时,D 可表示为

$$D=\{(x,y)\mid\psi_1(y)\leqslant x\leqslant\psi_2(y),c\leqslant y\leqslant d\},$$

其中 $\psi_1(y)$ 和 $\psi_2(y)$ 均在$[c,d]$上连续. 这时 $x=\psi_1(y)$ 是 D

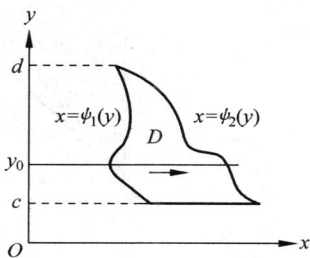

图 8-8

的左沿曲线，$x = \psi_2(y)$ 是右沿曲线. 若让 y 固定在 (a,b) 中的一点 y_0，然后让 x 递增，则动点 (x, y_0) 沿水平直线从左沿线穿入 D，再从右沿线穿出 D. 因此，y 型区域的特点是：垂直于 y 轴且穿过 D 内部的直线与 D 的边界的交点不多于两个. 同理可知，二重积分可化为**先对 x 后对 y 的累次积分**

$$\iint\limits_D f(x,y)\mathrm{d}\sigma = \int_c^d \left[\int_{\psi_1(y)}^{\psi_2(y)} f(x,y)\mathrm{d}x \right] \mathrm{d}y = \int_c^d \mathrm{d}y \int_{\psi_1(y)}^{\psi_2(y)} f(x,y)\mathrm{d}x.$$

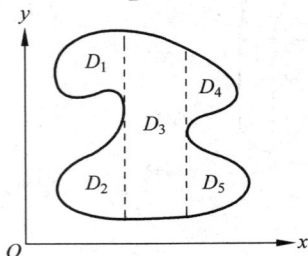

图 8-9

一般地，如果积分区域 D 既不是 x 型区域也不是 y 型区域，则可以用平行于坐标轴的直线把 D 分成若干个子区域，使每个子区域都是 x 型区域或 y 型区域（图 8-9）. 将每个子区域上的二重积分化为累次积分，计算出相应的结果后，再利用二重积分的区域可加性，把所得的结果相加就可得到在 D 上的二重积分的值.

例1 给出下列平面闭区域 D 的 x 型区域及 y 型区域的表达式：

(1) D 由直线 $y = x$，$y = 1$ 及 y 轴所围成；

(2) D 由直线 $y = x + 2$ 与曲线 $y = x^2$ 所围成.

解 (1) 如图 8-10 所示，D 既是 x 型区域，又是 y 型区域. 若将 D 看成 x 型区域，先将 D 投影到 x 轴上，得到投影区间为 $[0,1]$，即为变量 x 的范围. 直线 $y = 1$ 是 D 的上侧边界，直线 $y = x$ 是 D 的下侧边界. 所以

$$D = \{(x,y) \mid x \leqslant y \leqslant 1, 0 \leqslant x \leqslant 1\}.$$

若将 D 看成 y 型区域，先将 D 投影到 y 轴上，得到投影区间为 $[0,1]$，即为变量 y 的范围. 曲线 $x = 0$ 是 D 的左侧边界，$x = y$ 是 D 的右侧边界. 所以

$$D = \{(x,y) \mid 0 \leqslant x \leqslant y, 0 \leqslant y \leqslant 1\}.$$

(2) 联立方程组

$$\begin{cases} y = x + 2, \\ y = x^2, \end{cases}$$

解得 D 的两条边界的交点为 $(-1,1)$ 和 $(2,4)$. 如图 8-11 所示，D 既是 x 型区域，又是 y 型区域. 若将 D 看成 x 型区域，先将 D 投影到 x 轴上，得到投影区间为 $[-1,2]$，即为变量 x 的范围. 直线 $y = x + 2$ 是 D 的上侧边界，曲线 $y = x^2$ 是 D 的下侧边界. 所以

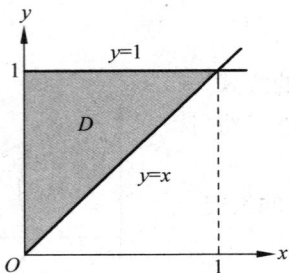

图 8-10

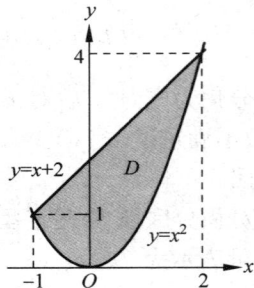

图 8-11

$$D = \{(x,y) \mid x^2 \leqslant y \leqslant x+2, -1 \leqslant x \leqslant 2\}.$$

将 D 看成 y 型区域时,注意到 D 的左侧边界有两条曲线,需要分划 D 使得每个子区域的左右边界只有一条曲线. 所以,用直线 $y=1$ 将 D 分成上下两部分,上方部分记为 D_1,下方部分记为 D_2. 此时,子区域 D_1 和 D_2 的左右侧边界都只含一条曲线. 用相同的方法可以得到

$$D = D_1 \bigcup D_2 = \{(x,y) \mid y-2 \leqslant x \leqslant \sqrt{y},$$
$$1 \leqslant y \leqslant 4\} \bigcup \{(x,y) \mid -\sqrt{y} \leqslant x \leqslant \sqrt{y}, 0 \leqslant y \leqslant 1\}.$$

例 2 计算二重积分 $I = \iint\limits_{D} (x+2y)\,\mathrm{d}x\,\mathrm{d}y$,其中闭区域 D 由直线 $2x+y=2$ 与两条坐标轴围成.

解 积分区域 D 是如图 8-12 所示的三角形区域,可看作 x 型区域. 则有
$$D = \{(x,y) \mid 0 \leqslant y \leqslant 2-2x, 0 \leqslant x \leqslant 1\}.$$
于是,对 I 用先对 y 后对 x 的次序积分,得
$$I = \int_0^1 \mathrm{d}x \int_0^{2-2x} (x+2y)\,\mathrm{d}y = \int_0^1 [x(2-2x) + (2-2x)^2]\,\mathrm{d}x$$
$$= \int_0^1 (2x^2 - 6x + 4)\,\mathrm{d}x = \frac{5}{3}.$$

D 也可看作 y 型区域,则有
$$D = \left\{(x,y) \,\middle|\, 0 \leqslant x \leqslant 1 - \frac{y}{2}, 0 \leqslant y \leqslant 2\right\}.$$
于是,对 I 用先对 x 后对 y 的次序积分,得
$$I = \int_0^2 \mathrm{d}y \int_0^{1-\frac{y}{2}} (x+2y)\,\mathrm{d}x = \int_0^2 \left[\frac{1}{2}\left(1-\frac{y}{2}\right)^2 + 2y\left(1-\frac{y}{2}\right)\right]\,\mathrm{d}y$$
$$= \int_0^2 \left(-\frac{7}{8}y^2 + \frac{3}{2}y + \frac{1}{2}\right)\,\mathrm{d}y = \frac{5}{3}.$$

可见,用两种积分次序计算的结果是相同的.

例 3 计算二重积分 $I = \iint\limits_{D} \sin(x+y)\,\mathrm{d}x\,\mathrm{d}y$,其中 D 是由直线 $y=x, y=2x, x=1$ 所围成的闭区域.

解 积分区域 D 是如图 8-13 所示的三角形区域. 将 D 看作 x 型区域,则有

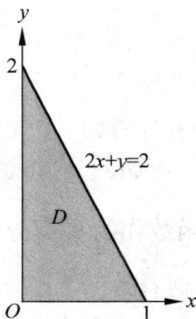

图 8-12

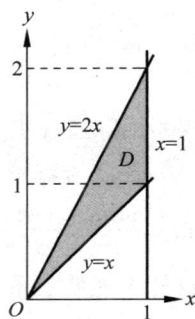

图 8-13

243

$$D = \{(x,y) \mid x \leqslant y \leqslant 2x, 0 \leqslant x \leqslant 1\}.$$

于是得

$$I = \int_0^1 \mathrm{d}x \int_x^{2x} \sin(x+y)\mathrm{d}y = \int_0^1 -\cos(x+y)\mid_{y=x}^{y=2x} \mathrm{d}x$$

$$= \int_0^1 \left[\cos(2x) - \cos(3x)\right]\mathrm{d}x = \frac{\sin 2}{2} - \frac{\sin 3}{3}.$$

若将 D 看作 y 型区域，必须用直线 $y=1$ 将 D 分成 D_1 和 D_2 两个区域，其中

$$D_1 = \left\{(x,y) \left| \frac{y}{2} \leqslant x \leqslant y, 0 \leqslant y \leqslant 1 \right.\right\},$$

$$D_2 = \left\{(x,y) \left| \frac{y}{2} \leqslant x \leqslant 1, 1 \leqslant y \leqslant 2 \right.\right\}.$$

于是得

$$I = \iint_{D_1} \sin(x+y)\mathrm{d}\sigma + \iint_{D_2} \sin(x+y)\mathrm{d}\sigma = \int_0^1 \mathrm{d}y \int_{\frac{y}{2}}^y \sin(x+y)\mathrm{d}x + \int_1^2 \mathrm{d}y \int_{\frac{y}{2}}^1 \sin(x+y)\mathrm{d}x.$$

读者可以继续进行计算，结果将与先前所得的相同，但选取这个积分次序计算显然较为烦琐。

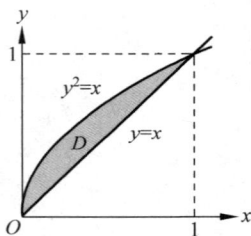

图 8-14

例 4 计算二重积分 $I = \iint_D \dfrac{e^y - 1}{y}\mathrm{d}x\mathrm{d}y$，其中 D 是由直线 $y = x$ 及抛物线 $y^2 = x$ 所围成的闭区域。

解 积分区域 D 如图 8-14 所示。若用先对 y 后对 x 的积分次序，则 D 表示为 x 型区域，有

$$D = \{(x,y) \mid x \leqslant y \leqslant \sqrt{x}, 0 \leqslant x \leqslant 1\}.$$

于是得

$$I = \int_0^1 \mathrm{d}x \int_x^{\sqrt{x}} \frac{e^y - 1}{y}\mathrm{d}y.$$

由于 $\dfrac{e^y - 1}{y}$ 的原函数不是初等函数，因此积分 $\displaystyle\int_x^{\sqrt{x}} \dfrac{e^y - 1}{y}\mathrm{d}y$ 无法用牛顿-莱布尼茨公式算出。

若用先对 x 后对 y 的积分次序，则 D 表示为 y 型区域，有

$$D = \{(x,y) \mid y^2 \leqslant x \leqslant y, 0 \leqslant y \leqslant 1\}.$$

于是得

$$I = \int_0^1 \mathrm{d}y \int_{y^2}^y \frac{e^y - 1}{y}\mathrm{d}x = \int_0^1 (1-y)(e^y - 1)\mathrm{d}y = \left[-(y-2)e^y + \frac{y^2}{2} - y\right]\Big|_0^1 = e - \frac{5}{2}.$$

从例 2～例 4 可以看出，将二重积分化为累次积分计算时，积分次序的选择非常重要。不仅要看积分区域的形状，还要考虑被积函数的特点。比如，一些函数的原函数不是初等函数，例如 e^{x^2}，$\sin x^2$，$\cos x^2$，$\dfrac{\sin x}{x}$，$\dfrac{\cos x}{x}$ 等。遇见这类函数作为重积分的被积函数时，读者需要慎重选择积分次序，这样才能使二重积分的计算简便有效。

在一些二重积分的计算过程中，当按一种积分次序所得积分计算很困难甚至无法计算时（如例 4），可以考虑交换积分次序，尝试求出积分。可见，交换积分次序在重积分的计算中

是一种重要的思路和方法.

例 5 设函数 $f(x,y)$ 连续,交换下列累次积分的积分次序:

(1) $\displaystyle\int_0^1 \mathrm{d}x \int_0^{x^2} f(x,y)\mathrm{d}y$;

(2) $\displaystyle\int_0^1 \mathrm{d}y \int_0^{\sqrt{2y-y^2}} f(x,y)\mathrm{d}x + \int_1^2 \mathrm{d}y \int_0^{2-y} f(x,y)\mathrm{d}x$.

解 (1) 因为该累次积分的积分次序是先 y 后 x,所以积分区域 D 以 x 型区域表达. 根据给定积分的上下限可得

$$D = \{(x,y) \mid 0 \leqslant y \leqslant x^2, 0 \leqslant x \leqslant 1\}.$$

也即,D 由 $x=0$, $x=1$, $y=0$, $y=x^2$ 所围成. 由此画出积分区域 D 的图形,如图 8-15 所示. 再将 D 看作 y 型区域,有

$$D = \{(x,y) \mid \sqrt{y} \leqslant x \leqslant 1, 0 \leqslant y \leqslant 1\}.$$

于是得

$$\int_0^1 \mathrm{d}x \int_0^{x^2} f(x,y)\mathrm{d}y = \int_0^1 \mathrm{d}y \int_{\sqrt{y}}^1 f(x,y)\mathrm{d}x.$$

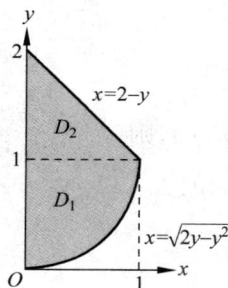

图 8-15

(2) 式中含有两个累次积分,需要分别给出它们的积分区域. 这两个累次积分的积分次序都是先 x 后 y,所以积分区域 D_1 和 D_2 均以 y 型区域表达. 从而有

$$D_1 = \{(x,y) \mid 0 \leqslant x \leqslant \sqrt{2y-y^2}, 0 \leqslant y \leqslant 1\},$$
$$D_2 = \{(x,y) \mid 0 \leqslant x \leqslant 2-y, 1 \leqslant y \leqslant 2\}.$$

也即,D_1 由 $y=0$, $y=1$, $x=0$, $x=\sqrt{2y-y^2}$ 所围成,D_2 由 $y=1$, $y=2$, $x=0$, $x=2-y$ 所围成. 而积分区域 $D = D_1 \cup D_2$,故 D 的形状如图 8-16 所示. 再将 D 看作 x 型区域,有

$$D = \{(x,y) \mid 1-\sqrt{1-x^2} \leqslant y \leqslant 2-x, 0 \leqslant x \leqslant 1\}.$$

于是得

$$\int_0^1 \mathrm{d}y \int_0^{\sqrt{2y-y^2}} f(x,y)\mathrm{d}x + \int_1^2 \mathrm{d}y \int_0^{2-y} f(x,y)\mathrm{d}x = \int_0^1 \mathrm{d}x \int_{1-\sqrt{1-x^2}}^{2-x} f(x,y)\mathrm{d}y.$$

例 6 计算累次积分 $I = \displaystyle\int_0^1 \mathrm{d}y \int_y^1 x \sin \dfrac{y}{x} \mathrm{d}x$.

解 由于 $\displaystyle\int x \sin \dfrac{y}{x} \mathrm{d}x$ 无法求出,所以考虑交换积分次序. 由累次积分知,积分区域 D 如图 8-17 所示. 将 D 表示为 x 型区域,有

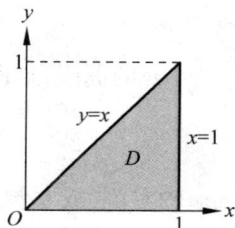

图 8-16

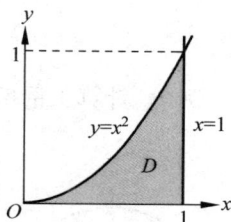

图 8-17

$$D = \{(x,y) \mid 0 \leqslant y \leqslant x, 0 \leqslant x \leqslant 1\}.$$

于是得

$$I = \int_0^1 \mathrm{d}x \int_0^x x \sin \frac{y}{x} \mathrm{d}y = \int_0^1 \left(-x^2 \cos \frac{y}{x}\right)\Big|_{y=0}^{y=x} \mathrm{d}x$$

$$= \int_0^1 x^2 (1 - \cos 1) \mathrm{d}x = \frac{1 - \cos 1}{3}.$$

例 7　计算二重积分 $I = \iint\limits_{D} [y + \sin(xy)] \mathrm{d}x \mathrm{d}y$，其中 $D = \{(x,y) \mid x^2 + y^2 \leqslant 4, y \geqslant 0\}$.

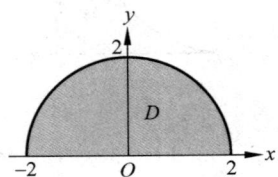

图 8-18

解　如图 8-18 所示，注意到积分区域 D 是关于 y 轴对称的. 选择先对 x 积分时，第一次定积分中的被积函数及积分限中的 y 都视为常数. 这样 y 是偶函数，而 $\sin(xy)$ 是奇函数，且 x 的积分区间关于原点对称. 所以

$$\iint\limits_{D} \sin(xy) \mathrm{d}x \mathrm{d}y = \int_0^2 \mathrm{d}y \int_{-\sqrt{4-y^2}}^{\sqrt{4-y^2}} \sin(xy) \mathrm{d}x = 0,$$

由此，积分可以仅在区域

$$D_1 = \{(x,y) \mid 0 \leqslant x \leqslant \sqrt{4-y^2}, 0 \leqslant y \leqslant 2\}$$

上进行，即

$$I = 2\iint\limits_{D_1} y \mathrm{d}x \mathrm{d}y = 2\int_0^2 \mathrm{d}y \int_0^{\sqrt{4-y^2}} y \mathrm{d}x = 2\int_0^2 y \sqrt{4-y^2} \mathrm{d}y = -\frac{2}{3}(4-y^2)^{\frac{3}{2}}\Big|_0^2 = \frac{16}{3}.$$

下面给出关于对称区域上二重积分的一般结论：

（1）当积分区域 D 关于 x 轴对称时，若被积函数 $f(x,y)$ 是 y 的奇函数，即 $f(x,-y) = -f(x,y)$，则

$$\iint\limits_{D} f(x,y) \mathrm{d}\sigma = 0;$$

若被积函数 $f(x,y)$ 是 y 的偶函数，即 $f(x,-y) = f(x,y)$，则

$$\iint\limits_{D} f(x,y) \mathrm{d}\sigma = 2\iint\limits_{D_1} f(x,y) \mathrm{d}\sigma,$$

其中 D_1 是 D 位于 x 轴上侧（或下侧）的部分.

（2）当积分区域 D 关于 y 轴对称时，若被积函数 $f(x,y)$ 是 x 的奇函数，即 $f(-x,y) = -f(x,y)$，则

$$\iint\limits_{D} f(x,y) \mathrm{d}\sigma = 0;$$

若被积函数 $f(x,y)$ 是 x 的偶函数，即 $f(-x,y) = f(x,y)$，则

$$\iint\limits_{D} f(x,y) \mathrm{d}\sigma = 2\iint\limits_{D_1} f(x,y) \mathrm{d}\sigma,$$

其中 D_1 是 D 位于 y 轴右侧（或左侧）的部分.

（3）当积分区域 D 关于原点对称时，若被积函数 $f(x,y)$ 满足 $f(-x,-y) = -f(x,y)$，则

$$\iint\limits_{D} f(x,y)\mathrm{d}\sigma = 0;$$

若被积函数 $f(x,y)$ 满足 $f(-x,-y)=f(x,y)$，则

$$\iint\limits_{D} f(x,y)\mathrm{d}\sigma = 2\iint\limits_{D_1} f(x,y)\mathrm{d}\sigma,$$

其中 D_1 是用过原点的直线分割 D 后，取其一半的部分.

（4）当积分区域 D 关于直线 $y=x$ 对称时，则

$$\iint\limits_{D} f(x,y)\mathrm{d}\sigma = \iint\limits_{D} f(y,x)\mathrm{d}\sigma.$$

读者可以利用二重积分的几何意义更加直观地理解上述结论.

例8 计算二重积分 $I=\iint\limits_{D}|xy|\mathrm{d}x\mathrm{d}y$，其中 D 是矩形区域 $\{(x,y)\,|\,|x|\leqslant 1,|y|\leqslant 2\}$.

解 积分区域 D 关于 x 轴、y 轴都对称，并且被积函数 $|xy|$ 既是 y 的偶函数，也是 x 的偶函数. 记区域 D_1 是 D 位于第一象限的部分. 根据对称性，有

$$I=4\iint\limits_{D_1}|xy|\mathrm{d}x\mathrm{d}y=4\iint\limits_{D_1}xy\mathrm{d}x\mathrm{d}y=4\int_0^1\mathrm{d}x\int_0^2 xy\mathrm{d}y=8\int_0^1 x\mathrm{d}x=4.$$

二、极坐标系下的计算

对于某些二重积分，积分区域 D 的边界曲线用极坐标方程表示较为简单（如圆盘、圆环、扇形等），这种情况下若被积函数用极坐标变量 r,θ 表示的形式也较简单，就可以考虑用极坐标系来计算二重积分.

根据平面上点的直角坐标 (x,y) 与极坐标 (r,θ) 之间的变换关系

$$x=r\cos\theta, \quad y=r\sin\theta,$$

被积函数 $f(x,y)$ 的极坐标表达式为

$$f(x,y)=f(r\cos\theta,r\sin\theta).$$

对极坐标系下的积分区域，用圆心在极点 O、半径 r 为常数的同心圆族与极角 θ 为常数的射线族把积分区域 D 分割成 n 个小闭区域（图 8-19）. 除了包含边界点的小闭区域外，小闭区域的面积 $\Delta\sigma_i$ 为

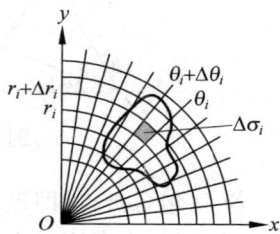

图 8-19

$$\Delta\sigma_i = \frac{1}{2}(r_i+\Delta r_i)^2\Delta\theta_i - \frac{1}{2}r_i^2\Delta\theta_i$$

$$= r_i\cdot\Delta r_i\cdot\Delta\theta_i + \frac{1}{2}\Delta r_i^2\cdot\Delta\theta_i \approx r_i\cdot\Delta r_i\cdot\Delta\theta_i,$$

其中 $\dfrac{1}{2}\Delta r_i^2\cdot\Delta\theta_i$ 代入二重积分定义求和后是一个无穷小量，故忽略不计. 具体分析此处不详细展开. 于是，当 $\lambda\rightarrow 0$ 时（λ 是所有子区域直径的最大值），得到极坐标系下的面积元素

$$\mathrm{d}\sigma = r\mathrm{d}r\mathrm{d}\theta.$$

因此，就得到二重积分的变量从直角坐标变换为极坐标的变换公式：

$$\iint\limits_{D} f(x,y)\mathrm{d}x\mathrm{d}y = \iint\limits_{D} f(r\cos\theta,r\sin\theta)r\mathrm{d}r\mathrm{d}\theta.$$

注意，上式的右边区域 D 应该由极坐标形式给出.

如果平面闭区域 D 由射线 $\theta=\alpha,\theta=\beta$ 以及曲线 $r=r_1(\theta),r=r_2(\theta)(\alpha<\beta,r_1\leqslant r_2)$ 围成，则称区域 D 是 θ **型区域**，即 D 可表示为

$$D=\{(r\cos\theta,r\sin\theta)\mid r_1(\theta)\leqslant r\leqslant r_2(\theta),\alpha\leqslant\theta\leqslant\beta\}.$$

这种区域的特点是：每条从极点出发的射线穿过 D 的内部，与 D 的边界最多只有两个交点. 如图 8-20 所示，α 是 D 中各点 θ 的最小值，β 是其最大值. 当 θ 固定在 $\theta_0\in(\alpha,\beta)$ 时，对应的射线从 D 的内侧曲线 $r=r_1(\theta)$ 穿入 D，从 D 的外侧曲线 $r=r_2(\theta)$ 穿出 D. 于是在极坐标下，二重积分可化为如下的累次积分：

$$\iint\limits_{D} f(r\cos\theta,r\sin\theta)r\mathrm{d}r\mathrm{d}\theta = \int_{\alpha}^{\beta}\mathrm{d}\theta\int_{r_1(\theta)}^{r_2(\theta)} f(r\cos\theta,r\sin\theta)r\mathrm{d}r.$$

若 θ 型区域 D 中的 $r_1(\theta)=0$，即曲线 $r=r_1(\theta)$ 退缩至极点，则对应区域的形状如图 8-21 所示，此种情况下 D 可表示为

$$D=\{(r\cos\theta,r\sin\theta)\mid 0\leqslant r\leqslant r(\theta),\alpha\leqslant\theta\leqslant\beta\}.$$

于是得

$$\iint\limits_{D} f(r\cos\theta,r\sin\theta)r\mathrm{d}r\mathrm{d}\theta = \int_{\alpha}^{\beta}\mathrm{d}\theta\int_{0}^{r(\theta)} f(r\cos\theta,r\sin\theta)r\mathrm{d}r.$$

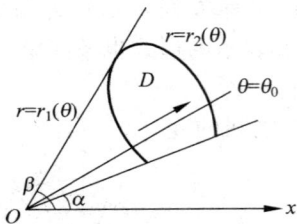

图 8-20

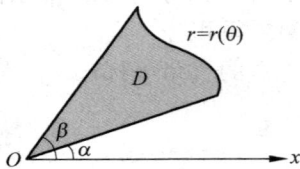

图 8-21

若 D 包含极点，即极点在它的内部（图 8-22），那么可以把它看作图 8-21 中当 $\alpha=0,\beta=2\pi$ 时的特例，也即两射线重合. 此种情况下，D 可表示为

$$D=\{(r\cos\theta,r\sin\theta)\mid 0\leqslant r\leqslant r(\theta),0\leqslant\theta\leqslant 2\pi\}.$$

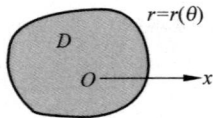

图 8-22

因此得

$$\iint\limits_{D} f(r\cos\theta,r\sin\theta)r\mathrm{d}r\mathrm{d}\theta = \int_{0}^{2\pi}\mathrm{d}\theta\int_{0}^{r(\theta)} f(r\cos\theta,r\sin\theta)r\mathrm{d}r.$$

在将二重积分由直角坐标化为极坐标计算时，正确地用极坐标表示积分区域是十分重要的.

例 9 将二重积分 $\iint\limits_{D} f(x,y)\mathrm{d}x\mathrm{d}y$ 化为极坐标系下的累次积分，其中 D

(1) 由直线 $x+y=2$ 及曲线 $x=\sqrt{2y-y^2}$ 所围成；

(2) 由直线 $y=x,y=0$ 及 $x=1$ 所围成.

解 （1）D 的两条边界的交点为$(0,2)$和$(1,1)$. 这两条边界在极坐标下的方程分别为

$$r = \frac{2}{\sin\theta + \cos\theta}, \quad r = 2\sin\theta.$$

积分区域 D 如图 8-23 所示. 由图可知, D 中所有的点位于射线 $\theta = \dfrac{\pi}{4}$ 及 $\theta = \dfrac{\pi}{2}$ 形成的夹角中. 因此, 变量 θ 的取值范围是 $\left[\dfrac{\pi}{4}, \dfrac{\pi}{2}\right]$. 在这两条边界中, 与极点距离较近的曲线是 $r = \dfrac{2}{\sin\theta + \cos\theta}$, 与极点距离较远的曲线是 $r = 2\sin\theta$. 则有

$$D = \left\{ (r\cos\theta, r\sin\theta) \,\middle|\, \frac{2}{\sin\theta + \cos\theta} \leqslant r \leqslant 2\sin\theta, \frac{\pi}{4} \leqslant \theta \leqslant \frac{\pi}{2} \right\}.$$

于是得

$$\iint\limits_{D} f(x,y)\,\mathrm{d}x\mathrm{d}y = \int_{\frac{\pi}{4}}^{\frac{\pi}{2}} \mathrm{d}\theta \int_{\frac{2}{\sin\theta + \cos\theta}}^{2\sin\theta} f(r\cos\theta, r\sin\theta) r\,\mathrm{d}r.$$

（2）D 的所有边界在极坐标下的方程分别为

$$\theta = \frac{\pi}{4}, \quad \theta = 0, \quad r = \sec\theta.$$

积分区域 D 如图 8-24 所示, D 中所有的点位于射线 $\theta = 0$ 及 $\theta = \dfrac{\pi}{4}$ 形成的夹角中. 因此, 变量 θ 的取值范围是 $\left[0, \dfrac{\pi}{4}\right]$. 注意到从极点出发的射线经过 D 的内部时, 从 $r = \sec\theta$ 穿出 D. 则有

$$D = \left\{ (r\cos\theta, r\sin\theta) \,\middle|\, 0 \leqslant r \leqslant \sec\theta, 0 \leqslant \theta \leqslant \frac{\pi}{4} \right\}.$$

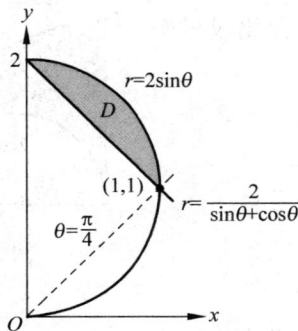

图 8-23

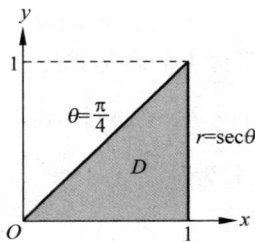

图 8-24

因此得

$$\iint\limits_{D} f(x,y)\,\mathrm{d}x\mathrm{d}y = \int_{0}^{\frac{\pi}{4}} \mathrm{d}\theta \int_{0}^{\sec\theta} f(r\cos\theta, r\sin\theta) r\,\mathrm{d}r.$$

例 10 计算二重积分 $I = \iint\limits_{D} \arctan\dfrac{y}{x}\,\mathrm{d}x\mathrm{d}y$, 其中 D 是由圆周 $x^2 + y^2 = 1$, $x^2 + y^2 = 4$ 以及直线 $y = x$, $y = 0$ 所围成的在第一象限内的部分.

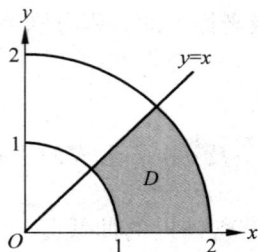

图 8-25

解 积分区域 D 如图 8-25 所示，在极坐标下表示为

$$D = \left\{ (r\cos\theta, r\sin\theta) \,\Big|\, 1 \leqslant r \leqslant 2, 0 \leqslant \theta \leqslant \frac{\pi}{4} \right\},$$

于是得

$$I = \int_0^{\frac{\pi}{4}} \mathrm{d}\theta \int_1^2 \arctan(\tan\theta) r \,\mathrm{d}r$$

$$= \int_0^{\frac{\pi}{4}} \mathrm{d}\theta \int_1^2 \theta r \,\mathrm{d}r = \frac{3}{2} \int_0^{\frac{\pi}{4}} \theta \,\mathrm{d}\theta = \frac{3\pi^2}{64}.$$

例 11 计算二重积分 $I = \iint\limits_D \dfrac{\mathrm{d}x\,\mathrm{d}y}{\pi + x^2 + y^2}$，其中 $D = \{(x,y) \mid x^2 + y^2 \leqslant \pi\}$.

解 积分区域 D 是圆域，在极坐标下表示为

$$D = \{ (r\cos\theta, r\sin\theta) \mid 0 \leqslant r \leqslant \sqrt{\pi}, 0 \leqslant \theta \leqslant 2\pi \},$$

于是得

$$I = \int_0^{2\pi} \mathrm{d}\theta \int_0^{\sqrt{\pi}} \frac{r}{\pi + r^2} \mathrm{d}r = \int_0^{2\pi} \left[\frac{1}{2} \ln(\pi + r^2) \right] \bigg|_{r=0}^{r=\sqrt{\pi}} \mathrm{d}\theta$$

$$= \int_0^{2\pi} \frac{\ln 2}{2} \mathrm{d}\theta = \pi \ln 2.$$

例 12 设函数 $f(x,y)$ 连续，将直角坐标系下的累次积分 $\displaystyle\int_0^2 \mathrm{d}x \int_{\sqrt{2x-x^2}}^{\sqrt{4-x^2}} f(x,y)\mathrm{d}y$ 化为极坐标下的累次积分.

解 根据所给累次积分的上下限可得积分区域 D 的表达式如下：

$$D = \{ (x,y) \mid \sqrt{2x-x^2} \leqslant y \leqslant \sqrt{4-x^2}, 0 \leqslant x \leqslant 2 \}.$$

也即，D 由 $x=0, x=2, y=\sqrt{2x-x^2}, y=\sqrt{4-x^2}$ 所围成. 据此得到 D 的图形如图 8-26 所示. 而 D 的内外侧边界方程化成极坐标后分别为

$$r = 2\cos\theta, \quad r = 2.$$

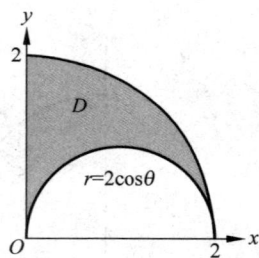

图 8-26

因此，D 在极坐标下的表达式为

$$D = \left\{ (r\cos\theta, r\sin\theta) \,\Big|\, 2\cos\theta \leqslant r \leqslant 2, 0 \leqslant \theta \leqslant \frac{\pi}{2} \right\}.$$

故所求累次积分为

$$\int_0^2 \mathrm{d}x \int_{\sqrt{2x-x^2}}^{\sqrt{4-x^2}} f(x,y)\mathrm{d}y = \int_0^{\frac{\pi}{2}} \mathrm{d}\theta \int_{2\cos\theta}^2 f(r\cos\theta, r\sin\theta) r \,\mathrm{d}r.$$

例 13 （1）计算二重积分 $I(R) = \iint\limits_{D(R)} \mathrm{e}^{-x^2-y^2} \mathrm{d}x\,\mathrm{d}y$，其中 $D(R)$ 是半径为 R 的 1/4 圆域：$\{(x,y) \mid x^2 + y^2 \leqslant R^2, x \geqslant 0, y \geqslant 0\}(R>0)$；

（2）求反常积分 $\displaystyle\int_0^{+\infty} \mathrm{e}^{-x^2} \mathrm{d}x$ 的值.

解 （1）$D(R)$ 在极坐标下可表示为

$$D(R) = \left\{ (r\cos\theta, r\sin\theta) \,\Big|\, 0 \leqslant r \leqslant R, 0 \leqslant \theta \leqslant \frac{\pi}{2} \right\},$$

于是得

$$I(R) = \int_0^{\frac{\pi}{2}} d\theta \int_0^R e^{-r^2} r\, dr = \int_0^{\frac{\pi}{2}} \frac{1-e^{-R^2}}{2} d\theta = \frac{\pi}{4}(1-e^{-R^2}).$$

(2) 设 $S = \{(x,y) \mid 0 \leqslant x \leqslant R, 0 \leqslant y \leqslant R\}$. 显然 $D(R) \subset$ $S \subset D(\sqrt{2}R)$（图 8-27）.

由于 $e^{-x^2-y^2} > 0$，因此有不等式

$$\iint\limits_{D(R)} e^{-x^2-y^2} dx dy < \iint\limits_{S} e^{-x^2-y^2} dx dy < \iint\limits_{D(\sqrt{2}R)} e^{-x^2-y^2} dx dy.$$

因为

$$\iint\limits_{S} e^{-x^2-y^2} dx dy = \int_0^R e^{-x^2} dx \cdot \int_0^R e^{-y^2} dy = \left(\int_0^R e^{-x^2} dx\right)^2,$$

再由(1)中的结果知

$$\iint\limits_{D(R)} e^{-x^2-y^2} dx dy = \frac{\pi}{4}(1-e^{-R^2}), \quad \iint\limits_{D(\sqrt{2}R)} e^{-x^2-y^2} dx dy = \frac{\pi}{4}(1-e^{-2R^2}),$$

所以不等式改写为

$$\frac{\pi}{4}(1-e^{-R^2}) < \left(\int_0^R e^{-x^2} dx\right)^2 < \frac{\pi}{4}(1-e^{-2R^2}).$$

令 $R \to +\infty$，上式左右两端都趋于 $\frac{\pi}{4}$，根据夹逼准则得

$$\int_0^{+\infty} e^{-x^2} dx = \lim_{R\to+\infty} \int_0^R e^{-x^2} dx = \frac{\sqrt{\pi}}{2}.$$

这个积分称为泊松(Poisson)积分，它在概率论及一些工程领域中有重要的应用. 另外，本例如果用直角坐标计算，由于 $\int e^{-x^2} dx$ 不能用初等函数表示，因此无法计算.

*三、二重积分的换元法

换元法是定积分计算中十分重要和有效的方法. 下面我们将一元函数的积分换元法推广到二元函数的积分中，介绍在一般的坐标变换下计算二重积分的方法.

定理 8.2 设函数 $f(x,y)$ 在 xOy 平面上的有界闭区域 D 上连续，变换

$$T: x = x(u,v), \quad y = y(u,v)$$

将 uOv 平面上的有界闭区域 D^* 变为 xOy 平面上的 D，且满足

(1) $x = x(u,v), y = y(u,v)$ 在 D^* 上有一阶连续偏导数；

(2) $J(u,v) = \dfrac{\partial(x,y)}{\partial(u,v)} = \begin{vmatrix} \dfrac{\partial x}{\partial u} & \dfrac{\partial x}{\partial v} \\ \dfrac{\partial y}{\partial u} & \dfrac{\partial y}{\partial v} \end{vmatrix} \neq 0, (u,v) \in D^*$；

(3) 变换 $T: D^* \to D$ 是一一对应的，

则

$$\iint\limits_{D} f(x,y) dx dy = \iint\limits_{D^*} f[x(u,v), y(u,v)] |J(u,v)| du dv.$$

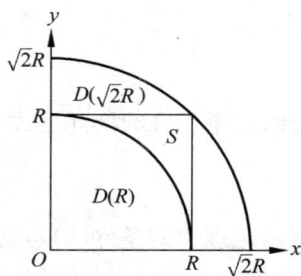

对于此定理，我们略去它的证明. 证明的具体过程请读者参考同济大学应用数学系主编的《高等数学》(第 7 版，下册).

这里需要指出的是，在定理的条件下，变换 T 必有逆变换 T^{-1}：$u=u(x,y)$，$v=v(x,y)$，且

$$\frac{\partial(x,y)}{\partial(u,v)} \cdot \frac{\partial(u,v)}{\partial(x,y)} = 1.$$

因此，二重积分的换元公式中的雅可比(Jacobi)行列式也可以由下式得到：

$$J(u,v) = \left[\frac{\partial(u,v)}{\partial(x,y)}\right]^{-1}.$$

另外，定理中的条件(2)可适当放宽：如果对 D^* 内个别点或在一条曲线上 $J(u,v)$ 为零，而在其他点上 $J(u,v)$ 不为零，那么定理仍然成立.

可以验证，在极坐标下，有

$$|J(r,\theta)| = \left|\frac{\partial(x,y)}{\partial(r,\theta)}\right| = r,$$

从而导出我们已知的直角坐标到极坐标的二重积分变量变换公式

$$\iint\limits_{D} f(x,y)\mathrm{d}x\mathrm{d}y = \iint\limits_{D^*} f(r\cos\theta,r\sin\theta)r\mathrm{d}r\mathrm{d}\theta.$$

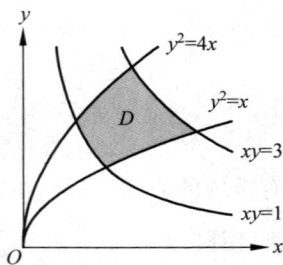

图 8-28

例 14 计算二重积分 $I = \iint\limits_{D}\dfrac{x}{y^2+xy^3}\mathrm{d}x\mathrm{d}y$，其中 D 是由曲线 $xy=1$，$xy=3$，$y^2=x$，$y^2=4x$ 所围成的闭区域(图 8-28).

解 令 $u=xy$，$v=\dfrac{y^2}{x}$，则 D 在 uOv 平面上对应的区域为

$$D^* = \{(u,v) \mid 1 \leqslant u \leqslant 3, 1 \leqslant v \leqslant 4\}.$$

由于

$$\frac{\partial(u,v)}{\partial(x,y)} = \begin{vmatrix} y & x \\ -\dfrac{y^2}{x^2} & \dfrac{2y}{x} \end{vmatrix} = \frac{3y^2}{x},$$

因此

$$J(u,v) = \left[\frac{\partial(u,v)}{\partial(x,y)}\right]^{-1} = \frac{x}{3y^2} = \frac{1}{3v}.$$

从而

$$I = \iint\limits_{D}\frac{1}{\dfrac{y^2}{x}(1+xy)}\mathrm{d}x\mathrm{d}y = \iint\limits_{D^*}\frac{1}{(1+u)v} \cdot \frac{1}{3v}\mathrm{d}u\mathrm{d}v = \frac{1}{3}\int_1^3\mathrm{d}u\int_1^4\frac{1}{(1+u)v^2}\mathrm{d}v = \frac{1}{4}\ln 2.$$

例 15 计算二重积分 $I = \iint\limits_{D}\cos\dfrac{x-y}{x+y}\mathrm{d}x\mathrm{d}y$，其中 D 是由直线 $x+y=1$ 及两条坐标轴所围成的闭区域.

解 令 $u=x-y$，$v=x+y$，则 $x=\dfrac{u+v}{2}$，$y=\dfrac{v-u}{2}$. 故 D 的三条边界在 uOv 平面上对应的方程为

$$v=1, \quad u+v=0, \quad u-v=0.$$

所以 D 在 uOv 平面上对应的区域 D^* 如图 8-29 所示,其表达式为

$$D^* = \{(u,v) \mid -v \leqslant u \leqslant v, 0 \leqslant v \leqslant 1\}.$$

由于

$$J(u,v) = \frac{\partial(x,y)}{\partial(u,v)} = \begin{vmatrix} \dfrac{1}{2} & \dfrac{1}{2} \\ -\dfrac{1}{2} & \dfrac{1}{2} \end{vmatrix} = \frac{1}{2},$$

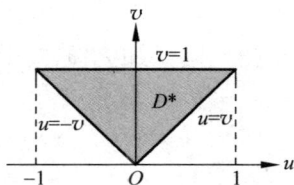

图 8-29

因此

$$I = \iint\limits_{D^*} \cos \frac{u}{v} \cdot \frac{1}{2} \mathrm{d}u\,\mathrm{d}v = \frac{1}{2} \int_0^1 \mathrm{d}v \int_{-v}^{v} \cos \frac{u}{v} \mathrm{d}u = \frac{\sin 1}{2}.$$

从上面的两个例子可以看出,坐标变换中变换函数的选择主要考虑两个因素:其一是使积分区域变得简单,其二是被积函数易于求出二重积分.

例16 计算二重积分 $I = \iint\limits_{D} \sqrt{\dfrac{x^2}{a^2} + \dfrac{y^2}{b^2}}\,\mathrm{d}x\,\mathrm{d}y$,其中 D 是椭圆 $\dfrac{x^2}{a^2} + \dfrac{y^2}{b^2} = 1$ 所围成的闭区域,$a>0, b>0$.

解 作广义极坐标变换:

$$\begin{cases} x = ar\cos\theta, \\ y = br\sin\theta, \end{cases}$$

其中 $r \geqslant 0, 0 \leqslant \theta \leqslant 2\pi$. 故 D 在这个变换下对应的闭区域 D^* 的表达式为

$$D^* = \{(r,\theta) \mid 0 \leqslant r \leqslant 1, 0 \leqslant \theta \leqslant 2\pi\}.$$

因为

$$J(r,\theta) = \frac{\partial(x,y)}{\partial(r,\theta)} = abr,$$

所以

$$I = \iint\limits_{D^*} r \cdot abr\,\mathrm{d}r\,\mathrm{d}\theta = ab \int_0^{2\pi} \mathrm{d}\theta \int_0^1 r^2 \mathrm{d}r = \frac{2}{3}\pi ab.$$

习题 8-2

1. 将二重积分 $\iint\limits_{D} f(x,y)\mathrm{d}\sigma$ 化为两种不同次序的累次积分,其中 D 为:

(1) 由曲线 $y=\ln x$、直线 $x=\mathrm{e}$ 及 x 轴所围成的闭区域;

(2) 由曲线 $y=x^3$、直线 $y=-1$ 及 $x=1$ 所围成的闭区域;

(3) 由抛物线 $y=x^2$ 与直线 $y=5x+6$ 所围成的闭区域;

(4) 由曲线 $y=2x-x^2$ 与 x 轴所围成的闭区域.

2. 计算下列二重积分:

(1) $\iint\limits_{D}(x+2y)^2\mathrm{d}x\,\mathrm{d}y$,其中 $D = \{(x,y) \mid 0 \leqslant x \leqslant 1, 0 \leqslant y \leqslant 1\}$;

(2) $\displaystyle\iint_D (x^2 + y^2)\mathrm{d}x\mathrm{d}y$，其中 D 是由直线 $x + 2y = 2$ 与两条坐标轴所围成的闭区域；

(3) $\displaystyle\iint_D x\sqrt{y}\,\mathrm{d}x\mathrm{d}y$，其中 D 是由抛物线 $y^2 = x$ 与直线 $y = x$ 所围成的闭区域；

(4) $\displaystyle\iint_D x\cos(x + y)\mathrm{d}x\mathrm{d}y$，其中 D 是顶点为 $(0,0)$，$(\pi,0)$，(π,π) 的三角形闭区域；

(5) $\displaystyle\iint_D \frac{xy}{\sqrt{1 + y^3}}\mathrm{d}x\mathrm{d}y$，其中 D 是由抛物线 $y = x^2$ 与直线 $x = 0$，$y = 1$ 所围成的闭区域；

(6) $\displaystyle\iint_D \cos\frac{x}{y}\mathrm{d}x\mathrm{d}y$，其中 D 是由曲线 $y^3 = x$ 与直线 $y = x$，$y = 2$ 所围成的闭区域；

(7) $\displaystyle\iint_D x^2 \mathrm{e}^{-y^2}\mathrm{d}x\mathrm{d}y$，其中 D 是顶点为 $(0,0)$，$(0,1)$，$(1,1)$ 的三角形闭区域；

(8) $\displaystyle\iint_D |y - x^2|\mathrm{d}x\mathrm{d}y$，其中 $D = \{(x,y) \mid 0 \leqslant x \leqslant 1, 0 \leqslant y \leqslant 1\}$.

3. 设函数 $f(x)$，$g(x)$ 可积，$D = \{(x,y) \mid a \leqslant x \leqslant b, c \leqslant y \leqslant d\}$，证明：

$$\iint_D f(x)g(y)\mathrm{d}x\mathrm{d}y = \left[\int_a^b f(x)\mathrm{d}x\right] \cdot \left[\int_c^d g(y)\mathrm{d}y\right].$$

4. (1) 设函数 $f(x,y)$ 在由 $y = x$，$y = a$，$x = b(a < b)$ 围成的闭区域上连续，证明：

$$\int_a^b \mathrm{d}x \int_a^x f(x,y)\mathrm{d}y = \int_a^b \mathrm{d}y \int_y^b f(x,y)\mathrm{d}x;$$

(2) 若函数 $f(x)$ 在 $[a,b]$ 上连续，证明：

$$\int_a^b \mathrm{d}x \int_a^x f(y)\mathrm{d}y = \int_a^b (b - y)f(y)\mathrm{d}y.$$

5. 设函数 $f(x,y)$ 连续，交换下列二次积分的积分次序：

(1) $\displaystyle\int_0^1 \mathrm{d}y \int_y^{\sqrt{y}} f(x,y)\mathrm{d}x$；
    (2) $\displaystyle\int_0^1 \mathrm{d}y \int_{-\sqrt{1-y^2}}^{\sqrt{1-y^2}} f(x,y)\mathrm{d}x$；

(3) $\displaystyle\int_{-6}^2 \mathrm{d}x \int_{\frac{1}{4}x^2-1}^{2-x} f(x,y)\mathrm{d}y$；
    (4) $\displaystyle\int_0^\pi \mathrm{d}x \int_{-\sin\frac{x}{2}}^{\sin x} f(x,y)\mathrm{d}y$；

(5) $\displaystyle\int_0^1 \mathrm{d}x \int_0^{x^2} f(x,y)\mathrm{d}y + \int_1^2 \mathrm{d}x \int_0^{\frac{1}{2}(3-x)} f(x,y)\mathrm{d}y$.

6. 通过交换积分次序，计算下列二次积分：

(1) $\displaystyle\int_0^1 \mathrm{d}y \int_{y^{1/3}}^1 \sqrt{1 - x^8}\,\mathrm{d}x$；
    (2) $\displaystyle\int_0^1 \mathrm{d}x \int_x^1 y^2 \sin(xy)\mathrm{d}y$；

(3) $\displaystyle\int_1^2 \mathrm{d}x \int_{\sqrt{x}}^x \sin\frac{\pi x}{2y}\mathrm{d}y + \int_2^4 \mathrm{d}x \int_{\sqrt{x}}^2 \sin\frac{\pi x}{2y}\mathrm{d}y$.

7. 计算下列对称区域上的二重积分：

(1) $\displaystyle\iint_D (x + y)\mathrm{d}x\mathrm{d}y$，其中 $D = \{(x,y) \mid -1 \leqslant x \leqslant 1, 0 \leqslant y \leqslant 1\}$；

(2) $\displaystyle\iint_D (x^2 \sin x + y\cos y + 1)\mathrm{d}x\mathrm{d}y$，其中 $D = \{(x,y) \mid -1 \leqslant x \leqslant 1, -1 \leqslant y \leqslant 1\}$；

(3) $\displaystyle\iint_D (3 - 2x + y)\sqrt{R^2 - x^2 - y^2}\,\mathrm{d}x\mathrm{d}y$，其中 $D = \{(x,y) \mid x^2 + y^2 \leqslant R^2\}(R > 0)$；

(4) $\iint\limits_{D}(\,|\,x\,|+|\,y\,|\,)\mathrm{d}x\mathrm{d}y$,其中 D 是以 $(1,0),(0,1),(-1,0),(0,-1)$ 为顶点的正方形闭区域.

8. 将二重积分 $\iint\limits_{D}f(x,y)\mathrm{d}\sigma$ 化为极坐标形式下的二次积分,其中:

(1) $D=\{(x,y)\,|\,x^2+y^2\leqslant a^2\}(a>0)$;   (2) $D=\{(x,y)\,|\,x^2+y^2\leqslant ax\}(a>0)$;

(3) $D=\{(x,y)\,|\,x^2+y^2\leqslant ay\}(a>0)$;   (4) $D=\{(x,y)\,|\,x\leqslant y\leqslant1,0\leqslant x\leqslant1\}$;

(5) $D=\{(x,y)\,|\,x^2+y^2\leqslant2(x+y)\}$;   (6) $D=\{(x,y)\,|\,(x-1)^2+(y-1)^2\leqslant1\}$.

9. 利用极坐标计算下列二重积分:

(1) $\iint\limits_{D}\sqrt{x^2+y^2}\,\mathrm{d}x\mathrm{d}y$,其中 $D=\{(x,y)\,|\,1\leqslant x^2+y^2\leqslant4\}$;

(2) $\iint\limits_{D}\sqrt{4-x^2-y^2}\,\mathrm{d}x\mathrm{d}y$,其中 $D=\{(x,y)\,|\,x^2+y^2\leqslant2x\}$;

(3) $\iint\limits_{D}\dfrac{x+y}{x^2+y^2}\mathrm{d}x\mathrm{d}y$,其中 D 是由曲线 $y=\sqrt{1-x^2}$ 与直线 $x+y=1$ 所围成的闭区域;

(4) $\iint\limits_{D}\dfrac{x^2}{y^2}\mathrm{d}x\mathrm{d}y$,其中 D 是由圆周 $x^2+y^2=1,x^2+y^2=4$ 以及直线 $y=x,x=0$ 所围成的在第一象限内的部分区域;

(5) $\iint\limits_{D}(x^2+y^2)\mathrm{d}x\mathrm{d}y$,其中 D 是由圆周 $x^2+y^2=2y,x^2+y^2=4y$ 以及直线 $y=\sqrt{3}\,x$, $x=\sqrt{3}\,y$ 所围成的闭区域;

(6) $\iint\limits_{D}|\,y-\sqrt{3}\,x\,|\,\mathrm{d}x\mathrm{d}y$,其中 D 是圆盘 $x^2+y^2\leqslant1$ 在第一象限内的部分.

10. 将下列二次积分化为极坐标形式的二次积分,并计算积分值:

(1) $\displaystyle\int_0^1\mathrm{d}y\int_0^{\sqrt{1-y^2}}\ln(1+x^2+y^2)\mathrm{d}x$;   (2) $\displaystyle\int_0^1\mathrm{d}x\int_0^x\sqrt{x^2+y^2}\,\mathrm{d}y$;

(3) $\displaystyle\int_0^2\mathrm{d}x\int_0^{\sqrt{2x-x^2}}(x^2+y^2)\mathrm{d}y$;   (4) $\displaystyle\int_0^1\mathrm{d}y\int_{\sqrt{2y-y^2}}^{1+\sqrt{1-y^2}}\left(\dfrac{xy}{x^2+y^2}\right)^2\mathrm{d}x$;

(5) $\displaystyle\int_{\frac{1}{\sqrt{2}}}^1\mathrm{d}x\int_{\sqrt{1-x^2}}^x xy\,\mathrm{d}y+\int_1^{\sqrt{2}}\mathrm{d}x\int_0^x xy\,\mathrm{d}y+\int_{\sqrt{2}}^2\mathrm{d}x\int_0^{\sqrt{4-x^2}}xy\,\mathrm{d}y$.

*11. 利用下面两种给定的变换:

(1) $u=x+y,v=x-y$;   (2) $u=x^2+y^2,v=xy$,

计算二重积分 $\iint\limits_{D}(x^2-y^2)\mathrm{e}^{(x+y)^2}\mathrm{d}x\mathrm{d}y$,其中 $D=\left\{(x,y)\,\middle|\,y\leqslant x\leqslant\sqrt{1-y^2},0\leqslant y\leqslant\dfrac{1}{\sqrt{2}}\right\}$.

*12. 作适当的变量变换,计算下列二重积分:

(1) $\iint\limits_{D}\cos(4x^2+9y^2)\mathrm{d}x\mathrm{d}y$,其中 D 是椭圆形闭区域 $\dfrac{x^2}{9}+\dfrac{y^2}{4}\leqslant1$ 位于第一象限内的部分;

(2) $\displaystyle\iint\limits_{D}(x+y)\cos^2(x-y)\mathrm{d}x\mathrm{d}y$，其中 D 是以 $(\pi,0),(2\pi,\pi),(\pi,2\pi),(0,\pi)$ 为顶点的正方形闭区域；

(3) $\displaystyle\iint\limits_{D}xy\mathrm{d}x\mathrm{d}y$，其中 D 是由曲线 $xy=1,xy=2$ 以及直线 $y=2x,2y=x$ 所围成的在第一象限内的闭区域；

(4) $\displaystyle\iint\limits_{D}\mathrm{e}^{\frac{x}{x+y}}\mathrm{d}x\mathrm{d}y$，其中 D 是由直线 $x+y=1$ 与两条坐标轴所围成的闭区域.

*13. 设 $f(x)$ 为连续函数，常数 $a>0$，证明：

$$\iint\limits_{x^2+y^2\leqslant a^2}f(x+y)\mathrm{d}x\mathrm{d}y=\int_{-\sqrt{2}a}^{\sqrt{2}a}f(u)\sqrt{2a^2-u^2}\mathrm{d}u.$$

第三节　重积分的应用

根据前面的讨论可知，运用重积分可以求得平面图形的面积、曲顶柱体的体积以及平面薄板的质量. 本节利用微元法讨论重积分在几何及经济方面的应用.

一、几何应用

例 1　求由曲线 $y=x^3$ 与 $y^2=x$ 所围成图形的面积.

解　联立方程组

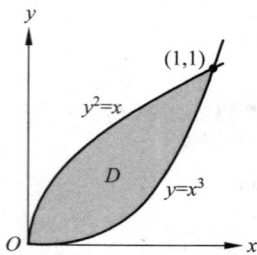

图 8-30

$$\begin{cases}y=x^3,\\y^2=x,\end{cases}$$

解得两条曲线的交点为 $(0,0)$ 和 $(1,1)$. 画出所围平面图形 D，如图 8-30 所示. 所以，D 可表示为

$$D=\{(x,y)\mid x^3\leqslant y\leqslant\sqrt{x},0\leqslant x\leqslant 1\}.$$

根据重积分的性质，得 D 的面积为

$$A=\iint\limits_{D}\mathrm{d}\sigma=\int_0^1\mathrm{d}x\int_{x^3}^{\sqrt{x}}\mathrm{d}y=\int_0^1(\sqrt{x}-x^3)\mathrm{d}x=\frac{5}{12}.$$

例 2　求由双纽线 $(x^2+y^2)^2=a^2(x^2-y^2)$ 所围成图形（图 8-31）的面积，其中参数 $a>0$.

解　在直角坐标系下难以给出曲线关于 x 或 y 的显式表达式. 因此，无法在直角坐标系下计算二重积分. 考虑在极坐标下分析该问题. 将曲线方程化为极坐标系下的方程，得

$$r=a\sqrt{\cos(2\theta)}.$$

因为 $\cos(2\theta)\geqslant 0$，所以 $-\dfrac{\pi}{4}\leqslant\theta\leqslant\dfrac{\pi}{4}$ 或 $\dfrac{3\pi}{4}\leqslant\theta\leqslant\dfrac{5\pi}{4}$. 根据图形关于坐标轴的对称性，所求图形面积为它在第一象限部分的 4 倍. 第一象限部分图形在极坐标下的表达式为

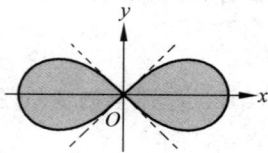

图 8-31

$$D=\left\{(r\cos\theta,r\sin\theta)\left|\ 0\leqslant r\leqslant a\sqrt{\cos(2\theta)},0\leqslant\theta\leqslant\frac{\pi}{4}\right.\right\}.$$

于是,所求面积为

$$A = 4\iint\limits_{D} d\sigma = 4\int_0^{\frac{\pi}{4}} d\theta \int_0^{a\sqrt{\cos(2\theta)}} r\,dr = 2a^2 \int_0^{\frac{\pi}{4}} \cos(2\theta)\,d\theta = a^2.$$

例 3 求由平面 $x=0, y=0, x+y=1$ 所围成的柱体被平面 $z=0$ 和旋转抛物面 $z=1-x^2-y^2$ 截得的立体的体积.

解 如图 8-32 所示,所围立体是以曲面 $z=1-x^2-y^2$ 为顶,以在 xOy 平面上由 $x=0, y=0, x+y=1$ 所围区域 D 为底的曲顶柱体.由二重积分的几何意义知,所求体积

$$V = \iint\limits_{D}(1-x^2-y^2)\,d\sigma.$$

而 D 可表示为

$$D = \{(x,y) \mid 0 \leqslant y \leqslant 1-x, 0 \leqslant x \leqslant 1\}.$$

于是得

$$V = \int_0^1 dx \int_0^{1-x}(1-x^2-y^2)\,dy = \int_0^1\left(\frac{4}{3}x^3 - 2x^2 + \frac{2}{3}\right)dx = \frac{1}{3}.$$

例 4 求球体 $x^2+y^2+z^2 \leqslant R^2$ 被圆柱面 $x^2+y^2=Rx$ 所截下的立体的体积,其中 $R>0$.

解 由所求立体的对称性知,只要求出在第一卦限内的部分体积,它的 4 倍即为所求立体的体积.如图 8-33 所示,在第一卦限内的立体可视为以球面 $x^2+y^2+z^2=R^2$ 为顶,以在 xOy 平面区域 D: $x^2+y^2 \leqslant Rx, y \geqslant 0$ 为底的曲顶柱体.根据二重积分的几何意义知,所求体积

$$V = 4\iint\limits_{D}\sqrt{R^2-x^2-y^2}\,d\sigma.$$

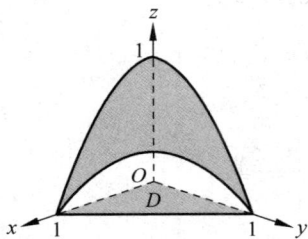

图 8-32

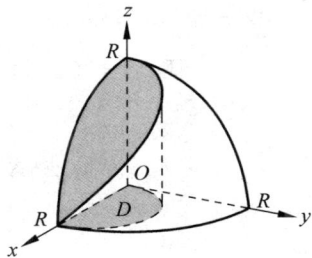

图 8-33

注意到被积函数以及积分区域 D,考虑在极坐标系下计算该二重积分. D 在极坐标系下的表达式为

$$D = \left\{(r\cos\theta, r\sin\theta) \;\middle|\; 0 \leqslant r \leqslant R\cos\theta, 0 \leqslant \theta \leqslant \frac{\pi}{2}\right\}.$$

于是得

$$V = 4\int_0^{\frac{\pi}{2}} d\theta \int_0^{R\cos\theta} \sqrt{R^2-r^2} \cdot r\,dr = \frac{4}{3}R^3 \int_0^{\frac{\pi}{2}}(1-\sin^3\theta)\,d\theta = \frac{4}{3}R^3\left(\frac{\pi}{2} - \frac{2}{3}\right).$$

例 5 求由上半球面 $z=\sqrt{2-x^2-y^2}$ 与圆锥面 $z=\sqrt{x^2+y^2}$ 所围成立体(图 8-34)的体积.

解 由已知条件，两曲面的交线为 $\begin{cases} x^2+y^2=1, \\ z=1. \end{cases}$ 从而，立体在 xOy 平面上的投影区域为 D：$x^2+y^2\leqslant1$. 根据图 8-34 可知，所求体积 V 是两个以 D 为底的曲顶柱体体积之差，其中一个以 $z=\sqrt{2-x^2-y^2}$ 为顶，另一个以 $z=\sqrt{x^2+y^2}$ 为顶. 因此

$$V=\iint\limits_{D}(\sqrt{2-x^2-y^2}-\sqrt{x^2+y^2})\mathrm{d}\sigma.$$

在极坐标系下，D 的表达式为

$$D=\{(r\cos\theta,r\sin\theta)\mid 0\leqslant r\leqslant1,0\leqslant\theta\leqslant2\pi\}.$$

于是得

$$V=\int_0^{2\pi}\mathrm{d}\theta\int_0^1(\sqrt{2-r^2}-r)r\mathrm{d}r=\frac{4(\sqrt{2}-1)}{3}\pi.$$

* **例 6** 求由曲线 $xy=a$，$xy=b$ 以及直线 $y=px$，$y=qx$ 在第一象限内所围成图形（图 8-35）的面积，其中 $b>a>0$，$q>p>0$.

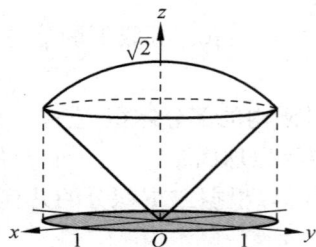
图 8-34

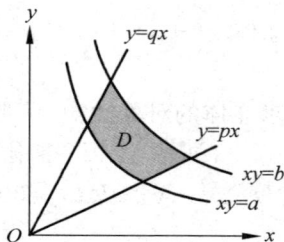
图 8-35

解 令 $u=xy$，$v=\dfrac{y}{x}$，则 D 在 uOv 平面上对应的区域为

$$D^*=\{(u,v)\mid a\leqslant u\leqslant b,p\leqslant v\leqslant q\}.$$

由于

$$\frac{\partial(u,v)}{\partial(x,y)}=\begin{vmatrix} y & x \\ -\dfrac{y}{x^2} & \dfrac{y}{x} \end{vmatrix}=\frac{2y}{x},$$

因此

$$J(u,v)=\left[\frac{\partial(u,v)}{\partial(x,y)}\right]^{-1}=\frac{x}{2y}=\frac{1}{2v}.$$

从而，所求面积

$$A=\iint\limits_{D}\mathrm{d}x\mathrm{d}y=\iint\limits_{D^*}\mid J(u,v)\mid \mathrm{d}u\mathrm{d}v=\int_a^b\mathrm{d}u\int_p^q\frac{1}{2v}\mathrm{d}v=\frac{b-a}{2}\ln\frac{q}{p}.$$

二、经济应用

例 7 某自贸区由于地理条件限制，设立在 $x=0$，$y=3$，$y=x$ 所围区域 D 上（单位：km），已知该自贸区的产值与地理位置的关系为 $R(x,y)=2y^2\mathrm{e}^{xy}$（万元/km^2），求该自贸区的总产值 R.

解 由已知条件,D 可表示为

$$D=\{(x,y)\mid 0\leqslant x\leqslant y,0\leqslant y\leqslant 3\}.$$

所以

$$R=\iint\limits_{D}R(x,y)\mathrm{d}\sigma=\int_0^3\mathrm{d}y\int_0^y2y^2\mathrm{e}^{xy}\mathrm{d}x=\int_0^32y(\mathrm{e}^{y^2}-1)\mathrm{d}y=\mathrm{e}^9-10(万元).$$

例 8 根据国家政策,某省在一个半径为 4km 的圆形区域内建立一个经济区,以圆心为坐标原点建立坐标系. 经调研发现,该经济区的税收与地理位置相关:横坐标为 x(km)、纵坐标为 y(km)的区块一年上缴的税收为 $\dfrac{300+10x+20y}{\sqrt{9+x^2+y^2}}$(万元),求该经济区一年的总税收.

解 由已知条件,D 在极坐标系下可表示为

$$D=\{(r\cos\theta,r\sin\theta)\mid 0\leqslant r\leqslant 4,0\leqslant\theta\leqslant 2\pi\}.$$

于是,总税收

$$T=\iint\limits_{D}\frac{300+10x+20y}{\sqrt{9+x^2+y^2}}\mathrm{d}\sigma.$$

因为 D 既关于 x 轴对称,又关于 y 轴对称,所以

$$T=\iint\limits_{D}\frac{300}{\sqrt{9+x^2+y^2}}\mathrm{d}\sigma=300\int_0^{2\pi}\mathrm{d}\theta\int_0^4\frac{r}{\sqrt{9+r^2}}\mathrm{d}r=1200\pi(万元).$$

习题 8-3

1. 利用二重积分求下列平面闭区域 D 的面积:

(1) D 由曲线 $y=\ln x$ 及直线 $y=\dfrac{x-1}{\mathrm{e}-1}$ 围成;

(2) D 由抛物线 $y^2=x$ 及直线 $y=x-2$ 围成;

(3) $D=\{(r\cos\theta,r\sin\theta)\mid 1\leqslant r\leqslant 2\sin\theta\}$;

(4) D 由曲线 $(x^2+y^2)^3=a^2(x^4+y^4)(a>0)$ 围成;

*(5) D 由椭圆 $(x+2y-3)^2+(5x-6y+7)^2=4$ 围成.

2. 利用二重积分求下列空间立体 Ω 的体积:

(1) Ω 由圆柱面 $x^2+y^2=2ax$、抛物面 $az=x^2+y^2$ 及平面 $z=0$ 围成,其中 $a>0$;

(2) Ω 是由平面 $x=0,y=0,x+y=1$ 所围成的柱体被平面 $z=x+y$ 和曲面 $z=xy$ 截得的立体;

(3) $\Omega=\{(x,y,z)\mid 2(x^2+y^2)\leqslant z\leqslant\sqrt{5-x^2-y^2}\}$;

(4) Ω 由曲面 $z=2x^2+y^2$ 及 $z=6-x^2-2y^2$ 所围成;

(5) $\Omega=\{(x,y,z)\mid x^2+y^2\leqslant 1+z^2,-1\leqslant z\leqslant 1\}$.

3. 求当两个底圆半径都等于 R 的圆柱面正交时,它们所围成的立体的体积.

4. 在一半径为 R 的球体内,以某一直径为中心轴,用半径为 r 的圆柱形钻孔机打一个孔($r<R$),求剩余部分的体积. 若圆柱形孔的侧面高为 h,证明所求体积只与 h 有关,而与 r 和 R 无关.

5. 某种植园建立在一座山上. 从地图上看,以山顶为圆心,种植园呈圆环形分布,内圆

半径为 4km，外圆半径为 8km. 已知该种植园的作物产值与地理位置相关：距离圆心 r（km）的位置一年的产值为 $5\ln r$（万元），求该种植园一年的总产值.

总习题 八

1. 选择题

(1) 设 $I_1 = \iint\limits_{x^2+y^2\leqslant 1} f\left(\dfrac{1}{1+\sqrt{x^2+y^2}}\right)\mathrm{d}\sigma$，$I_2 = \iint\limits_{x^2+y^2\leqslant 1} f\left(\dfrac{1}{1+x^2+y^2}\right)\mathrm{d}\sigma$，其中连续函数 $f(u)$ 严格单调递减，则有（　　）.

    A. $I_1 > I_2$ B. $I_1 < I_2$

    C. $I_1 = I_2$ D. I_1 与 I_2 的大小关系不确定

(2) 设区域 $D = \{(x,y) \mid -1 \leqslant x \leqslant 1, -1 \leqslant y \leqslant 1\}$，常数 $a < 0$，则二重积分 $\iint\limits_D \mathrm{e}^{axy}\sin(xy)\mathrm{d}\sigma$ 的值（　　）.

    A. 大于零   B. 小于零

    C. 等于零   D. 无法判断符号

(3) 设函数 $f(x)$ 连续，令 $F(t) = \int_0^t \mathrm{d}y \int_y^t f(x)\mathrm{d}x$，则 $F'(t) = $（　　）.

    A. $f(t)$ B. $f'(t)$ C. $tf(t)$ D. $tf'(t)$

(4) 设 D 是以 $(1,1)$，$(-1,1)$ 和 $(-1,-1)$ 为顶点的三角形闭区域，D_1 是 D 位于第一象限的部分，则 $\iint\limits_D (x+y^2)\tan(x^2 y)\mathrm{d}x\mathrm{d}y = $（　　）.

    A. $2\iint\limits_{D_1} x\tan(x^2 y)\mathrm{d}x\mathrm{d}y$ B. $2\iint\limits_{D_1} y^2\tan(x^2 y)\mathrm{d}x\mathrm{d}y$

    C. $4\iint\limits_{D_1} (x+y^2)\tan(x^2 y)\mathrm{d}x\mathrm{d}y$ D. 0

(5) 二次积分 $\int_0^{\frac{\pi}{2}} \mathrm{d}\theta \int_0^{\sin\theta} f(r\cos\theta, r\sin\theta) \cdot r\mathrm{d}r$ 可以表示为（　　）.

    A. $\int_0^1 \mathrm{d}x \int_0^{\sqrt{1-x^2}} f(x,y)\mathrm{d}y$ B. $\int_0^1 \mathrm{d}y \int_0^{\sqrt{1-y^2}} f(x,y)\mathrm{d}x$

    C. $\int_0^1 \mathrm{d}x \int_0^{\sqrt{x-x^2}} f(x,y)\mathrm{d}y$ D. $\int_0^1 \mathrm{d}y \int_0^{\sqrt{y-y^2}} f(x,y)\mathrm{d}x$.

2. 填空题

(1) 二次积分 $\int_0^1 \mathrm{d}y \int_{\sqrt{y}}^1 \dfrac{y}{1+x^5}\mathrm{d}x = $ _____.

(2) 交换积分次序：$\int_{-2}^0 \mathrm{d}x \int_0^{1+\frac{x}{2}} f(x,y)\mathrm{d}y + \int_0^1 \mathrm{d}x \int_0^{\sqrt{1-x}} f(x,y)\mathrm{d}y = $ _____.

(3) 设平面区域 D 满足：$y \leqslant 2x^2$，$x^2+y^2 \leqslant 5$，$x \geqslant 0$，$y \geqslant 0$，则 $\iint\limits_D f(x,y)\mathrm{d}\sigma$ 在极坐标系下的二次积分为 _____.

(4) 二重积分 $\displaystyle\iint\limits_{x^2+y^2\leqslant1}\left[1+\sin(2x+3y)\right]\sqrt{x^2+y^2}\,\mathrm{d}x\,\mathrm{d}y=$ _____.

(5) 设平面区域 D 由曲线 $x^2+y^2=2x$ 和 $x^2+y^2=2$ 围成,且 D 中的点满足 $x^2+y^2\geqslant2$,则 D 的面积为 _____.

3. 计算二重积分 $\displaystyle\iint\limits_{D}\mathrm{e}^{\max\{x^2,y^2\}}\,\mathrm{d}x\,\mathrm{d}y$,其中区域 $D=\{(x,y)\mid 0\leqslant x\leqslant1,0\leqslant y\leqslant1\}$.

4. 设区域 $D=\{(x,y)\mid x^2+y^2\leqslant2\}$,$f(x,y)$ 在 D 上连续,求 $f(x,y)$,使得

$$f(x,y)=\frac{1+x+y}{1+x^2+y^2}-(x+y)^2\iint\limits_{D}f(x,y)\,\mathrm{d}\sigma.$$

5. 在一形状为旋转抛物面 $z=x^2+y^2$ 的容器内,已盛有 $8\pi\mathrm{cm}^3$ 的水,现又倒入 $120\pi\mathrm{cm}^3$ 的水,问:倒入水后,水面升高了多少厘米?

6. 某工业区由于地理条件限制,设立在 $x=0$,$y=0$ 和 $\sqrt{x}+\sqrt{y}=2$ 所围区域 $D(\mathrm{km})$ 上.已知该工业区 (x,y) 处一个月的产值为 $40(x+2y)$(万元/km^2),并且为了达到环保要求,每个月工业区每平方千米需要花费 21 万元.求该工业区一个月的实际收入.

7. 设二重积分 $\displaystyle I=\iint\limits_{x^2+y^2\leqslant1}\frac{\mathrm{d}x\,\mathrm{d}y}{2-\sin^2x-\sin^2y}$.证明:$\dfrac{\pi}{2}\leqslant I\leqslant\pi\ln2$.

8. 设区域 $D(a)=\{(x,y)\mid-a\leqslant x\leqslant a,-a\leqslant y\leqslant a\}$($a>0$),二元函数 $f(x,y)$ 连续且恒正,记 $\displaystyle F(n,a)=\left(\iint\limits_{D(a)}f^n(x,y)\,\mathrm{d}x\,\mathrm{d}y\right)^{\frac{1}{n}}$.证明:$\displaystyle\lim_{n\to\infty}F\left(n,\frac{1}{n}\right)=f(0,0)$.

9. 设函数 $f(x)$ 在 $[0,1]$ 上连续,$A=\displaystyle\int_0^1 f(x)\,\mathrm{d}x$,证明:$\displaystyle\int_0^1\mathrm{d}x\int_x^1 f(x)f(y)\,\mathrm{d}y=\frac{A^2}{2}$.

10. 设函数 $f(x)$ 在 $[a,b]$ 上连续,证明:$\displaystyle\left[\int_a^b f(x)\,\mathrm{d}x\right]^2\leqslant(b-a)\int_a^b f^2(x)\,\mathrm{d}x$.

第九章 微分方程与差分方程

函数反映客观世界运动过程中各种变量之间的函数关系,是研究现实世界运动规律的重要工具,但在大量的实际问题中遇到稍微复杂的运动过程时,要直接写出反映运动规律的量与量之间的函数关系往往是不可能的,但常常可建立含有要找的函数及其导数(或微分)的关系式,这种关系式称为微分方程. 在经济学和管理科学中,有时候函数自变量取值是离散的,为此需要离散化,从而得到差分方程. 对微分方程或差分方程进行分析,解出未知函数,这就是解方程. 本章主要介绍微分方程的基本概念,几类一阶微分方程的解法,可降阶的高阶微分方程的解法,二阶线性微分方程解的结构以及二阶常系数线性微分方程的求解,最后介绍差分方程以及差分方程在经济学中的应用.

第一节 微分方程的基本概念

一、引例

下面通过两个实际问题的例子来引出微分方程的基本概念.

例 1 一曲线经过点$(0,1)$,且曲线上任意一点(x,y)处的切线的斜率等于该点的横坐标,试确定此曲线的方程.

解 设曲线方程为$y=y(x)$. 由导数的几何意义可知函数$y=y(x)$满足

$$\frac{\mathrm{d}y}{\mathrm{d}x}=x, \tag{9.1}$$

同时还满足以下条件:

$$x=0 \text{ 时}, \quad y=1. \tag{9.2}$$

式(9.1)两端积分,得

$$y=\int x\,\mathrm{d}x, \quad \text{即} \quad y=\frac{x^2}{2}+C, \tag{9.3}$$

其中C为任意常数.

把条件(9.2)代入式(9.3)得

$$C=1,$$

代入式(9.3),得到所求曲线方程为

$$y = \frac{x^2}{2} + 1. \tag{9.4}$$

例 2 试求在真空中从静止状态自由下落的物体的运动方程(路程函数).

解 设物体自由下落时路程函数 $s = s(t)$,在真空中物体所受到的外力为 $F = mg$,由牛顿第二定律 $F = ma$,可得

$$mg = ma, \tag{9.5}$$

又 $a = \dfrac{\mathrm{d}v}{\mathrm{d}t} = \dfrac{\mathrm{d}^2 s}{\mathrm{d}t^2}$,从而式(9.5)变成

$$\frac{\mathrm{d}^2 s}{\mathrm{d}t^2} = g, \tag{9.6}$$

且满足下列条件:

$$t = 0 \text{ 时},\quad v = \frac{\mathrm{d}s}{\mathrm{d}t} = 0,\quad s(0) = 0. \tag{9.7}$$

将式(9.6)积分一次,得

$$v = \frac{\mathrm{d}s}{\mathrm{d}t} = gt + C_1, \tag{9.8}$$

再积分一次,得

$$s(t) = \frac{1}{2}gt^2 + C_1 t + C_2, \tag{9.9}$$

其中 C_1, C_2 为任意常数.

将条件(9.7)代入式(9.8),得到 $C_1 = 0$,再代入式(9.9),得到 $C_2 = 0$. 所以,所求物体的运动方程为

$$s(t) = \frac{1}{2}gt^2. \tag{9.10}$$

上述两个例子中的关系式(9.1)和式(9.6)都含有未知函数的导数,它们都是微分方程.

二、基本概念

根据上述两个例子,我们给出微分方程的一些概念.

定义 9.1 含有未知函数的导数或微分的方程叫**微分方程**.

未知函数是一元函数的微分方程叫**常微分方程**. 未知函数是多元函数的微分方程叫**偏微分方程**(此种方程中含有未知函数的偏导数). 上面两个例子中式(9.1)和式(9.6)是两个常微分方程,本章只讨论常微分方程,后面我们就直接称之为微分方程.

定义 9.2 微分方程中所出现的未知函数导数的最高阶数叫**微分方程的阶**.

例如,式(9.1)是一阶微分方程,式(9.6)是二阶微分方程. 再如,$y^{(4)} - 4y''' + 10y'' - 12y' + 5y = \sin 2x$ 是四阶微分方程,$y^{(n)} + 1 = 0$ 是 n 阶微分方程.

一般地,n 阶微分方程的形式是

$$F(x, y, y', \cdots, y^{(n)}) = 0,\quad \text{或}\quad y^{(n)} = f(x, y, y', \cdots, y^{(n-1)}), \tag{9.11}$$

式中 F 是关于 $n+2$ 个变量 $x, y, y', \cdots, y^{(n)}$ 的函数. 需要指出的是,作为 n 阶微分方程,式(9.11)中 $y^{(n)}$ 是必须出现的,而 $x, y, y', \cdots, y^{(n-1)}$ 等变量可以不出现.

如果在方程(9.11)中,左端函数 F 对未知函数 y 以及它的各阶导数 $y',\cdots,y^{(n)}$ 分别都是一次的,则称之为**线性微分方程**,否则称之为**非线性微分方程**.

一个以 y 为未知函数、x 为自变量的 n 阶线性微分方程应该有如下形式:

$$y^{(n)}+p_1(x)y^{(n-1)}+\cdots+p_{n-1}(x)y'+p_n(x)y=f(x). \tag{9.12}$$

我们将在第六节中详细讨论方程(9.12).

定义 9.3 满足微分方程的函数(把函数代入微分方程能使该方程成为恒等式)叫作该微分方程的解.

设 $y=\varphi(x)$ 在区间 I 上有 n 阶连续导数,如果在区间 I 上,$\varphi(x)$ 满足微分方程(9.11),即

$$F(x,\varphi(x),\varphi'(x),\cdots,\varphi^{(n)}(x))\equiv 0,$$

则函数 $y=\varphi(x)$ 为微分方程 $F(x,y,y',\cdots,y^{(n)})=0$ 在区间 I 上的**解**.

如果微分方程的解中含有任意常数,其中互相独立(即不可合并而使个数减少)的任意常数的个数与微分方程的阶数相同,那么这样的解叫作微分方程的**通解**.例 1 中的式(9.3)就是方程(9.1)的通解,例 2 中的式(9.9)就是方程(9.6)的通解.

如果确定了通解中的所有任意常数,就得到微分方程的**特解**,即不含任意常数的解.例 1 中的式(9.4)就是方程(9.1)的特解,例 2 中的式(9.10)就是方程(9.6)的特解.

定义 9.4 用于确定通解中任意常数的条件称为**初始条件**.例 1 中的式(9.2)就是方程(9.1)的初始条件,例 2 中的式(9.7)就是方程(9.6)的初始条件.

一般来说,一阶微分方程有一个初始条件

$$y(x_0)=y_0 \quad 或 \quad y\big|_{x=x_0}=y_0;$$

二阶微分方程有两个初始条件

$$y(x_0)=y_0,\quad y'(x_0)=y_0',\quad 或 \quad y\big|_{x=x_0}=y_0 \ 与 \ y'\big|_{x=x_0}=y_0';$$

n 阶微分方程有 n 个初始条件

$$y(x_0)=y_0,\quad y'(x_0)=y_0',\quad y''(x_0)=y_0'',\cdots,y^{(n-1)}(x_0)=y_0^{(n-1)},$$

其中 $x_0,y_0,y_0',\cdots,y_0^{(n-1)}$ 都是已知常数.

求微分方程满足初始条件的特解的问题称为**微分方程的初值问题**.

如求微分方程 $y'=f(x,y)$ 满足初始条件 $y\big|_{x=x_0}=y_0$ 的解的问题,记为

$$\begin{cases} y'=f(x,y), \\ y\big|_{x=x_0}=y_0. \end{cases} \tag{9.13}$$

定义 9.5 微分方程特解的图形是一条曲线,叫作微分方程的**积分曲线**.微分方程的通解的图像是一族曲线,称为微分方程的**积分曲线族**.

初值问题(9.13)的几何意义是求微分方程的通过点 (x_0,y_0) 的那条积分曲线.二阶微分方程的初值问题

$$\begin{cases} y''=f(x,y,y'), \\ y\big|_{x=x_0}=y_0,y'\big|_{x=x_0}=y_0' \end{cases}$$

的几何意义是求微分方程的通过点 (x_0,y_0) 且在该点处的切线斜率为 y_0' 的那条积分曲线.

例 3 验证函数 $y=C_1\cos x+C_2\sin x+\dfrac{1}{2}\mathrm{e}^x$ 是微分方程 $\dfrac{\mathrm{d}^2y}{\mathrm{d}x^2}+y=\mathrm{e}^x$ 的解,并求满足

初始条件 $y|_{x=0}=\dfrac{3}{2}$，$y'|_{x=0}=-\dfrac{1}{2}$ 的特解.

解 求出所给函数的导数：

$$\frac{\mathrm{d}y}{\mathrm{d}x}=-C_1\sin x+C_2\cos x+\frac{1}{2}\mathrm{e}^x,\frac{\mathrm{d}^2y}{\mathrm{d}x^2}=-C_1\cos x-C_2\sin x+\frac{1}{2}\mathrm{e}^x,$$

将 $\dfrac{\mathrm{d}^2y}{\mathrm{d}x^2}$ 和 y 的表达式代入微分方程，得

$$\frac{\mathrm{d}^2y}{\mathrm{d}x^2}+y=-C_1\cos x-C_2\sin x+\frac{1}{2}\mathrm{e}^x+C_1\cos x+C_2\sin x+\frac{1}{2}\mathrm{e}^x\equiv\mathrm{e}^x.$$

因此所给函数是微分方程的解.

将条件 $y|_{x=0}=\dfrac{3}{2}$ 代入 $y=C_1\cos x+C_2\sin x+\dfrac{1}{2}\mathrm{e}^x$，得 $\dfrac{3}{2}=C_1+\dfrac{1}{2}$，解得 $C_1=1$；再

将条件 $y'|_{x=0}=-\dfrac{1}{2}$ 代入 $\dfrac{\mathrm{d}y}{\mathrm{d}x}=-C_1\sin x+C_2\cos x+\dfrac{1}{2}\mathrm{e}^x$，得 $-\dfrac{1}{2}=C_2+\dfrac{1}{2}$，解得 $C_2=-1$.

把 C_1,C_2 的值代入 $y=C_1\cos x+C_2\sin x+\dfrac{1}{2}\mathrm{e}^x$，得方程的特解为

$$y=\cos x-\sin x+\frac{1}{2}\mathrm{e}^x.$$

习题 9-1

1. 写出下列各微分方程的阶数，并说明是否是线性微分方程：

(1) $y''+y'^2+xy=1$； (2) $y^{(4)}-4y'''+10y''-12y'+5y=\sin 2x$；

(3) $\dfrac{\mathrm{d}^2Q}{\mathrm{d}t^2}-k\dfrac{\mathrm{d}Q}{\mathrm{d}t}+Q=0$； (4) $(y''')^2-y^4=\mathrm{e}^x$.

2. 设 $y=C_1x^5+\dfrac{C_2}{x}-\dfrac{x^2}{9}\ln x$ 是某二阶微分方程的通解，求该微分方程满足初始条件 $y|_{x=1}=0,y'|_{x=1}=1$ 的特解.

3. 指出下列各题中的函数是不是所给微分方程的解：

(1) $y=\dfrac{4}{x^2}$，$x\mathrm{d}y+2y\mathrm{d}x=0$；

(2) $y=(C_1+C_2x)\mathrm{e}^{-2x}$，$y''+4y'+4y=0$.

4. 验证二元方程 $x^2-xy+y^2=C$ 所确定的函数是微分方程 $(x-2y)y'=2x-y$ 的通解.

5. 写出由下列条件确定的曲线所满足的微分方程与初始条件：

(1) 曲线在点 (x,y) 处的切线斜率等于 1 和该点横坐标的平方之差的倒数，且过点 $(0,1)$；

(2) 曲线过点 $(-1,1)$ 且曲线上任一点的切线与 Ox 轴交点的横坐标等于切点横坐标的平方.

6. 当轮船的前进速度为 v_0 时，推进器停止工作，已知船受水的阻力与船速的平方成正比（比例系数为 mk，其中 $k>0$ 为常数，m 为船的质量）. 试建立船的速度和时间的微分方程及满足的初始条件.

第二节 可分离变量的微分方程

本节至第四节，我们将讨论一阶微分方程

$$F(x,y,y')=0 \quad \text{或} \quad y'=f(x,y)$$

的一些解法.

定义 9.6 形如

$$\frac{\mathrm{d}y}{\mathrm{d}x}=f(x)g(y) \tag{9.14}$$

的一阶微分方程称为**可分离变量的微分方程**.

可分离变量的微分方程的求解方法如下：

(1) 变量分离，将方程(9.14)改写成一端只含 y 的函数和 $\mathrm{d}y$，另一端只含 x 的函数和 $\mathrm{d}x$，即

$$\frac{1}{g(y)}\mathrm{d}y=f(x)\mathrm{d}x, \quad g(y)\neq 0, \tag{9.15}$$

如果方程(9.15)中的函数 $g(y)$ 和 $f(x)$ 是连续的，则可以用积分的方法求解.

(2) 将方程(9.15)两边同时积分，得

$$\int \frac{1}{g(y)}\mathrm{d}y=\int f(x)\mathrm{d}x.$$

设 $H(y)$，$G(x)$ 分别为 $\frac{1}{g(y)}$，$f(x)$ 的原函数，则积分的结果可表示为

$$H(y)=G(x)+C, \tag{9.16}$$

式(9.16)就是微分方程(9.14)的通解. 一般地，二元方程(9.16)确定的是隐函数，所以，式(9.16)又称为隐式通解. 上述方法称为**分离变量法**.

注 求解可分离变量的微分方程，关键在于变量的分离，即方程经恒等变形，使得 $\mathrm{d}x$ 的系数仅为 x 的函数，而 $\mathrm{d}y$ 的系数仅为 y 的函数，然后积分求得通解.

例 1 求微分方程 $\frac{\mathrm{d}y}{\mathrm{d}x}=3x^2y$ 的通解.

解 方程是可分离变量的，分离变量后得

$$\frac{\mathrm{d}y}{y}=3x^2\mathrm{d}x,$$

两端积分，得

$$\ln|y|=x^3+C_1,$$

解得 $y=\pm \mathrm{e}^{x^3+C_1}=\pm \mathrm{e}^{C_1}\mathrm{e}^{x^3}$.

因为 $\pm \mathrm{e}^{C_1}$ 仍是不为 0 的任意常数，把它记作 C. 当 $C=0$ 时，我们可以验证 $y=0$ 也是方程的解. 所以，方程的通解是

$$y=C\mathrm{e}^{x^3}, \quad C \text{ 为任意常数}.$$

例 2 求一阶微分方程 $\cos y\mathrm{d}x+(1+\mathrm{e}^{-x})\sin y\mathrm{d}y=0$ 满足 $y(0)=0$ 的解.

解 方程是可分离变量的，分离变量后得

$$\frac{\sin y}{\cos y}\mathrm{d}y = -\frac{1}{1+\mathrm{e}^{-x}}\mathrm{d}x,$$

两边积分,得

$$\int \frac{\sin y}{\cos y}\mathrm{d}y = -\int \frac{\mathrm{e}^x}{1+\mathrm{e}^x}\mathrm{d}x,$$

即

$$-\ln |\cos y| = -\ln(1+\mathrm{e}^x) - \ln C_1,$$

或

$$|\cos y| = C_1(1+\mathrm{e}^x),$$

所求通解为

$$\cos y = C(1+\mathrm{e}^x)(C = \pm C_1).$$

将初始条件 $y(0)=0$ 代入通解,解得 $C=\dfrac{1}{2}$,所以所求特解为

$$\cos y = \frac{1+\mathrm{e}^x}{2}.$$

注 积分后,若通解中各项都是对数,则任意常数可取为 $\ln C$,以便于化简.

例 3 求一阶微分方程 $y' = 1 - x^2 + y^2 - x^2 y^2$ 满足 $y(0)=1$ 的特解.

解 原方程可以化为

$$y' = (1+y^2)(1-x^2),$$

分离变量,得

$$\frac{1}{1+y^2}\mathrm{d}y = (1-x^2)\mathrm{d}x,$$

两边积分,得

$$\int \frac{1}{1+y^2}\mathrm{d}y = \int (1-x^2)\mathrm{d}x,$$

即

$$\arctan y = x - \frac{1}{3}x^3 + C.$$

将 $y(0)=1$ 代入,得 $C=\dfrac{\pi}{4}$.

所以,原方程的特解为 $\arctan y = x - \dfrac{1}{3}x^3 + \dfrac{\pi}{4}$.

例 4 当轮船的前进速度为 v_0 时,推进器停止工作,已知船受水的阻力与船速成正比(比例系数为 mk,其中 $k>0$ 为常数,m 为船的质量).问经过多少时间,船的速度为原来速度的一半?

解 由牛顿第二定律 $F=ma$,得

$$-mkv = m\frac{\mathrm{d}v}{\mathrm{d}t},$$

分离变量,得

$$\frac{1}{v}\mathrm{d}v = -k\,\mathrm{d}t,$$

积分得

$$v = C e^{-kt},$$

代入初始条件 $v(0) = v_0$，求得 $C = v_0$. 所以速度函数为

$$v = v_0 e^{-kt}.$$

要使船的速度为原来速度的一半，即

$$\frac{1}{2} v_0 = v_0 e^{-kt},$$

解得 $t = \dfrac{\ln 2}{k}$.

习题 9-2

1. 求下列微分方程的通解：

(1) $\dfrac{\mathrm{d}y}{\mathrm{d}x} = -3x^2 y$; (2) $(2x + xy^2)\mathrm{d}x + (2y + x^2 y)\mathrm{d}y = 0$;

(3) $\dfrac{\mathrm{d}y}{\mathrm{d}x} = -\dfrac{xy}{1+x^2}$; (4) $2xy(1+x)y' = 1 + y^2$.

2. 求下列微分方程满足所给初始条件的特解：

(1) $(1+x^2)y' = \arctan x, y|_{x=0} = 1$;

(2) $y' \sin x = y \ln y, y\left(\dfrac{\pi}{2}\right) = e$;

(3) $\dfrac{\mathrm{d}y}{\mathrm{d}x} = \dfrac{x(1+y^2)}{y(1+x^2)}, y(0) = 1.$

3. 一条曲线过点 $(2,3)$，它在两坐标轴间的任一切线线段被切点平分，求该曲线的方程.

4. 设单位质点 $(m=1)$ 作直线运动，初速度为 v_0，所受阻力与运动速度成正比（其中比例系数为 1）.

(1) 问经过多长时间，此质点的速度为 $\dfrac{1}{3} v_0$?

(2) 求质点的速度为 $\dfrac{1}{3} v_0$ 时，该质点所经过的路程.

第三节 齐次方程

一、齐次方程的定义及求解

定义 9.7 如果一阶微分方程 $y' = f(x, y)$ 中的函数 $f(x, y)$ 可写成 $\dfrac{y}{x}$ 的函数，即

$$\frac{\mathrm{d}y}{\mathrm{d}x} = \varphi\left(\frac{y}{x}\right), \tag{9.17}$$

则称方程 (9.17) 为**齐次方程**.

例如，$(xy-y^2)\mathrm{d}x-(x^2-2xy)\mathrm{d}y=0$ 是齐次方程，因为其可化为

$$\frac{\mathrm{d}y}{\mathrm{d}x}=\frac{xy-y^2}{x^2-2xy}=\frac{\dfrac{y}{x}-\left(\dfrac{y}{x}\right)^2}{1-2\dfrac{y}{x}}.$$

对方程(9.17)作代换 $u=\dfrac{y}{x}$，则 $y=ux$，于是

$$\frac{\mathrm{d}y}{\mathrm{d}x}=x\frac{\mathrm{d}u}{\mathrm{d}x}+u,$$

从而

$$x\frac{\mathrm{d}u}{\mathrm{d}x}+u=\varphi(u),$$

$$\frac{\mathrm{d}u}{\mathrm{d}x}=\frac{\varphi(u)-u}{x},$$

分离变量得

$$\frac{\mathrm{d}u}{\varphi(u)-u}=\frac{\mathrm{d}x}{x},$$

两端积分得

$$\int\frac{\mathrm{d}u}{\varphi(u)-u}=\int\frac{\mathrm{d}x}{x},$$

求出积分后，再用 $\dfrac{y}{x}$ 代替 u，便得所给齐次方程的通解.

例 1 求微分方程 $xy'=y(1+\ln y-\ln x)$ 的通解.

解 原方程可化为

$$\frac{\mathrm{d}y}{\mathrm{d}x}=\frac{y}{x}\left(1+\ln\frac{y}{x}\right),$$

该方程是齐次方程. 令 $u=\dfrac{y}{x}$，则

$$y=ux,\quad \frac{\mathrm{d}y}{\mathrm{d}x}=x\frac{\mathrm{d}u}{\mathrm{d}x}+u,$$

于是原方程变为

$$x\frac{\mathrm{d}u}{\mathrm{d}x}+u=u(1+\ln u).$$

分离变量，得

$$\frac{\mathrm{d}u}{u\ln u}=\frac{\mathrm{d}x}{x},$$

两端积分，得

$$\ln\ln|u|=\ln|x|+\ln C,$$

或写成 $\ln|u|=C|x|$，即 $u=\mathrm{e}^{Cx}$. 将 $u=\dfrac{y}{x}$ 代回，可得 $y=x\mathrm{e}^{Cx}$.

故方程的通解为

$$y = x \mathrm{e}^{Cx}.$$

例 2 求微分方程 $x \dfrac{\mathrm{d}y}{\mathrm{d}x} + y = 2\sqrt{xy}$ 满足 $y(1) = 0$ 的特解.

解 方程可化为

$$\frac{\mathrm{d}y}{\mathrm{d}x} + \frac{y}{x} = 2\sqrt{\frac{y}{x}},$$

该方程是齐次方程,作代换 $u = \dfrac{y}{x}$,则

$$\frac{\mathrm{d}y}{\mathrm{d}x} = u + x\frac{\mathrm{d}u}{\mathrm{d}x},$$

代入原方程得

$$u + x\frac{\mathrm{d}u}{\mathrm{d}x} + u = 2\sqrt{u},$$

化简得

$$x\frac{\mathrm{d}u}{\mathrm{d}x} = 2(\sqrt{u} - u),$$

分离变量并积分,得

$$\int \frac{1}{\sqrt{u} - u}\mathrm{d}u = 2\int \frac{1}{x}\mathrm{d}x,$$

凑微分:

$$2\int \frac{1}{1 - \sqrt{u}}\mathrm{d}(1 - \sqrt{u}) = -2\ln|x|,$$

得

$$\ln|1 - \sqrt{u}| = -\ln|x| + \ln|C|.$$

将 $u = \dfrac{y}{x}$ 代入,解得原方程的通解是

$$x\left(1 - \sqrt{\frac{y}{x}}\right) = C.$$

将初始条件 $y(1) = 0$ 代入,求得 $C = 1$,因此所求特解为 $x\left(1 - \sqrt{\dfrac{y}{x}}\right) = 1$.

例 3 求微分方程 $x^2 \dfrac{\mathrm{d}y}{\mathrm{d}x} + y^2 = xy\dfrac{\mathrm{d}y}{\mathrm{d}x}$ 的通解.

解 原方程可化为

$$\frac{\mathrm{d}y}{\mathrm{d}x} = \frac{y^2}{xy - x^2} = \frac{\left(\dfrac{y}{x}\right)^2}{\dfrac{y}{x} - 1},$$

该方程是齐次方程,作代换 $u = \dfrac{y}{x}$,则

$$\frac{\mathrm{d}y}{\mathrm{d}x} = u + x\frac{\mathrm{d}u}{\mathrm{d}x},$$

代入原方程得

$$u + x\frac{\mathrm{d}u}{\mathrm{d}x} = \frac{u^2}{u-1},$$

即

$$x\frac{\mathrm{d}u}{\mathrm{d}x} = \frac{u}{u-1}.$$

分离变量,得

$$\left(1 - \frac{1}{u}\right)\mathrm{d}u = \frac{\mathrm{d}x}{x},$$

两边积分,得 $u - \ln|u| + C = \ln|x|$,即 $\ln|ux| = u + C.$

变量回代后,得原方程的通解为

$$\ln|y| = \frac{y}{x} + C.$$

*二、可化为齐次的方程

若一阶微分方程为

$$\frac{\mathrm{d}y}{\mathrm{d}x} = \frac{a_1 x + b_1 y + c_1}{a_2 x + b_2 y + c_2}, \tag{9.18}$$

则一定可以将其化为齐次方程:

(1) 当 $c_1 = c_2 = 0$ 时,方程(9.18)就是齐次方程.

(2) 若 c_1, c_2 不同时为零,则方程(9.18)不是齐次方程. 作代换:

$$x = X + h, \quad y = Y + k,$$

只要选取适当的 h, k,就可以使方程(9.18)变为齐次方程.

例 4 求微分方程 $(x - y - 1)\mathrm{d}x + (x + 4y - 1)\mathrm{d}y = 0$ 的通解.

解 该微分方程可写成

$$\frac{\mathrm{d}y}{\mathrm{d}x} = -\frac{x - y - 1}{x + 4y - 1},$$

作代换: $x = X + h, y = Y + k$,则

$$\frac{\mathrm{d}Y}{\mathrm{d}X} = -\frac{(X+h) - (Y+k) - 1}{(X+h) + 4(Y+k) - 1},$$

化简得

$$\frac{\mathrm{d}Y}{\mathrm{d}X} = -\frac{X - Y + h - k - 1}{X + 4Y + h + 4k - 1}.$$

令

$$\begin{cases} h - k - 1 = 0, \\ h + 4k - 1 = 0, \end{cases}$$

解得 $h = 1, k = 0$;即 $x = X + 1, y = Y$,则方程化为

$$\frac{\mathrm{d}Y}{\mathrm{d}X} = -\frac{X - Y}{X + 4Y},$$

这是一个齐次方程,可写成

$$\frac{\mathrm{d}Y}{\mathrm{d}X} = -\frac{1-\dfrac{Y}{X}}{1+4\dfrac{Y}{X}},$$

再令 $\dfrac{Y}{X}=u$，则上式化为

$$u + X\frac{\mathrm{d}u}{\mathrm{d}X} = -\frac{1-u}{1+4u},$$

即

$$\frac{1+4u}{1+4u^2}\mathrm{d}u = -\frac{1}{X}\mathrm{d}X,$$

两边积分，得

$$\int \frac{1+4u}{1+4u^2}\mathrm{d}u = -\int \frac{1}{X}\mathrm{d}X,$$

即

$$\arctan(2u) + \ln(1+4u^2) + \ln X^2 = C,$$

将 $\dfrac{Y}{X}=u$ 代回，得

$$\arctan\left(2\frac{Y}{X}\right) + \ln(X^2 + 4Y^2) = C.$$

再将 $x=X+1, y=Y$ 代入上式，可得

$$\arctan \frac{2y}{x-1} + \ln[(x-1)^2 + 4y^2] = C,$$

这就是原微分方程的通解.

习题 9-3

1. 求下列微分方程的通解：

(1) $xy\mathrm{d}x - (x^2-y^2)\mathrm{d}y = 0$；

(2) $xy' - y = \sqrt{x^2+y^2}$；

(3) $x\dfrac{\mathrm{d}y}{\mathrm{d}x} = x\mathrm{e}^{\frac{y}{x}} + y$；

(4) $(y^2-3x^2)\mathrm{d}y + 2xy\mathrm{d}x = 0$.

2. 求下列微分方程满足初始条件的特解：

(1) $y' = \dfrac{x}{y} + \dfrac{y}{x}, y|_{x=1} = 2$；

(2) $(x^3+y^3)\mathrm{d}x - 3xy^2\mathrm{d}y = 0, y(1) = 1$.

3. 设有连接点 $O(0,0)$ 和 $A(1,1)$ 的一段向上凸的曲线弧 OA（图 9-1），对于 OA 上任一点 $P(x,y)$，曲线弧 OP 与直线段 $\overline{OP}$ 所围图形的面积为 x^2，求曲线弧 OA 的方程.

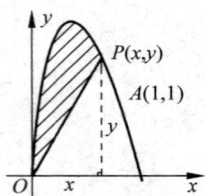

图 9-1

*4. 化下列方程为齐次方程，并求其通解：

(1) $(x-y-1)\mathrm{d}x + (4y+x-1)\mathrm{d}y = 0$；

(2) $(2x+y-4)\mathrm{d}x + (x+y-1)\mathrm{d}y = 0$.

第四节 一阶线性微分方程

一、一阶线性微分方程的定义及求解

定义 9.8 形如

$$\frac{\mathrm{d}y}{\mathrm{d}x} + P(x)y = Q(x) \tag{9.19}$$

的方程称为**一阶线性微分方程**,其中 $P(x),Q(x)$ 都是已知函数.

式(9.19)是一阶线性微分方程的**标准形式**.其特点是关于未知函数 y 和 y' 都是一次的.

如果 $Q(x) \neq 0$,称方程(9.19)为**一阶线性非齐次微分方程**.

如果 $Q(x) \equiv 0$,则方程(9.19)成为

$$\frac{\mathrm{d}y}{\mathrm{d}x} + P(x)y = 0, \tag{9.20}$$

称式(9.20)为**一阶线性齐次微分方程**.

1. 一阶线性齐次微分方程的通解

方程(9.20)为可分离变量的微分方程.分离变量,得

$$\frac{\mathrm{d}y}{y} = -P(x)\mathrm{d}x,$$

两端积分,得

$$\ln|y| = -\int P(x)\mathrm{d}x + C_1,$$

由此得到通解

$$y = C\mathrm{e}^{-\int P(x)\mathrm{d}x}, \tag{9.21}$$

其中 $C = \pm \mathrm{e}^{C_1}$ 为任意常数.

2. 一阶线性非齐次微分方程的通解

为求方程(9.19)的解,我们利用**常数变易法**,即把式(9.21)中的 C 换成 x 的未知函数 $u(x)$,即作变换

$$y = u(x)\mathrm{e}^{-\int P(x)\mathrm{d}x}, \tag{9.22}$$

于是得

$$\frac{\mathrm{d}y}{\mathrm{d}x} = u'\mathrm{e}^{-\int P(x)\mathrm{d}x} + u\mathrm{e}^{-\int P(x)\mathrm{d}x}[-P(x)], \tag{9.23}$$

将式(9.22)、式(9.23)代入式(9.19),得

$$u = \int Q(x)\mathrm{e}^{\int P(x)\mathrm{d}x}\mathrm{d}x + C,$$

将上式代入式(9.22),便得到一阶线性非齐次微分方程的通解

$$y = \mathrm{e}^{-\int P(x)\mathrm{d}x}\left(\int Q(x)\mathrm{e}^{\int P(x)\mathrm{d}x}\mathrm{d}x + C\right). \tag{9.24}$$

上述方法称为**常数变易法**. 式(9.24)称为一阶线性非齐次微分方程(9.19)的**通解公式**.

下面我们分析通解公式(9.24)的结构. 将式(9.24)改写成两项之和：

$$y = Ce^{-\int P(x)dx} + e^{-\int P(x)dx} \int Q(x)e^{\int P(x)dx} dx,$$

上式右端第一项是对应的线性齐次方程(9.20)的通解，第二项是线性非齐次方程(9.19)的一个特解(通解公式(9.24)中 $C=0$ 所对应的特解). 由此可知，一阶线性非齐次微分方程的通解是对应的齐次方程的通解与其自身的一个特解之和.

例 1 求微分方程 $y' - y\tan x = \dfrac{2x}{\cos x}$ 的通解.

解 这是一阶线性非齐次方程的标准形式. 由式(9.19)得

$$P(x) = -\tan x, \quad Q(x) = \frac{2x}{\cos x},$$

套用通解公式(9.24)，得方程的通解为

$$
\begin{aligned}
y &= e^{-\int P(x)dx} \left[\int Q(x) e^{\int P(x)dx} dx + C \right] \\
&= e^{\int \tan x dx} \left(\int \frac{2x}{\cos x} e^{-\int \tan x dx} dx + C \right) \\
&= e^{-\ln\cos x} \left(\int \frac{2x}{\cos x} e^{\ln\cos x} dx + C \right) \\
&= \frac{1}{\cos x} \left(\int \frac{2x}{\cos x} \cdot \cos x dx + C \right) \\
&= \frac{1}{\cos x} \left(\int 2x dx + C \right) \\
&= \frac{1}{\cos x} (x^2 + C).
\end{aligned}
$$

例 2 求微分方程 $x^2 y' + xy + 1 = 0$ 满足初始条件 $y|_{x=2} = 1$ 的特解.

解 将原方程化为标准形式：

$$y' + \frac{1}{x} y = -\frac{1}{x^2},$$

与式(9.19)比较，得 $P(x) = \dfrac{1}{x}, Q(x) = -\dfrac{1}{x^2}$，套用通解公式(9.24)得

$$
y = e^{-\int P(x)dx} \left(\int Q(x) e^{\int P(x)dx} dx + C \right) = e^{-\int \frac{1}{x}dx} \left(\int \left(-\frac{1}{x^2} \right) e^{\int \frac{1}{x}dx} dx + C \right)
$$

$$
= e^{-\ln x} \left(-\int \frac{1}{x^2} e^{\ln x} dx + C \right) = \frac{1}{x} \left(-\int \frac{1}{x^2} x dx + C \right)
$$

$$
= \frac{1}{x} (-\ln x + C).
$$

将初始条件 $y|_{x=2} = 1$ 代入，得 $1 = \dfrac{-\ln 2 + C}{2}$，解得 $C = 2 + \ln 2$，所以满足初始条件的特解为

$$y = \frac{-\ln x + 2 + \ln 2}{x}.$$

例3 求微分方程 $y\mathrm{d}x+(x-y^3)\mathrm{d}y=0$(设 $y>0$)的通解.

解 若将方程变形为

$$\frac{\mathrm{d}y}{\mathrm{d}x}+\frac{y}{x-y^3}=0,$$

显然该方程不是线性微分方程,也不是可变量分离类型或齐次微分方程.

如果将原方程改写为

$$\frac{\mathrm{d}x}{\mathrm{d}y}+\frac{1}{y}x=y^2,$$

即将 x 视为 y 的函数,它是形如 $x'(y)+P(y)x=Q(y)$ 的一阶线性非齐次微分方程,套用通解公式(9.24),得

$$x=\mathrm{e}^{-\int P(y)\mathrm{d}y}\left(\int Q(y)\cdot \mathrm{e}^{\int P(y)\mathrm{d}y}\mathrm{d}y+C_1\right)=\mathrm{e}^{-\int \frac{1}{y}\mathrm{d}y}\left(\int y^2\cdot \mathrm{e}^{\int \frac{1}{y}\mathrm{d}y}\mathrm{d}y+C_1\right)$$

$$=\frac{1}{y}\left(\frac{1}{4}y^4+C_1\right),$$

即

$$4xy=y^4+C,\quad \text{其中}\ C=4C_1.$$

所以,微分方程的通解为 $4xy=y^4+C$.

二、伯努利方程

定义 9.9 形如

$$\frac{\mathrm{d}y}{\mathrm{d}x}+P(x)y=Q(x)y^n\quad (n\neq 0,1) \tag{9.25}$$

的一阶微分方程称为**伯努利(Bernoulli)方程**,其中 $P(x)$ 和 $Q(x)$ 是已知的连续函数.

当 $n=0,1$ 时,方程(9.25)为一阶线性微分方程;当 $n\neq 0,1$ 时,方程(9.25)不是线性方程,但是我们可以通过变量代换,将其转化为一阶线性微分方程.下面具体讨论伯努利方程的求解.

当 $n\neq 0,1$ 时,式(9.25)两边同除以 y^n,得

$$y^{-n}\frac{\mathrm{d}y}{\mathrm{d}x}+P(x)y^{1-n}=Q(x), \tag{9.26}$$

令 $z=y^{1-n}$,则有

$$\frac{\mathrm{d}z}{\mathrm{d}x}=(1-n)y^{-n}\frac{\mathrm{d}y}{\mathrm{d}x},$$

式(9.26)两端同时乘以 $1-n$ 后,将上式代入,可得

$$\frac{\mathrm{d}z}{\mathrm{d}x}+(1-n)P(x)z=(1-n)Q(x),$$

这是一个关于未知函数 $z=y^{1-n}$ 的一阶线性非齐次微分方程,由通解公式得

$$z=\mathrm{e}^{-\int (1-n)P(x)\mathrm{d}x}\left(\int (1-n)Q(x)\mathrm{e}^{\int (1-n)P(x)\mathrm{d}x}\mathrm{d}x+C\right),$$

再将 $z=y^{1-n}$ 代回,即得原方程(9.25)的通解.

例 4 求微分方程 $\dfrac{\mathrm{d}y}{\mathrm{d}x} - \dfrac{1}{x}y = -2y^2$ 的通解.

解 这是一个 $n=2$ 的伯努利方程,显然,$y=0$ 是方程的一个解.

当 $y \neq 0$ 时,令 $z = y^{-1}$,则原方程转化为

$$\frac{\mathrm{d}z}{\mathrm{d}x} + \frac{1}{x}z = 2,$$

所以

$$z = \mathrm{e}^{-\int \frac{1}{x}\mathrm{d}x}\left(\int 2\mathrm{e}^{\int \frac{1}{x}\mathrm{d}x}\mathrm{d}x + C\right) = \mathrm{e}^{-\ln x}\left(2\int \mathrm{e}^{\ln x}\mathrm{d}x + C\right)$$

$$= \frac{1}{x}\left(2\int x\mathrm{d}x + C\right) = \frac{1}{x}(x^2 + C).$$

将 $z = y^{-1}$ 代入上式,得方程的通解为

$$y = \frac{x}{x^2 + C}.$$

此外还有一个解 $y=0$,此解未包含在通解中.

三、其他可用变量代换求解的微分方程

例 5 解方程 $\dfrac{\mathrm{d}y}{\mathrm{d}x} = \dfrac{1}{x+y}$.

解一 将原方程变形为 $\dfrac{\mathrm{d}x}{\mathrm{d}y} = x+y$,这是一阶线性非齐次微分方程.由通解公式得

$$x = \mathrm{e}^{-\int (-1)\mathrm{d}y}\left(\int y\mathrm{e}^{\int (-1)\mathrm{d}y}\mathrm{d}y + C\right)$$

$$= \mathrm{e}^{y}\left(\int y\mathrm{e}^{-y}\mathrm{d}y + C\right) = -y - 1 + C\mathrm{e}^{y},$$

所以原方程的通解为 $x+y+1 = C\mathrm{e}^{y}$.

解二 利用变量代换.因方程右端分母为 $x+y$,想到设 $x+y=u$,则原方程化为

$$\frac{\mathrm{d}u}{\mathrm{d}x} - 1 = \frac{1}{u}, \quad \text{或} \quad \frac{\mathrm{d}u}{\mathrm{d}x} = \frac{u+1}{u}.$$

分离变量,得 $\dfrac{u}{u+1}\mathrm{d}u = \mathrm{d}x$,积分得

$$u - \ln|u+1| = x - \ln|C|.$$

将 $u = x+y$ 代入上式,得 $y - \ln|x+y+1| = -\ln|C|$,化简得原方程的通解为 $x = C\mathrm{e}^{y} - y - 1$.

习题 9-4

1. 求下列微分方程的通解:

(1) $y' + y = \sin x$;

(2) $y' + y = \mathrm{e}^{-x}$;

(3) $y\ln y\mathrm{d}x + (x - \ln y)\mathrm{d}y = 0$;

(4) $\dfrac{\mathrm{d}y}{\mathrm{d}x} = \dfrac{1}{2x - y^2}$;

(5) $\dfrac{\mathrm{d}y}{\mathrm{d}x} - y + 2xy^{-1} = 0$;

(6) $(2xy^2 - y)\mathrm{d}x + x\mathrm{d}y = 0$.

2. 求下列微分方程满足所给初始条件的特解：

(1) $xy' + (1-x)y = e^{2x}$，$x > 0$，$y|_{x=1} = 0$；

(2) $\dfrac{dy}{dx} + y\cos x = \sin x \cos x$，$y|_{x=0} = 1$；

(3) $y' + \dfrac{y}{x+1} + y^2 = 0$，$y|_{x=0} = 1$；

(4) $xy' = y + \dfrac{x^2}{y}$，$y(1) = 2$.

3. 设 $y = y(x)$ 是一个连续函数，且满足 $y(x) = \cos 2x + \displaystyle\int_0^x y(t)\sin t\, dt$，求 $y(x)$.

第五节　可降阶的二阶微分方程

二阶和二阶以上的微分方程称为高阶微分方程. 对于高阶微分方程没有通用的求解方法，本节介绍几类比较特殊的二阶微分方程，它们可以通过积分或变量代换的方法转化为一阶微分方程，所以把它们称为可降阶的二阶微分方程.

一、$y'' = f(x)$ 型的微分方程

这类方程的特点是左端为 y''，右端为 x 的已知函数 $f(x)$，只要将 y' 作为新的未知函数，那么方程就变为

$$(y')' = f(x),$$

两端积分，可得

$$y' = \int f(x)\,dx + C_1,$$

再积分一次，得通解

$$y = \int \left(\int f(x)\,dx \right) dx + C_1 x + C_2.$$

例 1　求二阶微分方程 $y'' = -x + \sin x$ 满足初始条件 $y(0) = 1$，$y'(0) = -1$ 的特解.

解　方程两端积分一次，

$$\int y''\,dx = \int (-x + \sin x)\,dx,$$

得

$$y' = -\frac{1}{2}x^2 - \cos x + C_1,$$

由初始条件 $y'(0) = -1$，求得 $C_1 = 0$，于是

$$y' = -\frac{1}{2}x^2 - \cos x;$$

再积分一次，得

$$y = -\frac{1}{6}x^3 - \sin x + C_2,$$

由初始条件 $y(0) = 1$，求得 $C_2 = 1$，因此

$$y = -\frac{1}{6}x^3 - \sin x + 1.$$

二、$y'' = f(x, y')$型的微分方程

这类方程的特点是方程右端不显含 y，对这类方程可通过变量代换的方法降为一阶微分方程再求解. 令 $y' = p$，则 $y'' = p' = \dfrac{\mathrm{d}p}{\mathrm{d}x}$，代入原方程，得

$$p' = f(x, p).$$

这是以 $p = p(x)$ 为未知函数的一阶微分方程. 如果它的通解为 $p = \varphi(x, C_1)$，则因为 $y' = p$，即

$$y' = \varphi(x, C_1),$$

对上式进行积分，可求得原方程的通解为

$$y = \int \varphi(x, C_1) \mathrm{d}x + C_2.$$

例 2 求微分方程 $y'' = \dfrac{1}{x} y' + x\mathrm{e}^x$ 的通解.

解 该方程中不显含 y，属于 $y'' = f(x, y')$ 型.

令 $y' = p$，则 $y'' = p' = \dfrac{\mathrm{d}p}{\mathrm{d}x}$，代入原方程可得

$$p' - \frac{1}{x} p = x\mathrm{e}^x.$$

这是关于 p, p' 的一阶线性非齐次微分方程，由通解公式得其通解为

$$p = \mathrm{e}^{\int \frac{1}{x}\mathrm{d}x} \left(\int x\mathrm{e}^x \mathrm{e}^{-\int \frac{1}{x}\mathrm{d}x} \mathrm{d}x + C_1 \right) = x(\mathrm{e}^x + C_1),$$

即

$$y' = \frac{\mathrm{d}y}{\mathrm{d}x} = x(\mathrm{e}^x + C_1),$$

从而

$$y = \int x(\mathrm{e}^x + C_1) \mathrm{d}x = (x-1)\mathrm{e}^x + \frac{C_1}{2} x^2 + C_2,$$

因此原方程的通解为 $y = (x-1)\mathrm{e}^x + \dfrac{C_1}{2} x^2 + C_2.$

三、$y'' = f(y, y')$型的微分方程

这类方程的特点是方程右端不显含自变量 x，对这类方程也可通过变量代换的方法降为一阶微分方程再求解. 令 $y' = p$，则由链式法则得

$$y'' = p' = \frac{\mathrm{d}p}{\mathrm{d}x} = \frac{\mathrm{d}p}{\mathrm{d}y} \cdot \frac{\mathrm{d}y}{\mathrm{d}x} = p \frac{\mathrm{d}p}{\mathrm{d}y},$$

代入原方程得

$$p \frac{\mathrm{d}p}{\mathrm{d}y} = f(y, p),$$

这是一个关于未知函数 $p = p(y)$ 的一阶微分方程. 如果它的通解为 $p = \varphi(y, C_1)$，则由 $y' = p$ 得

$$y' = \varphi(y, C_1),$$

它是可分离变量的微分方程,分离变量并积分,得原方程的通解为

$$\int \frac{\mathrm{d}y}{\varphi(y,C_1)} = x + C_2.$$

例 3 求微分方程 $yy'' - (y')^2 = 0$ 的通解.

解 该方程中不显含 x,属于 $y'' = f(y,y')$ 型.

令 $y' = p, y'' = p\dfrac{\mathrm{d}p}{\mathrm{d}y}$,代入原方程,得

$$yp\frac{\mathrm{d}p}{\mathrm{d}y} - p^2 = 0, \quad \text{或} \quad \left(y\frac{\mathrm{d}p}{\mathrm{d}y} - p\right)p = 0.$$

(1) 若 $p = 0$,即 $y' = 0$,方程的解为

$$y = C;$$

(2) 若 $p \neq 0$,则

$$y\frac{\mathrm{d}p}{\mathrm{d}y} - p = 0,$$

这是可分离变量的微分方程,分离变量得

$$\frac{\mathrm{d}p}{p} = \frac{\mathrm{d}y}{y},$$

两边积分,得 $\ln|p| = \ln|y| + \ln C_1$,即 $p = C_1 y$,从而 $y' = C_1 y$,变量分离后积分得

$$\ln y = C_1 x + \ln C_2, \quad \ln\frac{y}{C_2} = C_1 x,$$

所以原方程的通解为

$$y = C_2 \mathrm{e}^{C_1 x} (\text{解 } y = C \text{ 含于其中}).$$

习题 9-5

1. 求下列微分方程的通解:

(1) $y'' = x\mathrm{e}^x$;   (2) $y'' = \dfrac{y'}{x} + x$;

(3) $y'' + y' = x^2$;   (4) $y'' + (y')^2 = 2yy''$.

2. 求下列微分方程满足初始条件的特解:

(1) $y'' = \cos 2x, y|_{x=0} = 1, y'|_{x=0} = 1$;

(2) $y^3 y'' + 1 = 0, y|_{x=1} = 1, y'|_{x=1} = 0$;

(3) $(1+x^2)y'' = 2xy', y|_{x=0} = 1, y'|_{x=0} = 3$;

(4) $y'' = 3\sqrt{y}, y|_{x=0} = 1, y'|_{x=0} = 2$.

3. 试求 $y'' = x$ 的经过点 $M(0,2)$ 且在此点与直线 $y = \dfrac{x}{2} + 2$ 相切的积分曲线.

第六节 高阶线性微分方程

在实际问题中,应用较多的是高阶线性微分方程,本节以二阶线性微分方程为例,讨论线性微分方程的解的结构.

一、n 阶线性微分方程

定义 9.10 形如

$$y^{(n)} + p_1(x)y^{(n-1)} + p_2(x)y^{(n-2)} + \cdots + p_{n-1}(x)y' + p_n(x)y = f(x)$$

$$(9.27)$$

的微分方程称为 **n 阶线性微分方程**. 其特点是未知函数 y 及其各阶导数都是一次的, 其中 $f(x)$ 称为**自由项**.

若 $f(x) \equiv 0$, 则方程 (9.27) 称为 **n 阶线性齐次微分方程**, 否则称为 **n 阶线性非齐次微分方程**.

特别地, 如果 $n = 2$, 即方程为

$$y'' + p(x)y' + q(x)y = f(x),$$

$$(9.28)$$

称之为**二阶线性非齐次微分方程**.

方程

$$y'' + p(x)y' + q(x)y = 0$$

$$(9.29)$$

称为微分方程 (9.28) 对应的**二阶线性齐次微分方程**.

二、二阶线性齐次微分方程解的结构

为了研究线性微分方程解的结构, 我们先介绍关于函数的线性相关和线性无关的概念.

1. 线性相关, 线性无关

假设 $y_1(x), y_2(x), \cdots, y_n(x)$ 是定义在区间 I 上的 n 个函数, 若存在一组不全为零的常数 $k_1, k_2, \cdots, k_n$, 使得

$$k_1 y_1(x) + k_2 y_2(x) + \cdots + k_n y_n(x) \equiv 0,$$

$$(9.30)$$

则称 $y_1(x), y_2(x), \cdots, y_n(x)$ 在区间 I 上为**线性相关**的, 否则为**线性无关**的.

例如, $\tan^2 x, 1, \sec^2 x$, 存在 $k_1 = 1, k_2 = 1, k_3 = -1$, 使得

$$1 \times \tan^2 x + 1 \times 1 + (-1) \times \sec^2 x = 0,$$

所以 $\tan^2 x, 1, \sec^2 x$ 线性相关.

注 特别地, 当 $n = 2$ 时, 由定义不难得出, 函数 $y_1(x), y_2(x)$ 线性相关的充要条件是 $\dfrac{y_1(x)}{y_2(x)} = c$, 其中 c 为常数; $y_1(x), y_2(x)$ 线性无关的充要条件是 $\dfrac{y_1(x)}{y_2(x)} \neq c$, 或 $\dfrac{y_1(x)}{y_2(x)} = c(x)$.

可见判断两个函数是否线性相关, 只要看它们的比是否为常数即可. 例如, $y_1(x) = \ln x, y_2(x) = x$, 因为 $\dfrac{y_1(x)}{y_2(x)} \neq$ 常数, 所以 $y_1(x), y_2(x)$ 线性无关.

2. 二阶线性齐次微分方程解的叠加原理

定理 9.1 设 $y_1(x), y_2(x)$ 是二阶线性齐次微分方程 (9.29) 的两个解, 则对任意常数 C_1, C_2, 函数 $y = C_1 y_1(x) + C_2 y_2(x)$ 也是该方程的解.

证 由

$$y_1'' + p(x)y_1' + q(x)y_1 \equiv 0, \quad y_2'' + p(x)y_2' + q(x)y_2 \equiv 0,$$

两式的两端分别乘以 C_1, C_2, 再相加得

$$(C_1y_1+C_2y_2)''+p(x)(C_1y_1+C_2y_2)'+q(x)(C_1y_1+C_2y_2)\equiv 0,$$

因此 $y=C_1y_1(x)+C_2y_2(x)$ 是微分方程(9.29)的解.

注 由定理 9.1 知,$y=C_1y_1(x)+C_2y_2(x)$ 是微分方程(9.29)的解,它是否一定是微分方程(9.29)的通解? 答案是否定的! 如方程 $y''-y=0$,$y_1(x)=\mathrm{e}^x$,$y_2(x)=2\mathrm{e}^x$ 均为其解,由定理 9.1,$y=C_1y_1(x)+C_2y_2(x)=(C_1+2C_2)\mathrm{e}^x$ 也是方程的解,但实际上此解为 $y=C_1y_1(x)+C_2y_2(x)=C\mathrm{e}^x$,不可能是方程 $y''-y=0$ 的通解.

定理 9.2 设 $y_1(x)$,$y_2(x)$ 是二阶线性齐次微分方程(9.29)的两个**线性无关**的解,则函数 $y=C_1y_1(x)+C_2y_2(x)$ 是该方程的通解,其中 C_1,C_2 是两个独立的任意常数.

如上所述,$y_1(x)=\mathrm{e}^x$,$y_2(x)=\mathrm{e}^{-x}$ 是微分方程 $y''-y=0$ 的两个特解,且 $\dfrac{y_1(x)}{y_2(x)}=\mathrm{e}^{2x}\neq$ 常数,即 $y_1(x)$,$y_2(x)$ 线性无关,因此 $y=C_1y_1(x)+C_2y_2(x)=C_1\mathrm{e}^x+C_2\mathrm{e}^{-x}$ 是方程 $y''-y=0$ 的通解.

例 1 验证 $y_1(x)=x$ 与 $y_2(x)=\mathrm{e}^x$ 是方程 $(x-1)y''-xy'+y=0$ 的线性无关解,并写出微分方程的通解.

解 因为
$$(x-1)y_1''-xy_1'+y_1=0-x+x=0,$$
$$(x-1)y_2''-xy_2'+y_2=(x-1)\mathrm{e}^x-x\mathrm{e}^x+\mathrm{e}^x=0,$$

所以 $y_1(x)=x$ 与 $y_2(x)=\mathrm{e}^x$ 都是所给二阶线性齐次微分方程的解,又因为比值 $\dfrac{\mathrm{e}^x}{x}$ 不恒为常数,所以 $y_1(x)=x$ 与 $y_2(x)=\mathrm{e}^x$ 是线性无关的. 因此该微分方程的通解为
$$y=C_1x+C_2\mathrm{e}^x.$$

由第四节的讨论知,一阶线性非齐次微分方程 $y'+P(x)y=Q(x)$ 的通解为 $y=Y+y^*$,其中 Y 是 $y'+P(x)y=0$ 的通解,而 y^* 为 $y'+P(x)y=Q(x)$ 的一个特解. 对二阶线性非齐次方程有类似的结论.

三、二阶线性非齐次微分方程解的结构

定理 9.3 设 $y^*(x)$ 是二阶线性非齐次微分方程(9.28)的一个特解,$Y(x)$ 是与方程(9.28)对应的二阶线性齐次微分方程(9.29)的通解,则函数 $y=Y+y^*$ 是二阶线性非齐次微分方程(9.28)的通解.

证 因为
$$(Y+y^*)''+p(x)(Y+y^*)'+q(x)(Y+y^*)$$
$$=(Y''+y^{*''})+p(x)(Y'+y^{*'})+q(x)(Y+y^*)$$
$$=(Y''+p(x)Y'+q(x)Y)+(y^{*''}+p(x)y^{*'}+q(x)y^*)$$
$$=0+f(x)=f(x),$$

所以函数 $y=Y+y^*$ 是方程(9.28)的解. 又因为这个解中含有两个独立的任意常数,所以,$y=Y+y^*$ 是二阶线性非齐次微分方程(9.28)的通解.

推论 如果 $y_1(x)$,$y_2(x)$ 是二阶线性非齐次微分方程(9.28)的两个解,则 $y=y_1(x)-y_2(x)$ 是其对应的二阶线性齐次微分方程(9.29)的一个解.

281

定理 9.4(二阶线性非齐次方程解的叠加定理)   若 $y_1^*(x), y_2^*(x)$ 分别是

$$y'' + p(x)y' + q(x) = f_1(x) \quad \text{与} \quad y'' + p(x)y' + q(x) = f_2(x)$$

的两个特解,则 $y_1^*(x) + y_2^*(x)$ 为方程 $y'' + p(x)y' + q(x) = f_1(x) + f_2(x)$ 的一个特解.

证明略.

例 2   设 $y_1 = e^x + 3, y_2 = x^2 + 3, y_3 = 3$ 是某二阶线性非齐次微分方程的三个特解,求该微分方程的通解.

解   因为 y_1, y_2, y_3 是某二阶线性非齐次微分方程的三个特解,所以由定理 9.3 的推论可知

$$y_1 - y_3 = e^x, \quad y_2 - y_3 = x^2$$

是该非齐次方程所对应的齐次方程的解;又 $\dfrac{e^x}{x^2} \neq$ 常数,可知 e^x 与 x^2 线性无关,故对应的齐次方程的通解为

$$Y = C_1 e^x + C_2 x^2;$$

又因为 $y_3 = 3$ 是原非齐次方程的一个特解,所以所求通解为

$$y = Y + y_3 = C_1 e^x + C_2 x^2 + 3.$$

习题 9-6

1. 判断下列函数组是否线性无关:

(1) $x, x+5$;   (2) $\sin x, \cos x$;

(3) e^x, e^{x+2};   (4) $x, \ln x$.

2. 验证下列函数是否是所给微分方程的解,并指出是否为通解.

(1) $y'' - 4xy' + (4x^2 - 2)y = 0, y = C_1 e^{x^2} + C_2 x e^{x^2}$;

(2) $x^2 y'' - 3xy' + 4y = 0, y = C_1 x^2 + C_2 x^2 \ln x$;

(3) $y'' + 4y = 0, y = C_1 \sin 2x + C_2 \sin x \cos x$;

(4) $y'' - 2y' + 2y = e^x, y = e^x(C_1 \cos x + C_2 \sin x + 1)$.

第七节   二阶常系数线性微分方程

一、二阶常系数线性齐次微分方程

定义 9.11   第六节的方程(9.29)中,如果 $p(x), q(x)$ 都是常数,即方程(9.29)变成

$$y'' + py' + qy = 0 \quad (p, q \text{ 为常数}), \tag{9.31}$$

则称之为**二阶常系数线性齐次微分方程**.

由前面所学的解的结构定理可知,如果 $y_1(x), y_2(x)$ 是方程(9.31)的两个线性无关的解,那么 $y = C_1 y_1(x) + C_2 y_2(x)$ 就是方程(9.31)的通解. 这表明,求微分方程(9.31)的通解,关键在于找到两个线性无关的解. 分析方程(9.31)的特点: y'', y' 与 y 之间相差一个常数因子. 而指数函数 $y = e^{rx}$ (r 为常数)具备这个特点.

对函数 $y = e^{rx}$ 求导得

$$y' = r e^{rx}, \quad y'' = r^2 e^{rx},$$

将 y,y',y'' 代入方程(9.31),得

$$y'' + py' + qy = e^{rx}(r^2 + pr + q) \equiv 0,$$

因为 $e^{rx} \neq 0$,所以

$$r^2 + pr + q = 0. \tag{9.32}$$

这说明,只要 r 满足式(9.32),则 $y = e^{rx}$ 就是方程(9.32)的解;反之,$y = e^{rx}$ 要成为方程(9.31)的解,r 必须满足式(9.32). 即

$y = e^{rx}$ 是微分方程(9.31)的解 $\Leftrightarrow r$ 是代数方程 $r^2 + pr + q = 0$ 的根.

我们将代数方程(9.32)称为微分方程(9.31)的**特征方程**,方程(9.32)的根称为**特征根**.

由于代数方程(9.32)是一元二次方程,它的两个根可由公式

$$r_{1,2} = \frac{-p \pm \sqrt{\Delta}}{2},\text{其中 } \Delta = p^2 - 4q$$

根据 $\Delta = p^2 - 4q$ 的值不同,将有三种不同的情形,相应的微分方程(9.31)的通解有三种不同情形,下面分别讨论:

(1) 当 $\Delta = p^2 - 4q > 0$ 时,特征方程(9.32)有两个不相等的实根:$r_1 \neq r_2$. 这对应着方程(9.31)有两个特解 $y_1 = e^{r_1 x}$,$y_2 = e^{r_2 x}$,因为

$$\frac{y_1}{y_2} = \frac{e^{r_1 x}}{e^{r_2 x}} = e^{(r_1 - r_2)x} \neq \text{常数},$$

即 $y_1 = e^{r_1 x}$,$y_2 = e^{r_2 x}$ 线性无关,因此得到方程(9.31)的通解为

$$y = C_1 e^{r_1 x} + C_2 e^{r_2 x}.$$

(2) 当 $\Delta = p^2 - 4q = 0$ 时,特征方程(9.32)有两个相等的实根:

$$r = r_1 = r_2 = -\frac{p}{2}.$$

此时只能得到方程(9.31)的一个特解:

$$y_1 = e^{rx} = e^{-\frac{p}{2}x}.$$

为了得到方程的通解,还需要再求出另一个特解 y_2,并且要求 $\frac{y_2}{y_1} \neq \text{常数}$. 为此设 $\frac{y_2}{y_1} = u(x)$,即 $y_2 = u(x)y_1$,其中 $u(x)$ 是待定函数. 将 $y_2(x)$ 求一阶、二阶导数,得

$$y_2' = [u'(x) + ru(x)]e^{rx}, \quad y_2'' = [u''(x) + 2ru'(x) + r^2 u(x)]e^{rx}.$$

将 y_2,y_2',y_2'' 代入方程(9.31),整理得

$$e^{rx}[(u''(x) + (2r + p)u'(x) + (r^2 + pr + q)u(x)] = 0.$$

因为 $e^{rx} \neq 0$,且 r 是特征方程的二重根,故 $r^2 + pr + q = 0$,且 $2r + p = 0$,于是得 $u''(x) = 0$. 不妨取 $u(x) = x$,由此得到微分方程(9.31)的另一个与解 y_1 线性无关的特解

$$y_2 = u(x)y_1 = xe^{rx}.$$

因此,方程(9.31)的通解为

$$y = C_1 e^{rx} + C_2 xe^{rx} = (C_1 + C_2 x)e^{rx}.$$

(3) 当 $\Delta = p^2 - 4q < 0$ 时,特征方程(9.32)有一对共轭复根:$r_{1,2} = \alpha \pm i\beta \, (r_1 \neq r_2)$. 此时方程有两个线性无关的解 $y_1 = e^{(\alpha + i\beta)x}$,$y_2 = e^{(\alpha - i\beta)x}$,方程的通解为

$$y = C_1 e^{(\alpha+i\beta)x} + C_2 e^{(\alpha-i\beta)x}.$$

由于这个复数形式的解在应用上很不方便,实际问题中,常需要实数形式的通解,因此我们可以利用欧拉公式 $e^{ix} = \cos x + i\sin x(i = \sqrt{-1})$ 来得到实数形式的通解. 为此,由 $e^{ix} = \cos x + i\sin x$ 得

$$y_1 = e^{(\alpha+i\beta)x} = e^{\alpha x} e^{i\beta x} = e^{\alpha x}(\cos\beta x + i\sin\beta x),$$

$$y_2 = e^{(\alpha-i\beta)x} = e^{\alpha x} e^{i(-\beta x)} = e^{\alpha x}(\cos\beta x - i\sin\beta x).$$

根据线性齐次方程解的叠加性质,可知

$$\bar{y}_1 = \frac{y_1 + y_2}{2} = e^{\alpha x}\cos\beta x,$$

$$\bar{y}_2 = \frac{y_1 - y_2}{2i} = e^{\alpha x}\sin\beta x$$

仍然是方程(9.31)的解. 它们不但是两个实数解,而且 $\dfrac{\bar{y}_2}{\bar{y}_1} = \tan\beta x \neq$ 常数,因此它们线性无关,由此得到方程(9.31)的通解为

$$y = C_1 \bar{y}_1 + C_2 \bar{y}_2 = C_1 e^{\alpha x}\cos\beta x + C_2 e^{\alpha x}\sin\beta x$$

$$= e^{\alpha x}(C_1\cos\beta x + C_2\sin\beta x).$$

综上所述,求二阶常系数线性齐次微分方程 $y'' + py' + qy = 0$ 通解的步骤可归纳如下:

(1) 写出特征方程 $r^2 + pr + q = 0$;

(2) 求出特征根 r_1, r_2;

(3) 根据两个特征根的不同情形,按照下面的表写出通解:

特征方程 $r^2 + pr + q = 0$ 的根	微分方程 $y'' + py' + qy = 0$ 的通解
两个不相等的实根 $r_1 \neq r_2$	$y = C_1 e^{r_1 x} + C_2 e^{r_2 x}$
两个相等的实根 $r = r_1 = r_2$	$y = (C_1 + C_2 x)e^{rx}$
一对共轭复根 $r_{1,2} = \alpha \pm i\beta$	$y = e^{\alpha x}(C_1\cos\beta x + C_2\sin\beta x)$

例1 求微分方程 $y'' - y' - 2y = 0$ 的通解.

解 微分方程的特征方程为

$$r^2 - r - 2 = 0,$$

特征根为 $r_1 = 1, r_2 = -2$,是两个不相等的实数根,所以方程的通解为

$$y = C_1 e^x + C_2 e^{-2x}.$$

例2 求方程 $y'' + y = 0$ 满足初始条件 $y|_{x=0} = 2, y'|_{x=0} = 3$ 的特解.

解 微分方程的特征方程为

$$r^2 + 1 = 0,$$

特征根 $r_{1,2} = \pm i$,是一对共轭复根,因此所给微分方程的通解为

$$y = C_1\cos x + C_2\sin x.$$

两端对 x 求导,得

$$y' = -C_1\sin x + C_2\cos x,$$

将条件 $y|_{x=0} = 2, y'|_{x=0} = 3$ 代入通解,解得 $C_1 = 2, C_2 = 3$. 所以特解为

$$y = 2\cos x + 3\sin x.$$

例 3 求微分方程 $y'' - 4y' + 4y = 0$ 的通解.

解 微分方程的特征方程为

$$r^2 - 4r + 4 = 0,$$

特征根为 $r_1 = r_2 = 2$,是两个相等的实数根,所以微分方程的通解为

$$y = (C_1 + C_2 x)e^{2x}.$$

注 二阶常系数线性齐次微分方程的解法可推广到 n 阶常系数线性齐次微分方程. n 阶常系数线性齐次微分方程的一般形式为

$$y^{(n)} + p_1 y^{(n-1)} + p_2 y^{(n-2)} + \cdots + p_{n-1} y' + p_n y = 0, \quad p_i (i = 1, 2, \cdots, n) \text{ 为常数}.$$

它的特征方程为

$$r^n + p_1 r^{n-1} + p_2 r^{n-2} + \cdots + p_{n-1} r + p_n = 0,$$

根据特征方程的根,可写出对应的微分方程的解如下:

特征方程的根	微分方程通解中的对应项
单实根 r	对应一项: Ce^{rx}
k 重实根 r	对应 k 项: $e^{rx}(C_1 + C_2 x + \cdots + C_k x^{k-1})$
一对单复根 $r_{1,2} = \alpha \pm i\beta$	对应两项: $e^{\alpha x}(C_1 \cos\beta x + C_2 \sin\beta x)$
一对 k 重复根 $r_{1,2} = \alpha \pm i\beta$	对应 $2k$ 项: $e^{\alpha x}[(C_1 + C_2 x + \cdots + C_k x^{k-1})\cos\beta x + (D_1 + D_2 x + \cdots + D_k x^{k-1})\sin\beta x]$

例 4 求微分方程 $y^{(4)} - y''' + 2y'' = 0$ 的通解.

解 特征方程为

$$r^4 - r^3 + 2r^2 = 0,$$

化简得 $r^2(r^2 - r + 2) = 0$,其特征根为 $r_1 = r_2 = 0, r_3 = \dfrac{1}{2} + \dfrac{\sqrt{7}}{2}i, r_4 = \dfrac{1}{2} - \dfrac{\sqrt{7}}{2}i$. 所以方程的通解为

$$y = C_1 + C_2 x + e^{\frac{1}{2}x}\left[(C_3 + C_4 x)\cos\frac{\sqrt{7}}{2}x + (D_3 + D_4 x)\sin\frac{\sqrt{7}}{2}x\right].$$

*二、二阶常系数线性非齐次微分方程

定义 9.12 第六节的方程(9.28)中,如果 $p(x), q(x)$ 都是常数,即方程(9.28)变成

$$y'' + py' + qy = f(x)(p, q \text{ 是常数}), \tag{9.33}$$

则称之为**二阶常系数线性非齐次微分方程**.

方程(9.33)对应的线性齐次微分方程为

$$y'' + py' + qy = 0. \tag{9.34}$$

由定理 9.3 可知,方程(9.33)的通解可分为两部分,一部分是其对应的齐次方程(9.34)的通解 Y,另一部分是非齐次方程(9.33)的一个特解 y^*,而齐次方程(9.34)的通解问题我们在前面已经解决了. 所以,现在只需求出非齐次方程(9.33)的一个特解 y^* 即可. 特解 y^* 与方程的自由项 $f(x)$ 密切相关,本书只介绍 $f(x)$ 取如下两种函数形式时,如何利用待定系数法求 y^*.

（1） $f(x)=\mathrm{e}^{\lambda x}P_m(x)$，其中 λ 为已知常数，$P_m(x)$ 为已知 m 次多项式.

因为方程的自由项 $f(x)=\mathrm{e}^{\lambda x}P_m(x)$ 是多项式与指数函数的乘积，而多项式与指数函数的乘积的导数仍然是多项式与指数函数的乘积. 因此，我们推测方程（9.33）有形如 $y^*=Q(x)\mathrm{e}^{\lambda x}$ 的特解，其中 $Q(x)$ 是一待定多项式. 对 $y^*=Q(x)\mathrm{e}^{\lambda x}$ 求一阶、二阶导数，得

$$y^{*\prime}=[Q'(x)+\lambda Q(x)]\mathrm{e}^{\lambda x},$$

$$y^{*\prime\prime}=[\lambda^2 Q(x)+2\lambda Q'(x)+Q''(x)]\mathrm{e}^{\lambda x},$$

将 $y^*,y^{*\prime},y^{*\prime\prime}$ 代入方程（9.33），并消去等式两端的公因子 $\mathrm{e}^{\lambda x}$，整理得

$$Q''(x)+(2\lambda+p)Q'(x)+(\lambda^2+p\lambda+q)Q(x)\equiv P_m(x). \tag{9.35}$$

我们将通过讨论方程（9.35）各项的系数情况确定 $Q(x)$，下面分三种情形进行讨论：

① λ 不是特征根，即 $\lambda^2+p\lambda+q\neq0$. 由式（9.35）可知，$Q(x)$ 必须是一个 m 次多项式，令

$$Q(x)=Q_m(x)=b_0x^m+b_1x^{m-1}+\cdots+b_{m-1}x+b_m\,(b_0\neq0;\,b_0,b_1,\cdots,b_m\ \text{待定}),$$

将 $Q(x)=Q_m(x)$ 代入恒等式

$$Q''(x)+(2\lambda+p)Q'(x)+(\lambda^2+p\lambda+q)Q(x)\equiv P_m(x),$$

比较等式两边 x 的同次幂的系数，求得 $Q_m(x)$ 的 $m+1$ 个系数，可得特解 $y^*=Q(x)\mathrm{e}^{\lambda x}=Q_m(x)\mathrm{e}^{\lambda x}$.

② λ 是单特征根，即 $\lambda^2+p\lambda+q=0$，但 $2\lambda+p\neq0$. 由式（9.35）可知，$Q'(x)$ 必须是一个 m 次多项式，$Q(x)$ 应该是一个 $m+1$ 次多项式，可设

$$Q(x)=xQ_m(x)=x(b_0x^m+b_1x^{m-1}+\cdots+b_{m-1}x+b_m)(b_0\neq0,b_0,b_1,\cdots,b_m\ \text{待定}),$$

将 $Q(x)=xQ_m(x)$ 代入恒等式

$$Q''(x)+(2\lambda+p)Q'(x)\equiv P_m(x),$$

比较等式两边 x 的同次幂的系数，求得 $Q_m(x)$ 的 $m+1$ 个系数，可求得特解

$$y^*=Q(x)\mathrm{e}^{\lambda x}=xQ_m(x)\mathrm{e}^{\lambda x}.$$

③ λ 是二重特征根. 即 $\lambda^2+p\lambda+q=0$，且 $2\lambda+p=0$. 由式（9.35）可知，$Q''(x)$ 必须是一个 m 次多项式，$Q(x)$ 则应该是一个 $m+2$ 次多项式，可设

$$Q(x)=x^2Q_m(x)=x^2(b_0x^m+b_1x^{m-1}+\cdots+b_{m-1}x+b_m)(b_0\neq0,b_0,b_1,\cdots,b_m\ \text{待定}),$$

将 $Q(x)=x^2Q_m(x)$ 代入恒等式

$$Q''(x)\equiv P_m(x),$$

比较等式两边 x 的同次幂的系数，求得 $Q_m(x)$ 的 $m+1$ 个系数，可得特解

$$y^*=Q(x)\mathrm{e}^{\lambda x}=x^2Q_m(x)\mathrm{e}^{\lambda x}.$$

综上所述，方程 $y''+py'+qy=p_m(x)\mathrm{e}^{\lambda x}$ 的一个特解 y^* 的形式可设为

$$y^*=x^kQ_m(x)\mathrm{e}^{\lambda x}，\text{其中}\ k=\begin{cases}0,&\lambda\ \text{不是特征根},\\1,&\lambda\ \text{为单特征根},\\2,&\lambda\ \text{为二重特征根}.\end{cases} \tag{9.36}$$

例 5 求微分方程 $y''-2y'+y=3x+1$ 的一个特解.

解 该方程所对应的齐次方程的特征方程为

$$r^2-2r+1=0,$$

求得特征根 $r_1=r_2=1$. 由于 $\lambda=0$ 不是特征方程的根，所以根据式（9.36）设特解为 $y^*=$

$Ax+B$,则 $Q(x)=Ax+B$,将 $Q(x)=Ax+B$ 代入方程(9.35)或将 $y^*=Ax+B$ 代入原方程,整理得

$$Ax-2A+B=3x+1,$$

比较等式两端 x 同次幂的系数,得

$$\begin{cases} A=3, \\ -2A+B=1, \end{cases}$$

解得 $A=3,B=7$,则得所给方程的一个特解为 $y^*=3x+7$.

例 6 求微分方程 $y''-2y'-3y=xe^{-x}$ 的通解.

解 (1) 求齐次微分方程 $y''-2y'-3y=0$ 的通解 Y.

因为特征方程为 $r^2-2r-3=0$,解得特征根 $r_1=-1,r_2=3$,则齐次方程的通解为

$$Y=C_1e^{-x}+C_2e^{3x}.$$

(2) 求微分方程 $y''-2y'-3y=xe^{-x}$ 的一个特解 y^*.

因为 $\lambda=-1$ 是特征根,$P_m(x)=x$ 是一次多项式,由式(9.36)可设 $y^*=x(ax+b)e^{-x}$,则 $Q(x)=x(ax+b)=ax^2+bx$,易得

$$Q'(x)=2ax^2+b, \quad Q''(x)=4ax,$$

将 $Q(x),Q'(x),Q''(x)$ 代入式(9.35)或将 $y^*=x(ax+b)e^{-x}$ 代入原方程,

$$-8a+x+2a-4b=x,$$

通过比较系数可得

$$-8a=1, \quad 2a-4b=0,$$

即 $a=-\frac{1}{8},b=-\frac{1}{16}$,故 $y^*=\left(-\frac{1}{8}x^2-\frac{1}{16}x\right)e^{-x}=-\frac{1}{16}(2x^2+x)e^{-x}$.

(3) 求微分方程 $y''-2y'-3y=xe^{-x}$ 的通解.

$$y=Y+y^*=C_1e^{-x}+C_2e^{3x}-\frac{1}{16}(2x^2+x)e^{-x}.$$

若给定初始条件 $y(0)=1,y'(0)=\frac{15}{16}$,则由

$$y=C_1e^{-x}+C_2e^{3x}-\frac{1}{16}(2x^2+x)e^{-x}, y'=-C_1e^{-x}+3C_2e^{3x}-\frac{1}{16}(-2x^2+3x+1)e^{-x},$$

可得 $C_1+C_2=1,-C_1+3C_2-\frac{1}{16}=\frac{15}{16}$,解得 $C_1=C_2=\frac{1}{2}$. 因此 $y''-2y'-3y=xe^{-x}$ 满足初始条件的特解为

$$y=\frac{1}{2}e^{-x}+\frac{1}{2}e^{3x}-\frac{1}{16}(2x^2+x)e^{-x}.$$

(2) $f(x)=e^{\lambda x}[P_l(x)\cos\omega x+P_n(x)\sin\omega x]$,**其中 λ,ω 为已知常数,$P_l(x),P_n(x)$ 分别为已知 l 次和 n 次多项式.**

方程 $y''+py'+qy=e^{\lambda x}[P_l(x)\cos\omega x+P_n(x)\sin\omega x]$ 的一个特解可设为

$$y^*=x^k e^{\lambda x}[R_m^{(1)}(x)\cos\omega x+R_m^{(2)}(x)\sin\omega x],$$

其中 $m=\max\{l,n\},k=\begin{cases} 0, & \lambda+i\omega \text{ 不是特征根}, \\ 1, & \lambda+i\omega \text{ 是特征根}, \end{cases}$ $R_m^{(1)}(x),R_m^{(2)}(x)$ 是待定 m 次多项式.

例 7 求微分方程 $y''+y=x\cos2x$ 的一个特解.

解 对应的齐次微分方程的特征方程为 $r^2+1=0$,解得 $r=\pm i$.

又 $f(x)=x\cos2x$,则有 $\lambda=0,\omega=2$;$P_l(x)=x,P_n(x)=0$,多项式分别是一次和零次的,取 $m=1$.因为 $0+2i$ 不是特征根,所以设

$$y^*=(Ax+B)\cos2x+(Cx+D)\sin2x,$$

代入原方程后,比较系数得

$$A=-\frac{1}{3},\quad B=0,\quad C=0,\quad D=\frac{4}{9}.$$

于是求得微分方程的一个特解为

$$y^*=-\frac{1}{3}x\cos2x+\frac{4}{9}\sin2x.$$

例 8 求微分方程 $y''-y=e^x+x\cos x$ 的通解.

解 ① 求齐次微分方程 $y''-y=0$ 的通解.

因为特征方程为 $r^2-1=0,r_{1,2}=\pm1$,故齐次方程的通解为

$$Y=C_1e^x+C_2e^{-x};$$

② 求微分方程 $y''-y=e^x$ 的一个特解 y_1^*.

通过观察可得

$$y_1^*=\frac{1}{2}xe^x.$$

③ 求微分方程 $y''-y=x\cos x$ 的一个特解 y_2^*.

对于方程 $y''-y=x\cos x$,对应的 $\lambda=0,\omega=1,P_l(x)=x,P_n(x)=0,\lambda+i\omega=i$ 不是特征根,可设 $y_2^*=(Ax+B)\cos x+(Cx+D)\sin x$,代入方程 $y''-y=x\cos x$,整理得

$$(-2A-2D)\sin x+(2C-2B)\cos x-2Ax\cos x-2Cx\sin x=x\cos x,$$

比较等式两端同类项的系数,得

$$A=-\frac{1}{2},\quad B=C=0,\quad D=\frac{1}{2},$$

所以 $y_2^*=-\frac{1}{2}(x\cos x-\sin x)$.

④ 写出方程 $y''-y=e^x+x\cos x$ 的通解为

$$y=Y+y_1^*+y_2^*=C_1e^x+C_2e^{-x}+\frac{1}{2}xe^x-\frac{1}{2}(x\cos x-\sin x).$$

习题 9-7

1. 求下列微分方程的通解:

(1) $y''-y'-y=0$; (2) $y''-2y'-3y=0$;

(3) $y''-4y'+4y=0$; (4) $y''+6y'+25y=0$;

(5) $y''+y=(x-2)e^{3x}$; (6) $y''-2y'+y=xe^x$;

(7) $y''-4y'+4y=2\sin2x$; (8) $y''+y=2xe^x+4\sin x$.

2. 求下列初值问题的特解：

(1) $y'' + y' - 2y = 0, y|_{x=0} = 0, y'|_{x=0} = 3$;

(2) $y'' + 25y = 0, y|_{x=0} = 2, y'|_{x=0} = 5$;

(3) $y'' + 4y' + 4y = 0, y|_{x=0} = 0, y'|_{x=0} = 2$;

(4) $y'' - 3y' + 2y = 1, y|_{x=0} = 2, y'|_{x=0} = 2$;

(5) $y'' + y = -\sin 2x, y|_{x=\pi} = 1, y'|_{x=\pi} = 1$.

3. 设 $y(x)$ 有二阶连续导数，且 $y'(0) = 1$，$y(x) = \int_0^x [y''(t) + 5y'(t) + 4y(t) - \mathrm{e}^{-2t}] \mathrm{d}t$，求 $y(x)$.

第八节 差分方程简介

微分方程中的未知函数在一定范围内是连续变化的，而在经济学和管理科学等许多实际问题中，变量必须取离散值，即函数的自变量是跳跃取值的，差分方程就是研究这类问题的一种数学模型.

本节主要介绍差分方程的概念和性质，常系数线性差分方程的求解，重点是一阶、二阶差分方程的求解.

一、差分的概念和性质

1. 差分

设函数 $y_t = f(t)$ 在 $t = 0, 1, 2, 3, \cdots$ 时有定义，此时的函数值为 $y_0, y_1, y_2, y_3, \cdots$，称差 $y_{t+1} - y_t$ 为函数 y_t 在 t 处的**差分**，也称为**一阶差分**，记为 Δy_t，即

$$\Delta y_t = y_{t+1} - y_t = f(t+1) - f(t), \quad t = 0, 1, 2, 3, \cdots, \tag{9.37}$$

一阶导数的导数为二阶导数. 与此类似，一阶差分的差分为二阶差分，即

$$\Delta(\Delta y_t) = \Delta(y_{t+1} - y_t) = (y_{t+2} - y_{t+1}) - (y_{t+1} - y_t) = y_{t+2} - 2y_{t+1} + y_t,$$

记为 $\Delta^2 y_t$，即

$$\Delta^2 y_t = \Delta(\Delta y_t) = y_{t+2} - 2y_{t+1} + y_t.$$

类似地，可定义三阶差分、四阶差分等，分别记为

$$\Delta^3 y_t = \Delta(\Delta^2 y_t), \quad \Delta^4 y_t = \Delta(\Delta^3 y_t), \cdots,$$

一般地，函数 y_t 的 $n-1$ 阶差分的差分称为 n 阶差分，记为 $\Delta^n y_t$，即

$$\Delta^n y_t = \Delta(\Delta^{n-1} y_t) = \Delta^{n-1} y_{t+1} - \Delta^{n-1} y_t.$$

我们把二阶及二阶以上的差分称为**高阶差分**，相应地，称 $y_t = f(t)$ 为**零阶差分**，记为 $\Delta^0 y_t$，即 $\Delta^0 y_t = y_t = f(t)$.

2. 差分的性质

由差分的定义可知差分具有如下性质：

(1) $\Delta C = 0$（C 为常数）;

(2) $\Delta(Cy_t) = C\Delta y_t$（$C$ 为常数）;

(3) $\Delta(y_t \pm z_t) = \Delta y_t \pm \Delta z_t$;

(4) $\Delta(y_t \cdot z_t) = y_{t+1}\Delta z_t + z_t \Delta y_t = y_t \Delta z_t + z_{t+1}\Delta y_t$；

(5) $\Delta\left(\dfrac{y_t}{z_t}\right) = \dfrac{z_t \Delta y_t - y_t \Delta z_t}{z_t \cdot z_{t+1}} = \dfrac{z_{t+1}\Delta y_t - y_{t+1}\Delta z_t}{z_t \cdot z_{t+1}}$，其中 $z_t \neq 0$.

例 1 已知 $y_t = t^2 + 2t + 3$，求 $\Delta y_t, \Delta^2 y_t, \Delta^3 y_t$.

解 $\Delta y_t = \Delta(t^2 + 2t + 3) = [(t+1)^2 + 2(t+1) + 3] - (t^2 + 2t + 3) = 2t + 3$；

$\Delta^2 y_t = \Delta^2(t^2 + 2t + 3) = \Delta(2t + 3) = [2(t+1) + 3] - (2t + 3) = 2$；

$\Delta^3 y_t = \Delta(\Delta^2 y_t) = \Delta 2 = 2 - 2 = 0$.

注 一般地，若 $f(t)$ 是 n 次多项式，则它的 n 阶差分 $\Delta^n f(t)$ 为常数，且
$$\Delta^m f(t) = 0 \quad (m > n).$$

例 2 设 $y_t = a^t (a > 0, a \neq 1)$，求 $\Delta^n y_t$.

解 $\Delta y_t = a^{t+1} - a^t = a^t(a - 1)$；

$\Delta^2 y_t = \Delta y_{t+1} - \Delta y_t = a^{t+1}(a-1) - a^t(a-1) = a^t(a-1)^2$；

$\Delta^3 y_t = \Delta^2 y_{t+1} - \Delta^2 y_t = a^{t+1}(a-1)^2 - a^t(a-1)^2 = a^t(a-1)^3$；

……；

如此进行下去，可得 $\Delta^n y_t = a^t(a-1)^n$.

二、差分方程的概念

定义 9.13 含有未知函数的差分或表示未知函数两个或两个以上时期值符号的方程称为**差分方程**. 差分方程中所含未知函数表示各时期下标的最大值与最小值的差，称为**差分方程的阶**.

n 阶差分方程的一般形式为
$$F(t, y_t, y_{t+1}, y_{t+2}, \cdots, y_{t+n}) = 0, \tag{9.38}$$
或
$$G(t, y_t, y_{t-1}, y_{t-2}, \cdots, y_{t-n}) = 0, \tag{9.39}$$
或
$$H(t, y_t, \Delta y_t, \Delta^2 y_t, \cdots, \Delta^n y_t) = 0, \tag{9.40}$$

差分方程的不同形式之间可以相互转换. 例如，二阶差分方程 $y_{t+2} - 3y_{t+1} + 2y_t = 2^t$ 可化为 $\Delta^2 y_t - \Delta y_t = 2^t$.

满足差分方程的函数称为**差分方程的解**. 如果差分方程的解中含有相互独立的任意常数的个数恰好等于差分方程的阶数，则称这个解是**差分方程的通解**. 若解中不含任意常数，则这种解称为**差分方程的特解**. 同微分方程一样，差分方程也有初值问题，初值条件也有如下情形：一阶的如 $y_t|_{t=t_0} = y_0$，二阶的如 $y_t|_{t=t_0} = y_0, \Delta y_t|_{t=t_0} = \Delta y_0$.

例如，对于上面的差分方程 $y_{t+2} - 3y_{t+1} + 2y_t = 2^t$，可以验证 $y_t = C_1 + C_2 2^t + \dfrac{1}{2}t \cdot 2^t$ 是其通解，$y_t = 2^t + \dfrac{1}{2}t \cdot 2^t$ 是其特解.

下面给出常系数线性差分方程的解的结构定理.

三、常系数线性差分方程解的结构

定义 9.14 若差分方程中的未知函数各个时期符号至多是一次的,则称这种差分方程为**线性差分方程**. 例如,上面的差分方程 $y_{t+2}-3y_{t+1}+2y_t=2^t$ 是线性差分方程,而 $y_{t+2}-3y_{t+1}y_t=4^{t-1}$ 不是线性差分方程. n 阶线性差分方程的一般形式为

$$a_0(t)y_{t+n}+a_1(t)y_{t+n-1}+a_2(t)y_{t+n-2}+\cdots+a_n(t)y_t=f(t), \tag{9.41}$$

其中 $a_i(t)(i=0,1,2,\cdots,n),f(t)$ 均为已知函数. $a_i(t)$ 称为线性差分方程的系数,且 $a_0(t)\neq 0$;$f(t)$ 为线性差分方程的**自由项**.

当 $f(t)\neq 0$ 时,方程(9.41)称为**线性非齐次差分方程**;当 $f(t)=0$ 时,有

$$a_0(t)y_{t+n}+a_1(t)y_{t+n-1}+a_2(t)y_{t+n-2}+\cdots+a_n(t)y_t=0, \tag{9.42}$$

该方程称为方程(9.41)对应的**线性齐次差分方程**.

当 $a_i(t)(i=0,1,2,\cdots,n)$ 都为常数时,方程(9.41)称为**常系数线性差分方程**,方程(9.42)称为**常系数线性齐次差分方程**.

与微分方程类似,对于线性差分方程的解的结构有类似的结论.下面给出 n 阶线性差分方程的解的结构定理.

定理 9.5 如果 $y_1(t),y_2(t)$ 是方程(9.42)的两个解,那么对任意的常数 C_1,C_2,$C_1y_1(t)+C_2y_2(t)$ 都是方程(9.42)的解.

定理 9.6 设 $a_0(t)\neq 0$,如果 $y_1(t),y_2(t),\cdots,y_n(t)$ 是方程(9.42)的 n 个线性无关的特解,那么对任意的常数 $C_1,C_2,\cdots,C_n,C_1y_1(t)+C_2y_2(t)+\cdots+C_ny_n(t)$ 是方程(9.42)的通解.

定理 9.7 设 $a_0(t)\neq 0$,如果 $y_1(t),y_2(t),\cdots,y_n(t)$ 是方程(9.42)的 n 个线性无关的特解,$y^*(t)$ 是方程(9.41)一个特解,那么对任意的常数 $C_1,C_2,\cdots,C_n$,

$$y_t=C_1y_1(t)+C_2y_2(t)+\cdots+C_ny_n(t)+y^*(t)$$

是方程(9.41)的通解.

定理 9.8 设 $a_0(t)\neq 0,y_1^*(t)$ 是方程

$$a_0(t)y_{t+n}+a_1(t)y_{t+n-1}+a_2(t)y_{t+n-2}+\cdots+a_n(t)y_t=f_1(t)$$

的一个解,$y_2^*(t)$ 是方程

$$a_0(t)y_{t+n}+a_1(t)y_{t+n-1}+a_2(t)y_{t+n-2}+\cdots+a_n(t)y_t=f_2(t)$$

的一个解,那么

$$y_t=y_1^*(t)+y_2^*(t)$$

是方程 $a_0(t)y_{t+n}+a_1(t)y_{t+n-1}+a_2(t)y_{t+n-2}+\cdots+a_n(t)y_t=f_1(t)+f_2(t)$ 的解.

四、一阶常系数线性差分方程

定义 9.15 一阶常系数线性差分方程的一般形式为

$$y_{t+1}+ay_t=f(t), \tag{9.43}$$

其中 $a\neq 0,f(t)$ 是 t 的已知函数.

当 $f(t)\neq 0$ 时,方程(9.43)称为**一阶常系数线性非齐次差分方程**.

当 $f(t)=0$ 时,

$$y_{t+1} + ay_t = 0, \tag{9.44}$$

称为方程(9.43)对应的线性齐次差分方程.

1. 一阶常系数齐次差分方程的通解

由 $y_{t+1} + ay_t = 0$，可得

$$y_1 = (-a)y_0,$$
$$y_2 = (-a)y_1 = (-a)^2 y_0,$$
$$y_3 = (-a)y_2 = (-a)^3 y_0,$$
$$\vdots$$
$$y_t = (-a)y_{t-1} = (-a)^t y_0,$$

设 $y_0 = C$ 是任意常数，则方程(9.44)的通解为

$$y_t = C(-a)^t.$$

这实际上是公比为 $q = -a$ 的等比数列的通项 $y_t = y_0 q^t = C(-a)^t$.

特别地，当 $a = -1$ 时，通解为 $y_t = C$.

例 3 求差分方程 $y_{t+1} + 2y_t = 0$ 的通解.

解 由于 $a = 2$，所以方程的通解为

$$y_t = C(-2)^t.$$

例 4 求差分方程 $3y_{t+1} - y_t = 0$ 在给定初始条件 $y_t|_{t=0} = 1$ 下的特解.

解 方程变形为 $y_{t+1} - \dfrac{1}{3} y_t = 0$，由于 $a = -\dfrac{1}{3}$，所以方程的通解为 $y_t = C\left(\dfrac{1}{3}\right)^t$. 将初

始条件 $y_t|_{t=0} = 1$ 代入，可得 $C = 1$，所以该初值问题的特解为 $y_t = \left(\dfrac{1}{3}\right)^t$，$t = 0, 1, 2, \cdots$.

2. 一阶常系数非齐次差分方程的通解

对于一阶常系数非齐次差分方程(9.43)，由解的结构定理，若能求出其对应的齐次差分方程(9.44)的通解 Y_t 和其自身的一个特解 y_t^*，就可以写出其通解形式 $y_t = Y_t + y_t^*$. 对应的齐次方程的通解 Y_t 前面已经给出，下面根据自由项 $f(t)$ 的不同形式给出其特解 y_t^* 的求法.

1) $f(t) = P_n(t)$ (t 的 n 次多项式，$n = 0$ 时为常数)

此时方程(9.43)可表示为

$$y_{t+1} + ay_t = P_n(t). \tag{9.45}$$

由差分的定义及基本初等函数的定义可知，方程(9.45)的特解应为 t 的多项式，其形式为 $y_t^* = t^k \cdot Q_n(t)$，其中 $Q_n(t)$ 为待定的 t 的多项式，次数与 $P_n(t)$ 的次数相同. 当 $a = -1$ 时，$k = 1$；当 $a \neq -1$ 时，$k = 0$. 即当 $a = -1$ 时，$y_t^* = t(a_n t^n + \cdots + a_1 t + a_0)$；$a \neq -1$ 时，$y_t^* = a_n t^n + \cdots + a_1 t + a_0$. 将 y_t^* 代入方程(9.45)，比较两端同次项的系数，就可求出 a_0，$a_1, \cdots, a_n$，从而求得 y_t^* 的表达式.

例 5 写出下列差分方程的特解形式 y_t^*：

(1) $y_{t+1} - y_t = 3 + t$；(2) $y_{t+1} - 2y_t = 1 + t^2$；(3) $3y_{t+1} + 2y_t = 3$.

解 (1) 由于 $a = -1$，$P_n(t) = 3 + t$ 为一次多项式，故特解 $y_t^* = t(a_1 t + a_0)$；

(2) 由于 $a=-2\neq-1,P_n(t)=1+t^2$ 为二次多项式,故特解 $y_t^*=a_2t^2+a_1t+a_0$;

(3) 方程化为 $y_{t+1}+\dfrac{2}{3}y_t=1$,由于 $a=\dfrac{2}{3}\neq-1,P_n(t)=3$ 为 0 次多项式,故特解 $y_t^*=a_0.$

例 6 求差分方程 $y_{t+1}-y_t=3+2t$ 的通解.

解 由于 $a=-1$,所以对应的齐次差分方程的通解为

$$Y_t=C,C \text{ 为任意常数}.$$

又由于 $P_n(t)=3+2t$ 是一次多项式,所以设非齐次差分方程的特解为

$$y_t^*=t(a_1t+a_0),$$

代入原方程,得

$$(t+1)[a_1(t+1)+a_0]-t(a_1t+a_0)=3+2t,$$

比较两端同次项的系数,解得 $a_1=1,a_0=2$,即特解 $y_t^*=t(t+2)$. 所以,原方程的通解为

$$y_t=Y_t+y_t^*=C+t(t+2), \quad C \text{ 为任意常数}.$$

2) $f(t)=P_n(t)\cdot b^t$ **(其中** $P_n(t)$ **是** t **的** n **次多项式,** $b\neq1$ **为常数)**

此时方程(9.43)可表示为

$$y_{t+1}+ay_t=P_n(t)\cdot b^t, \tag{9.46}$$

由差分的定义及性质可知,方程(9.46)的特解 y_t^* 的形式为:

当 $b\neq-a$ 时,$y_t^*=(a_nt^n+\cdots+a_1t+a_0)\cdot b^t$;

当 $b=-a$ 时,$y_t^*=t\cdot(a_nt^n+\cdots+a_1t+a_0)\cdot b^t$.

将 y_t^* 代入方程(9.46),比较两端同次项的系数,可求出待定系数 $a_n,a_{n-1},\cdots,a_0$.

例 7 写出下列差分方程的特解形式 y_t^*:

(1) $y_{t+1}+2y_t=3\cdot2^t$; (2) $y_{t+1}-3y_t=3^t$; (3) $2y_{t+1}+y_t=3^t(2t+1)$.

解 (1) 由于 $a=2,b=2,b\neq-a,P_n(t)=3$ 是 0 次多项式,故特解 $y_t^*=a_0\cdot2^t$;

(2) 由于 $a=-3,b=3,b=-a,P_n(t)=1$ 是 0 次多项式,故特解 $y_t^*=t\cdot a_0\cdot3^t$;

(3) 方程可化为 $y_{t+1}+\dfrac{1}{2}y_t=\dfrac{1}{2}3^t(2t+1)$,由于 $a=\dfrac{1}{2},b=3,b\neq-a,P_n(t)=\dfrac{1}{2}(2t+1)$ 是一次多项式,故特解 $y_t^*=(a_1t+a_0)\cdot3^t.$

例 8 求差分方程 $y_{t+1}+y_t=t\cdot2^t$ 的通解.

解 由于 $a=1$,所以对应的齐次差分方程的通解为

$$Y_t=C\cdot(-1)^t, \quad C \text{ 为任意常数}.$$

又由于 $b=2,b\neq-a,P_n(t)=t$ 是一次多项式,因此非齐次差分方程的特解为

$$y_t^*=(a_1t+a_0)\cdot2^t,$$

代入原方程,得

$$[a_1(t+1)+a_0]\cdot2^{t+1}+(a_1t+a_0)\cdot2^t=t\cdot2^t,$$

比较两端同次项的系数,解得 $a_1=\dfrac{1}{3},a_0=-\dfrac{2}{9}$,即特解

$$y_t^*=\left(\dfrac{1}{3}t-\dfrac{2}{9}\right)\cdot2^t.$$

所以，原方程的通解为

$$y_t = Y_t + y_t^* = C \cdot (-1)^t + \left(\frac{1}{3}t - \frac{2}{9}\right) \cdot 2^t, \quad C \text{ 为任意常数}.$$

五、二阶常系数线性差分方程

定义 9.16 二阶常系数线性差分方程的一般形式为

$$y_{t+2} + py_{t+1} + qy_t = f(t), \tag{9.47}$$

其中 p,q 为常数，且 $q \neq 0$，$f(t)$ 是 t 的已知函数.

当 $f(t) \neq 0$ 时，方程(9.47)称为**二阶常系数线性非齐次差分方程**.

当 $f(t) = 0$ 时，即

$$y_{t+2} + py_{t+1} + qy_t = 0, \tag{9.48}$$

称之为方程(9.47)对应的**线性齐次差分方程**.

1. 二阶常系数线性齐次差分方程的通解

由解的结构定理，求方程(9.48)的通解，关键是找到它的两个线性无关的特解. 显然 $y_t = \lambda^t$（λ 为非零待定常数）符合方程的系数特点，将其代入方程(9.48)并消去 λ^t，得

$$\lambda^2 + p\lambda + q = 0, \tag{9.49}$$

方程(9.49)称为方程(9.48)的**特征方程**，特征方程的根称为**特征根**.

与微分方程类似，二阶常系数齐次差分方程的通解和特征根相关. 根据特征方程的根的情况，我们可以得到二阶常系数线性齐次差分方程(9.48)的求解步骤如下：

(1) 写出特征方程 $\lambda^2 + p\lambda + q = 0$；

(2) 求出特征根 λ_1, λ_2；

(3) 根据两个特征根的不同情形，按照下面的表写出通解：

特征方程 $\lambda^2+p\lambda+q=0$ 的根	差分方程 $y_{t+2}+py_{t+1}+qy_t=0$ 的通解
两个不相等的实根 $\lambda_1 \neq \lambda_2$	$y_t = C_1\lambda_1^t + C_2\lambda_2^t$
两个相等的实根 $\lambda = \lambda_1 = \lambda_2$	$y_t = (C_1+C_2t)\lambda_1^t$
一对共轭复根 $\lambda_{1,2} = \alpha \pm i\beta$	$y_t = r^t(C_1\cos\omega t + C_2\sin\omega t)$，其中 $r=\sqrt{\alpha^2+\beta^2}$，$\tan\omega=\frac{\beta}{\alpha}$，$\alpha=r\cos\omega$，$\beta=r\sin\omega$，$(0<\omega<\pi)$，这种情况下：$\lambda_1=r(\cos\omega+i\sin\omega)$，$\lambda_2=r(\cos\omega-i\sin\omega)$

例9 求微分方程 $y_{t+2} - y_{t+1} - 2y_t = 0$ 的通解.

解 差分方程的特征方程为

$$\lambda^2 - \lambda - 2 = 0,$$

特征根为 $\lambda_1 = -1, \lambda_2 = 2$，是两个不相等的实数根，所以该差分方程的通解为

$$y_t = C_1(-1)^t + C_2 2^t.$$

例10 求差分方程 $y_{t+2} - 4y_{t+1} + 4y_t = 0$ 的通解.

解 差分方程的特征方程为

$$\lambda^2 - 4\lambda + 4 = 0,$$

特征根为 $\lambda_1 = \lambda_2 = 2$，是两个相等的实数根，所以该差分方程的通解为

$$y_t = (C_1 + C_2 t)2^t.$$

例 11 求差分方程 $y_{t+2} - 2y_{t+1} + 2y_t = 0$ 的通解.

解 差分方程的特征方程为

$$\lambda^2 - 2\lambda + 2 = 0,$$

特征根为 $\lambda_{1,2} = 1 \pm i$，是一对共轭复数根，因为

$$r = \sqrt{1^2 + 1^2} = \sqrt{2}, \quad \omega = \frac{\pi}{4},$$

所以该差分方程的通解为

$$y_t = 2^{\frac{t}{2}} \left(C_1 \cos \frac{\pi}{4}t + C_2 \sin \frac{\pi}{4}t \right).$$

2. 二阶常系数线性非齐次差分方程的通解

根据解的结构定理，二阶常系数线性非齐次差分方程(9.47)的通解由两部分组成，一部分是其对应的线性齐次差分方程(9.48)的通解，这个问题前面已经进行了分析，另一部分是线性非齐次差分方程(9.47)本身的一个特解.这里只讨论求方程(9.47)特解 y_t^* 的方法.下面仅就自由项 $f(t)$ 的简单形式，利用待定系数法给出方程(9.47)的特解求解方法.

1) $f(t) = P_n(t)$(t 的 n 次多项式，$n = 0$ 时为常数)

此时差分方程的形式为

$$y_{t+2} + py_{t+1} + qy_t = P_n(t) \quad (p, q \text{ 为常数且 } q \neq 0), \tag{9.50}$$

或改写为

$$\Delta^2 y_t + (2+p)\Delta y_t + (1+p+q)y_t = P_n(t),$$

设 y_t^* 是上述方程的解，代入上式，可得

$$\Delta^2 y_t^* + (2+p)\Delta y_t^* + (1+p+q)y_t^* = P_n(t),$$

由于 $P_n(t)$ 是多项式，因此可知 y_t^* 也是多项式，由于对应的齐次方程(9.48)的特征方程是 $\lambda^2 + p\lambda + q = 0$，经过分析，可知方程(9.50)的特解具有下述形式：

$$y_t^* = t^k Q_n(t),$$

其中 $Q_n(t)$ 是与 $P_n(t)$ 次数(n 次)相同的待定多项式，而 k 的取值如下确定：

(1) 若 1 不是特征根，即 $1+p+q \neq 0$ 时，$k=0$；

(2) 若 1 是特征方程的单根，即 $1+p+q=0$，且 $p \neq -2$ 时，$k=1$；

(3) 若 1 是特征方程的二重根，即 $1+p+q=0$，且 $p=-2$ 时，$k=2$.

根据上面的情形得出 y_t^* 的待定形式后，代入方程(9.50)，比较等式两端同次项的系数即可确定 y_t^* 中的待定系数.

例 12 求差分方程 $y_{t+2} - 2y_{t+1} + y_t = 8$ 的一个特解.

解 该差分方程对应的齐次差分方程的特征方程为

$$\lambda^2 - 2\lambda + 1 = 0,$$

特征根为 $\lambda_1 = \lambda_2 = 1$，是二重特征根，$k=2$，又 $P_n(t) = 8$ 是 0 次多项式，故设 $y_t^* = at^2$，代入原方程得

$$a(t+2)^2 - 2a(t+1)^2 + at^2 = 8,$$

解得 $a=4$. 所以 $y_t^* = 4t^2$.

例 13 求差分方程 $y_{t+2} + 3y_{t+1} - 4y_t = 3t$ 的通解.

解 （1）求对应的齐次方程 $y_{t+2} + 3y_{t+1} - 4y_t = 0$ 的通解 Y_t.

其特征方程为

$$\lambda^2 + 3\lambda - 4 = 0,$$

特征根为 $\lambda_1 = 1, \lambda_2 = -4$, 所以 $Y_t = C_1 + C_2(-4)^t$.

（2）求原方程的一个特解 y_t^*.

由于 1 是特征方程的单重根, 所以 $k=1$, 又 $P_n(t)=t$ 是一次多项式, 故设

$$y_t^* = t \cdot (a_1 t + a_0) = a_1 t^2 + a_0 t,$$

代入原方程, 比较同次幂的系数, 得

$$a_0 = -\frac{21}{50}, \quad a_1 = \frac{3}{10},$$

于是

$$y_t^* = \frac{3}{10}t^2 - \frac{21}{50}t.$$

所以该差分方程的通解为

$$y_t = Y_t + y_t^* = C_1 + C_2(-4)^t + \frac{3}{10}t^2 - \frac{21}{50}t.$$

2）$f(t) = P_n(t) \cdot r^t$（其中 $P_n(t)$ 是 t 的 n 次多项式, $r \neq 0, 1$ 且为常数）

此时差分方程的形式为

$$y_{t+2} + py_{t+1} + qy_t = P_n(t)r^t \quad (p, q \text{ 为常数且 } q \neq 0, r \neq 0, 1), \tag{9.51}$$

经分析可知, 方程(9.51)的特解具有下述形式:

$$y_t^* = t^k \cdot r^t \cdot Q_n(t),$$

其中 $Q_n(t)$ 是与 $P_n(t)$ 次数（n 次）相同的待定多项式, 而 k 的取值如下确定:

（1）若 r 不是特征根, 即 $r^2 + pr + q \neq 0$ 时, $k=0$;

（2）若 r 是特征方程的单根, 即 $r^2 + pr + q = 0$ 且 $2r + p \neq 0$ 时, $k=1$;

（3）若 r 是特征方程的二重根, 即 $r^2 + pr + q = 0$ 且 $2r + p = 0$ 时, $k=2$.

根据上面的情形得出 y_t^* 的待定形式后, 代入方程(9.51), 比较等式两端同次项的系数即可确定 y_t^* 中的待定系数.

注 实际求解中, 为简化计算, 可先作代换, 令 $y_t^* = r^t \cdot z_t^*$, 代入方程(9.51)得

$$r^{t+2}z_{t+2}^* + pr^{t+1}z_{t+1}^* + qr^t z_t^* = P_n(t)r^t,$$

即

$$r^2 z_{t+2}^* + prz_{t+1}^* + qz_t^* = P_n(t), \tag{9.52}$$

这是方程右侧为多项式的情形, 利用前面讨论的方法, 可求出 z_t^*, 从而 $y_t^* = r^t \cdot z_t^*$.

例 14 求差分方程 $y_{t+2} - y_{t+1} - 6y_t = 3^t(2t+1)$ 的通解.

解 （1）求对应的齐次方程 $y_{t+2} - y_{t+1} - 6y_t = 0$ 的通解 Y_t.

其特征方程为

$$\lambda^2 - \lambda - 6 = 0,$$

特征根为 $\lambda_1 = -2, \lambda_2 = 3$，所以 $Y_t = C_1(-2)^t + C_2 3^t$.

(2) 求原方程的一个特解 y_t^*.

由于 $r = 3$ 是特征方程的单重根，所以 $k = 1$，又 $P_n(t) = 2t + 1$ 是一次多项式，故设

$$y_t^* = t \cdot 3^t \cdot (a_1 t + a_0) = (a_1 t^2 + a_0 t) \cdot 3^t,$$

此时 $z_t^* = a_1 t^2 + a_0 t$，将其代入方程(9.52)，可解得

$$a_1 = \frac{1}{15}, a_0 = -\frac{2}{25}.$$

于是

$$y_t^* = 3^t \left(\frac{1}{15} t^2 - \frac{2}{25} t \right).$$

所以原差分方程的通解为

$$y_t = Y_t + y_t^* = C_1(-2)^t + C_2 3^t + 3^t \left(\frac{1}{15} t^2 - \frac{2}{25} t \right).$$

习题 9-8

1. 求下列函数的一阶、二阶差分：

(1) $y_t = e^{2t}$；

(2) $y_t = t^2 - 2t - 1$；

(3) $y_t = \dfrac{1}{t}$；

(4) $y_t = \ln t$.

2. 确定下列差分方程的阶：

(1) $y_{t+3} - 3y_{t+1} + 6y_t = 5y_{t+2}$；

(2) $y_{t+2} - 3y_{t+1} = y_{t-2}$；

(3) $2\Delta^2 y_t + \Delta y_t - y_t = 0$；

(4) $t\Delta^3 y_t + \Delta y_t + 3y_t = 3^t$.

3. 求下列差分方程的通解或给定初始条件下的特解：

(1) $y_{t+1} + y_t = 0$；

(2) $y_t - 3y_{t-1} = 0$；

(3) $\Delta y_t = 3, y_0 = 1$；

(4) $4y_{t+1} - 2y_t = 1, y_0 = 1$.

4. 求下列差分方程的通解：

(1) $y_t - 5y_{t-1} = 4$；

(2) $y_{t+1} - 2y_t = 3^t$；

(3) $y_{t+1} - y_t = t \cdot 2^t$；

(4) $y_{t+1} + 4y_t = 2t^2 + t + 1$.

5. 求下列二阶常系数线性齐次差分方程的通解或给定初始条件的特解：

(1) $y_{t+2} - y_{t+1} - 2y_t = 0$；

(2) $y_{t+2} + 6y_{t+1} + 9y_t = 0$；

(3) $y_t - 2y_{t-1} + 2y_{t-2} = 0$；

(4) $y_{t+2} + y_{t+1} - 12y_t = 0, y_0 = 1, y_1 = 10$.

6. 求下列二阶常系数线性非齐次差分方程的通解或给定初始条件的特解：

(1) $y_{t+2} + 3y_{t+1} - 4y_t = 5$；

(2) $y_{t+2} + y_{t+1} - 6y_t = 8t^2 + 1$；

(3) $9y_{t+2} + 3y_{t+1} - 6y_t = (8t^2 + 1)\left(\dfrac{1}{3}\right)^t$；

(4) $y_{t+2} + y_{t+1} - 2y_t = 12, y_0 = 0, y_1 = 0$.

第九节 微分方程、差分方程在经济中的应用

为了研究经济变量之间的关系及其内在规律，我们常需要建立某些经济函数及其导数

所满足的关系式,并由此确定所研究的函数,进一步根据已知条件确定函数的具体表达形式.从数学上看,这就是建立微分方程并求解.微分方程在经济学中的应用主要集中在动态分析和经济增长模型上,在经济增长模型中,微分方程可以用来描述经济增长的动态变化.差分方程在经济学中的应用主要表现在对离散的经济变量的建模和分析上.本节通过几个例子简单介绍这两类方程在经济中的应用.

一、微分方程在经济中的应用

1. 由需求弹性求需求函数

假设需求函数 $Q=f(P)$,其中 P 为商品的价格.一般来说,需求函数 $Q=f(P)$ 是 P 的单调递减函数,因而 $f'(P)<0$,在经济学中,有如下定义:

定义 9.17 设某商品的需求函数 $Q=f(P)$ 在 P 处可导,称

$$-\frac{EQ}{EP}=-f'(P)\frac{P}{Q}$$

为该商品对**价格 P 的需求弹性**,记为 $\eta(P)$,即

$$\eta(P)=-\frac{EQ}{EP}=-f'(P)\frac{P}{Q}.$$

需求弹性 $\eta(P)$ 可用来衡量需求量的相对变动对价格相对变动的反应程度,$\eta(P)$ 表示在 P 处价格上涨(下降)1%,需求量减少(增加)近似 $\eta(P)$%.

例 1 已知某商品的需求价格弹性函数 $\eta(P)=P\ln2$,若该商品的最大需求量是 1000 (即 $P=0$ 时,$Q=1000$),求:

(1) 需求函数 $Q=f(P)$;

(2) 当 $P=2$ 时,市场对该商品的需求量.

解 (1) $\eta(P)=-\dfrac{EQ}{EP}=-f'(P)\dfrac{P}{Q}=P\ln2$,即

$$\frac{dQ}{dP}+\ln2 \cdot Q=0,$$

这是一个一阶线性齐次微分方程,利用微分方程的知识,可求得需求函数

$$Q=Ce^{-\int\ln2dP}=Ce^{-P\ln2}=C\left(\frac{1}{2}\right)^P, \quad C \text{ 为任意常数}.$$

又 $P=0$ 时,$Q=1000$,代入上式,得 $C=1000$,即

$$Q=1000\left(\frac{1}{2}\right)^P.$$

(2) 当 $P=2$ 时,$Q=1000\times\left(\dfrac{1}{2}\right)^2=250$.

2. 预测商品销售量

例 2 在商品销售预测中,一般用 $Q(t)$ 表示 t 时刻的销售量,该函数是时间 t 的可导函数.已知商品销售量对时间的增长速率 $\dfrac{dQ(t)}{dt}$ 与 $Q(t) \cdot (N-Q(t))$ 成正比,比例系数为 $k>0$,其中 N 为该商品的市场容量,是个常数;且 $t=0$ 时,$Q=\dfrac{1}{4}N$. 求销售量 $Q(t)$.

解 由题意知

$$\frac{\mathrm{d}Q}{\mathrm{d}t} = kQ(N-Q),\tag{9.53}$$

变量分离得

$$\frac{\mathrm{d}Q}{Q(N-Q)} = k\,\mathrm{d}t,$$

两边积分得,

$$\frac{Q}{N-Q} = C\mathrm{e}^{Nkt},$$

即

$$Q(t) = \frac{NC\mathrm{e}^{Nkt}}{1+C\mathrm{e}^{Nkt}} = \frac{N}{1+\dfrac{1}{C}\mathrm{e}^{-Nkt}}.$$

由 $t=0$ 时,$Q = \dfrac{1}{4}N$,可得 $t=0$ 时,$C = \dfrac{1}{3}$,所以

$$Q(t) = \frac{N}{1+3\mathrm{e}^{-Nkt}}.$$

函数 $Q(t) = \dfrac{N}{1+\dfrac{1}{C}\mathrm{e}^{-Nkt}}$ 也称**逻辑斯谛**(logistic)**函数**,

它的图像(图 9-2)称为**逻辑斯谛曲线**. 微分方程(9.53)称为
逻辑斯谛方程. 该方程在经济学、生物学中有着广泛的
应用.

3. 价格调整

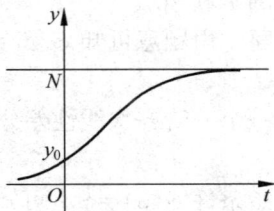

图 9-2

例 3 设某商品的需求函数和供给函数分别为

$$Q(t) = a - bP(t), \quad S(t) = -c + dP(t), \quad a,b,c,d \text{ 为正常数.}$$

$P(t)$ 表示 t 时刻商品的价格,且 $P(0)=P_0$,且在任意时刻 t,价格 $P(t)$ 的变化率总与
这一刻的超额需求 $Q(t)-S(t)$ 成正比(比例常数 $k>0$).

(1) 求供需相等时的价格 P_e(即为均衡价格);

(2) 求价格 $P(t)$ 的表达式;

(3) 分析 $P(t)$ 随时间的变化情况.

解 (1) 由 $Q(t)=S(t)$ 可得

$$a - bP = -c + dP,$$

即

$$P = \frac{a+c}{b+d},$$

这个价格是均衡价格,一般记为 P_e,即 $P_e = \dfrac{a+c}{b+d}$.

(2) 由导数的意义知,$\dfrac{\mathrm{d}P}{\mathrm{d}t} = k(Q(t)-S(t))$,即

$$\frac{\mathrm{d}P}{\mathrm{d}t}+k(b+d)P=k(a+c),$$

这是一个一阶线性非齐次微分方程，其通解为

$$P(t)=Ce^{-k(b+d)t}+\frac{a+c}{b+d}.$$

由 $P(0)=P_0$，得 $C=P_0-\dfrac{a+c}{b+d}=P_0-P_e$，故价格函数为

$$P(t)=(P_0-P_e)e^{-k(b+d)t}+P_e.$$

（3）由于 P_0-P_e 与 $k(b+d)>0$ 均为常数，在时间 $t\to+\infty$ 时，有

$$P(t)=(P_0-P_e)e^{-k(b+d)t}+P_e\to P_e.$$

可见，随着时间的推移，价格的均衡偏差 $(P_0-P_e)e^{-k(b+d)t}\to 0$，而价格趋向于均衡价格 P_e.

二、差分方程在经济中的应用

1. 存款模型

例 4 设 S_t 是 t 年末存款总额，r 是年利率，设 $S_{t+1}=S_t+rS_t$，若初始存款为 S_0，求 t 年末的本利和.

解 由题意可知 $S_{t+1}=S_t+rS_t$，即

$$S_{t+1}-(1+r)S_t=0,$$

这是一个一阶齐次线性差分方程，由于 $a=-(1+r)$，所以该齐次差分方程的通解为

$$S_t=C(1+r)^t,$$

由初始条件 $S(0)=S_0$，可知 t 年末的本利和为

$$S_t=S_0(1+r)^t.$$

这就是一笔本金 S_0 存入银行后，年利率为 r，按照年复利算，t 年后的本利和.

2. 教育经费投资模型

例 5 某家庭从现在开始，每月从工资收入中拿出一部分资金存入银行，用于投资子女的教育，并计划 10 年后开始从投资账户中每月支取 2000 元，直到 4 年后子女大学毕业用完全部资金. 要实现这个投资目标，10 年内共要筹措多少资金？每月要向银行存入多少钱？假设投资的月利率为 0.5%.

解 设第 t 个月投资账户的资金为 S_t 元，每月存入 a 元. 于是，10 年后，关于 S_t 的差分方程模型为

$$S_{t+1}=1.005S_t-2000, \tag{9.54}$$

并且 $S_0=x$，$S_{48}=0$，此处的 x 指 10 年后银行账户资金总额.

这是一个一阶线性非齐次差分方程，其通解为

$$S_t=1.005^tC+400\,000.$$

由 $S_{48}=0$，得 $0=1.005^{48}C+400\,000$，即

$$C=\frac{-400\,000}{1.005^{48}}.$$

由 $S_0=x$，得 $x=C+400\,000$，所以 $x=85\,160.64$.

从现在开始的 10 年内，S_t 满足的差分方程为

$$S_{t+1} = 1.005S_t + a, \tag{9.55}$$

且 $S_0 = 0, S_{120} = 85\,160.64$.

方程(9.55)的通解为

$$S_t = 1.005^t C + \frac{a}{1-1.005} = 1.005^t C - 200a,$$

由 $S_0 = 0, S_{120} = 85\,160.64$ 可得

$$S_{120} = 1.005^{120}C - 200a = 85\,160.64, \quad S_0 = C - 200a = 0,$$

解得 $a = 519.65$，即要达到投资目标，10 年内要筹措资金 85 160.64 元，平均每月存入银行 519.65 元.

3. 消费模型

例 6 设 y_t 是 t 期国民收入，C_t 是 t 期消费，I_t 为 t 期投资，它们之间有如下关系式：

$$\begin{cases} C_t = \alpha y_t + a, & (1) \\ I_t = \beta y_t + b, & (2) \\ y_t - y_{t-1} = \theta(y_{t-1} - C_{t-1} - I_{t-1}). & (3) \end{cases}$$

其中 $\alpha, \beta, a, b, \theta$ 均为常数，且

$$0 < \alpha < 1, 0 < \beta < 1, a \geqslant 0, b \geqslant 0, 0 < \theta < 1, 0 < \alpha + \beta < 1.$$

若初始时期的国民收入 y_0 已知，试求 y_t 与 t 的函数关系.

解 由式(1)知，$C_{t-1} = \alpha y_{t-1} + a$，由式(2)知，$I_{t-1} = \beta y_{t-1} + b$，代入式(3)，可得

$$y_t - [1 + \theta(1 - \alpha - \beta)]y_{t-1} = -\theta(a + b).$$

这是一个一阶常系数非齐次差分方程，其通解为

$$y_t = C[1 + \theta(1 - \alpha - \beta)]^t + \frac{a+b}{1 - \alpha - \beta}.$$

当 $t = 0$ 时，$y_t = y_0$，代入通解可得

$$C = y_0 - \frac{a+b}{1 - \alpha - \beta},$$

从而得

$$y_t = \left(y_0 - \frac{a+b}{1-\alpha-\beta}\right)[1 + \theta(1 - \alpha - \beta)]^t + \frac{a+b}{1 - \alpha - \beta}.$$

习题 9-9

1. 设某商品的需求价格弹性函数 $\eta(P) = -k$（常数），求该商品的需求函数 $Q = f(P)$.

2. 已知某商品的销售纯利润 L 对广告费 x 的变化率 $\dfrac{\mathrm{d}L}{\mathrm{d}x}$ 与常数 A 和纯利润 L 之差成正比（比例系数为 k）. 当 $x = 0$ 时 $L = L_0$，试求纯利润 L 和广告费 x 之间的函数关系.

3. 设某商品在 t 时期的供给量 S_t 与需求量 D_t 都是这一时期该商品的价格 P_t 的线性函数，已知 $S_t = 3P_t - 2, D_t = 4 - 5P_t$，且在 t 时期的价格 P_t 是由 $t-1$ 时期的价格 P_{t-1} 及供给量与需求量之差 $S_{t-1} - D_{t-1}$ 按关系式 $P_t = P_{t-1} - \dfrac{1}{16}(S_{t-1} - D_{t-1})$ 确定的，试求商

品价格随时间的变化规律.

4. 某人现年 40 岁, 计划从每月工资中拿出一部分固定资金存入银行用于 60 岁退休后的每月生活支出, 预计退休后每月生活支出 1000 元, 希望这样能维持 15 年的生活支出, 问此人每月要在银行存入多少钱才能达到这一目标?（假设银行存款的月利率为 0.5%, 按复利计算）

总习题 九

1. 选择题

(1) $xy' = \sqrt{x^2 + y^2} + y$ 是（ ）.

  A. 齐次方程   B. 一阶线性方程

  C. 伯努利方程   D. 可分离变量方程

(2) 设 y_1, y_2 是二阶线性齐次微分方程 $y'' + P(x)y' + Q(x)y = 0$ 的两个特解, 则 $y = C_1 y_1 + C_2 y_2$（其中 C_1, C_2 为任意常数）（ ）.

  A. 是该方程的通解   B. 是该方程的解

  C. 是该方程的特解   D. 不一定是该方程的解

(3) 方程 $y''' + y' = 0$ 的通解为（ ）.

  A. $y = \sin x - \cos x + C_1$ B. $y = C_1 \sin x - C_2 \cos x + C_3$

  C. $y = \sin x + \cos x + C_1 2y_1 - y_2$ D. $y = \sin x - C_1$

(4) 二阶常系数线性差分方程 $y_{x+2} + y_{x+1} + y_x = 3$ 的一个特解为（ ）.

  A. 1   B. $\dfrac{3}{2}$ C. $\dfrac{3}{2}x^2$ D. -1

(5) 已知方程 $x^2 y'' + xy' - y = 0$ 的一个特解为 $y = x$, 则该方程的通解为（ ）.

  A. $y = C_1 x + C_2 x^2$ B. $y = C_1 x + C_2 \dfrac{1}{x}$

  C. $y = C_1 x + C_2 e^x$ D. $y = C_1 x + C_2 e^{-x}$

2. 填空题

(1) 微分方程 $xy'' + 2x^2 (y')^3 + x^3 y = x^4 + 1$ 是_____阶微分方程.

(2) 微分方程 $x^2 dy + (3xy - y)dx = 0$ 的通解为_____.

(3) 通解为 $y = C_1 e^x + C_2 e^{-2x}$ 的微分方程是_____.

(4) 微分方程 $y'' - y' - 6y = (x+1)e^{-2x}$ 的特解形式为 $y^* = $_____.

(5) 差分方程 $y_{t+1} + 4y_t = 2t^2 + t - 1$ 的通解为_____.

3. 解下列一阶微分方程:

(1) $x dy + dx = e^y dx$;   (2) $\dfrac{dy}{dx} = \dfrac{y}{x} + \dfrac{x}{2y}$;

(3) $(y^2 - 6x)y' + 2y = 0, y(0) = 1$;   (4) $xy' + x + \sin(x+y) = 0, y\left(\dfrac{\pi}{2}\right) = 0$.

4. 解下列微分方程及差分方程:

(1) $xy'' + y' = 1, y|_{x=1} = 1, y'|_{x=1} = 0$;   (2) $y'' - 6y' + 9y = (x+1)e^{3x}$;

(3) $y_{t+2}-7y_{t+1}+12y_t=0$;　　　　　　(4) $y_{t+2}-2y_{t+1}+2y_t=5,y_0=2,y_1=2$.

5. 已知某曲线经过点$(1,1)$,它的切线在纵轴上的截距等于切点的横坐标,求它的方程.

6. 设可导函数 $\varphi(x)$ 满足 $\varphi(x)\cos x+2\int_0^x \varphi(t)\sin t\,dt=x+1$,求 $\varphi(x)$.

7. 设某产品在时期 t 的价格、总供给与需求分别是 P_t,S_t,D_t,并设对于 $t=0,1,2,\cdots$,有

$$S_t=2P_t+1;\qquad\qquad\qquad\qquad (a)$$
$$D_t=-4P_{t-1}+5;\qquad\qquad\qquad (b)$$
$$S_t=D_t.\qquad\qquad\qquad\qquad\qquad (c)$$

(1) 证明:由式$(a),(b),(c)$可推出差分方程 $P_{t+1}+2P_t=2$.

(2) 已知 P_0 时,求上述方程的解.

8. 设函数 $\varphi(x)$ 是二阶齐次微分方程 $y''+y=0$ 满足初始条件 $y(0)=0,y'(0)=1$ 的特解,证明:函数 $g(x)=\int_0^x \varphi(t)f(x-t)\,dt$ 是二阶非齐次微分方程 $y''+y=f(x)$ 的满足 $y(0)=y'(0)=0$ 的特解.

第十章 无穷级数

无穷级数是无穷多个数(或函数)相加的一种"和运算",它是表达数与函数的一种重要工具.无穷级数在表示函数、研究函数性质以及进行数值计算等方面都有着重要的应用.本章介绍常数项级数与函数项级数.首先讨论常数项级数,介绍无穷级数的一些基本内容;然后讨论函数项级数,着重讨论幂级数敛散性的判断方法以及如何将函数展开成幂级数的问题.

第一节 常数项级数的概念与性质

一、常数项级数的概念

人们认识事物在数量方面的特性,往往有一个由近似到精确的过程.在这种认识过程中,经常会遇到无穷多个数量相加的问题.

引例(奖励基金创立问题) 为了创立某奖励基金,需要筹集资金,现假定该基金从创立之日起,每年需要支付 7 百万元作为奖励.设基金的利率为每年 5%,且以年复利计息,问需要筹集的资金为多少?

第一次奖励发生在创立之日,第一次需要筹集的资金是 7(单位:百万元);

第二次奖励发生在一年之后,第二次需要筹集的资金是 $\dfrac{7}{1.05}$(单位:百万元);

第三次奖励发生在两年之后,第三次需要筹集的资金是 $\dfrac{7}{(1.05)^2}$(单位:百万元);

一直延续下去,则需要筹集的总资金(单位:百万元)是

$$7 + \frac{7}{1.05} + \frac{7}{(1.05)^2} + \cdots + \frac{7}{(1.05)^n} + \cdots,$$

这是一个无穷多个数量依次相加的数学式子.这种式子就是接下来要介绍的常数项无穷级数.

定义 10.1 设 $u_1, u_2, u_3, \cdots, u_n, \cdots$ 是一个给定的数列,由这个数列构成的表达式

$$u_1 + u_2 + u_3 + \cdots + u_n + \cdots$$

称为(**常数项**)无穷级数,简称级数,记为 $\displaystyle\sum_{n=1}^{\infty} u_n$,即

$$\sum_{n=1}^{\infty} u_n = u_1 + u_2 + u_3 + \cdots + u_n + \cdots,$$

其中第 n 项 u_n 称为级数的**一般项**或**通项**.

上述定义只是形式上表达了无穷多个数的和.应该怎样理解其意义呢？由于有限个数的和是可以完全确定的,因此,我们可以从有限项的和出发,观察它们的变化趋势,由此理解无穷多个数量相加的含义.

作级数 $\sum_{n=1}^{\infty} u_n$ 前 n 项的和：

$$s_n = u_1 + u_2 + u_3 + \cdots + u_n = \sum_{i=1}^{n} u_i,$$

称它为级数的**部分和**.当 n 依次取 $1,2,3,\cdots$ 时,它们构成一个新的数列 $\{s_n\}$,即

$$s_1 = u_1, s_2 = u_1 + u_2, \cdots, s_n = u_1 + u_2 + u_3 + \cdots + u_n, \cdots,$$

数列 $\{s_n\}$ 称为**部分和数列**.根据该数列是否有极限,我们引入级数收敛与发散的概念.

定义 10.2 如果级数 $\sum_{n=1}^{\infty} u_n$ 的部分和数列 $\{s_n\}$ 存在极限 s,即

$$\lim_{n\to\infty} s_n = s,$$

则称无穷级数 $\sum_{n=1}^{\infty} u_n$ **收敛**,极限 s 称为级数 $\sum_{n=1}^{\infty} u_n$ 的**和**,并记作

$$s = u_1 + u_2 + \cdots + u_n + \cdots;$$

如果 $\{s_n\}$ 没有极限,则称无穷级数 $\sum_{n=1}^{\infty} u_n$ **发散**.

当级数 $\sum_{n=1}^{\infty} u_n$ 收敛于 s 时,其部分和 s_n 是级数和 s 的近似值,它们之间的差

$$r_n = s - s_n = u_{n+1} + u_{n+2} + \cdots$$

称为级数的**余项**.显然 $\lim_{n\to\infty} r_n = 0$,而用 s_n 近似 s 所产生的误差是 $|r_n|$.

由上述定义可知,级数与数列极限有着紧密的联系.若给定级数 $\sum_{n=1}^{\infty} u_n$,令 $s_n = \sum_{i=1}^{n} u_i$,就可确定唯一的部分和数列 $\{s_n\}$；反之,给定数列 $\{s_n\}$,令

$$u_1 = s_1, u_2 = s_2 - s_1, \cdots, u_n = s_n - s_{n-1}, \cdots,$$

则级数 $\sum_{n=1}^{\infty} u_n$ 的部分和数列为 $\{s_n\}$.

例 1 讨论下列级数是否收敛,若收敛,求其和.

(1) $\sum_{n=1}^{\infty} \dfrac{1}{\sqrt{n+1}+\sqrt{n}}$；　　　(2) $\sum_{n=1}^{\infty} \dfrac{1}{n(n+1)}$.

解 (1) 由 $u_n = \dfrac{1}{\sqrt{n+1}+\sqrt{n}} = \sqrt{n+1} - \sqrt{n}$,可得部分和

$$s_n = (\sqrt{2}-\sqrt{1}) + (\sqrt{3}-\sqrt{2}) + \cdots + (\sqrt{n+1}-\sqrt{n}) = \sqrt{n+1} - 1,$$

从而,$\lim_{n\to\infty} s_n = \lim_{n\to\infty} (\sqrt{n+1}-1) = \infty$,所以该级数发散.

（2）由 $u_n=\dfrac{1}{n(n+1)}=\dfrac{1}{n}-\dfrac{1}{(n+1)}$，可得部分和

$$s_n=\left(1-\frac{1}{2}\right)+\left(\frac{1}{2}-\frac{1}{3}\right)+\cdots+\left(\frac{1}{n}-\frac{1}{n+1}\right)=1-\frac{1}{n+1},$$

从而，$\lim\limits_{n\to\infty}s_n=\lim\limits_{n\to\infty}\left(1-\dfrac{1}{n+1}\right)=1$，所以该级数收敛，且和为 1.

例 2 讨论等比级数（又称几何级数）

$$\sum_{n=0}^{\infty}aq^n=a+aq+aq^2+\cdots+aq^n+\cdots(a\neq0)$$

的收敛性.

解 如果 $q\neq1$，则部分和

$$s_n=a+aq+aq^2+\cdots+aq^{n-1}=\frac{a(1-q^n)}{1-q}.$$

当 $|q|<1$ 时，有 $\lim\limits_{n\to\infty}q^n=0$，则

$$\lim_{n\to\infty}s_n=\lim_{n\to\infty}\frac{a(1-q^n)}{1-q}=\frac{a}{1-q}.$$

当 $|q|>1$ 时，有 $\lim\limits_{n\to\infty}q^n=\infty$，则 $\lim\limits_{n\to\infty}s_n=\infty$.

当 $q=1$ 时，有 $s_n=na$，则 $\lim\limits_{n\to\infty}s_n=\infty$.

当 $q=-1$ 时，有 $s_n=\dfrac{a[1-(-1)^n]}{1-(-1)}=\dfrac{a}{2}[1-(-1)^n]$，易知 $\lim\limits_{n\to\infty}s_n$ 不存在.

综合上述结果，可得：当 $|q|<1$ 时，等比级数 $\sum\limits_{n=0}^{\infty}aq^n$ 收敛，此时 $\sum\limits_{n=0}^{\infty}aq^n=\dfrac{a}{1-q}$；当 $|q|\geqslant1$ 时，等比级数 $\sum\limits_{n=0}^{\infty}aq^n$ 发散.

引例中为了创立奖励基金而筹集资金的问题就是一个等比级数求和的问题.

例 3 证明调和级数

$$\sum_{n=1}^{\infty}\frac{1}{n}=1+\frac{1}{2}+\frac{1}{3}+\cdots+\frac{1}{n}+\cdots$$

是发散的.

证 用反证法. 假设级数 $\sum\limits_{n=1}^{\infty}\dfrac{1}{n}$ 收敛，其和为 s，即 $\lim\limits_{n\to\infty}s_n=s$，则 $\lim\limits_{n\to\infty}s_{2n}=s$，于是 $\lim\limits_{n\to\infty}(s_{2n}-s_n)=s-s=0.$ 但是

$$s_{2n}-s_n=\frac{1}{n+1}+\frac{1}{n+2}+\cdots+\frac{1}{2n}>\frac{n}{2n}=\frac{1}{2},$$

由极限的保号性知 $\lim\limits_{n\to\infty}(s_{2n}-s_n)\geqslant\dfrac{1}{2}$，从而矛盾. 所以调和级数 $\sum\limits_{n=1}^{\infty}\dfrac{1}{n}$ 发散.

二、收敛级数的基本性质

由级数收敛性的定义知，对无穷级数收敛性的讨论可以转化为对它的部分和数列的收

敛性的讨论,因此利用数列极限的有关性质,可以得到收敛级数的一些基本性质.

性质 1　在级数中去掉、增加或改变前面有限项,不会改变级数的收敛性.

证　这里只证明"在级数前面去掉有限项,不会改变级数的收敛性",其他两种情形可类似证明.

设有级数

$$\sum_{n=1}^{\infty} u_n = u_1 + u_2 + \cdots + u_k + u_{k+1} + \cdots + u_{k+n} + \cdots,$$

将其前 k 项去掉,则得级数

$$u_{k+1} + u_{k+2} + \cdots + u_{k+n} + \cdots,$$

其部分和

$$\sigma_n = u_{k+1} + u_{k+2} + \cdots + u_{k+n} = s_{k+n} - s_k,$$

其中 s_{k+n} 是原级数前 $k+n$ 项的和,s_k 是原级数前 k 项的和,且 s_k 为常数,于是数列 $\{\sigma_n\}$ 与 $\{s_n\}$ 有相同的收敛性,即去掉级数前面有限项不改变级数的收敛性.

性质 2　如果级数 $\sum\limits_{n=1}^{\infty} u_n$ 收敛于 s,k 为任意常数,则级数 $\sum\limits_{n=1}^{\infty} k u_n$ 收敛于 ks.

证　设级数 $\sum\limits_{n=1}^{\infty} u_n$ 与 $\sum\limits_{n=1}^{\infty} k u_n$ 的部分和分别为 s_n 与 σ_n,则

$$\sigma_n = k u_1 + k u_2 + \cdots + k u_n = k(u_1 + u_2 + \cdots + u_n) = k s_n,$$

于是

$$\lim_{n \to \infty} \sigma_n = \lim_{n \to \infty} k s_n = k \lim_{n \to \infty} s_n = ks.$$

所以级数 $\sum\limits_{n=1}^{\infty} k u_n$ 收敛,且和为 ks.

从上面的证明过程可以看出,如果 $\lim\limits_{n \to \infty} s_n$ 不存在,且 $k \neq 0$,那么 $\lim\limits_{n \to \infty} \sigma_n$ 也不可能存在.从而可以得到如下结论:**级数的每一项同乘一个相同的非零常数后,它的收敛性不会改变.**

性质 3　如果级数 $\sum\limits_{n=1}^{\infty} u_n$,$\sum\limits_{n=1}^{\infty} v_n$ 分别收敛于和 s,σ,则级数 $\sum\limits_{n=1}^{\infty} (u_n \pm v_n)$ 也收敛,其和为 $s \pm \sigma$,即

$$\sum_{n=1}^{\infty} (u_n \pm v_n) = \sum_{n=1}^{\infty} u_n \pm \sum_{n=1}^{\infty} v_n = s \pm \sigma.$$

证　设级数 $\sum\limits_{n=1}^{\infty} u_n$ 与 $\sum\limits_{n=1}^{\infty} v_n$ 的部分和分别为 s_n 与 σ_n,则容易得到级数 $\sum\limits_{n=1}^{\infty} (u_n \pm v_n)$ 的部分和 $\tau_n = s_n \pm \sigma_n$,于是

$$\lim_{n \to \infty} \tau_n = \lim_{n \to \infty} (s_n \pm \sigma_n) = s \pm \sigma,$$

即级数 $\sum\limits_{n=1}^{\infty} (u_n \pm v_n)$ 收敛于 $s \pm \sigma$.

推论　如果级数 $\sum\limits_{n=1}^{\infty} u_n$ 收敛,$\sum\limits_{n=1}^{\infty} v_n$ 发散,则级数 $\sum\limits_{n=1}^{\infty} (u_n \pm v_n)$ 发散.

此推论可以利用反证法证得.

注 如果级数 $\sum\limits_{n=1}^{\infty} u_n$ 与 $\sum\limits_{n=1}^{\infty} v_n$ 均发散，则级数 $\sum\limits_{n=1}^{\infty} (u_n \pm v_n)$ 未必发散.

例 4 判别下列级数的收敛性：

(1) $\sum\limits_{n=1}^{\infty} \dfrac{1+(-2)^n}{3^n}$;　　　　(2) $\sum\limits_{n=1}^{\infty} \left[(-1)^n \dfrac{2}{3^n} + \dfrac{1}{5n}\right]$.

解 (1) 级数 $\sum\limits_{n=1}^{\infty} \dfrac{1}{3^n}$ 为 $|q| = \left|\dfrac{1}{3}\right| < 1$ 的等比级数，收敛，和为 $\dfrac{\frac{1}{3}}{1-\frac{1}{3}} = \dfrac{1}{2}$; 级数

$\sum\limits_{n=1}^{\infty} \dfrac{(-2)^n}{3^n}$ 为 $|q| = \left|-\dfrac{2}{3}\right| < 1$ 的等比级数，收敛，和为 $\dfrac{-\frac{2}{3}}{1-\left(-\frac{2}{3}\right)} = -\dfrac{2}{5}$. 所以，级数

$\sum\limits_{n=1}^{\infty} \dfrac{1+(-2)^n}{3^n}$ 收敛，和为 $\dfrac{1}{2} - \dfrac{2}{5} = \dfrac{1}{10}$.

(2) 级数 $\sum\limits_{n=1}^{\infty} (-1)^n \dfrac{2}{3^n}$ 为公比 $|q| = \left|-\dfrac{1}{3}\right| < 1$ 的等比级数，收敛；级数 $\sum\limits_{n=1}^{\infty} \dfrac{1}{5n} =$

$\dfrac{1}{5} \sum\limits_{n=1}^{\infty} \dfrac{1}{n}$ 发散. 所以，级数 $\sum\limits_{n=1}^{\infty} \left[(-1)^n \dfrac{2}{3^n} + \dfrac{1}{5n}\right]$ 发散.

性质 4 如果级数 $\sum\limits_{n=1}^{\infty} u_n$ 收敛，则对该级数的项任意添加括号后所得的级数仍收敛，且和不变.

证 设级数 $\sum\limits_{n=1}^{\infty} u_n$ 的部分和为 s_n, 且 $\lim\limits_{n\to\infty} s_n = s$. 将该级数的项任意添加括号，所得的级数为

$$(u_1 + u_2 + \cdots + u_{n_1}) + (u_{n_1+1} + u_{n_1+2} + \cdots + u_{n_2}) + \cdots + (u_{n_{k-1}+1} + u_{n_{k-1}+2} + \cdots + u_{n_k}) + \cdots$$

设它的前 k 项部分和为 σ_k, 则 $\sigma_k = s_{n_k}$. 可见，数列 $\{\sigma_k\}$ 是数列 $\{s_n\}$ 的一个子数列，从而有

$$\lim_{k\to\infty} \sigma_k = \lim_{k\to\infty} s_{n_k} = \lim_{n\to\infty} s_n = s.$$

即添加括号后级数收敛于原级数的和.

注 加括号后所构成的级数收敛时，原级数不一定收敛. 例如，级数 $(1-1) + (1-1) + \cdots =$

0, 收敛，但去括号后的级数 $1 - 1 + 1 - 1 + \cdots = \sum\limits_{n=0}^{\infty} (-1)^n$ 是发散的.

推论 若加括号后所构成的级数发散，则原级数一定发散.

性质 5（级数收敛的必要条件） 如果级数 $\sum\limits_{n=1}^{\infty} u_n$ 收敛，则 $\lim\limits_{n\to\infty} u_n = 0$.

证 设级数 $\sum\limits_{n=1}^{\infty} u_n = s$, 其部分和为 s_n, 则 $u_n = s_n - s_{n-1}$, 从而

$$\lim_{n\to\infty} u_n = \lim_{n\to\infty} (s_n - s_{n-1}) = \lim_{n\to\infty} s_n - \lim_{n\to\infty} s_{n-1} = s - s = 0.$$

推论 如果 $\lim\limits_{n\to\infty} u_n \neq 0$, 则级数 $\sum\limits_{n=1}^{\infty} u_n$ 发散.

上述推论常用来判定常数项级数的发散. 例如, 级数 $\sum\limits_{n=1}^{\infty}\left(1+\dfrac{1}{n}\right)^{-n}$, 由于

$$\lim_{n\to\infty}u_n = \lim_{n\to\infty}\left(1+\frac{1}{n}\right)^{-n} = \lim_{n\to\infty}\left[\left(1+\frac{1}{n}\right)^{n}\right]^{-1} = \frac{1}{e} \neq 0,$$

因此该级数发散.

注 $\lim\limits_{n\to\infty}u_n = 0$ 是级数收敛的必要条件, 而非充分条件, 即当 $\lim\limits_{n\to\infty}u_n = 0$ 时, 级数 $\sum\limits_{n=1}^{\infty}u_n$

未必收敛. 例如, 调和级数 $\sum\limits_{n=1}^{\infty}\dfrac{1}{n}$, 虽然有 $\lim\limits_{n\to\infty}u_n = \lim\limits_{n\to\infty}\dfrac{1}{n} = 0$, 但 $\sum\limits_{n=1}^{\infty}\dfrac{1}{n}$ 是发散的.

习题 10-1

1. 写出下列级数的前五项:

(1) $\sum\limits_{n=1}^{\infty}\dfrac{n-1}{n^2+1}$;

(2) $\sum\limits_{n=1}^{\infty}\dfrac{2n-1}{3^n}$;

(3) $\sum\limits_{n=1}^{\infty}\dfrac{1\times 3\times\cdots\times(2n-1)}{2\times 4\times\cdots\times 2n}$.

2. 写出下列级数的一般项:

(1) $1+\dfrac{7}{2!}+\dfrac{7^2}{3!}+\dfrac{7^3}{4!}+\cdots$;

(2) $\dfrac{2}{1}-\dfrac{3}{2}+\dfrac{4}{3}-\dfrac{5}{4}+\cdots$;

(3) $\dfrac{2}{2}x+\dfrac{2^2}{5}x^2+\dfrac{2^3}{10}x^3+\dfrac{2^4}{17}x^4+\cdots$.

3. 根据级数收敛与发散的定义判别下列级数的收敛性:

(1) $\sum\limits_{n=1}^{\infty}\left(\dfrac{1}{\sqrt{n}}-\dfrac{1}{\sqrt{n+1}}\right)$;

(2) $\sum\limits_{n=1}^{\infty}\ln\left(1+\dfrac{1}{n}\right)$;

(3) $\dfrac{1}{1\times 3}+\dfrac{1}{3\times 5}+\dfrac{1}{5\times 7}+\cdots+\dfrac{1}{(2n-1)(2n+1)}+\cdots$;

(4) $\sin\dfrac{\pi}{6}+\sin\dfrac{2\pi}{6}+\cdots+\sin\dfrac{n\pi}{6}+\cdots$.

4. 判别下列级数的收敛性:

(1) $\sum\limits_{n=1}^{\infty}\dfrac{n^2-n}{2n^2+n}$;

(2) $\sum\limits_{n=1}^{\infty}\dfrac{(-3)^n+5^n}{7^n}$;

(3) $\dfrac{1}{3}+\dfrac{1}{6}+\dfrac{1}{9}+\dfrac{1}{12}+\cdots$;

(4) $\dfrac{1}{a}+\dfrac{1}{\sqrt{a}}+\dfrac{1}{\sqrt[3]{a}}+\cdots+\dfrac{1}{\sqrt[n]{a}}+\cdots\ (a>0)$;

(5) $\dfrac{1}{3}+\dfrac{1}{5}+\dfrac{1}{9}+\dfrac{1}{10}+\cdots+\dfrac{1}{3^n}+\dfrac{1}{5^n}+\cdots$.

5. 将循环小数 $0.212\,121\,21\cdots$ 写成无穷级数形式并用分数表示.

第二节 正项级数的审敛法

对于一般的常数项级数而言, 按定义判断其收敛性并非易事, 是否能找到更简单有效的

判别法呢？本节将从最简单的正项级数入手，讨论判断其收敛性的方法.

如果 $u_n \geqslant 0 (n=1,2,3,\cdots)$，则称级数 $\sum\limits_{n=1}^{\infty} u_n$ 为**正项级数**.

观察正项级数 $\sum\limits_{n=1}^{\infty} u_n$ 的部分和数列 $\{s_n\}$，易知 $s_1 \leqslant s_2 \leqslant s_3 \leqslant \cdots \leqslant s_n \leqslant \cdots$，即正项级数的部分和数列 $\{s_n\}$ 单调增加. 如果数列 $\{s_n\}$ 有界，根据单调有界数列的收敛准则，数列 $\{s_n\}$ 必收敛，即正项级数 $\sum\limits_{n=1}^{\infty} u_n$ 收敛；反之，如果正项级数 $\sum\limits_{n=1}^{\infty} u_n$ 收敛，则部分和数列 $\{s_n\}$ 必有极限，根据有极限的数列一定是有界数列可知，数列 $\{s_n\}$ 有界. 从而得到如下正项级数收敛的基本定理.

定理 10.1（基本定理） 正项级数 $\sum\limits_{n=1}^{\infty} u_n$ 收敛的充分必要条件是：它的部分和数列 $\{s_n\}$ 有界.

由上述定理可知，若正项级数 $\sum\limits_{n=1}^{\infty} u_n$ 发散，则部分和数列 $s_n \to +\infty (n \to \infty)$，此时我们也记 $\sum\limits_{n=1}^{\infty} u_n = +\infty$. 该定理的重要性不在于可以用来判别正项级数的收敛性，而是由此定理可以证明下面一系列正项级数的审敛法.

定理 10.2（比较审敛法） 设 $\sum\limits_{n=1}^{\infty} u_n$ 和 $\sum\limits_{n=1}^{\infty} v_n$ 是两个正项级数，且 $u_n \leqslant v_n (n=1,2,3,\cdots)$.

（1）若级数 $\sum\limits_{n=1}^{\infty} v_n$ 收敛，则级数 $\sum\limits_{n=1}^{\infty} u_n$ 收敛；

（2）若级数 $\sum\limits_{n=1}^{\infty} u_n$ 发散，则级数 $\sum\limits_{n=1}^{\infty} v_n$ 发散.

证 设级数 $\sum\limits_{n=1}^{\infty} u_n$，$\sum\limits_{n=1}^{\infty} v_n$ 的部分和分别为 s_n，σ_n，则由 $u_n \leqslant v_n (n=1,2,3,\cdots)$ 可得
$$s_n = u_1 + u_2 + \cdots + u_n \leqslant v_1 + v_2 + \cdots + v_n = \sigma_n.$$

（1）若级数 $\sum\limits_{n=1}^{\infty} v_n$ 收敛，则其部分和数列 $\{\sigma_n\}$ 有界，从而级数 $\sum\limits_{n=1}^{\infty} u_n$ 的部分和数列 $\{s_n\}$ 有界，因此由定理 10.1 知级数 $\sum\limits_{n=1}^{\infty} u_n$ 收敛.

（2）若级数 $\sum\limits_{n=1}^{\infty} u_n$ 发散，则级数 $\sum\limits_{n=1}^{\infty} v_n$ 必发散. 因为若级数 $\sum\limits_{n=1}^{\infty} v_n$ 收敛，由前面的结论知级数 $\sum\limits_{n=1}^{\infty} u_n$ 收敛，与条件级数 $\sum\limits_{n=1}^{\infty} u_n$ 发散相矛盾.

注 由于级数的每一项同乘不为零的常数 k，以及去掉级数前面有限项不会改变级数的收敛性，因此定理的条件可以减弱为
$$u_n \leqslant kv_n \quad (k>0, n=N, N+1, \cdots).$$

例 1 讨论 p 级数

$$\sum_{n=1}^{\infty} \frac{1}{n^p} = 1 + \frac{1}{2^p} + \frac{1}{3^p} + \cdots + \frac{1}{n^p} + \cdots$$

的收敛性,其中常数 $p > 0$.

解 如果 $p \leqslant 1$,则 $\dfrac{1}{n^p} \geqslant \dfrac{1}{n}$,因为调和级数 $\displaystyle\sum_{n=1}^{\infty} \frac{1}{n}$ 是发散的,所以由比较审敛法知,此时 p 级数是发散的.

如果 $p > 1$,则对于 $n-1 \leqslant x < n\,(n \geqslant 2)$,有 $\dfrac{1}{n^p} < \dfrac{1}{x^p}$,所以

$$\frac{1}{n^p} = \int_{n-1}^{n} \frac{1}{n^p} \mathrm{d}x < \int_{n-1}^{n} \frac{1}{x^p} \mathrm{d}x,$$

于是 p 级数的部分和

$$s_n = 1 + \frac{1}{2^p} + \frac{1}{3^p} + \cdots + \frac{1}{n^p} < 1 + \int_1^2 \frac{1}{x^p} \mathrm{d}x + \int_2^3 \frac{1}{x^p} \mathrm{d}x + \cdots + \int_{n-1}^{n} \frac{1}{x^p} \mathrm{d}x$$

$$= 1 + \int_1^n \frac{1}{x^p} \mathrm{d}x = 1 + \frac{1}{p-1}\left(1 - \frac{1}{n^{p-1}}\right) < 1 + \frac{1}{p-1}\,(n \geqslant 2),$$

这表明 p 级数的部分和 $\{s_n\}$ 有界,故此时 p 级数是收敛的.

综上所述,关于 p 级数 $\displaystyle\sum_{n=1}^{\infty} \frac{1}{n^p}$ 的结论是:当 $p > 1$ 时,p 级数收敛;当 $0 < p \leqslant 1$ 时,p 级数发散.

例 2 判别下列正项级数的收敛性:

(1) $\displaystyle\sum_{n=1}^{\infty} \frac{1}{\sqrt{n(n+1)}}$; (2) $\displaystyle\sum_{n=1}^{\infty} \frac{1}{2^n + 3^n}$.

解 (1) 因为 $\dfrac{1}{\sqrt{n(n+1)}} > \dfrac{1}{n+1}$,且级数 $\displaystyle\sum_{n=1}^{\infty} \frac{1}{n+1} = \frac{1}{2} + \frac{1}{3} + \cdots + \frac{1}{n+1} + \cdots$ 发散,所以由比较审敛法知级数 $\displaystyle\sum_{n=1}^{\infty} \frac{1}{\sqrt{n(n+1)}}$ 是发散的.

(2) 因为 $\dfrac{1}{2^n + 3^n} < \dfrac{1}{3^n}$,且等比级数 $\displaystyle\sum_{n=1}^{\infty} \frac{1}{3^n}$ 收敛,所以由比较审敛法知级数 $\displaystyle\sum_{n=1}^{\infty} \frac{1}{2^n + 3^n}$ 是收敛的.

例 3 设 $u_n > 0, v_n > 0$,且 $\dfrac{u_{n+1}}{u_n} < \dfrac{v_{n+1}}{v_n}\,(n = 1, 2, \cdots)$,证明:若 $\displaystyle\sum_{n=1}^{\infty} v_n$ 收敛,则 $\displaystyle\sum_{n=1}^{\infty} u_n$ 也收敛.

证 由题设条件 $\dfrac{u_{n+1}}{v_{n+1}} < \dfrac{u_n}{v_n}$,即数列 $\left\{\dfrac{u_n}{v_n}\right\}$ 是单调减少的正项数列,于是有 $u_n \leqslant \dfrac{u_{n-1}}{v_{n-1}} v_n \leqslant \dfrac{u_1}{v_1} v_n\,(n = 2, 3, \cdots)$,记 $k = \dfrac{u_1}{v_1}$,则 $u_n \leqslant k v_n\,(n = 2, 3, \cdots)$,因为级数 $\displaystyle\sum_{n=1}^{\infty} v_n$ 收敛,所以由比较审敛法知级数 $\displaystyle\sum_{n=1}^{\infty} u_n$ 也收敛.

应用比较审敛法判别级数的收敛性,需要在给定级数的一般项与某一已知级数的一般项之间建立不等式关系,但建立这样的不等式关系有时相当困难. 为了应用方便,下面给出比较审敛法的极限形式.

定理 10.3（比较审敛法的极限形式） 设 $\sum\limits_{n=1}^{\infty} u_n$ 和 $\sum\limits_{n=1}^{\infty} v_n$ 是两个正项级数,且 $\lim\limits_{n\to\infty} \dfrac{u_n}{v_n} = l$.

（1）当 $0 < l < +\infty$ 时,级数 $\sum\limits_{n=1}^{\infty} u_n$ 和 $\sum\limits_{n=1}^{\infty} v_n$ 有相同的收敛性;

（2）当 $l = 0$ 时,若 $\sum\limits_{n=1}^{\infty} v_n$ 收敛,则 $\sum\limits_{n=1}^{\infty} u_n$ 收敛;

（3）当 $l = +\infty$ 时,若 $\sum\limits_{n=1}^{\infty} v_n$ 发散,则 $\sum\limits_{n=1}^{\infty} u_n$ 发散.

证 （1）由于 $\lim\limits_{n\to\infty} \dfrac{u_n}{v_n} = l > 0$,取 $\varepsilon = \dfrac{l}{2}$,由极限的定义可知,存在正整数 N,当 $n > N$ 时,有

$$\left| \frac{u_n}{v_n} - l \right| < \frac{l}{2}, \quad 即 \frac{l}{2} < \frac{u_n}{v_n} < \frac{3}{2}l,$$

从而

$$\frac{l}{2} v_n < u_n < \frac{3l}{2} v_n,$$

所以,由比较审敛法知级数 $\sum\limits_{n=1}^{\infty} u_n$ 和 $\sum\limits_{n=1}^{\infty} v_n$ 有相同的收敛性.

（2）当 $l = 0$ 时,取 $\varepsilon = 1$,则存在正整数 N,当 $n > N$ 时,有

$$\left| \frac{u_n}{v_n} \right| < 1, \quad 得 \frac{u_n}{v_n} < 1, \quad 即 u_n < v_n,$$

而 $\sum\limits_{n=1}^{\infty} v_n$ 收敛,所以 $\sum\limits_{n=1}^{\infty} u_n$ 收敛.

（3）当 $l = +\infty$ 时,取 $M = 1$,则存在正整数 N,当 $n > N$ 时,有

$$\frac{u_n}{v_n} > 1, \quad 即 u_n > v_n,$$

而 $\sum\limits_{n=1}^{\infty} v_n$ 发散,所以 $\sum\limits_{n=1}^{\infty} u_n$ 发散.

例 4 判别下列正项级数的收敛性:

（1）$\sum\limits_{n=1}^{\infty} \dfrac{1}{\sqrt{n^4 + 2n^3 - 7}}$; （2）$\sum\limits_{n=1}^{\infty} (n+1)\left(1 - \cos\dfrac{\pi}{n}\right)$.

解 （1）因为

$$\lim_{n\to\infty} \frac{\dfrac{1}{\sqrt{n^4 + 2n^3 - 7}}}{\dfrac{1}{n^2}} = \lim_{n\to\infty} \frac{1}{\sqrt{1 + \dfrac{2}{n} - \dfrac{7}{n^4}}} = 1 > 0,$$

且级数 $\sum\limits_{n=1}^{\infty}\dfrac{1}{n^2}$ 收敛,所以原级数收敛.

(2) 因为 $1-\cos\dfrac{\pi}{n}\sim\dfrac{1}{2}\left(\dfrac{\pi}{n}\right)^2\ (n\to\infty)$,从而

$$\lim_{n\to\infty}\frac{(n+1)\left(1-\cos\dfrac{\pi}{n}\right)}{\dfrac{1}{n}}=\lim_{n\to\infty}\frac{\dfrac{\pi^2}{2}\dfrac{(n+1)}{n^2}}{\dfrac{1}{n}}=\frac{\pi^2}{2}\lim_{n\to\infty}\left(1+\frac{1}{n}\right)=\frac{\pi^2}{2}>0,$$

且级数 $\sum\limits_{n=1}^{\infty}\dfrac{1}{n}$ 发散,所以原级数发散.

使用比较审敛法,需要选取一个收敛性已知的级数作为比较的基准. 从前面的例题可以看出,最常选用做基准级数的是等比级数和 p 级数. 然而,很多时候收敛性已知的基准级数并不好找,那能否直接利用正项级数自身的条件和特点来判别级数的收敛性? 答案是肯定的. 接下来介绍正项级数的比值审敛法.

定理 10.4(比值审敛法,达朗贝尔判别法) 设 $\sum\limits_{n=1}^{\infty}u_n$ 为正项级数,且 $\lim\limits_{n\to\infty}\dfrac{u_{n+1}}{u_n}=\rho$(或 $+\infty$),则

(1) 当 $\rho<1$ 时,级数收敛;

(2) 当 $\rho>1$(包括 $\rho=+\infty$) 时,级数发散;

(3) 当 $\rho=1$ 时,级数可能收敛,也可能发散.

证 (1) 当 $\rho<1$ 时,取 $0<\varepsilon<1-\rho$,使 $r=\rho+\varepsilon<1$,由极限的定义,存在正整数 N,当 $n>N$ 时有

$$\frac{u_{n+1}}{u_n}<\rho+\varepsilon=r.$$

于是

$$u_{N+1}<ru_N,u_{N+2}<ru_{N+1}<r^2u_N,\cdots,u_{N+k}<r^ku_N,\cdots.$$

而级数 $\sum\limits_{k=1}^{\infty}r^ku_N$ 收敛(公比 $r<1$),根据比较审敛法知级数 $\sum\limits_{n=1}^{\infty}u_n$ 收敛.

(2) 当 $\rho>1$ 时,取 $0<\varepsilon<\rho-1$,使 $r=\rho-\varepsilon>1$,由极限的定义,存在正整数 N,当 $n>N$ 时有

$$\frac{u_{n+1}}{u_n}>\rho-\varepsilon=r,$$

即 $u_{n+1}>ru_n>u_n$,所以当 $n>N$ 时,级数的一般项 u_n 是逐渐增大的,从而 $\lim\limits_{n\to\infty}u_n\neq0$. 根据级数收敛的必要条件知级数 $\sum\limits_{n=1}^{\infty}u_n$ 发散.

类似地,可以证明当 $\lim\limits_{n\to\infty}\dfrac{u_{n+1}}{u_n}=+\infty$ 时,级数 $\sum\limits_{n=1}^{\infty}u_n$ 发散.

(3) 当 $\rho=1$ 时,级数可能收敛,也可能发散,比值审敛法失效. 例如 p 级数 $\sum\limits_{n=1}^{\infty}\dfrac{1}{n^p}$,无论 p 为何值,总有

$$\lim_{n \to \infty} \frac{u_{n+1}}{u_n} = \lim_{n \to \infty} \frac{\dfrac{1}{(n+1)^p}}{\dfrac{1}{n^p}} = 1.$$

但我们知道，当 $p>1$ 时级数收敛，当 $0<p\leqslant1$ 时级数发散，因此，如果 $\rho=1$，就应该利用其他方法进行判断.

例 5 判别下列正项级数的收敛性：

(1) $\displaystyle\sum_{n=1}^{\infty} \frac{n!}{3^n}$；　　(2) $\displaystyle\sum_{n=1}^{\infty} \frac{n^2}{2^n}$.

解 (1) 因为

$$\lim_{n \to \infty} \frac{u_{n+1}}{u_n} = \lim_{n \to \infty} \frac{\dfrac{(n+1)!}{3^{n+1}}}{\dfrac{n!}{3^n}} = \lim_{n \to \infty} \frac{n+1}{3} = +\infty,$$

所以级数 $\displaystyle\sum_{n=1}^{\infty} \frac{n!}{3^n}$ 发散.

(2) 因为

$$\lim_{n \to \infty} \frac{u_{n+1}}{u_n} = \lim_{n \to \infty} \frac{\dfrac{(n+1)^2}{2^{n+1}}}{\dfrac{n^2}{2^n}} = \frac{1}{2} \lim_{n \to \infty} \left(1+\frac{1}{n}\right)^2 = \frac{1}{2} < 1,$$

所以级数 $\displaystyle\sum_{n=1}^{\infty} \frac{n^2}{2^n}$ 收敛.

例 6 判别级数 $\displaystyle\sum_{n=1}^{\infty} \frac{n\sin^2(n+1)}{3^n}$ 的收敛性.

解 由于 $\dfrac{n\sin^2(n+1)}{3^n} \leqslant \dfrac{n}{3^n}$，对于级数 $\displaystyle\sum_{n=1}^{\infty} \frac{n}{3^n}$，因为

$$\lim_{n \to \infty} \frac{u_{n+1}}{u_n} = \lim_{n \to \infty} \frac{\dfrac{n+1}{3^{n+1}}}{\dfrac{n}{3^n}} = \frac{1}{3} \lim_{n \to \infty} \left(1+\frac{1}{n}\right) = \frac{1}{3} < 1,$$

根据比值审敛法知，级数 $\displaystyle\sum_{n=1}^{\infty} \frac{n}{3^n}$ 收敛，再由比较审敛法知，题设级数收敛.

习题 10-2

1. 用比较审敛法或其极限形式判别下列级数的收敛性：

(1) $\displaystyle\sum_{n=1}^{\infty} \frac{1}{n\sqrt{n+1}}$；　　(2) $\displaystyle\sum_{n=1}^{\infty} \frac{1}{n}(\sqrt{n+1}-\sqrt{n})$；　　(3) $\displaystyle\sum_{n=1}^{\infty} \left(\frac{n}{2n+1}\right)^n$；

(4) $\displaystyle\sum_{n=1}^{\infty} \sin\frac{\pi}{2^n}$；　　(5) $\displaystyle\sum_{n=1}^{\infty} \frac{1}{n\sqrt[n]{n}}$；　　(6) $\displaystyle\sum_{n=1}^{\infty} \frac{1}{1+a^n}(a>0)$.

2. 用比值审敛法判别下列级数的收敛性：

(1) $\displaystyle\sum_{n=1}^{\infty}\frac{5^n}{6^n\cdot n!}$；　　　(2) $\displaystyle\sum_{n=1}^{\infty}\frac{(n!)^2}{(2n)!}$；　　　(3) $\displaystyle\sum_{n=1}^{\infty}\frac{4^n}{5^n-3^n}$；

(4) $\displaystyle\sum_{n=1}^{\infty}(n+1)\sin\frac{\pi}{3^n}$；　　　(5) $\displaystyle\sum_{n=1}^{\infty}\frac{2^n n!}{n^n}$.

3. 用适当的方法判别下列级数的收敛性：

(1) $\displaystyle\sum_{n=1}^{\infty}\sqrt{\frac{n+1}{3n+7}}$；　　　(2) $\displaystyle\sum_{n=1}^{\infty}\frac{\sqrt[4]{n}}{(n+1)\sqrt{n+2}}$；

(3) $\displaystyle\sum_{n=1}^{\infty}\frac{2^n}{\sqrt{n^n}}$；　　　(4) $\displaystyle\sum_{n=1}^{\infty}n^2\left(1-\cos\frac{\pi}{n^2}\right)$.

4. 利用级数收敛的必要条件证明：$\displaystyle\lim_{n\to\infty}np^n=0(0<p<1)$.

5. 设 $u_n\leqslant c_n\leqslant v_n(n=1,2,\cdots)$，并且级数 $\displaystyle\sum_{n=1}^{\infty}u_n$ 和 $\displaystyle\sum_{n=1}^{\infty}v_n$ 都收敛，证明级数 $\displaystyle\sum_{n=1}^{\infty}c_n$ 收敛.

第三节　任意项级数的绝对收敛与条件收敛

上一节中我们讨论了正项级数的审敛法，本节讨论一般常数项级数收敛性的判定方法.下面将首先介绍一类特殊级数——交错级数及其收敛性的判定方法，然后再介绍任意项级数收敛性的判定方法.

一、交错级数及其审敛法

各项符号正负交错的常数项级数称为**交错级数**.其一般形式如下：

$$\sum_{n=1}^{\infty}(-1)^{n-1}u_n=u_1-u_2+u_3-u_4+\cdots+(-1)^{n-1}u_n+\cdots,$$

或

$$\sum_{n=1}^{\infty}(-1)^{n}u_n=-u_1+u_2-u_3+u_4-\cdots+(-1)^{n}u_n+\cdots,$$

其中 $u_n>0,n=1,2,\cdots$.

定理 10.5（莱布尼茨定理）　如果交错级数 $\displaystyle\sum_{n=1}^{\infty}(-1)^{n-1}u_n$ 满足条件：

(1) $u_n\geqslant u_{n+1}(n=1,2,\cdots)$；

(2) $\displaystyle\lim_{n\to\infty}u_n=0$，

则级数 $\displaystyle\sum_{n=1}^{\infty}(-1)^{n-1}u_n$ 收敛，并且它的和 $s\leqslant u_1$，其余项 r_n 的绝对值 $|r_n|\leqslant u_{n+1}$.

证　设交错级数 $\displaystyle\sum_{n=1}^{\infty}(-1)^{n-1}u_n$ 的部分和为 s_n，要证明 $\displaystyle\lim_{n\to\infty}s_n$ 存在，我们分两步完成：先证 $\displaystyle\lim_{n\to\infty}s_{2n}$ 存在，再证 $\displaystyle\lim_{n\to\infty}s_{2n+1}=\lim_{n\to\infty}s_{2n}$，从而得 $\displaystyle\lim_{n\to\infty}s_n$ 存在.

由条件(1)可知

$$s_{2n} = (u_1 - u_2) + (u_3 - u_4) + \cdots + (u_{2n-1} - u_{2n}) \geq 0,$$

并且 $\{s_{2n}\}$ 是单调增加的，又

$$s_{2n} = u_1 - (u_2 - u_3) - (u_4 - u_5) - \cdots - (u_{2n-2} - u_{2n-1}) - u_{2n} \leq u_1,$$

即数列 $\{s_{2n}\}$ 是有界的，故 $\{s_{2n}\}$ 的极限存在. 设 $\lim\limits_{n \to \infty} s_{2n} = s$，显然 $s \leq u_1$.

由条件（2）可知

$$\lim_{n \to \infty} s_{2n+1} = \lim_{n \to \infty} (s_{2n} + u_{2n+1}) = s,$$

所以 $\lim\limits_{n \to \infty} s_n = s$，从而交错级数 $\sum\limits_{n=1}^{\infty} (-1)^{n-1} u_n$ 收敛于和 s，且 $s \leq u_1$.

最后，余项可以写成

$$r_n = \pm(u_{n+1} - u_{n+2} + u_{n+3} - u_{n+4} + \cdots),$$

其绝对值

$$|r_n| = u_{n+1} - u_{n+2} + u_{n+3} - u_{n+4} + \cdots.$$

不难看出，上式右端也是一个交错级数，并且满足收敛的两个条件，所以其和小于级数的第一项，即

$$|r_n| \leq u_{n+1}.$$

例1 判定交错 p 级数 $\sum\limits_{n=1}^{\infty} (-1)^{n-1} \dfrac{1}{n^p} (p > 0)$ 的收敛性.

解 $u_n = \dfrac{1}{n^p} (p > 0)$，显然数列 $\left\{ \dfrac{1}{n^p} \right\}$ 单调递减，且 $\lim\limits_{n \to \infty} u_n = \lim\limits_{n \to \infty} \dfrac{1}{n^p} = 0$，故由莱布尼茨审敛法知级数 $\sum\limits_{n=1}^{\infty} (-1)^{n-1} \dfrac{1}{n^p} (p > 0)$ 收敛.

例2 判定级数 $\sum\limits_{n=1}^{\infty} (-1)^{n-1} \dfrac{\ln n}{n}$ 的收敛性.

解 $u_n = \dfrac{\ln n}{n}$，设 $f(x) = \dfrac{\ln x}{x}$. 由洛必达法则可得

$$\lim_{x \to +\infty} f(x) = \lim_{x \to +\infty} \frac{\ln x}{x} = \lim_{x \to +\infty} \frac{\dfrac{1}{x}}{1} = 0,$$

从而 $\lim\limits_{n \to \infty} u_n = \lim\limits_{n \to \infty} \dfrac{\ln n}{n} = 0$. 又

$$f'(x) = \frac{1 - \ln x}{x^2} < 0 \quad (x \geq 3),$$

所以 $f(x)$ 在 $[3, +\infty)$ 上单调减少，因此，当 $n \geq 3$ 时，$u_n = \dfrac{\ln n}{n}$ 单调减少，故由莱布尼茨审敛法知级数 $\sum\limits_{n=1}^{\infty} (-1)^{n-1} \dfrac{\ln n}{n}$ 收敛.

二、绝对收敛与条件收敛

现在我们讨论一般的常数项级数

$$\sum_{n=1}^{\infty} u_n = u_1 + u_2 + u_3 + \cdots + u_n + \cdots,$$

它的各项为任意的实数,即 u_n 可以是正数、负数或零. 将任意项级数 $\sum_{n=1}^{\infty} u_n$ 的各项取绝对值,得到正项级数

$$\sum_{n=1}^{\infty} |u_n| = |u_1| + |u_2| + |u_3| + \cdots + |u_n| + \cdots,$$

称 $\sum_{n=1}^{\infty} |u_n|$ 为任意项级数 $\sum_{n=1}^{\infty} u_n$ 的**绝对值级数**.

定理 10.6 如果 $\sum_{n=1}^{\infty} |u_n|$ 收敛,则 $\sum_{n=1}^{\infty} u_n$ 必收敛.

证 令 $v_n = \dfrac{1}{2}(|u_n| + u_n)$,则有

$$0 \leqslant v_n \leqslant |u_n|,$$

因为正项级数 $\sum_{n=1}^{\infty} |u_n|$ 收敛,故由比较审敛法知 $\sum_{n=1}^{\infty} v_n$ 收敛. 又

$$u_n = 2v_n - |u_n|,$$

由收敛级数的基本性质知级数 $\sum_{n=1}^{\infty} u_n$ 收敛.

根据这个定理,一个一般常数项级数所对应的绝对值级数收敛时,这个一般常数项级数必收敛. 从而我们可以将许多一般常数项级数的收敛性判别问题转化为正项级数收敛性的判别问题. 并且对于一般常数项级数的收敛性我们给出如下定义.

定义 10.3 设 $\sum_{n=1}^{\infty} u_n$ 为一般常数项级数,如果绝对值级数 $\sum_{n=1}^{\infty} |u_n|$ 收敛,则称级数 $\sum_{n=1}^{\infty} u_n$ 为**绝对收敛**;如果 $\sum_{n=1}^{\infty} |u_n|$ 发散,但 $\sum_{n=1}^{\infty} u_n$ 收敛,则称 $\sum_{n=1}^{\infty} u_n$ 为**条件收敛**.

注 一般来说,如果级数 $\sum_{n=1}^{\infty} |u_n|$ 发散,我们不能断定级数 $\sum_{n=1}^{\infty} u_n$ 也发散. 但是,如果我们用比值审敛法根据 $\lim\limits_{n\to\infty}\left|\dfrac{u_{n+1}}{u_n}\right| = \rho > 1$ 判定级数 $\sum_{n=1}^{\infty} |u_n|$ 发散,则可以断定级数 $\sum_{n=1}^{\infty} u_n$ 必定发散. 这是因为,由 $\rho > 1$ 可知,存在正整数 N,当 $n \geqslant N$ 时,$|u_{n+1}| > |u_n| > 0$,因此 $\lim\limits_{n\to\infty} u_n \neq 0$,级数 $\sum_{n=1}^{\infty} u_n$ 发散.

例 3 判定下列级数的收敛性,若收敛,指出是条件收敛还是绝对收敛.

(1) $\sum_{n=1}^{\infty} \dfrac{\sin(n\alpha)}{n(n+1)}$;　　　　(2) $\sum_{n=1}^{\infty} (-1)^{n-1} \ln\left(1 + \dfrac{1}{n}\right)$;

(3) $\sum_{n=1}^{\infty} (-1)^n \dfrac{n^{n+1}}{(n+1)!}$.

解 (1) 因为 $\left|\dfrac{\sin(n\alpha)}{n(n+1)}\right| < \dfrac{1}{n^2}$,而级数 $\sum_{n=1}^{\infty} \dfrac{1}{n^2}$ 收敛,所以级数 $\sum_{n=1}^{\infty} \left|\dfrac{\sin(n\alpha)}{n(n+1)}\right|$ 收敛,从

而原级数 $\sum\limits_{n=1}^{\infty}\dfrac{\sin(n\alpha)}{n(n+1)}$ 绝对收敛.

（2） $\left|(-1)^{n-1}\ln\left(1+\dfrac{1}{n}\right)\right|=\ln\left(1+\dfrac{1}{n}\right)\sim\dfrac{1}{n}(n\to\infty)$，于是

$$\lim_{n\to\infty}\frac{\ln\left(1+\dfrac{1}{n}\right)}{\dfrac{1}{n}}=1,$$

而级数 $\sum\limits_{n=1}^{\infty}\dfrac{1}{n}$ 发散，所以级数 $\sum\limits_{n=1}^{\infty}\left|(-1)^{n-1}\ln\left(1+\dfrac{1}{n}\right)\right|$ 发散，即级数 $\sum\limits_{n=1}^{\infty}(-1)^{n-1}\ln\left(1+\dfrac{1}{n}\right)$ 不绝对收敛. 但是原级数为交错级数，且数列 $\left\{\ln\left(1+\dfrac{1}{n}\right)\right\}$ 单调递减，$\lim\limits_{n\to\infty}\ln\left(1+\dfrac{1}{n}\right)=0$. 由莱布尼茨审敛法知级数 $\sum\limits_{n=1}^{\infty}(-1)^{n-1}\ln\left(1+\dfrac{1}{n}\right)$ 收敛，故级数 $\sum\limits_{n=1}^{\infty}(-1)^{n-1}\ln\left(1+\dfrac{1}{n}\right)$ 为条件收敛.

（3）这是一个交错级数，记 $u_n=(-1)^n\dfrac{n^{n+1}}{(n+1)!}$，则

$$\lim_{n\to\infty}\left|\frac{u_{n+1}}{u_n}\right|=\lim_{n\to\infty}\frac{(n+1)^{n+2}}{(n+2)!}\cdot\frac{(n+1)!}{n^{n+1}}$$

$$=\lim_{n\to\infty}\left(\frac{n+1}{n}\right)^n\cdot\frac{(n+1)^2}{n(n+2)}=e>1,$$

所以级数 $\sum\limits_{n=1}^{\infty}|u_n|$ 发散，又由 $\lim\limits_{n\to\infty}\left|\dfrac{u_{n+1}}{u_n}\right|>1$ 可知 $\lim\limits_{n\to\infty}u_n\neq0$，所以级数 $\sum\limits_{n=1}^{\infty}(-1)^n\dfrac{n^{n+1}}{(n+1)!}$ 发散.

习题 10-3

1. 讨论下列交错级数的收敛性：

（1） $\sum\limits_{n=1}^{\infty}(-1)^n\dfrac{1}{3n+1}$；   （2） $\sum\limits_{n=1}^{\infty}(-1)^{n-1}\dfrac{2n}{n+3}$；

（3） $\sum\limits_{n=1}^{\infty}(-1)^{n+1}\tan\dfrac{1}{n}$.

2. 判别下列级数的收敛性. 若收敛，是条件收敛还是绝对收敛？

（1） $\sum\limits_{n=1}^{\infty}(-1)^n\dfrac{1}{\sqrt{n+1}}$；   （2） $\sum\limits_{n=1}^{\infty}(-1)^{n-1}\dfrac{n+1}{2^n}$；

（3） $\sum\limits_{n=1}^{\infty}(-1)^n\left(1-\cos\dfrac{1}{\sqrt{n}}\right)$；   （4） $\sum\limits_{n=1}^{\infty}(-1)^n\dfrac{n!}{n^n}$；

（5） $\sum\limits_{n=1}^{\infty}(-1)^n\dfrac{n^2\sin\dfrac{\pi}{n}}{3^n}$；   （6） $\sum\limits_{n=1}^{\infty}\dfrac{\cos n\pi}{\sqrt{n^3+n+3}}$.

3. 设 $\lambda>0$，且级数 $\sum\limits_{n=1}^{\infty}a_n^2$ 收敛，证明级数 $\sum\limits_{n=1}^{\infty}(-1)^n\dfrac{|a_n|}{\sqrt{n^\alpha+\lambda}}$ 当 $\alpha>1$ 时绝对收敛.

第四节 幂级数

一、函数项级数的一般概念

定义 10.4 设 $\{u_n(x)\}$ 是定义在区间 I 上的函数列,表达式

$$u_1(x) + u_2(x) + \cdots + u_n(x) + \cdots = \sum_{n=1}^{\infty} u_n(x)$$

称为区间 I 上的**函数项级数**.

对于每一个确定的值 $x_0 \in I$,将其代入上面的函数项级数后可得常数项级数

$$\sum_{n=1}^{\infty} u_n(x_0) = u_1(x_0) + u_2(x_0) + \cdots + u_n(x_0) + \cdots.$$

如果级数 $\sum_{n=1}^{\infty} u_n(x_0)$ 收敛,就称 x_0 为函数项级数 $\sum_{n=1}^{\infty} u_n(x)$ 的**收敛点**;否则称为**发散点**. 函数项级数 $\sum_{n=1}^{\infty} u_n(x)$ 的收敛点的全体称为它的**收敛域**,所有发散点的全体称为它的**发散域**.

设函数项级数 $\sum_{n=1}^{\infty} u_n(x)$ 的收敛域为 I_0,对任一确定的 $x \in I_0$,函数项级数成为一个收敛的常数项级数,因而有确定的和 s. 显然 s 随 x 变化而变化,即 s 是 x 的函数,记为 $s(x)$,我们称 $s(x)$ 为函数项级数 $\sum_{n=1}^{\infty} u_n(x)$ 的**和函数**. 即有

$$s(x) = u_1(x) + u_2(x) + \cdots + u_n(x) + \cdots, \quad x \in I_0.$$

与常数项级数相对应,记 $s_n(x)$ 为函数项级数 $\sum_{n=1}^{\infty} u_n(x)$ 前 n 项的部分和,$r_n(x)$ 为其余项,则在收敛域上有

$$\lim_{n \to \infty} s_n(x) = s(x), \quad \lim_{n \to \infty} r_n(x) = \lim_{n \to \infty} (s(x) - s_n(x)) = 0.$$

二、幂级数及其收敛性

在函数项级数中,我们主要介绍一种特殊的级数——幂级数. 简单地说,幂级数就是各项都是幂函数的函数项级数,它的形式是

$$\sum_{n=0}^{\infty} a_n x^n = a_0 + a_1 x + a_2 x^2 + \cdots + a_n x^n + \cdots,$$

其中的常数 $a_0, a_1, a_2, \cdots, a_n, \cdots$ 叫作**幂级数的系数**. 例如

$$\sum_{n=0}^{\infty} x^n = 1 + x + x^2 + \cdots + x^n + \cdots,$$

$$\sum_{n=0}^{\infty} \frac{x^n}{n!} = 1 + x + \frac{x^2}{2!} + \cdots + \frac{x^n}{n!} + \cdots$$

都是幂级数.

形如

$$\sum_{n=0}^{\infty} a_n(x-x_0)^n = a_0 + a_1(x-x_0) + a_2(x-x_0)^2 + \cdots + a_n(x-x_0)^n + \cdots$$

的级数称为 $x-x_0$ 的**幂级数**. 如果作变量代换 $t=x-x_0$,则转化为

$$\sum_{n=0}^{\infty} a_n t^n = a_0 + a_1 t + a_2 t^2 + \cdots + a_n t^n + \cdots.$$

所以,今后主要针对形式简单的 **x 的幂级数** $\sum_{n=0}^{\infty} a_n x^n$ 展开讨论.

对于给定的幂级数,我们首先讨论的问题是:它的收敛域是怎样的?

显然,$x=0$ 是幂级数 $\sum_{n=0}^{\infty} a_n x^n$ 的收敛点,除点 $x=0$ 以外其他点处的收敛情况如何呢?

先看一个简单的例子,考察幂级数

$$\sum_{n=0}^{\infty} x^n = 1 + x + x^2 + \cdots + x^n + \cdots$$

的收敛性. 该幂级数是一个公比 $q=x$ 的等比级数,根据等比级数收敛性的结论可知,当 $|x|<1$ 时,级数收敛;当 $|x| \geqslant 1$ 时,级数发散. 因此,这个幂级数的收敛域是开区间 $(-1,1)$,并有

$$\frac{1}{1-x} = 1 + x + x^2 + \cdots + x^n + \cdots \quad (-1 < x < 1).$$

从上面的例子我们看到,幂级数 $\sum_{n=0}^{\infty} x^n$ 的收敛域是一个区间. 事实上,这个结论对于一般的幂级数也是成立的. 有如下定理:

定理 10.7（阿贝尔（Abel）定理） 如果幂级数 $\sum_{n=0}^{\infty} a_n x^n$ 在点 $x_0(x_0 \neq 0)$ 处收敛,则对满足不等式 $|x|<|x_0|$ 的一切 x,该幂级数绝对收敛. 反之,如果幂级数 $\sum_{n=0}^{\infty} a_n x^n$ 在点 $x_0(x_0 \neq 0)$ 处发散,则对满足不等式 $|x|>|x_0|$ 的一切 x,该幂级数发散.

证 设点 x_0 是幂级数 $\sum_{n=0}^{\infty} a_n x^n$ 的收敛点,即 $\sum_{n=0}^{\infty} a_n x_0^n$ 收敛. 由级数收敛的必要条件得 $\lim\limits_{n\to\infty} a_n x_0^n = 0$,则存在一个常数 M,使得

$$|a_n x_0^n| \leqslant M \quad (n=0,1,2,\cdots),$$

因为

$$\left| a_n x^n \right| = \left| a_n x_0^n \cdot \frac{x^n}{x_0^n} \right| = |a_n x_0^n| \left| \frac{x}{x_0} \right|^n \leqslant M \left| \frac{x}{x_0} \right|^n,$$

而当 $\left| \dfrac{x}{x_0} \right| < 1$ 时,等比级数 $\sum_{n=0}^{\infty} M \left| \dfrac{x}{x_0} \right|^n$ 收敛,所以根据比较审敛法知 $\sum_{n=0}^{\infty} |a_n x^n|$ 收敛,即级数 $\sum_{n=0}^{\infty} a_n x^n$ 绝对收敛.

定理的第二部分可以用反证法证明. 假设 $x=x_0$ 时幂级数 $\sum\limits_{n=0}^{\infty} a_n x^n$ 发散,且另有一点 x_1 存在,它满足 $|x_1|>|x_0|$,并使得级数 $\sum\limits_{n=0}^{\infty} a_n x^n$ 收敛,则根据本定理第一部分的结论知,$x=x_0$ 时级数 $\sum\limits_{n=0}^{\infty} a_n x^n$ 应当绝对收敛,这与假设矛盾. 定理证毕.

由阿贝尔定理,如果幂级数 $\sum\limits_{n=0}^{\infty} a_n x^n$ 在 $x=x_0$ 处收敛,则对于开区间 $(-|x_0|,|x_0|)$ 内的任何 x,幂级数都绝对收敛. 如果该幂级数在 $x=x_1$ 处发散,则对于闭区间 $[-|x_1|,|x_1|]$ 外的任何 x,幂级数都发散. 因此幂级数 $\sum\limits_{n=0}^{\infty} a_n x^n$ 的收敛点必构成一个以原点为中心的对称区间(端点除外),端点是收敛点与发散点的分界点,幂级数在端点处可能收敛,也可能发散.

根据上述分析,可以得到如下重要推论:

推论　如果幂级数 $\sum\limits_{n=0}^{\infty} a_n x^n$ 不是仅在 $x=0$ 一点收敛,也不是在整个数轴上都收敛,则必存在一个确定的正数 R,使得:

(1) 当 $|x|<R$ 时,幂级数绝对收敛;

(2) 当 $|x|>R$ 时,幂级数发散;

(3) 当 $x=R$ 与 $x=-R$ 时,幂级数可能收敛也可能发散.

这里的正数 R 称为幂级数的**收敛半径**,开区间 $(-R,R)$ 称为幂级数的**收敛区间**. 需要注意的是,收敛区间未必是收敛域,再由幂级数在 $x=\pm R$ 处的具体收敛情况才能确定它的收敛域. 因此,收敛域是 $(-R,R),[-R,R),(-R,R]$ 或 $[-R,R]$ 四个区间之一.

特别地,如果幂级数 $\sum\limits_{n=0}^{\infty} a_n x^n$ 仅在点 $x=0$ 处收敛,则规定其收敛半径 $R=0$;如果该幂级数对一切 x 都收敛,则规定其收敛半径 $R=+\infty$.

由上可知,讨论幂级数 $\sum\limits_{n=0}^{\infty} a_n x^n$ 的收敛情况,关键是求出它的收敛半径. 下面给出求幂级数收敛半径的方法.

定理 10.8　对于幂级数 $\sum\limits_{n=0}^{\infty} a_n x^n$,如果 $\lim\limits_{n \to \infty}\left|\dfrac{a_{n+1}}{a_n}\right|=\rho$,则该幂级数的收敛半径为

$$R=\begin{cases} \dfrac{1}{\rho}, & 0<\rho<+\infty, \\ +\infty, & \rho=0, \\ 0, & \rho=+\infty. \end{cases}$$

证　对级数 $\sum\limits_{n=0}^{\infty} |a_n x^n|$ 运用正项级数的比值审敛法得

$$\lim_{n \to \infty} \frac{|a_{n+1} x^{n+1}|}{|a_n x^n|} = \lim_{n \to \infty}\left|\frac{a_{n+1}}{a_n}\right| |x| = \rho |x|.$$

（1）如果 $0<\rho<+\infty$，当 $\rho|x|<1$，即 $|x|<\dfrac{1}{\rho}$ 时，级数 $\displaystyle\sum_{n=0}^{\infty}|a_n x^n|$ 收敛，从而级数 $\displaystyle\sum_{n=0}^{\infty}a_n x^n$ 绝对收敛；当 $\rho|x|>1$，即 $|x|>\dfrac{1}{\rho}$ 时，由上节的结论可知 $\displaystyle\lim_{n\to\infty}a_n x^n\neq 0$，从而级数 $\displaystyle\sum_{n=0}^{\infty}a_n x^n$ 发散．因此收敛半径 $R=\dfrac{1}{\rho}$．

（2）如果 $\rho=0$，则对任意 $x\neq 0$，都有 $\displaystyle\lim_{n\to\infty}\dfrac{|a_{n+1}x^{n+1}|}{|a_n x^n|}=0<1$，即对所有的 x，级数 $\displaystyle\sum_{n=0}^{\infty}a_n x^n$ 均绝对收敛，因此收敛半径 $R=+\infty$．

（3）如果 $\rho=+\infty$，则对任意 $x\neq 0$，都有 $\displaystyle\lim_{n\to\infty}\dfrac{|a_{n+1}x^{n+1}|}{|a_n x^n|}=+\infty$，即对任意 $x\neq 0$，级数 $\displaystyle\sum_{n=0}^{\infty}a_n x^n$ 发散，此时级数 $\displaystyle\sum_{n=0}^{\infty}a_n x^n$ 仅在点 $x=0$ 处收敛，所以收敛半径 $R=0$．

例 1 求下列幂级数的收敛半径与收敛区间：

（1）$\displaystyle\sum_{n=1}^{\infty}\dfrac{(-1)^n}{n!}x^n$；　　　　（2）$\displaystyle\sum_{n=1}^{\infty}\dfrac{2n-1}{2^n}x^n$．

解 （1）$a_n=\dfrac{(-1)^n}{n!}$，$\rho=\displaystyle\lim_{n\to\infty}\left|\dfrac{a_{n+1}}{a_n}\right|=\lim_{n\to\infty}\dfrac{\dfrac{1}{(n+1)!}}{\dfrac{1}{n!}}=\lim_{n\to\infty}\dfrac{1}{n+1}=0$，所以幂级数

$\displaystyle\sum_{n=1}^{\infty}\dfrac{(-1)^n}{n!}x^n$ 的收敛半径 $R=+\infty$，收敛区间是 $(-\infty,+\infty)$．

（2）$a_n=\dfrac{2n-1}{2^n}$，$\rho=\displaystyle\lim_{n\to\infty}\left|\dfrac{a_{n+1}}{a_n}\right|=\lim_{n\to\infty}\dfrac{\dfrac{2n+1}{2^{n+1}}}{\dfrac{2n-1}{2^n}}=\dfrac{1}{2}\lim_{n\to\infty}\dfrac{2n+1}{2n-1}=\dfrac{1}{2}$，所以幂级数

$\displaystyle\sum_{n=1}^{\infty}\dfrac{2n-1}{2^n}x^n$ 的收敛半径 $R=2$，收敛区间是 $(-2,2)$．

例 2 求幂级数 $\displaystyle\sum_{n=1}^{\infty}\dfrac{n}{3^n(2n+1)}x^{2n}$ 的收敛半径．

解一 级数缺少奇次幂的项，这样的幂级数不能直接应用定理 10.8 求收敛半径．我们可以利用比值审敛法求收敛半径：

$$\lim_{n\to\infty}\left|\dfrac{u_{n+1}(x)}{u_n(x)}\right|=\lim_{n\to\infty}\left|\dfrac{\dfrac{n+1}{3^{n+1}(2n+3)}x^{2n+2}}{\dfrac{n}{3^n(2n+1)}x^{2n}}\right|=\dfrac{x^2}{3}\lim_{n\to\infty}\dfrac{(n+1)(2n+1)}{n(2n+3)}=\dfrac{x^2}{3},$$

当 $\dfrac{x^2}{3}<1$，即 $|x|<\sqrt{3}$ 时，该幂级数绝对收敛；当 $\dfrac{x^2}{3}>1$，即 $|x|>\sqrt{3}$ 时，该幂级数发散．所以该幂级数的收敛半径 $R=\sqrt{3}$．

解二 令 $t=x^2$，则题设级数化为 $\sum\limits_{n=1}^{\infty}\dfrac{n}{3^n(2n+1)}t^n$，对此幂级数，有

$$\rho=\lim_{n\to\infty}\left|\dfrac{a_{n+1}}{a_n}\right|=\lim_{n\to\infty}\dfrac{\frac{n+1}{3^{n+1}(2n+3)}}{\frac{n}{3^n(2n+1)}}=\dfrac{1}{3},$$

所以幂级数 $\sum\limits_{n=1}^{\infty}\dfrac{n}{3^n(2n+1)}t^n$ 的收敛半径 $R'=3$，即幂级数 $\sum\limits_{n=1}^{\infty}\dfrac{n}{3^n(2n+1)}t^n$ 当 $|t|<3$ 时绝对收敛，当 $|t|>3$ 时发散. 由 $t=x^2$ 知，当 $|x|<\sqrt{3}$ 时，原幂级数绝对收敛；当 $|x|>\sqrt{3}$ 时，原幂级数发散. 所以原幂级数的收敛半径 $R=\sqrt{3}$.

例 3 求幂级数 $\sum\limits_{n=1}^{\infty}(-1)^n\dfrac{2^n}{\sqrt{n+1}}(x+1)^n$ 的收敛域.

解 令 $t=x+1$，原级数化为 $\sum\limits_{n=1}^{\infty}(-1)^n\dfrac{2^n}{\sqrt{n+1}}t^n$，则有

$$\rho=\lim_{n\to\infty}\left|\dfrac{a_{n+1}}{a_n}\right|=\lim_{n\to\infty}\dfrac{\frac{2^{n+1}}{\sqrt{n+2}}}{\frac{2^n}{\sqrt{n+1}}}=2\lim_{n\to\infty}\sqrt{\dfrac{n+1}{n+2}}=2,$$

所以收敛半径 $R=\dfrac{1}{2}$，收敛区间为 $|t|<\dfrac{1}{2}$，即 $-\dfrac{3}{2}<x<-\dfrac{1}{2}$.

当 $x=-\dfrac{3}{2}$ 时，级数成为 $\sum\limits_{n=1}^{\infty}\dfrac{1}{\sqrt{n+1}}$，该级数发散；当 $x=-\dfrac{1}{2}$ 时，级数成为 $\sum\limits_{n=1}^{\infty}\dfrac{(-1)^n}{\sqrt{n+1}}$，该级数收敛. 因此所求收敛域为 $\left(-\dfrac{3}{2},-\dfrac{1}{2}\right]$.

三、幂级数的运算

1. 幂级数的四则运算

设幂级数 $\sum\limits_{n=0}^{\infty}a_nx^n$ 和 $\sum\limits_{n=0}^{\infty}b_nx^n$ 的收敛半径分别为 R_1 和 R_2，记 $R=\min\{R_1,R_2\}$，则根据常数项级数的基本运算性质，幂级数可进行下列代数运算.

(1) 加减法：$\sum\limits_{n=0}^{\infty}a_nx^n\pm\sum\limits_{n=0}^{\infty}b_nx^n=\sum\limits_{n=0}^{\infty}(a_n\pm b_n)x^n,x\in(-R,R).$

(2) 乘法：$\left(\sum\limits_{n=0}^{\infty}a_nx^n\right)\left(\sum\limits_{n=0}^{\infty}b_nx^n\right)=\sum\limits_{n=0}^{\infty}(a_0b_n+a_1b_{n-1}+\cdots+a_nb_0)x^n,x\in(-R,R).$

(3) 除法：$\dfrac{\sum\limits_{n=0}^{\infty}a_nx^n}{\sum\limits_{n=0}^{\infty}b_nx^n}=\sum\limits_{n=0}^{\infty}c_nx^n(b_0\neq0),$

其中系数 $c_n(n=0,1,2,\cdots)$ 可由方程组

$$a_n = b_0 c_n + b_1 c_{n-1} + \cdots + b_n c_0 \quad (n = 0, 1, 2, \cdots)$$

依次序解得. 值得说明的是, 商级数 $\sum\limits_{n=0}^{\infty} c_n x^n$ 的收敛区间可能比原来两个级数的收敛区间小得多.

2. 幂级数的分析运算与性质

幂级数的和函数是一个定义在其收敛域上的函数. 下面不加证明地给出和函数的几条基本性质.

定理 10.9 设幂级数 $\sum\limits_{n=0}^{\infty} a_n x^n$ 的收敛半径为 R, 收敛域为 I_0, 和函数为 $s(x)$, 则有:

(1) 幂级数的和函数 $s(x)$ 在其收敛域 I_0 上连续.

(2) 幂级数的和函数 $s(x)$ 在其收敛域 I_0 上可积, 并有逐项积分公式

$$\int_0^x s(x) \mathrm{d}x = \int_0^x \left(\sum_{n=0}^{\infty} a_n x^n \right) \mathrm{d}x = \sum_{n=0}^{\infty} \int_0^x a_n x^n \mathrm{d}x = \sum_{n=0}^{\infty} \frac{a_n}{n+1} x^{n+1},$$

且逐项积分后所得幂级数与原级数有相同的收敛半径.

(3) 幂级数的和函数 $s(x)$ 在其收敛区间 $(-R, R)$ 内可导, 并有逐项求导公式

$$s'(x) = \left(\sum_{n=0}^{\infty} a_n x^n \right)' = \sum_{n=0}^{\infty} (a_n x^n)' = \sum_{n=1}^{\infty} n a_n x^{n-1},$$

且逐项求导后所得幂级数与原级数有相同的收敛半径.

上述运算性质称为幂级数的分析运算性质, 它常用来求幂级数的和函数.

例 4 求幂级数 $\sum\limits_{n=1}^{\infty} (-1)^{n-1} \dfrac{x^n}{n}$ 的和函数.

解 先求收敛域. 由

$$\rho = \lim_{n \to \infty} \left| \frac{a_{n+1}}{a_n} \right| = \lim_{n \to \infty} \frac{\dfrac{1}{n+1}}{\dfrac{1}{n}} = \lim_{n \to \infty} \frac{n}{n+1} = 1,$$

得收敛半径 $R = 1$. 在端点 $x = 1$ 处, 幂级数成为交错级数 $\sum\limits_{n=1}^{\infty} (-1)^{n-1} \dfrac{1}{n}$, 是收敛的; 在端点 $x = -1$ 处, 幂级数成为 $-\sum\limits_{n=1}^{\infty} \dfrac{1}{n}$, 是发散的. 因此收敛域为 $(-1, 1]$.

设和函数为 $s(x)$, 则对任意的 $x \in (-1, 1]$, 有

$$s(x) = \sum_{n=1}^{\infty} (-1)^{n-1} \frac{x^n}{n},$$

逐项求导, 得

$$s'(x) = \sum_{n=1}^{\infty} (-1)^{n-1} x^{n-1} = \frac{1}{1 - (-x)} = \frac{1}{1+x} \quad (-1 < x < 1),$$

上式两端从 $0 \sim x$ 积分, 得

$$s(x) - s(0) = \int_0^x \frac{1}{1+x} \mathrm{d}x = \ln(1+x),$$

当 $x = 0$ 时, $s(0) = 0$, 且题设级数在 $x = 1$ 时收敛, 所以 $s(x) = \ln(1+x)$, 即

$$\sum_{n=1}^{\infty} (-1)^{n-1} \frac{x^n}{n} = \ln(1+x), \quad x \in (-1,1].$$

习题 10-4

1. 求下列幂级数的收敛半径与收敛区间：

(1) $\sum_{n=1}^{\infty} (-1)^{n-1} \frac{x^n}{n^2}$;

(2) $\sum_{n=1}^{\infty} (-1)^n \frac{3^n x^n}{\sqrt{n}}$;

(3) $\sum_{n=1}^{\infty} \frac{2^n}{n^2+1} x^n$;

(4) $\sum_{n=1}^{\infty} \frac{\ln(n+1)}{n+1} x^n$;

(5) $\sum_{n=1}^{\infty} \frac{(x-5)^n}{\sqrt{n+1}}$;

(6) $\sum_{n=1}^{\infty} (-1)^n \frac{x^{2n+1}}{2n+1}$;

(7) $\sum_{n=1}^{\infty} \frac{3^n + (-2)^n}{n} (2x+1)^n$.

2. 求下列幂级数的和函数：

(1) $\sum_{n=1}^{\infty} n x^{n-1}$;

(2) $\sum_{n=1}^{\infty} \frac{x^{4n+1}}{4n+1}$;

(3) $\sum_{n=0}^{\infty} \frac{x^n}{n+1}$.

第五节 函数展开成幂级数

上一节我们讨论了幂级数的收敛域及其和函数的性质，并在可能的情况下求出和函数的表达式. 但在实际应用中经常遇到相反的问题，即给定函数 $f(x)$，能否找到一个幂级数，它在某一区间内收敛，且其和恰好就是给定的函数 $f(x)$？ 如果能找到这样的幂级数，我们就说，函数 $f(x)$ 在该区间内可以展开成幂级数，并且这个幂级数在该区间内就表达了函数 $f(x)$. 本节将解决这一问题. 我们首先讨论函数展开成幂级数的条件，然后介绍将函数展开成幂级数的方法.

一、泰勒级数

由泰勒公式知，如果函数 $f(x)$ 在点 x_0 的某邻域内有直到 $n+1$ 阶导数，则对该邻域内的任意一点 x，都有

$$f(x) = f(x_0) + f'(x_0)(x-x_0) + \frac{f''(x_0)}{2!}(x-x_0)^2 + \cdots + \frac{f^{(n)}(x_0)}{n!}(x-x_0)^n + R_n(x),$$

式中 $R_n(x) = \frac{f^{(n+1)}(\xi)}{(n+1)!}(x-x_0)^{n+1}$（$\xi$ 介于 x_0 与 x 之间）称为拉格朗日型余项.

上式右端的 n 次多项式

$$f(x_0) + f'(x_0)(x-x_0) + \frac{f''(x_0)}{2!}(x-x_0)^2 + \cdots + \frac{f^{(n)}(x_0)}{n!}(x-x_0)^n$$

称为泰勒多项式，记为 $p_n(x)$，则可以用 $p_n(x)$ 来近似表示 $f(x)$，由此产生的误差就是余项 $R_n(x)$.

如果函数 $f(x)$ 在点 x_0 的某邻域内有任意阶导数，随着项数的无限增加，则多项式 $p_n(x)$ 将演化成幂级数

$$f(x_0) + f'(x_0)(x-x_0) + \frac{f''(x_0)}{2!}(x-x_0)^2 + \cdots + \frac{f^{(n)}(x_0)}{n!}(x-x_0)^n + \cdots$$

$$= \sum_{n=0}^{\infty} \frac{f^{(n)}(x_0)}{n!}(x - x_0)^n,$$

该级数叫作函数 $f(x)$ 在点 x_0 处的**泰勒级数**.

显然，只要函数 $f(x)$ 在点 x_0 的某邻域内有任意阶导数，就可以写出它的泰勒级数. 问题是泰勒级数在它的收敛域内的和函数会是 $f(x)$ 吗？如果函数 $f(x)$ 在点 x_0 处的泰勒级数在 x_0 的某邻域 $U(x_0)$ 内收敛，其和函数就是 $f(x)$，即

$$f(x) = f(x_0) + f'(x_0)(x - x_0) + \frac{f''(x_0)}{2!}(x - x_0)^2 + \cdots + \frac{f^{(n)}(x_0)}{n!}(x - x_0)^n + \cdots,$$

则称函数 $f(x)$ 在 $U(x_0)$ 内**能展开成泰勒级数**.

函数 $f(x)$ 能展开成泰勒级数应满足什么条件呢？

若函数 $f(x)$ 在点 x_0 的某邻域 $U(x_0)$ 内有各阶导数，则由泰勒公式得

$$f(x) = p_n(x) + R_n(x),$$

由于泰勒多项式 $p_n(x)$ 就是泰勒级数 $\sum_{n=0}^{\infty} \frac{f^{(n)}(x_0)}{n!}(x - x_0)^n$ 前 $n+1$ 项的部分和，故函数可以展开成泰勒级数，即有 $f(x) = \lim_{n \to \infty} p_n(x)$，从而 $\lim_{n \to \infty} R_n(x) = \lim_{n \to \infty}(f(x) - p_n(x)) = 0$. 反之亦然.

于是可以得到如下结果.

定理 10.10 如果函数 $f(x)$ 在点 x_0 的某一邻域 $U(x_0)$ 内具有各阶导数，则 $f(x)$ 在该邻域内能展开成泰勒级数的充分必要条件是在该邻域内 $f(x)$ 的泰勒公式中的余项 $R_n(x)$ 满足

$$\lim_{n \to \infty} R_n(x) = 0, \quad x \in U(x_0).$$

当 $x_0 = 0$ 时，$f(x)$ 的泰勒级数 $\sum_{n=0}^{\infty} \frac{f^{(n)}(x_0)}{n!}(x - x_0)^n$ 为

$$\sum_{n=0}^{\infty} \frac{f^{(n)}(0)}{n!} x^n = f(0) + f'(0)x + \frac{f''(0)}{2!}x^2 + \cdots + \frac{f^{(n)}(0)}{n!}x^n + \cdots,$$

称其为 $f(x)$ 的**麦克劳林级数**.

麦克劳林级数是 x 的幂级数. 可以证明，如果 $f(x)$ 能展开成 x 的幂级数，那么这种展开式是唯一的，它一定等于 $f(x)$ 的麦克劳林级数.

事实上，如果 $f(x)$ 在 $x=0$ 的某邻域内能展开成 x 的幂级数，即

$$f(x) = a_0 + a_1 x + a_2 x^2 + \cdots + a_n x^n + \cdots,$$

由于幂级数可以逐项求导，则有

$$f'(x) = a_1 + 2a_2 x + 3a_3 x^2 + \cdots + na_n x^{n-1} + \cdots,$$

$$f''(x) = 2!a_2 + 3 \times 2a_3 x + \cdots + n(n-1)a_n x^{n-2} + \cdots,$$

$$\vdots$$

$$f^{(n)}(x) = n!a_n + (n+1)!a_{n+1}x + \frac{(n+2)!}{2!}a_{n+2}x^2 + \cdots,$$

将 $x=0$ 代入以上各式，得

$$a_n = \frac{f^{(n)}(0)}{n!} \quad (n = 0, 1, 2, \cdots).$$

因此, $f(x)$ 的幂级数展开式就是该函数的麦克劳林级数.

二、函数展开成幂级数的方法

1. 直接展开法

根据前面的讨论, 将函数 $f(x)$ 展开成 x 的幂级数可按下列步骤进行:

(1) 求出函数 $f(x)$ 及其各阶导数在点 $x=0$ 处的值: $f^{(n)}(0)(n=0,1,2,\cdots)$.

(2) 写出对应的麦克劳林级数

$$f(0)+f'(0)x+\frac{f''(0)}{2!}x^2+\cdots+\frac{f^{(n)}(0)}{n!}x^n+\cdots,$$

并求出收敛区间 $(-R,R)$.

(3) 在 $x\in(-R,R)$ 时, 考察余项 $R_n(x)=\dfrac{f^{(n+1)}(\xi)}{(n+1)!}x^{n+1}$ (ξ 介于 0 与 x 之间)的极限, 若 $\lim\limits_{n\to\infty}R_n(x)=0$, 则函数 $f(x)$ 可以展开成 x 的幂级数, 即

$$f(x)=f(0)+f'(0)x+\frac{f''(0)}{2!}x^2+\cdots+\frac{f^{(n)}(0)}{n!}x^n+\cdots,\quad x\in(-R,R).$$

如果 $\lim\limits_{n\to\infty}R_n(x)\neq 0$, 则该函数不能展开成 x 的幂级数.

例 1 将函数 $f(x)=\mathrm{e}^x$ 展开成 x 的幂级数.

解 由 $f^{(n)}(x)=\mathrm{e}^x$, 得 $f^{(n)}(0)=1(n=0,1,2,\cdots)$, 因此 $f(x)$ 的麦克劳林级数为

$$1+x+\frac{1}{2!}x^2+\cdots+\frac{1}{n!}x^n+\cdots,$$

又

$$\rho=\lim_{n\to\infty}\left|\frac{a_{n+1}}{a_n}\right|=\lim_{n\to\infty}\frac{\dfrac{1}{(n+1)!}}{\dfrac{1}{n!}}=\lim_{n\to\infty}\frac{1}{n+1}=0,$$

故此麦克劳林级数的收敛半径 $R=+\infty$, 收敛域为 $(-\infty,+\infty)$.

对任意的 $x\in(-\infty,+\infty)$, 有

$$|R_n(x)|=\left|\frac{\mathrm{e}^\xi}{(n+1)!}x^{n+1}\right|\leqslant \mathrm{e}^{|x|}\cdot\frac{|x|^{n+1}}{(n+1)!}\quad (\xi \text{ 介于 0 与 } x \text{ 之间}),$$

其中 $\mathrm{e}^{|x|}$ 与 n 无关, 考虑正项级数 $\sum\limits_{n=1}^{\infty}\dfrac{|x|^{n+1}}{(n+1)!}$, 运用比值审敛法易知其收敛, 于是

$\lim\limits_{n\to\infty}\mathrm{e}^{|x|}\cdot\dfrac{|x|^{n+1}}{(n+1)!}=\mathrm{e}^{|x|}\cdot\lim\limits_{n\to\infty}\dfrac{|x|^{n+1}}{(n+1)!}=0$, 再由夹逼定理可得 $\lim\limits_{n\to\infty}R_n(x)=0$. 因此

$$\mathrm{e}^x=\sum_{n=0}^{\infty}\frac{x^n}{n!}=1+x+\frac{1}{2!}x^2+\cdots+\frac{1}{n!}x^n+\cdots,\quad x\in(-\infty,+\infty).$$

例 2 将函数 $f(x)=\sin x$ 展开成 x 的幂级数.

解 由 $f^{(n)}(x)=\sin\left(x+\dfrac{n\pi}{2}\right)$, 得 $f^{(n)}(0)=\sin\dfrac{n\pi}{2}$ $(n=0,1,2,\cdots)$, 即有

$$f^{(2n)}(0)=0,\quad f^{(2n+1)}(0)=(-1)^n(n=0,1,2,\cdots),$$

由此得 $\sin x$ 的麦克劳林级数为

$$\sum_{n=0}^{\infty}(-1)^n\frac{x^{2n+1}}{(2n+1)!}=x-\frac{x^3}{3!}+\frac{x^5}{5!}+\cdots+(-1)^n\frac{x^{2n+1}}{(2n+1)!}+\cdots,$$

易求得该级数的收敛半径 $R=+\infty$，收敛域为$(-\infty,+\infty)$.

对任意的 $x\in(-\infty,+\infty)$，有

$$|R_n(x)|=\left|\frac{\sin\left(\xi+\frac{n+1}{2}\pi\right)}{(n+1)!}x^{n+1}\right|\leqslant\frac{|x|^{n+1}}{(n+1)!}\quad(\xi\text{ 介于 }0\text{ 与 }x\text{ 之间}),$$

由例1的证明过程可知，$\lim\limits_{n\to\infty}R_n(x)=0$. 因此

$$\sin x=\sum_{n=0}^{\infty}(-1)^n\frac{x^{2n+1}}{(2n+1)!}$$

$$=x-\frac{x^3}{3!}+\frac{x^5}{5!}+\cdots+(-1)^n\frac{x^{2n+1}}{(2n+1)!}+\cdots,\quad x\in(-\infty,+\infty).$$

例3 将函数 $f(x)=(1+x)^\alpha$ 展开成 x 的幂级数，其中 α 为非零实数.

解 $f(x)$的各阶导数为

$$f'(x)=\alpha(1+x)^{\alpha-1},f''(x)=\alpha(\alpha-1)(1+x)^{\alpha-2},\cdots,$$

$$f^{(n)}(x)=\alpha(\alpha-1)\cdots(\alpha-n+1)(1+x)^{\alpha-n},\cdots,$$

于是，$f(0)=1,f'(0)=\alpha,f''(0)=\alpha(\alpha-1),\cdots,f^{(n)}(0)=\alpha(\alpha-1)\cdots(\alpha-n+1)$，因此得 $(1+x)^\alpha$ 的麦克劳林级数为

$$1+\alpha x+\frac{\alpha(\alpha-1)}{2!}x^2+\cdots+\frac{\alpha(\alpha-1)\cdots(\alpha-n+1)}{n!}x^n+\cdots,$$

又

$$\rho=\lim_{n\to\infty}\left|\frac{a_{n+1}}{a_n}\right|=\lim_{n\to\infty}\left|\frac{\alpha-n}{n+1}\right|=1,$$

故此麦克劳林级数的收敛半径 $R=1$，收敛区间为$(-1,1)$，区间端点处幂级数是否收敛与 α 有关. 可以证明在收敛区间内，该幂级数的和函数就是$(1+x)^\alpha$（证明略），所以

$$(1+x)^\alpha=1+\alpha x+\frac{\alpha(\alpha-1)}{2!}x^2+\cdots+\frac{\alpha(\alpha-1)\cdots(\alpha-n+1)}{n!}x^n+\cdots,\quad x\in(-1,1).$$

2. 间接展开法

从前面的几个例子可以看出，用直接展开法求函数的幂级数展开式比较麻烦. 首先求函数 $f(x)$的各阶导数 $f^{(n)}(x)$就很困难，其次讨论余项的极限 $\lim\limits_{n\to\infty}R_n(x)$更为复杂，因此直接展开法实际使用起来非常不方便. 下面介绍间接展开法. 所谓间接展开法，就是根据函数幂级数展开式的唯一性，利用一些已知的幂级数展开式，通过变量代换、四则运算、逐项求导以及逐项积分等方法将所给函数展开成幂级数.

例4 将函数 $f(x)=\cos x$ 展开成 x 的幂级数.

解 由例2知 $\sin x$ 的幂级数展开式为

$$\sin x=\sum_{n=0}^{\infty}(-1)^n\frac{x^{2n+1}}{(2n+1)!}$$

$$=x-\frac{x^3}{3!}+\frac{x^5}{5!}+\cdots+(-1)^n\frac{x^{2n+1}}{(2n+1)!}+\cdots,\quad x\in(-\infty,+\infty),$$

利用幂级数的逐项求导性质，将上式两端同时对 x 求导得

$$\cos x = \sum_{n=0}^{\infty} (-1)^n \frac{x^{2n}}{(2n)!}$$

$$= 1 - \frac{x^2}{2!} + \frac{x^4}{4!} + \cdots + (-1)^n \frac{x^{2n}}{(2n)!} + \cdots, \quad x \in (-\infty, +\infty).$$

例 5 将函数 $f(x) = \ln(1+x)$ 展开成 x 的幂级数.

解 因为 $f'(x) = \dfrac{1}{1+x}$，而根据等比级数的结果可得

$$\frac{1}{1+x} = \frac{1}{1+(-x)} = 1 - x + x^2 - x^3 + \cdots + (-1)^n x^n + \cdots \quad (-1 < x < 1).$$

将上式两端从 $0 \sim x$ 积分得

$$\ln(1+x) = x - \frac{x^2}{2} + \frac{x^3}{3} - \frac{x^4}{4} + \cdots + (-1)^n \frac{x^{n+1}}{n+1} + \cdots,$$

由于上式右端的级数在端点 $x=1$ 处是收敛的，在端点 $x=-1$ 处是发散的，而 $f(x)$ 在 $x=1$ 处连续，故有

$$\ln(1+x) = \sum_{n=0}^{\infty} (-1)^n \frac{x^{n+1}}{(n+1)} = x - \frac{x^2}{2} + \frac{x^3}{3} - \frac{x^4}{4} + \cdots + (-1)^n \frac{x^{n+1}}{n+1} + \cdots, x \in (-1, 1].$$

上述例题中所得到的幂级数展开式都可以作为公式直接引用，现总结如下：

$$\frac{1}{1-x} = \sum_{n=0}^{\infty} x^n = 1 + x + x^2 + \cdots + x^n + \cdots, x \in (-1, 1).$$

$$e^x = \sum_{n=0}^{\infty} \frac{x^n}{n!} = 1 + x + \frac{1}{2!}x^2 + \cdots + \frac{1}{n!}x^n + \cdots, x \in (-\infty, +\infty).$$

$$\sin x = \sum_{n=0}^{\infty} (-1)^n \frac{x^{2n+1}}{(2n+1)!} = x - \frac{x^3}{3!} + \frac{x^5}{5!} + \cdots + (-1)^n \frac{x^{2n+1}}{(2n+1)!} + \cdots, x \in (-\infty, +\infty).$$

$$\cos x = \sum_{n=0}^{\infty} (-1)^n \frac{x^{2n}}{(2n)!} = 1 - \frac{x^2}{2!} + \frac{x^4}{4!} + \cdots + (-1)^n \frac{x^{2n}}{(2n)!} + \cdots, x \in (-\infty, +\infty).$$

$$\ln(1+x) = \sum_{n=0}^{\infty} (-1)^n \frac{x^{n+1}}{(n+1)} = x - \frac{x^2}{2} + \frac{x^3}{3} - \frac{x^4}{4} + \cdots + (-1)^n \frac{x^{n+1}}{n+1} + \cdots, x \in (-1, 1].$$

$$(1+x)^{\alpha} = 1 + \alpha x + \frac{\alpha(\alpha-1)}{2!}x^2 + \cdots + \frac{\alpha(\alpha-1)\cdots(\alpha-n+1)}{n!}x^n + \cdots, x \in (-1, 1).$$

例 6 将函数 $f(x) = \dfrac{1}{x^2+5x+4}$ 展开成 $x-1$ 的幂级数，并求 $f^{(n)}(1)$.

解
$$f(x) = \frac{1}{(x+1)(x+4)} = \frac{1}{3}\left(\frac{1}{x+1} - \frac{1}{x+4}\right)$$

$$= \frac{1}{3} \cdot \frac{1}{2+(x-1)} - \frac{1}{3} \cdot \frac{1}{5+(x-1)}$$

$$= \frac{1}{6} \cdot \frac{1}{1+\frac{(x-1)}{2}} - \frac{1}{15} \cdot \frac{1}{1+\frac{(x-1)}{5}},$$

而

$$\frac{1}{1+\frac{(x-1)}{2}}=\sum_{n=0}^{\infty}\frac{(-1)^n}{2^n}(x-1)^n \quad (-1<x<3),$$

$$\frac{1}{1+\frac{(x-1)}{5}}=\sum_{n=0}^{\infty}\frac{(-1)^n}{5^n}(x-1)^n \quad (-4<x<6),$$

所以

$$\frac{1}{x^2+5x+4}=\sum_{n=0}^{\infty}(-1)^n\left(\frac{1}{3\times2^{n+1}}-\frac{1}{3\times5^{n+1}}\right)(x-1)^n \quad (-1<x<3).$$

根据泰勒级数展开式的系数公式,得

$$\frac{f^{(n)}(1)}{n!}=(-1)^n\left(\frac{1}{3\cdot2^{n+1}}-\frac{1}{3\cdot5^{n+1}}\right),$$

即

$$f^{(n)}(1)=(-1)^n\left(\frac{1}{3\cdot2^{n+1}}-\frac{1}{3\cdot5^{n+1}}\right)n!.$$

习题 10-5

1. 将下列函数展开成 x 的幂级数,并求其成立的区间:

(1) $f(x)=a^x$;　　　(2) $f(x)=\cos^2 x$;　　　(3) $f(x)=\ln(2+x)$;

(4) $f(x)=\frac{1}{3+x}$;　　　(5) $f(x)=\arctan x$;　　　(6) $f(x)=\int_0^x t\sin t\,dt$.

2. 将函数 $f(x)=\ln(3x-x^2)$ 在 $x=1$ 处展开成幂级数.

3. 将函数 $f(x)=\frac{1}{x^2+3x+2}$ 展开成 $x+4$ 的幂级数.

第六节　级数的应用

一、幂级数的应用

1. 常数项级数求和

在本章的前三节中,我们已经遇到过常数项级数求和的问题. 这里再介绍一种借助幂级数的和函数来求常数项级数和的方法,其基本步骤如下:

(1) 对所给的常数项级数 $\sum_{n=1}^{\infty}u_n$,构造幂级数 $\sum_{n=1}^{\infty}a_nx^n$,并且当 $x=x_0$ 时有 $a_nx_0^n=u_n$, 其中 x_0 在幂级数 $\sum_{n=1}^{\infty}a_nx^n$ 的收敛域内;

(2) 利用幂级数的运算性质,求出 $\sum_{n=1}^{\infty}a_nx^n$ 的和函数 $s(x)$;

(3) 令 $x=x_0$,得常数项级数 $\sum_{n=1}^{\infty}u_n$ 的和为 $s(x_0)$.

330

例1 求级数 $\sum\limits_{n=1}^{\infty}\dfrac{n^2}{2^n}$ 的和.

解 构造幂级数 $\sum\limits_{n=1}^{\infty}n^2x^n$,易求得此级数的收敛域为 $(-1,1)$,令

$$s(x)=\sum_{n=1}^{\infty}n^2x^n,\quad x\in(-1,1),$$

则有

$$s(x)=\sum_{n=1}^{\infty}\left[n(n-1)+n\right]x^n=\sum_{n=1}^{\infty}n(n-1)x^n+\sum_{n=1}^{\infty}nx^n$$

$$=x^2\sum_{n=2}^{\infty}n(n-1)x^{n-2}+x\sum_{n=1}^{\infty}nx^{n-1}=x^2\sum_{n=2}^{\infty}(x^n)''+x\sum_{n=1}^{\infty}(x^n)'$$

$$=x^2\left(\sum_{n=2}^{\infty}x^n\right)''+x\left(\sum_{n=1}^{\infty}x^n\right)'=x^2\left(\frac{x^2}{1-x}\right)''+x\left(\frac{x}{1-x}\right)'$$

$$=\frac{x(x+1)}{(1-x)^3}.$$

于是得

$$\sum_{n=1}^{\infty}\frac{n^2}{2^n}=\sum_{n=1}^{\infty}n^2\left(\frac{1}{2}\right)^n=s\left(\frac{1}{2}\right)=6.$$

有时还可以直接利用已知函数的幂级数展开式求常数项级数的和.

例2 求级数 $\sum\limits_{n=0}^{\infty}\dfrac{(n+1)^2}{n!}$ 的和.

解 由 $\mathrm{e}^x=\sum\limits_{n=0}^{\infty}\dfrac{x^n}{n!},x\in(-\infty,+\infty)$,可得 $\mathrm{e}=\sum\limits_{n=0}^{\infty}\dfrac{1}{n!}$,因此

$$\sum_{n=0}^{\infty}\frac{(n+1)^2}{n!}=\sum_{n=0}^{\infty}\frac{n^2+2n+1}{n!}=\sum_{n=0}^{\infty}\frac{n(n-1)+3n+1}{n!}$$

$$=\sum_{n=0}^{\infty}\frac{n(n-1)}{n!}+\sum_{n=0}^{\infty}\frac{3n}{n!}+\sum_{n=0}^{\infty}\frac{1}{n!}$$

$$=\sum_{n=2}^{\infty}\frac{1}{(n-2)!}+3\sum_{n=1}^{\infty}\frac{1}{(n-1)!}+\sum_{n=0}^{\infty}\frac{1}{n!}$$

$$=\sum_{n=0}^{\infty}\frac{1}{n!}+3\sum_{n=0}^{\infty}\frac{1}{n!}+\sum_{n=0}^{\infty}\frac{1}{n!}=5\mathrm{e}.$$

2. 求原函数

根据第四章对不定积分的介绍,我们知道连续函数一定存在原函数,但是有很多很简单的连续函数,它们的原函数无法用初等函数的形式表示,例如 $\mathrm{e}^{-x^2},\cos x^2,\dfrac{\sin x}{x}$,等等. 然而,利用函数的幂级数展开式和幂级数的运算性质,我们可以将这些函数的原函数用幂级数的形式表示.

例3 求函数 e^{-x^2} 的幂级数形式的原函数.

解 由 $\mathrm{e}^x=\sum\limits_{n=0}^{\infty}\dfrac{x^n}{n!},x\in(-\infty,+\infty)$ 可得

$$\mathrm{e}^{-x^2} = \sum_{n=0}^{\infty} \frac{(-x^2)^n}{n!} = \sum_{n=0}^{\infty} \frac{(-1)^n}{n!} x^{2n}, \quad x \in (-\infty, +\infty).$$

因为 $\int_0^x \mathrm{e}^{-x^2} \mathrm{d}x$ 就是 e^{-x^2} 的一个原函数, 逐项积分得

$$\int_0^x \mathrm{e}^{-x^2} \mathrm{d}x = \sum_{n=0}^{\infty} \frac{(-1)^n}{n!} \int_0^x x^{2n} \mathrm{d}x = \sum_{n=0}^{\infty} \frac{(-1)^n}{(2n+1) \cdot n!} x^{2n+1}, \quad x \in (-\infty, +\infty),$$

所以, e^{-x^2} 的幂级数形式的原函数为

$$\sum_{n=0}^{\infty} \frac{(-1)^n}{(2n+1) \cdot n!} x^{2n+1}, \quad x \in (-\infty, +\infty).$$

3. 近似计算

有了函数的幂级数展开式, 就可以用它来进行近似计算. 在函数的幂级数展开式中, 取前面有限项, 就可以得到函数的近似公式, 这个近似公式是一个多项式, 而多项式的计算只需要用到四则运算, 非常简便, 而且由此产生的误差还可以用余项 $r_n(x)$ 来估计.

例 4 利用 $\sin x \approx x - \dfrac{x^3}{3!}$ 求 $\sin 9°$ 的近似值, 并估计误差.

解 根据所给的近似公式得

$$\sin 9° = \sin \frac{\pi}{20} \approx \frac{\pi}{20} - \frac{1}{3!} \left(\frac{\pi}{20} \right)^3.$$

利用 $\sin x$ 的幂级数展开式得

$$\sin \frac{\pi}{20} = \frac{\pi}{20} - \frac{1}{3!} \left(\frac{\pi}{20} \right)^3 + \frac{1}{5!} \left(\frac{\pi}{20} \right)^5 - \frac{1}{7!} \left(\frac{\pi}{20} \right)^7 + \cdots,$$

上式右端是一个收敛的交错级数, 且各项的绝对值单调减少. 取它的前两项之和作为 $\sin \dfrac{\pi}{20}$ 的近似值, 其误差为

$$|r_2| \leqslant \frac{1}{5!} \left(\frac{\pi}{20} \right)^5 < \frac{1}{120} \times (0.2)^5 < \frac{1}{300\,000} < 10^{-5}.$$

因此, 若取 $\dfrac{\pi}{20} \approx 0.157\,080$, $\dfrac{1}{3!} \left(\dfrac{\pi}{20} \right)^3 \approx 0.000\,646$, 则

$$\sin 9° \approx 0.156\,43,$$

其误差不超过 10^{-5}.

例 5 计算 $\int_0^1 \dfrac{\sin x}{x} \mathrm{d}x$ 的近似值, 要求误差不超过 0.0001.

解 利用 $\sin x$ 的幂级数展开式, 得

$$\frac{\sin x}{x} = \frac{1}{x} \sum_{n=0}^{\infty} (-1)^n \frac{x^{2n+1}}{(2n+1)!} = 1 - \frac{x^2}{3!} + \frac{x^4}{5!} - \frac{x^6}{7!} + \cdots, \quad x \in (-\infty, +\infty).$$

在区间 $[0,1]$ 上逐项积分, 得

$$\int_0^1 \frac{\sin x}{x} \mathrm{d}x = 1 - \frac{1}{3 \times 3!} + \frac{1}{5 \times 5!} - \frac{1}{7 \times 7!} + \cdots.$$

上式右端是一个收敛的交错级数, 若取前三项的和作为积分的近似值, 其误差

$$|r_3| < \frac{1}{7 \times 7!} = \frac{1}{35\,280} < 0.0001,$$

因此

$$\int_0^1 \frac{\sin x}{x} dx \approx 1 - \frac{1}{3 \times 3!} + \frac{1}{5 \times 5!} \approx 0.9461.$$

二、级数在经济学中的应用

无穷级数在经济学中也有着非常广泛的应用. 本章第一节的引例介绍了奖励基金的创立问题, 下面再通过两个例子对此作进一步的介绍.

例 6(合同订立问题) 某合同规定, 从签约之日起, 由甲方永不停止地每年支付给乙方 6 百万元人民币(第一笔支付发生在签约当天), 设市场的无风险利率为 3%, 且以年复利计算利息, 则该合同的现值等于多少?

解 以年复利计算利息, 则:

第一笔付款发生在签约当天, 其现值 $=6$(百万元);

第二笔付款发生在一年之后, 其现值 $=\dfrac{6}{(1+0.03)} = \dfrac{6}{1.03}$(百万元);

第三笔付款发生在两年之后, 其现值 $= \dfrac{6}{1.03^2}$(百万元);

如此永不停止地支付下去, 则

$$总的现值 = 6 + \frac{6}{1.03} + \frac{6}{1.03^2} + \cdots + \frac{6}{1.03^n} + \cdots.$$

这是一个公比 $q = \dfrac{1}{1.03}$ 的等比级数, 显然收敛.

因此, 该合同的现值 $= \dfrac{6}{1 - \dfrac{1}{1.03}} = 206$(百万元). 也就是说, 甲方需存入约 206 百万元,

即可支付乙方或他的后代每年 6 百万元直至永远.

例 7(银行存款问题) 设银行存款的年利率 $r = 0.05$, 并以年复利计算利息. 某基金会在银行一次性存入一笔资金, 以后在第 n 年末都能从银行提取 n^2 万元($n=1,2,\cdots$), 问开始需要存入本金多少元?

解 记第 n 年末从银行提取 n^2 万元所需要的本金为 A_n, 以年复利计算利息, 则

$$A_n = \frac{n^2}{1.05^n},$$

如果永远这样提取, 所需本金的总和 S 为

$$S = \sum_{n=1}^{\infty} A_n = \sum_{n=1}^{\infty} \frac{n^2}{1.05^n},$$

由本节例 1 可知

$$\sum_{n=1}^{\infty} n^2 x^n = \frac{x(x+1)}{(1-x)^3},$$

则得

$$S = \frac{\dfrac{1}{1.05} \times \left(\dfrac{1}{1.05} + 1 \right)}{\left(1 - \dfrac{1}{1.05} \right)^3} = 17\,220 (万元).$$

因此,该基金会需一次性存入本金 17 220 万元才能保证以后在第 n 年末都能从银行提取 n^2 万元直至永远.

习题 10-6

1. 求级数 $\sum\limits_{n=1}^{\infty} \dfrac{2n-1}{2^n}$ 的和.

2. 计算下列各数的近似值:

(1) $\sqrt{e}$（精确到 0.001）；(2) $\int_0^{0.5} \dfrac{\arctan x}{x} dx$（精确到 0.0001）.

3. 设银行存款的年利率为 5%,且以年复利计息,应在银行中一次性存入多少资金才能保证从存入之后起,实现第一年提取 17 万元,第二年提取 24 万元,……,第 n 年提取 $(10+7n)$ 万元,并按此规律一直提取下去?

总习题 十

1. 选择题

(1) 设常数 $k>0$,则级数 $\sum\limits_{n=1}^{\infty} (-1)^n \dfrac{k+n}{n^2}$ (　　).

    A. 发散　　　　　　　　　　B. 绝对收敛

    C. 条件收敛　　　　　　　　D. 收敛或发散与 k 的取值有关

(2) 设 $u_n \neq 0 (n=1,2,3,\cdots)$,且 $\lim\limits_{n\to\infty} \dfrac{n}{u_n}=1$,则级数 $\sum\limits_{n=1}^{\infty} (-1)^{n+1}\left(\dfrac{1}{u_n}+\dfrac{1}{u_{n+1}}\right)$ (　　).

    A. 发散　　　　　　　　　　B. 绝对收敛

    C. 条件收敛　　　　　　　　D. 敛散性不确定

(3) 设 $\sum\limits_{n=1}^{\infty} u_n$ 为正项级数,下列结论正确的是(　　).

    A. 若 $\lim\limits_{n\to\infty} nu_n=0$,则级数 $\sum\limits_{n=1}^{\infty} u_n$ 收敛

    B. 若 $\lim\limits_{n\to\infty} nu_n=1$,则级数 $\sum\limits_{n=1}^{\infty} u_n$ 发散

    C. 若级数 $\sum\limits_{n=1}^{\infty} u_n$ 收敛,则 $\lim\limits_{n\to\infty} n^2 u_n=0$

    D. 若级数 $\sum\limits_{n=1}^{\infty} u_n$ 发散,则 $\lim\limits_{n\to\infty} nu_n=1$

(4) 若级数 $\sum\limits_{n=1}^{\infty} a_n$ 条件收敛,则 $x=\sqrt{3}$ 与 $x=3$ 依次为幂级数 $\sum\limits_{n=1}^{\infty} na_n(x-1)^n$ 的(　　).

    A. 收敛点,收敛点　　　　　　B. 收敛点,发散点

    C. 发散点,收敛点　　　　　　D. 发散点,发散点

(5) 级数 $\sum\limits_{n=0}^{\infty} \dfrac{(-1)^n}{n!} x^{n+1}$ 的和函数为(　　).

A. $x\cos x$　　　　B. $x\sin x$　　　　C. $x\mathrm{e}^{-x}$　　　　D. $x\ln(1+x)$

2. 填空题

(1) 已知级数 $\sum\limits_{n=1}^{\infty}u_{2n}=2$, $\sum\limits_{n=1}^{\infty}u_{2n-1}=5$, 则 $\sum\limits_{n=1}^{\infty}u_n=$ _____.

(2) 如果级数 $\sum\limits_{n=1}^{\infty}(3+u_n)^2$ 收敛, 则 $\lim\limits_{n\to\infty}u_n=$ _____.

(3) 若级数 $\sum\limits_{n=1}^{\infty}\dfrac{(-1)^n+a}{n}$ 收敛, 则 $a=$ _____.

(4) 已知级数 $\sum\limits_{n=1}^{\infty}(-1)^n\sqrt{n}\sin\dfrac{1}{n^\alpha}$ 绝对收敛, 级数 $\sum\limits_{n=1}^{\infty}\dfrac{(-1)^n}{n^{2-\alpha}}$ 条件收敛, 则 α 的取值范围是 _____.

(5) 如果幂级数 $\sum\limits_{n=1}^{\infty}a_n(x+1)^n$ 在 $x=5$ 处条件收敛, 则该级数的收敛半径为 _____.

3. 判定下列级数的收敛性:

(1) $\sum\limits_{n=1}^{\infty}\dfrac{1}{\sqrt{n+1}}\ln\dfrac{n+2}{n}$;　　　　　　(2) $\sum\limits_{n=1}^{\infty}\dfrac{\sqrt{n}-\sin n}{n^2-n+1}$;

(3) $\sum\limits_{n=1}^{\infty}\int_0^{\frac{1}{n}}\dfrac{x}{1+x^2}\mathrm{d}x$;　　　　　　(4) $\sum\limits_{n=1}^{\infty}\dfrac{3^n}{\sqrt{n^{n+1}}}$.

4. 判定下列级数的敛散性. 若收敛, 是条件收敛还是绝对收敛?

(1) $\sum\limits_{n=1}^{\infty}\dfrac{\cos n\pi}{\sqrt{n^3+n}}$;　　　(2) $\sum\limits_{n=1}^{\infty}(-1)^n\dfrac{n^{n+1}}{(n+1)!}$;　　　(3) $\sum\limits_{n=1}^{\infty}(-1)^n\ln\dfrac{n}{n+1}$.

5. 求下列幂级数的收敛区间:

(1) $\sum\limits_{n=1}^{\infty}\dfrac{3^n+5^n}{n}x^n$;　　　(2) $\sum\limits_{n=1}^{\infty}\dfrac{(x-1)^n}{n\times 3^n}$;　　　(3) $\sum\limits_{n=1}^{\infty}\dfrac{2n+1}{2^n}x^{2n-1}$.

6. 求下列幂级数的和函数:

(1) $\sum\limits_{n=1}^{\infty}n(x-1)^n$;　　　(2) $\sum\limits_{n=1}^{\infty}\dfrac{2n-1}{2^n}x^{2(n-1)}$;　　　(3) $\sum\limits_{n=1}^{\infty}\dfrac{n^2}{n!}x^n$.

7. 将下列函数展开成 x 的幂级数:

(1) $f(x)=\dfrac{1}{4}\ln\dfrac{1+x}{1-x}+\dfrac{1}{2}\arctan x-x$;　　　　　　(2) $f(x)=\dfrac{1}{(2-x)^2}$.

8. 设 $\sum\limits_{n=1}^{\infty}u_n$ 为收敛的正项级数, 证明:(1) 级数 $\sum\limits_{n=1}^{\infty}\sqrt{u_n u_{n+1}}$ 收敛;(2) 级数 $\sum\limits_{n=1}^{\infty}\dfrac{\sqrt{u_n}}{n}$ 收敛.

9. 已知函数 $f(x)$ 在 $x=0$ 的某邻域内有二阶连续导数, 且 $\lim\limits_{x\to 0}\dfrac{f(x)}{x}=0$, 证明级数 $\sum\limits_{n=1}^{\infty}f\left(\dfrac{1}{n}\right)$ 绝对收敛.

习题参考答案

附录

附录 A　Python 程序基础

附录 B　用 Python 求一元函数的极限

附录 C　用 Python 求一元函数的导数与微分

附录 D　用 Python 求一元函数的不定积分与定积分

附录 E　用 Python 求多元函数的偏导数与全微分

附录 F　用 Python 求多元函数的二重积分

附录 G　用 Python 求常微分方程的通解

附录 H　用 Python 求幂级数的和函数和函数展开成幂级数

参 考 文 献

[1] 同济大学数学科学学院.高等数学：上、下[M].8版.北京：高等教育出版社,2024.

[2] 吴传生.经济数学—微积分[M].4版.北京：高等教育出版社,2021.

[3] 朱士信,唐烁.高等数学：上、下[M].2版.北京：高等教育出版社,2020.

[4] 邓东皋,尹小玲.数学分析简明教程：上、下[M].2版.北京：高等教育出版社,2006.

[5] 郭镜明,韩云瑞,章栋恩.美国微积分教材精粹选编[M].北京：高等教育出版社,2012.

[6] 芬尼,韦尔,焦尔当诺.托马斯微积分[M].14版.叶其孝,王耀东,唐兢,译.北京：高等教育出版社,2023.

[7] 杨爱珍.微积分[M].2版.上海：复旦大学出版社,2012.

[8] 张天德,孙钦福.高等数学精选精解1600题：上、下[M].北京：高等教育出版社,2022.

[9] 毕文斌,毛悦悦.Python漫游数学王国[M].北京：清华大学出版社,2022.